21 世纪全国本科院校电气信息类创新型应用人才培养规划教材

嵌入式系统设计及应用

主 编 邢吉生 周振雄 山传文

内 容 简 介

本书以 ARM9 系列微处理器 ARM920T 为基础，系统介绍了嵌入式系统的基本概念、开发的基本技能、简单驱动电路及其程序的设计方法。通过对本书的学习，读者能够掌握嵌入式系统开发设计的基础知识和基本技能，达到快速入门的效果，而且可以较全面地掌握嵌入式系统的整个开发流程。

本书共分为 3 篇：第 1 篇介绍了嵌入式系统基础，主要讲述硬件基本结构和指令系统；第 2 篇介绍了嵌入式 Linux 基础开发，主要讲述系统内核的基本知识和开发编译工具的使用；第 3 篇介绍了嵌入式 Linux 应用开发，主要讲述设备驱动程序、文件管理、图形界面等设计的方法和流程。本书从最简单的点亮 LED 开始，由浅入深地讲解，引领学生步入嵌入式 Linux 开发的大门。从 Linux 的理论介绍到 Linux 内核开发、驱动开发及应用程序开发的整个学习过程，本书始终遵循理论和实践相结合的教学理念。

本书由浅入深，循序渐进，不仅适合刚接触嵌入式 Linux 的初学者，还可作为大、中专院校嵌入式系统应用及其相关专业本科生、研究生的教材，也可供相关工程技术人员参考。

图书在版编目(CIP)数据

嵌入式系统设计及应用/邢吉生，周振雄，山传文主编. —北京：北京大学出版社，2011.9

(21 世纪全国本科院校电气信息类创新型应用人才培养规划教材)

ISBN 978-7-301-19451-5

Ⅰ. ①嵌…　Ⅱ. ①邢…②周…③山…　Ⅲ. ①程序设计—高等学校—教材　Ⅳ. ①TP311.1

中国版本图书馆 CIP 数据核字(2011)第 183294 号

书　　　名： 嵌入式系统设计及应用

著作责任者： 邢吉生　周振雄　山传文　主编

策 划 编 辑： 程志强

责 任 编 辑： 程志强

标 准 书 号： ISBN 978-7-301-19451-5/TP・1194

出　版　者： 北京大学出版社

地　　　址： 北京市海淀区成府路 205 号　100871

网　　　址： http://www.pup.cn　http://www.pup6.cn

电　　　话： 邮购部 62752015　发行部 62750672　编辑部 62750667　出版部 62754962

电 子 邮 箱： pup_6@163.com

印　刷　者： 北京京华虎彩印刷有限公司

发　行　者： 北京大学出版社

经　销　者： 新华书店

787 毫米×1092 毫米　16 开本　22.75 印张　528 千字

2011 年 9 月第 1 版　　2017 年 1 月第 3 次印刷

定　　　价： 44.00 元

前　言

嵌入式技术是IT产业中发展最快的技术之一。嵌入式系统的应用非常广泛，在IT产业发展中的重要性仍在逐步提升，因此它的前景十分广阔。但是，嵌入式系统入门很难，初学者多是自己琢磨，效率不高。学习过程中碰到的问题千奇百怪，解决后却发现这些问题往往是极其简单的。本书正是针对这种情况，面向有一定计算机知识和C语言基础，并希望快速进入嵌入式系统开发领域的读者编写而成的。本书从最基本的知识开始，由浅入深，配合实例，边讲边练，便于读者进行学习。

本书按照嵌入式系统初学者的学习规律，从简单到复杂，从底层到顶层进行讲解，分为3篇，共10章。

第1篇(第1～4章)为嵌入式系统基础。第1章介绍嵌入式系统的基本概念、基于ARM的嵌入式开发环境、各种ARM开发工具和基于ARM嵌入式系统开发的方法。第2章讲述各系列嵌入式ARM微处理器的特点及其主要应用领域，并详细介绍嵌入式ARM920T内核编程模型、ARM920T的运行模式、寄存器组织、ARM体系结构的存储器格式、SAMSUNG(三星)S3C2410X处理器结构及主要模块接口。第3章介绍ARM920T的指令系统。第4章介绍嵌入式硬件平台的基本组成、嵌入式硬件平台基本电路的设计方法及嵌入式平台裸机程序设计方法。

第2篇(第5～7章)为嵌入式Linux基础开发。第5章介绍Linux内核结构、Linux存储管理和进程管理、Linux内核启动过程及Linux初始化进程。第6章介绍嵌入式Linux开发环境的搭建、常用的Linux命令、Linux系统下的开发环境、Vi的基本操作、Linux下的shell和GCC编译器的基本原理、GCC编译器的常用选项、Makefile基本原理及语法规范。第7章介绍嵌入式交叉编译环境的搭建、交叉编译工具链的制作、Bootloader的原理、Linux内核的编译、Linux文件系统的搭建、嵌入式Linux内核相关代码的分布情况及Linux映像固化及运行。

第3篇(第8～10章)为嵌入式Linux应用开发。第8章介绍嵌入式Linux设备驱动的基本概念、嵌入式Linux设备驱动的基本功能及运作过程、字符设备驱动程序编写步骤、USB设备驱动编写步骤、LCD设备驱动编写步骤、触摸屏设备驱动编写步骤及IIS设备驱动编写步骤。第9章介绍嵌入式Linux文件操作的基本过程、嵌入式Linux进程的基本概念、嵌入式Linux环境下进程的基本编程方法、嵌入式Linux线程的基本概念、嵌入式Linux环境下线程的基本编程方法、嵌入式Linux计时器操作。第10章介绍几种嵌入式GUI的特点、Qt在嵌入式系统中的应用、Qt开发环境的搭建、Qtopia在Host主机上的编译与运行、Qtopia 的移植及简单 Qtopia 程序的编写方法。

本书由邢吉生、周振雄、山传文主编。山传文编写了第 1～4 章，邢吉生编写了第 5～7 章，周振雄编写了第 8～10 章。

在本书编写过程中，部分内容基于深圳英蓓特公司 EDUKIT-IV 嵌入式系统教学平台，在此深表谢意！

由于编者水平有限，书中难免存在一些疏漏之处，敬请读者批评指正。

编　者

2011 年 6 月

目　　录

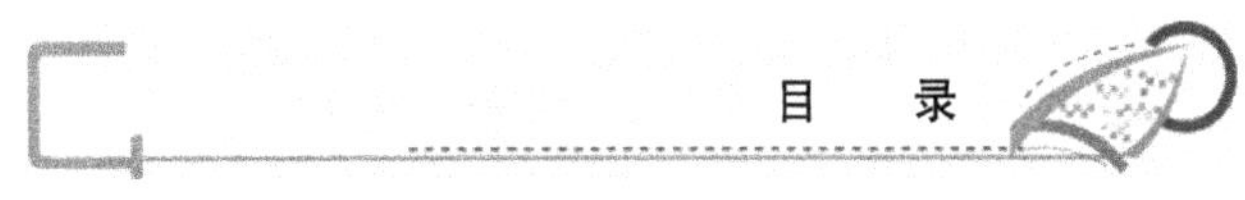

第 1 篇

嵌入式系统基础篇

第 1 章
嵌入式系统开发与应用概述

本章主要讲解嵌入式系统的基础知识。通过本章的学习，读者将掌握如下内容。

(1) 理解嵌入式系统的基本概念；

(2) 了解常用嵌入式开发环境及各种 ARM 开发工具；

(3) 理解学习嵌入式系统的基本方法。

1.1 嵌入式系统简介

1.1.1 嵌入式系统的基本概念

根据 IEEE(电气和电子工程师协会)的定义，嵌入式系统是“控制、监视或者辅助装置、机器和设备运行的装置”(devices used to control、monitor or assist the operation of equipment、machinery or plants)。从中可以看出嵌入式系统是软件和硬件的综合体，还可以涵盖机械等附属装置。

目前国内普遍被认同的一个定义：嵌入式系统是以应用为中心，以计算机技术为基础，软件硬件可裁剪，适应应用系统对功能、可靠性、成本、体积、功耗严格要求的专用计算机系统。

可以说，嵌入式系统是嵌入到产品、设备中的专用计算机系统。嵌入式、专用性和计算机系统是嵌入式系统的 3 个基本要素。

从嵌入式系统的定义可以看出，人们日常广泛应用的手机、PDA、MP3、可视电话等都属于嵌入式系统设备。

1.1.2 嵌入式系统的体系结构

作为一种专用计算机系统，嵌入式系统一般包括 3 个方面：硬件设备、嵌入式操作系统和应用软件。它们之间的关系如图 1.1 所示。

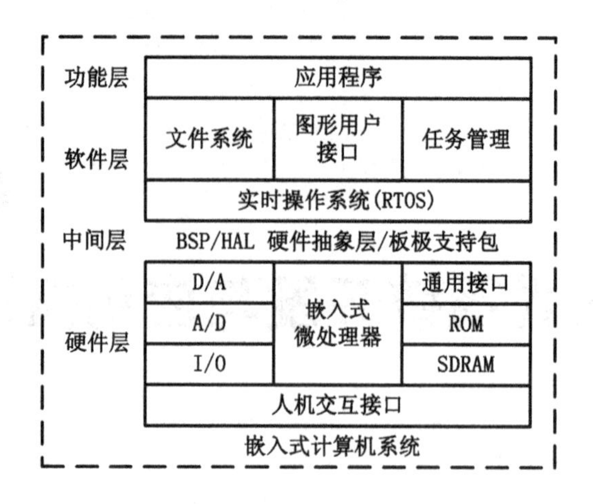

图 1.1 嵌入式系统的体系结构

1. 硬件层

硬件层中包含嵌入式微处理器、存储器(SDRAM、ROM、Flash 等)、通用设备接口和 I/O 接口(A/D、D/A、I/O 等)。在一片嵌入式处理器基础上添加电源电路、时钟电路和存储器电路，就构成了一个嵌入式核心控制模块。其中操作系统和应用程序都可以固化在 ROM 中。

嵌入式系统硬件层的核心是嵌入式微处理器。嵌入式微处理器与通用 CPU 最大的不同在于嵌入式微处理器大多工作在为特定用户群所设计的专用系统中，它将通用 CPU 许多由板卡完成的任务集成在芯片内部，从而有利于嵌入式系统在设计时趋于小型化，同时还具有很高的效率和可靠性。

嵌入式微处理器的体系结构可以采用冯·诺依曼体系或哈佛体系结构；指令系统可以选用精简指令系统(Reduced Instruction Set Computer，RISC)和复杂指令系统(Complex Instruction Set Computer，CISC)。RISC 计算机在通道中只包含最有用的指令，确保数据通道快速执行每一条指令，从而提高了执行效率并使 CPU 硬件结构设计变得更为简单。

嵌入式微处理器有各种不同的体系，即使在同一体系中也可能具有不同的时钟频率和数据总线宽度，或集成了不同的外设和接口。据不完全统计，目前全世界嵌入式微处理器已经超过 1000 多种，体系结构有 30 多个系列，其中主流的体系有 ARM、MIPS、PowerPC、X86 和 SH 等。但与全球 PC 市场不同的是，没有一种嵌入式微处理器可以主导市场，仅以 32 位的产品而言，就有 100 种以上的嵌入式微处理器。嵌入式微处理器的选择是由具体的应用所决定的。

2. 中间层

硬件层与软件层之间为中间层，也称硬件抽象层(Hardware Abstract Layer，HAL)或板级支持包(Board Support Package，BSP)，它将系统上层软件与底层硬件分离开来，使系统的底层驱动程序与硬件无关，上层软件开发人员无须关心底层硬件的具体情况，根据 BSP 层提供的接口即可进行开发。该层一般包含相关底层硬件的初始化、数据的输入/输出操作和硬件设备的配置功能。BSP 具有以下两个特点。

硬件相关性：因为嵌入式实时系统的硬件环境具有应用相关性，而作为上层软件与硬件平台之间的接口，BSP 需要为操作系统提供操作和控制具体硬件的方法。

操作系统相关性：不同的操作系统具有各自的软件层次结构，因此不同的操作系统具有特定的硬件接口形式。

实际上，BSP 是一个介于操作系统和底层硬件之间的软件层次，包括了系统中大部分与硬件联系紧密的软件模块。设计一个完整的 BSP 需要完成两部分工作：嵌入式系统的硬件初始化以及 BSP 功能，设计硬件相关的设备驱动。

3. 系统软件层

系统软件层由实时多任务操作系统(Real-time Operation System，RTOS)、文件系统、图形用户接口(Graphic User Interface，GUI)、网络系统及通用组件模块组成。RTOS 是嵌入式应用软件的基础和开发平台。

嵌入式操作系统(Embedded Operation System，EOS)是一种用途广泛的系统软件，过去它主要应用于工业控制和国防系统领域。EOS 负责嵌入系统的全部软、硬件资源的分配、任务调度，控制、协调并发活动。它必须体现其所在系统的特征，能够通过装卸某些模块来达到系统所要求的功能。目前，已推出一些应用比较成功的 EOS 产品系列。随着 Internet 技术的发展、信息家电的普及应用及 EOS 的微型化和专业化，EOS 开始从单一的弱功能向高专业化的强功能方向发展。嵌入式操作系统在系统实时高效性、硬件的相关依赖性、软件固化以及应用的专用性等方面具有较为突出的特点。

4. 功能层

应用程序是针对特定的应用领域，基于某一固定的硬件平台，用来达到完成预期目标的计算机软件。嵌入式系统自身的特点决定了嵌入式系统的应用软件不仅要达到准确、安全和稳定的标准，而且还有进行代码精简，以减少对系统资源的消耗，降低硬件成本。

1.2　基于 ARM 的嵌入式开发环境概述

ARM 技术是高性能、低功耗嵌入式芯片的代名词，在嵌入式尤其是在基于嵌入式 Internet 方面应用广泛。学习嵌入式系统的开发应用技术，应该是在基于某种 ARM 核系统芯片应用平台基础上进行，在讲述嵌入式系统开发应用之前，应该对基于 ARM 的嵌入式开发环境进行了解，本节主要对如何构造 ARM 嵌入式开发环境等基本情况进行介绍。

1.2.1　交叉开发环境

作为嵌入式系统应用的 ARM 处理器，其应用软件的开发属于跨平台开发，因此需要一个交叉开发环境。交叉开发是指在一台通用计算机上进行软件的编辑编译，然后下载到嵌入式设备中进行运行调试的开发方式。用来开发的通用计算机可以选用比较常见的 PC 机、工作站等，运行通用的 Windows 或 UNIX 操作系统。开发计算机一般称为宿主机，嵌入式设备称为目标机，在宿主机上编译好的程序，下载到目标机上运行，交叉开发环境提供调试工具对目标机上运行的程序进行调试。交叉开发环境一般由运行于宿主机上的交叉开发软件、宿主机到目标机的调试通道组成。

运行于宿主机上的交叉开发软件最少必须包含编译调试模块，其编译器称为交叉编译器。作为宿主机的一般为基于x86 体系的桌上型计算机，而编译出的代码必须在ARM体系结构的目标机上运行，这就是所谓的交叉编译了。在宿主机上编译好目标代码后，通过宿主机到目标机的调试通道将代码下载到目标机，然后由运行于宿主机的调试软件控制代码在目标机上运行调试。为了方便调试开发，交叉开发软件一般为一个整合编辑、编译汇编链接、调试、工程管理及函数库等功能模块的集成开发环境IDE(Integrated Development Environment)。

组成ARM 交叉开发环境的宿主机到目标机的调试通道一般有以下3种。

1. 基于JTAG的ICD

JTAG的ICD(In-Circuit Debugger)也称为JTAG仿真器，是通过ARM芯片的JTAG边界扫描口进行调试的设备。JTAG仿真器通过ARM处理器的JTAG调试接口与目标机通信，通过并口或串口、网口、USB口与宿主机通信。JTAG仿真器比较便宜，连接比较方便。通过现有的JTAG 边界扫描口与ARM CPU核通信，属于完全非插入式(即不使用片上资源)调试，它无须目标存储器，不占用目标系统的任何应用端口。通过JTAG方式可以完成：①读出/写入CPU的寄存器，访问控制ARM处理器内核；②读出/写入内存，访问系统中的存储器；③访问ASIC系统；④访问I/O系统；⑤控制程序单步执行和实时执行；⑥实时设置基于指令地址值或基于数据值的断点。

基于JTAG 仿真器的调试是目前ARM 开发中采用最多的一种方式。

2. Angel调试监控软件

Angel 调试监控软件也称为驻留监控软件，是一组运行在目标板上的程序，可以接收宿主机上调试器发送的命令，执行诸如设置断点、单步执行目标程序、读写存储器、查看或修改寄存器等操作。宿主机上的调试软件一般通过串行端口、以太网口、并行端口等通信端口与Angel调试监控软件进行通信。与基于JTAG的调试不同，Angel调试监控程序需要占用一定的系统资源，如内存、通信端口等。驻留监控软件是一种比较低廉有效的调试方式，不需要任何其他的硬件调试和仿真设备。Angel 调试监控程序的不便之处在于它对硬件设备的要求比较高，一般在硬件稳定之后才能进行应用软件的开发，同时它占用目标板上的一部分资源，如内存、通信端口等，而且不能对程序的全速运行进行完全仿真，所以不是很适合一些要求严格的情况。

3. 在线仿真器ICE

在线仿真器ICE(In-Circuit Emulator)是一种模拟CPU的设备。在线仿真器使用仿真头完全取代目标板上的CPU，可以完全仿真ARM 芯片的行为，提供更加深入的调试功能。在和宿主机连接的接口上，在线仿真器也是通过串行端口或并行端口、网口、USB口通信。在线仿真器为了能够全速仿真时钟速度很高的ARM处理器，通常必须采用极其复杂的设计和工艺，因而其价格比较昂贵。在线仿真器通常用在ARM的硬件开发中，在软件的开

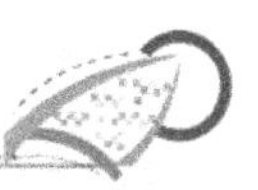

发中较少使用。其价格昂贵，也是在线仿真器难以普及的因素。

1.2.2　模拟开发环境

在很多时候为保证项目进度，硬件和软件的开发往往同时进行，这时作为目标机的硬件环境还没有建立起来，软件的开发就需要一个模拟环境来进行调试。模拟开发环境建立在交叉开发环境基础上，是对交叉开发环境的补充。除了宿主机和目标机之外，还需要提供一个在宿主机上模拟目标机的环境，使得开发好的程序可以直接在这个环境里运行调试。

模拟硬件环境是非常复杂的，由于指令集模拟器与真实的硬件环境相差很大，所以即使用户使用指令集模拟器调试通过的程序也有可能无法在真实的硬件环境下运行，因此软件模拟不可能完全代替真正的硬件环境，这种模拟调试只能作为一种初步调试，主要是用做用户程序的模拟运行，用来检查语法、程序的结构等简单错误，用户最终必须在真实的硬件环境中实际运行调试，完成整个应用的开发。

1.2.3　评估电路板

评估电路板，也称开发板，一般用来作为开发者的学习板、实验板，可以作为应用目标板出来之前的软件测试、硬件调试的电路板。尤其是对应用系统的功能没有完全确定、初步进行嵌入式开发且没有相关开发经验的用户非常重要。

开发评估电路板并不是 ARM 应用开发所必需的，对于有经验的工程师完全可以自行独立设计自己的应用电路板和根据开发需要设计实验板。好的评估电路板一般文档齐全，对处理器的常用功能模块和主流应用都有硬件实现，并提供电路原理图和相关开发例程与源代码供用户设计自己的应用目标板和应用程序作为参考。选购适合于自己实际应用的开发板不仅可以加快开发进度，还可以减少自行设计开发的工作量。

1.3　各种 ARM 开发工具简介

用户选用 ARM 处理器开发嵌入式系统时，选择合适的开发工具可以加快开发进度，节省开发成本。用户在建立自己的基于 ARM 嵌入式开发环境时，可供选择的开发工具非常多，目前世界上有几十多家公司提供不同类别的 ARM 开发工具产品，根据功能的不同，分别有编译软件、汇编软件、链接软件、调试软件、嵌入式操作系统、函数库、评估板、JTAG 仿真器、在线仿真器等。有些工具是成套提供的，有些工具则需要组合使用。下面简要介绍几种比较流行的 ARM 开发工具，以便用户在建立自己的开发环境时参考。介绍的开发环境包括 ARM SDT、ARM ADS、Multi 2000、RealView MDK 等集成开发环境以及 OPENice32-A900 仿真器、Multi-ICE 仿真器、ULink 2 仿真器，本书会在第 4 章给出利用 RealView MDK 开发的实例供读者参考。

1.3.1　ARM ADS

ARM ADS 的英文全称为 ARM Developer Suite，是 ARM 公司推出的新一代 ARM 集成开发工具，用来取代 ARM 公司以前推出的开发工具 ARM SDT。

ARM ADS 起源于 ARM SDT，对一些 SDT 的模块进行了增强并替换了一些 SDT 的组成部分，用户可以感受到的最强烈的变化是 ADS 使用 CodeWarrior IDE 集成开发环境替代了 SDT 的 APM，使用 AXD 替换了 ADW，现代集成开发环境的一些基本特性如源文件编辑器语法高亮、窗口驻留等功能在 ADS 中才得以体现。

ARM ADS 支持所有 ARM 系列处理器包括最新的 ARM9E 和 ARM10，除了 ARM SDT 支持的运行操作系统外，还可以在 Windows 2000/Me 以及 RedHat Linux 上运行。

ARM ADS 由 6 部分组成。

1. 代码生成工具

代码生成工具(Code Generation Tools)由源程序编译、汇编、链接工具集组成。ARM 公司针对 ARM 系列每一种结构都进行了专门的优化处理，这一点除了作为 ARM 结构设计者的 ARM 公司，其他公司都无法办到，ARM 公司宣称，其代码生成工具最终生成的可执行文件最多可以比其他公司工具套件生成的文件小 20%。

2. 集成开发环境

CodeWarrior IDE 是 Metrowerks 公司一套比较有名的集成开发环境(Code Warrior IDE from Metrowerks)，有不少厂商将它作为界面工具集成在自己的产品中。CodeWarrior IDE 包含工程管理器、代码生成接口、语法敏感编辑器、源文件和类浏览器、源代码版本控制系统接口、文本搜索引擎等，其功能与 Visual Studio 相似，但界面风格比较独特，其源程序窗口如图 1.2 所示。ADS 仅在其 PC 机版本中集成了该 IDE。

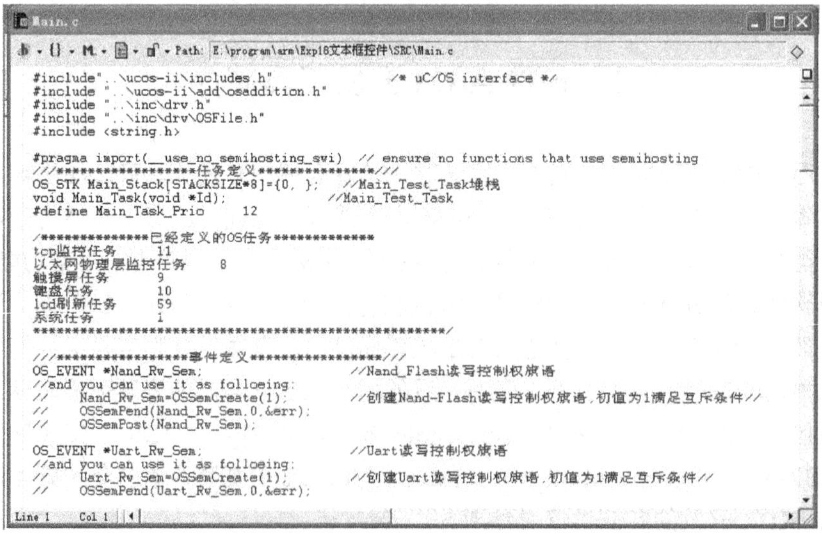

```
Main.c
Path: E:\program\arm\Exp18文本框控件\SRC\Main.c

#include"..\ucos-ii\includes.h"              /* uC/OS interface */
#include "..\ucos-ii\add\osaddition.h"
#include "..\inc\drv.h"
#include "..\inc\drv\OSFile.h"
#include <string.h>

#pragma import(__use_no_semihosting_swi)  // ensure no functions that use semihosting
///******************任务定义***************///
OS_STK Main_Stack[STACKSIZE*8]={0, };   //Main_Test_Task堆栈
void Main_Task(void *Id);               //Main_Test_Task
#define Main_Task_Prio     12

/**************已经定义的OS任务*************
tcp监控任务        11
以太网物理层监控任务     8
触摸屏任务         9
键盘任务           10
lcd刷新任务        59
系统任务           1
*****************************************************/

///*****************事件定义*****************///
OS_EVENT *Nand_Rw_Sem;                    //Nand_Flash读写控制权旗语
//and you can use it as folloeing:
//    Nand_Rw_Sem=OSSemCreate(1);         //创建Nand-Flash读写控制权旗语，初值为1满足互斥条件//
//    OSSemPend(Nand_Rw_Sem,0,&err);
//    OSSemPost(Nand_Rw_Sem);

OS_EVENT *Uart_Rw_Sem;                    //Uart读写控制权旗语
//and you can use it as folloeing:
//    Uart_Rw_Sem=OSSemCreate(1);         //创建Uart读写控制权旗语，初值为1满足互斥条件//
//    OSSemPend(Uart_Rw_Sem,0,&err);

Line 1    Col 1
```

图 1.2　源程序窗口

3. 调试器

调试器(Debuggers)部分包括两个调试器：ARM 扩展调试器 AXD(ARM eXtended Debugger)、ARM 符号调试器 Armsd(ARM symbolic debugger)。

AXD 基于 Windows 9X/NT 风格，具有一般意义上调试器的所有功能，包括简单和复杂的断点设置、栈显示、寄存器和存储区显示、命令行接口等，其窗口如图 1.3 所示。

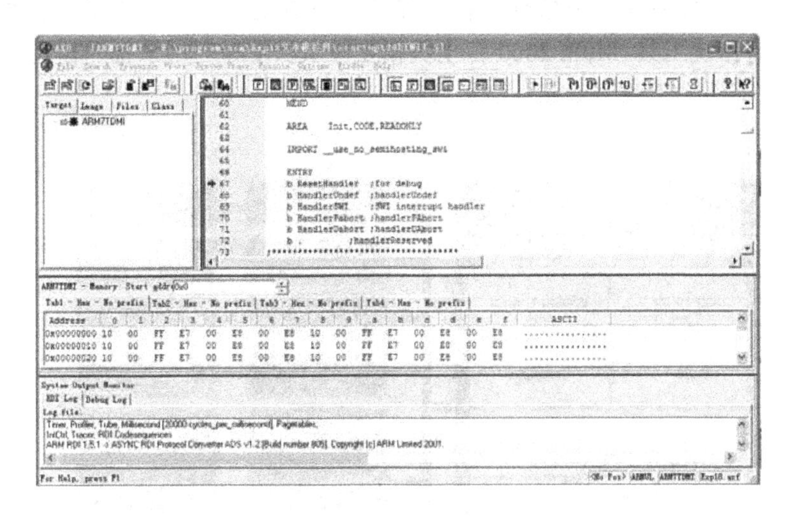

图 1.3　AXD 窗口

Armsd 作为一个命令行工具，用于辅助调试或者用在其他操作系统平台上。

4. 指令集模拟器

用户使用指令集模拟器(Instruction Set Simulators)无须任何硬件即可在 PC 机上完成一部分调试工作。

5. ARM 开发包

ARM 开发包(ARM Firmware Suite)由一些底层的例程和库组成，帮助用户快速开发基于 ARM 的应用和操作系统。它具体包括系统启动代码、串行口驱动程序、时钟例程、中断处理程序等，Angel 调试软件也包含在其中。

6. ARM 应用库

ADS 的 ARM 应用库(ARM Applications Library)完善和增强了 SDT 中的函数库，同时还包括一些相当有用的提供了源代码的例程。

用户使用 ARM ADS 开发应用程序与使用 ARM SDT 完全相同，同样是选择配合 Angel 驻留模块或者 JTAG 仿真器进行。目前大部分 JTAG 仿真器均支持 ARM ADS。ARM ADS 的零售价为 5500 美元，如果选用不固定的许可证方式则需要 6500 美元。

1.3.2　Multi 2000

Multi 2000 是美国 Green Hills 软件公司开发的集成开发环境，支持 C/C++/Embedded

C++/Ada 95/Fortran 编程语言的开发和调试，可运行于 Windows 平台和 UNIX 平台，并支持各类设备的远程调试。

Multi 2000 支持 Green Hills 公司的各类编译器以及其他遵循 EABI 标准的编译器，同时 Multi 2000 支持众多流行的 16 位、32 位和 64 位处理器和 DSP，如 PowerPC、ARM、MIPS、x86、Sparc、TriCore、SH-DSP 等，并支持多处理器调试。

Multi 2000 包含完成一个软件工程所需要的所有工具，这些工具可以单独使用，也可集成第三方系统工具。Multi 2000 各模块相互关系以及和应用系统的相互作用如图 1.4 所示。

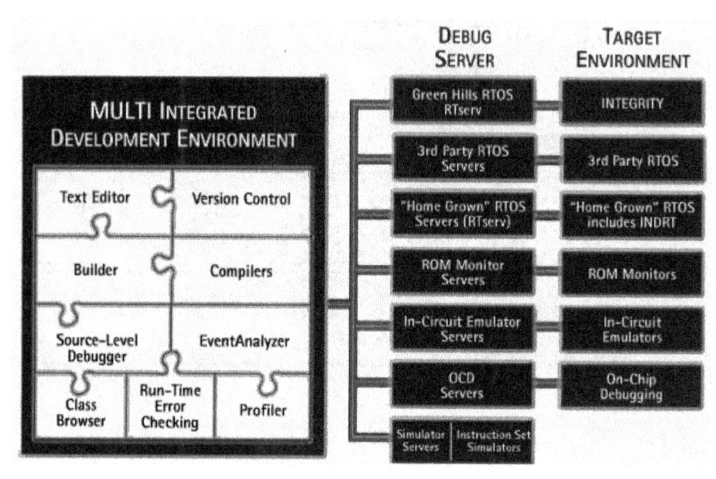

图 1.4　Multi2000 模块与应用系统

1. 工程生成工具

工程生成工具(Project Builder)实现对项目源文件、目标文件、库文件以及子项目的统一管理，显示程序结构，检测文件相互依赖关系，提供编译和链接的图形设置窗口，并可对编程语言进行特定环境设定。工程生成工具界面如图 1.5 所示。

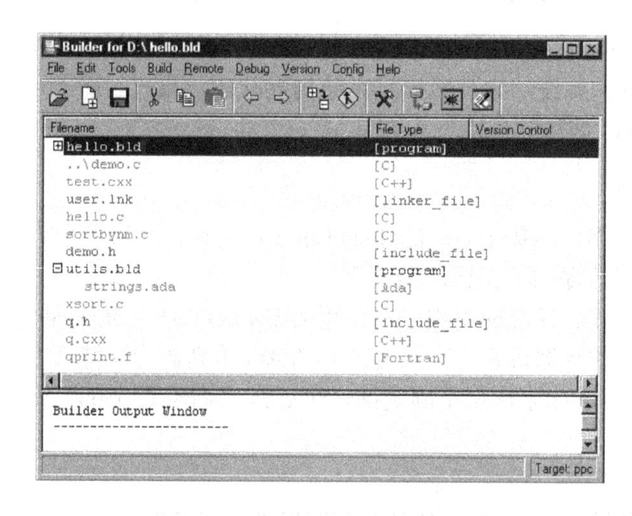

图 1.5　工程生成工具界面

2．源代码调试器

源代码调试器(Source-Level Debugger)提供程序装载、执行、运行控制和监视所需要的强大的窗口调试环境，支持各类语言的显示和调试，同时可以观察各类调试信息，其界面信息如图 1.6 所示。

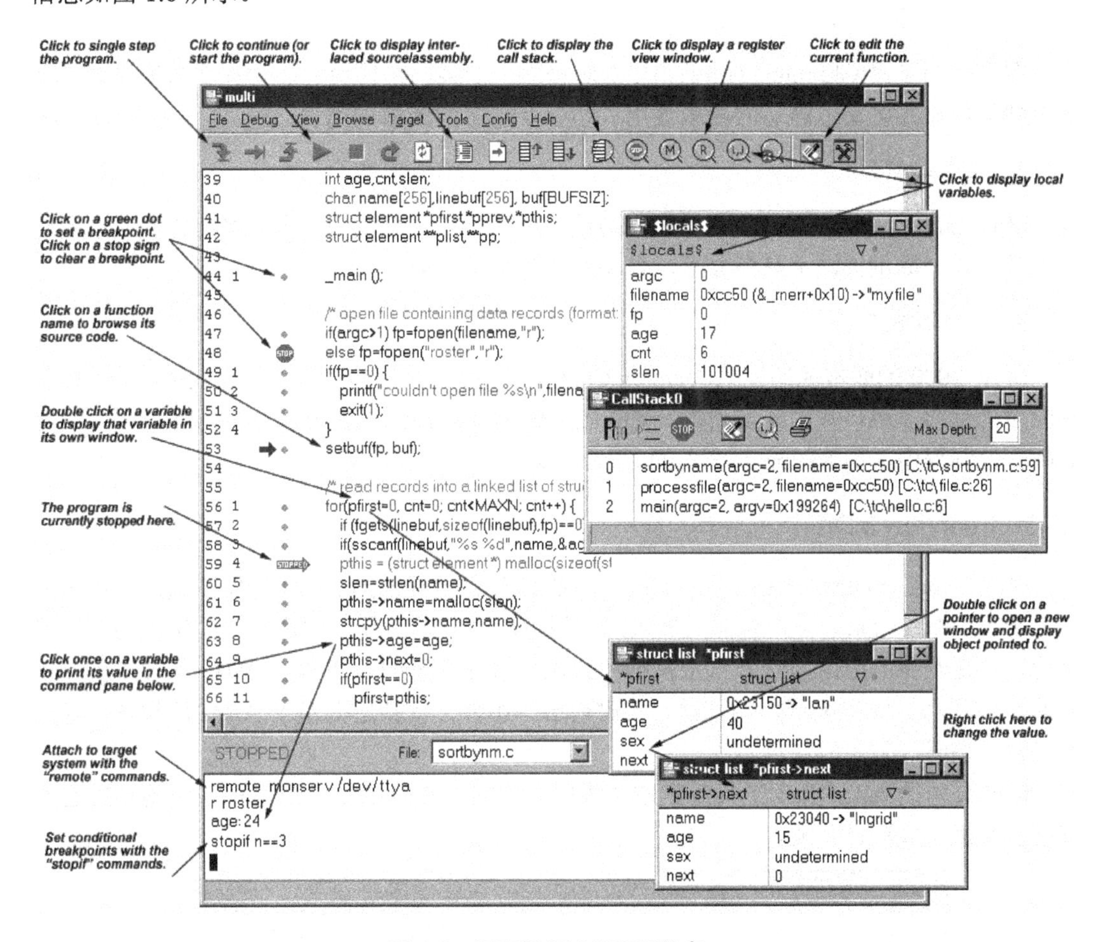

图 1.6　源码级调试器界面信息

3．事件分析器

事件分析器(Event Analyzer)提供用户观察和跟踪各类应用系统运行和 RTOS 事件的可配置的图形化界面，它可移植到很多第三方工具或集成到实时操作系统中，并对以下事件提供基于时间的测量：任务上下文切换、信号量获取/释放、中断和异常、消息发送/接受、用户定义事件。

4．性能剖析器

性能剖析器(Performance Profiler)提供对代码运行时间的剖析，可基于表格或图形显示结果，有效地帮助用户优化代码。

5. 实时运行错误检查工具

实时运行错误检查工具(Run-Time Error Checking)提供对程序运行错误的实时检测，对程序代码大小和运行速度只有极小影响，并具有内存泄漏检测功能。

6. 图形化浏览器

图形化浏览器(Graphical Browse)提供对程序中的类、结构变量、全局变量等系统单元的单独显示，并可显示静态的函数调用关系以及动态的函数调用表。

7. 文本编辑器

Multi 2000 的文本编辑器(Text Editor)是一个具有丰富特性的、用户可配置的文本图形化编辑工具，提供关键字高亮显示、自动对齐等辅助功能。

8. 版本控制工具

Multi 2000 的版本控制工具(Version Control System)和 Multi 2000 环境紧密结合，提供对应用工程的多用户共同开发功能。Multi 2000 的版本控制工具通过配置可支持很多流行的版本控制程序，如 Rational 公司的 ClearCase 等。

1.3.3 RealView MDK

MDK(Microcontroller Development Kit)是 Keil 公司开发的 ARM 开发工具，是用来开发基于 ARM 核的系列微控制器的嵌入式应用程序的开发工具。它适合不同层次的开发者使用，包括专业的应用程序开发工程师和嵌入式软件开发的入门者。MDK 包含了工业标准的 C 编译器、宏汇编器、调试器、实时内核等组件，支持所有基于 ARM 的设备，能帮助工程师按照计划完成项目。

Keil 公司的 ARM 开发工具集集成了很多有用的工具(如图 1.7 所示)，正确地使用它们有助于快速完成项目开发。

组　件	Part Number	
	MDK-ARM[2,3]	DB-ARM
μVision IDE	✔	✔
RealView C/C++ Compiler	✔	
RealView Macro Assembler	✔	
RealView Utilities	✔	
RTL-ARM Real-Time Library	✔	
μVision Debugger	✔	✔
GNU GCC1	✔	✔

图 1.7　MDK 开发工具的组件

以下是 MDK 所包含组件的一些说明。

μVision IDE 集成开发环境和μVision Debugger 调试器可以创建和测试应用程序，可以

用 RealView、CARM 或 GNU 的编译器来编译这些应用程序。

MDK-ARM 是 PK-ARM 的一个超集。AARM 汇编器、CARM C 编译器、LARM 连接器和 OHARM 目标文件到十六进制的转换器仅包含在 MDK-ARM 开发工具集中。

MDK 的最新版本是μVision 3，可以开发基于 ARM7、ARM9、Cortex-M3 的微控制器应用程序，它易学易用且功能强大。以下是它的一些主要特性。

(1) μVision 3 集成了一个能自动配置工具选项的设备数据库。

(2) 工业标准的 RealView C/C++编译器能产生代码容量最小、运行速度最快的高效应用程序，同时它包含了一个支持 C++ STL 的 ISO 运行库。

(3) 集成在μVision 3 中的在线帮助系统提供了大量有价值的信息，可加速应用程序开发速度。

(4) μVision 3 包含大量的例程，可帮助开发者快速配置 ARM 设备以及开始应用程序的开发。

(5) μVision 3 集成开发环境能帮助工程人员开发稳健、功能强大的嵌入式应用程序。

(6) μVision 3 调试器能够精确地仿真整个微控制器，包括其片上外设，使得在没有目标硬件的情况下也能测试开发程序。

(7) μVision 3 包含标准的微控制器和外部 Flash 设备的 Flash 编程算法。

(8) ULINK USB-JTAG 仿真器可以实现 Flash 下载和片上调试。

(9) RealView RL-ARM 具有网络和通信的库文件以及实时软件。

(10) 可使用第三方工具扩展μVision 3 的功能。

(11) μVision 3 还支持 GNU 的编译器。

1.3.4 OPENice32-A900 仿真器

OPENice32-A900 仿真器是韩国 AIJI 公司生产的。OPENice32-A900 是 JTAG 仿真器，支持基于 ARM7/ARM9/ARM10 核的处理器以及 Intel Xscale 处理器系列。它与 PC 之间通过串口或 USB 口或网口连接，与 ARM 目标板之间通过 JTAG 口连接。OPENice32-A900 仿真器主要特性如下：

(1) 支持多核处理器和多处理器目标板。

(2) 支持汇编与 C 语言调试。

(3) 提供在板(On-Board)Flash 编程功能。

(4) 提供存储器控制器设置GUI。

(5) 可通过升级软件的方式支持更新的 ARM 核。

OPENice32-A900 仿真器自带宿主机调试软件 AIJI Spider，但需要使用第三方编译器。AIJI Spider 调试器支持 ELF/DWARF1/DWARF2 等，调试符合信息文件格式，可以通过 OPENice32-A900 仿真器下载BIN文件到目标板，控制程序在目标板上的运行并进行调试。它支持单步、断点设置，查看寄存器/变量/内存以及 Watch List 等调试功能。

OPENice32-A900 仿真器也支持一些第三方调试器，包括 Linux GDB 调试器和 EWARM、ADS/SDT 等调试工具。

1.3.5 Multi-ICE 仿真器

Multi-ICE 是 ARM 公司自己的 JTAG 在线仿真器，目前的最新版本是 2.1 版。

Multi-ICE 的 JTAG 在线仿真器的链时钟可以设置为 5k～10MHz。JTAG 操作的一些简单逻辑由 FPGA 实现，使得并行口的通信量最小，以提高系统的性能。Multi-ICE 硬件支持低至 1V 的电压。Multi-ICE 2.1 还可以外部供电，不需要消耗目标系统的电源，这对调试类似于手机等便携式、电池供电设备是很重要的。

Multi-ICE 2.x 支持该公司的实时调试工具 MultiTrace。MultiTrace 包含一个处理器，因此可以跟踪触发点前后的轨迹，并且可以在不终止后台任务的同时对前台任务进行调试，在微处理器运行时改变存储器的内容。所有这些特性可使延时降到最低。

Multi-ICE 2.x 支持 ARM7、ARM9、ARM9E、ARM 10 和 Intel Xscale 微结构系列。它通过 TAP 控制器串联，提供多个 ARM 处理器以及混合结构芯片的片上调试。它还支持低频或变频设计以及超低压核的调试，并且支持实时调试。

Multi-ICE 提供支持 Windows NT4.0、Windows95/ 98/2000/Me、HPUX 10.20 和 Solaris V2.6/7.0 的驱动程序。

Multi-ICE 的主要优点如下。

(1) 快速的下载和单步速度。

(2) 用户控制的输入/输出位。

(3) 可编程的 JTAG 位传送速率。

(4) 开放的接口，允许调试非 ARM 的核或 DSP。

(5) 网络连接到多个调试器。

(6) 目标板供电或外接电源。

1.3.6 ULINK 2 仿真器

ULINK 是 Keil 公司提供的 USB-JTAG 接口仿真器，目前最新的版本是 2.0。它支持诸多芯片厂商的 8051、ARM7、ARM9、Cortex M3、Infineon C16x、Infineon XC16x、Infineon XC8xx、STMicroelectronics μPSD 等多个系列的处理器。ULINK 2 内部实物如图 1.8 所示，电源由 PC 机的 USB 接口提供。ULINK2 不仅包含了 ULINK USB-JTAG 适配器具有的所有特点，还增加了串行线调试(SWD)支持，返回时钟支持和实时代理功能。ULINK2 适用与标准的 Windows USB 驱动等功能。

ULINK 2 的主要功能如下。

(1) 下载目标程序。

(2) 检查内存和寄存器。

(3) 片上调试，整个程序的单步执行。

(4) 插入多个断点。

(4) 运行实时程序。

(5) 对 Flash 存储器进行编程。

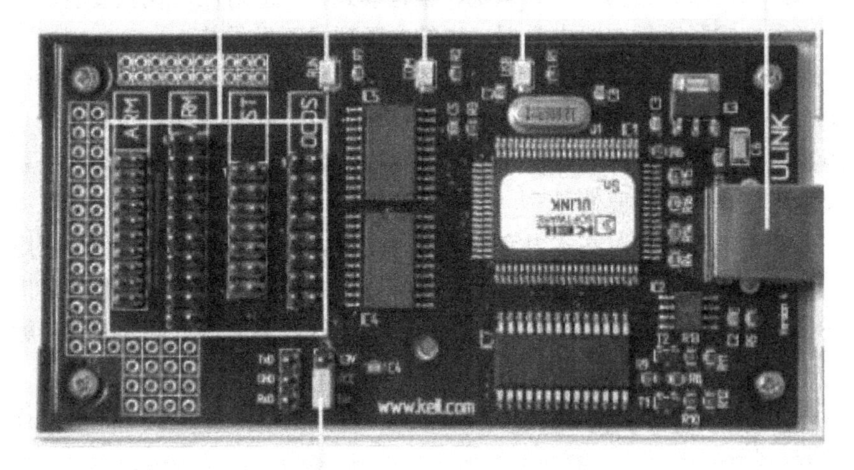

图 1.8　ULINK(无盖)内部实物

ULINK2 新特点如下。

(1) 标准 Windows USB 驱动支持，也就是 ULINK2 即插即用。

(2) 支持基于 ARM Cortex-M3 的串行线调试。

(3) 支持程序运行期间的存储器读写、终端仿真和串行调试输出。

(4) 支持 10/20 针连接器。

1.4　如何学习基于 ARM 嵌入式系统开发

ARM 微处理器因其卓越的低功耗、高性能在 32 位嵌入式应用中已位居世界第一，是高性能、低功耗嵌入式处理器的代名词。为顺应当今世界技术革新的潮流，了解、学习和掌握嵌入式技术，就必然要学习和掌握以 ARM 微处理器为核心的嵌入式开发环境和开发平台，这对研究和开发高性能微处理器、DSP 以及开发基于微处理器的 SOC 芯片设计及应用系统开发是非常必要的。

那么，究竟如何学习嵌入式的开发和应用呢？首先，技术基础是关键。技术基础决定了学习相关知识、掌握相关技能的潜能。嵌入式技术融合具体应用系统技术、嵌入式微处理器/DSP 技术、系统芯片 SOC 设计制造技术、应用电子技术和嵌入式操作系统及应用软件技术，具有极高的系统集成性，可以满足不断增长的信息处理技术对嵌入式系统设计的要求。

学习嵌入式系统首先要学习基础知识，主要是相关的基本硬件知识，如一般处理器及接口电路(Flash/SRAM/SDRAM/Cache、UART、Timer、GPIO、Watchdog、USB、IIC 等.)

等硬件知识，至少了解一种 CPU 的体系结构；至少了解一种操作系统(中断、优先级、任务间通信、同步等)。对于应用编程，要掌握 C、C++及汇编语言程序设计(至少会 C)，对处理器的体系结构、组织结构、指令系统、编程模式、一般对应用编程要有一定的了解。在此基础上必须在实际工程实践中掌握一定的实际项目开发技能。

其次，对嵌入式系统开发的学习，必须要有一个较好的嵌入式开发教学平台。功能全面的开发平台一方面为学习提供了良好的开发环境，另一方面开发平台本身也是一般的典型实际应用系统。在教学平台上开发一些基础例程和典型实际应用例程，对于初学者和进行实际工程应用也是非常必要的。

嵌入式系统的学习必须对基本内容有深入的了解。在处理器指令系统、应用编程学习的基础上，重要的是加强外围功能接口应用的学习，主要是人机接口、通信接口应用的学习，如 USB 接口、A/D 转换、GPIO、以太网、IIC 串行数据通信、音频接口、触摸屏等知识的掌握。

嵌入式操作系统也是嵌入式系统学习重要的一部分，在此基础上才能进行各种设备驱动应用程序的开发。

思考与练习

1．比较嵌入式系统与通用计算机系统的区别。

2．试说明嵌入式操作系统的特点。

第2章 嵌入式处理器SAMSUNG S3C2410概述

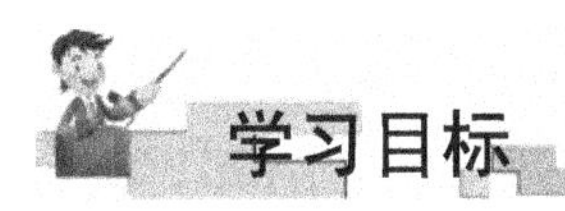

本章主要讲述嵌入式ARM处理器的特点及应用选型，并介绍SAMSUNG S3C2410处理器的工作模式、寄存器结构及部分应用接口。更详细的内容建议读者参阅三星的S3C2410芯片的数据手册。学习完本章，读者将掌握如下内容，为嵌入式的底层开发打好基础。

(1) 了解嵌入式硬件的相关知识。

(2) 了解ARM处理器的特点及应用选型。

(3) 掌握SAMSUNG S3C2410处理器的工作模式及寄存器结构。

(4) 理解SAMSUNG S3C2410 处理器的部分应用接口。

(5) 了解嵌入式硬件平台的基本组成。

2.1 嵌入式ARM处理器

1991年ARM公司成立于英国剑桥，主要出售芯片设计技术的授权。目前，采用ARM技术知识产权(IP)核的微处理器(即通常所说的ARM微处理器)已遍及工业控制、消费类电子产品、通信系统、网络系统和无线系统等各类产品市场。基于ARM技术的微处理器应用约占据了32位RISC微处理器75%以上的市场份额，ARM技术正逐步渗入到人们生活的各个方面。

ARM公司是专门从事基于RISC技术芯片设计开发的公司。作为知识产权供应商，它本身不直接从事芯片生产，靠转让设计许可，由合作公司生产各具特色的芯片。世界各大半导体生产商从ARM公司购买其设计的ARM微处理器核，根据各自不同的应用领域，加入适当的外围电路，从而形成自己的ARM微处理器芯片并进入市场。目前，全世界有几十家大的半导体公司都使用ARM公司的授权，这样既使ARM技术获得更多的第三方工具、制造、软件的支持，又使整个系统成本降低，使产品更容易进入市场并被消费者所接受，更具有竞争力。

2.1.1 ARM 处理器的特点

采用 RISC 架构的 ARM 微处理器一般具有如下特点。

(1) 体积小、低功耗、低成本、高性能。

(2) 支持 Thumb(16 位)/ARM(32 位)双指令集，能很好地兼容 8 位/16 位器件。

(3) 大量使用寄存器，指令执行速度更快。

(4) 大多数数据操作都在寄存器中完成。

(5) 寻址方式灵活简单，执行效率高。

(6) 指令长度固定。

2.1.2 ARM 微处理器系列

ARM 微处理器目前包括 ARM7 系列、ARM9 系列、ARM9E 系列、ARM10E 系列、SecurCore 系列、Cortex 系列。除了具有 ARM 体系结构的共同特点以外，每一个系列的 ARM 微处理器都有各自的特点和应用领域。

1. ARM7 微处理器系列

ARM7 系列微处理器为低功耗的 32 位 RISC 处理器，最适合于要求低价位和低功耗的消费类应用。ARM7 微处理器系列具有如下特点。

(1) 具有嵌入式 ICE-RT 逻辑，调试开发方便。

(2) 极低的功耗，适合对功耗要求较高的应用，如便携式产品。

(3) 能够提供 0.9MIPS/MHz 的三级流水线结构。

(4) 代码密度高并兼容 16 位的 Thumb 指令集。

(5) 对操作系统的支持广泛，包括 Windows CE、Linux、Palm OS 等。

(6) 指令系统与 ARM9 系列、ARM9E 系列和 ARM10E 系列兼容，便于用户的产品升级换代。

(7) 主频最高可达 130MIPS，高速的运算处理能力使其能胜任绝大多数的复杂应用。

ARM7 系列微处理器的主要应用领域：工业控制、Internet 设备、网络和调制解调器设备、移动电话等多种多媒体和嵌入式应用。

ARM7 系列微处理器包括如下几种类型的核：ARM7TDMI、ARM7TDMI-S、ARM720T、ARM7EJ。其中，ARM7TDMI 是目前使用最广泛的 32 位嵌入式 RISC 处理器，属于低端 ARM 处理器核。TDMI 的基本含义如下。

T：支持 16 位压缩指令集 Thumb。

D：支持片上 Debug。

M：内嵌硬件乘法器(Multiplier)。

I：嵌入式 ICE，支持片上断点和调试点。

2. ARM9 微处理器系列

ARM9 系列微处理器在高性能和低功耗特性方面提供最佳的性能。它具有以下特点。

(1) 5 级整数流水线，指令执行效率更高。

(2) 提供 1.1MIPS/MHz 的哈佛结构。

(3) 支持 32 位 ARM 指令集和 16 位 Thumb 指令集。

(4) 支持 32 位的高速 AMBA 总线接口。

(5) 全性能的 MMU，支持 Windows CE、Linux 和 Palm OS 等多种主流嵌入式操作系统。

(6) MPU 支持实时操作系统。

(7) 支持数据 Cache 和指令 Cache，具有更高的指令和数据处理能力。

ARM9 系列微处理器主要应用于无线设备、仪器仪表、安全系统、机顶盒、高端打印机、数字照相机和数字摄像机等。

ARM9 系列微处理器包含 ARM920T、ARM922T 和 ARM940T 共 3 种类型，以适用于不同的应用场合。

3. ARM9E 微处理器系列

ARM9E 系列微处理器为可综合处理器，使用单一的处理器内核提供了微控制器、DSP 和 Java 应用系统的解决方案，极大地减少了芯片的面积和系统的复杂程度。ARM9E 系列微处理器提供了增强的 DSP 处理能力，很适合于那些需要同时使用 DSP 和微控制器的应用场合。

ARM9E 系列微处理器的主要特点如下。

(1) 支持 DSP 指令集，适合于需要高速数字信号处理的场合。

(2) 5 级整数流水线，指令执行效率更高。

(3) 支持 32 位 ARM 指令集和 16 位 Thumb 指令集。

(4) 支持 32 位的高速 AMBA 总线接口。

(5) 支持 VFP9 浮点处理协处理器。

(6) 全性能的 MMU，支持 Windows CE、Linux 和 Palm OS 等多种主流嵌入式操作系统。

(7) MPU支持实时操作系统。

(8) 支持数据 Cache 和指令 Cache，具有更高的指令和数据处理能力。

(9) 主频最高可达 300MIPS。

ARM9E 系列微处理器主要应用于下一代无线设备、数字消费品、成像设备、工业控制、存储设备和网络设备等领域。

ARM9E 系列微处理器包含 ARM926EJ-S、ARM946E-S 和 ARM966E-S 共 3 种类型，以适用于不同的应用场合。图 2.1 是 ARM9E-S 结构图。

4. ARM10E 微处理器系列

ARM10E 系列微处理器具有高性能、低功耗的特点，由于采用了新的体系结构，与同等的 ARM9 器件相比较，在同样的时钟频率下，性能提高了近 50%。同时，ARM10E 系列微处理器采用了两种先进的节能方式，使其功耗极低。

ARM10E 系列微处理器的主要特点如下。

(1) 支持 DSP 指令集，适合于需要高速数字信号处理的场合。

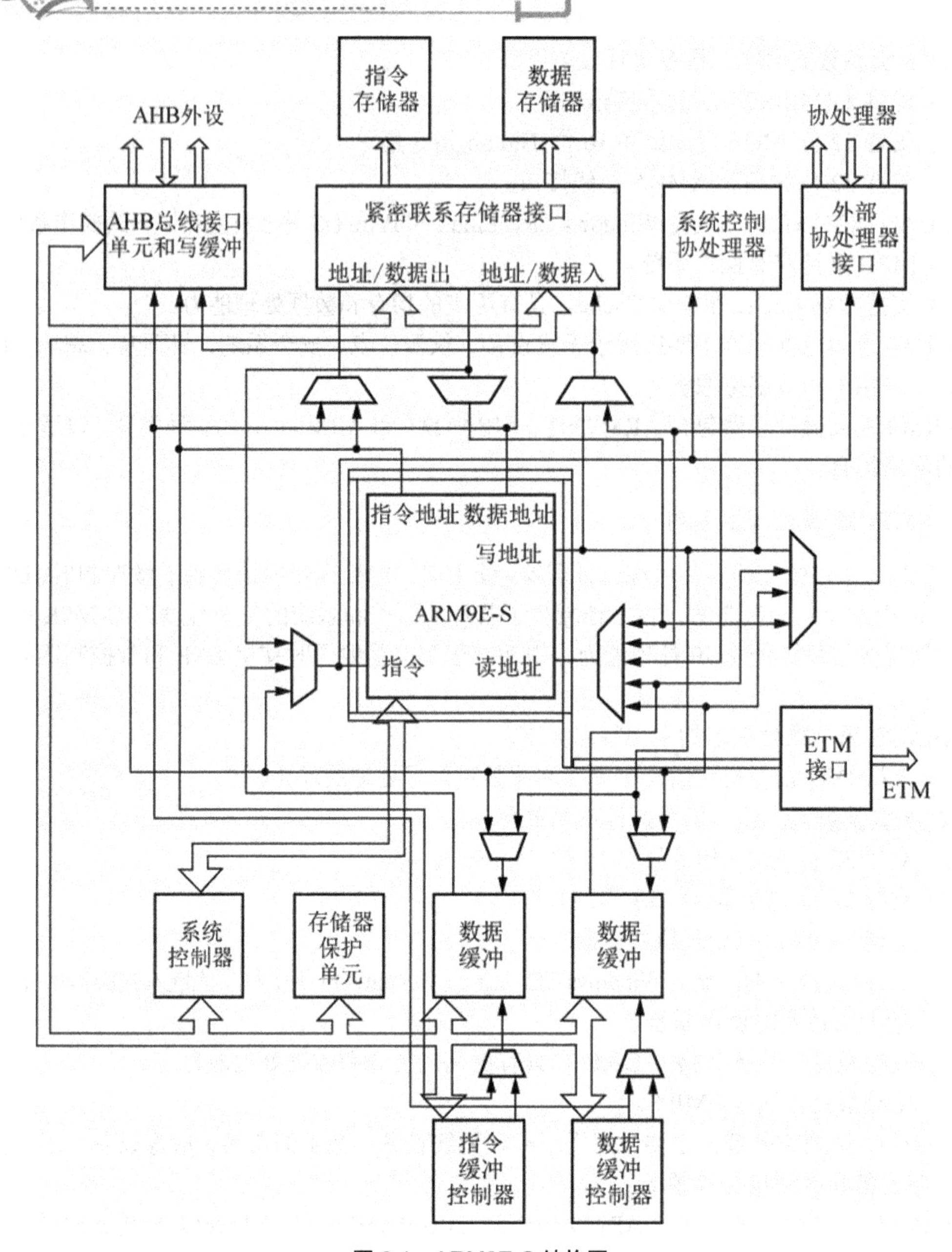

图 2.1　ARM9E-S 结构图

(2) 6 级整数流水线，指令执行效率更高。

(3) 支持 32 位 ARM 指令集和 16 位 Thumb 指令集。

(4) 支持 32 位的高速 AMBA 总线接口。

(5) 支持 VFP10 浮点处理协处理器。

(6) 全性能的 MMU，支持 Windows CE、Linux 和 Palm OS 等多种主流嵌入式操作系统。

(7) 支持数据Cache和指令Cache，具有更高的指令和数据处理能力。

(8) 主频最高可达400MIPS。

(9) 内嵌并行读/写操作部件。

ARM10E系列微处理器主要应用于下一代无线设备、数字消费品、成像设备、工业控制、通信和信息系统等领域。

ARM10E系列微处理器包含ARM1020E、ARM1022E和ARM1026EJ-S共3种类型，适用于不同的应用场合。

5. SecurCore微处理器系列

SecurCore系列微处理器专为安全需要而设计，提供了完善的32位RISC技术的安全解决方案，因此SecurCore系列微处理器除了具有ARM体系结构的低功耗、高性能的特点外，还具有其独特的优势，即提供了对安全解决方案的支持。

SecurCore系列微处理器除了具有ARM体系结构的各种主要特点外，还在系统安全方面具有如下的特点。

(1) 带有灵活的保护单元，以确保操作系统和应用数据的安全。

(2) 采用软内核技术，防止外部对其进行扫描探测。

(3) 可集成用户自己的安全特性和其他协处理器。

SecurCore 系列微处理器主要应用于一些对安全性要求较高的应用产品及应用系统，如电子商务、电子政务、电子银行业务、网络和认证系统等领域。

SecurCore 系列微处理器包含SecurCore SC100、SecurCore SC110、SecurCore SC200和SecurCore SC210共4种类型，以适用于不同的应用场合。

6. Cortex微处理器系列

Cortex系列处理器是基于ARMv7架构的，分为Cortex-M、Cortex-R和Cortex-A这3类，是最新的ARM12系列处理器。

Cortex-M3处理器内核采用ARMv7-M架构，其主要特性如下。

(1) Thumb-2指令集架构(ISA)的子集，包含所有基本的16位和32位Thumb-2指令。

(2) 哈佛处理器架构，在加载/存储数据的同时能够执行指令取指。

(3) 三级流水线。

(4) 32位单周期乘法。

(5) 硬件除法。

(6) Thumb状态和调试状态。

(7) 处理模式和线程模式。

(8) ISR的低延迟进入和退出。

① 无须多余指令就可实现处理器状态的保存和恢复。在保存状态的同时从存储器中取出异常向量，实现更加快速地进入ISR。

② 中断控制器的紧密式耦合接口，能够有效地处理迟来中断。

③ 采用末尾连锁(Tail-Chaining)中断技术，在两个中断之间没有多余的状态保存和恢复指令的情况下，处理背对背中断(Back-to-Back Interrupt)。

(9) 可中断-可继续(Interruptible-Continued)的LDM/STM，PUSH/POP。

(10) ARMv6类型BE8/LE支持。

(11) ARMv6非对齐访问。

这些新的 ARM Cortex 处理器系列都是基于 ARMv7 架构的产品，从尺寸和性能方面来看，既有少于 33000 个门电路的 ARM Cortex-M 系列，也有高性能的 ARM Cortex-A 系列。随着在各种不同领域应用需求的增加，微处理器市场也在趋于多样化。为了适应市场的发展变化，基于 ARMv7 架构的 ARM 处理器系列将不断拓展自己的应用领域。

2.1.3 ARM 微处理器的寄存器结构

ARM 处理器共有 37 个寄存器，被分为若干个组(BANK)，这些寄存器包括如下几种。

(1) 31 个通用寄存器，包括程序计数器(PC 指针)，均为 32 位的寄存器。

(2) 6 个状态寄存器，用以标识 CPU 的工作状态及程序的运行状态，均为 32 位，目前只使用了其中的一部分。

同时，ARM 处理器又有 7 种不同的处理器模式，在每一种处理器模式下均有一组相应的寄存器与之对应。即在任意一种处理器模式下，可访问的寄存器包括 15 个通用寄存器(R0～R14)、1～2 个状态寄存器和程序计数器。在所有的寄存器中，有些是在 7 种处理器模式下共用的同一个物理寄存器，而有些寄存器则是在不同的处理器模式下有不同的物理寄存器。

ARM 微处理器支持的 7 种运行模式如下。

(1) 用户模式(usr)：ARM 处理器正常的程序执行状态。

(2) 快速中断模式(fiq)：用于高速数据传输或通道处理。

(3) 外部中断模式(irq)：用于通用的中断处理。

(4) 管理模式(svc)：操作系统使用的保护模式。

(5) 数据访问终止模式(abt)：当数据或指令预取终止时进入该模式，可用于虚拟存储及存储保护。

(6) 系统模式(sys)：运行具有特权的操作系统任务。

(7) 未定义指令中止模式(und)：当未定义的指令执行时进入该模式，可用于支持硬件协处理器的软件仿真。

2.1.4 ARM 微处理器的指令结构

ARM 微处理器在较新的体系结构中支持两种指令集：ARM 指令集和 Thumb 指令集。其中，ARM 指令长度为 32 位，Thumb 指令长度为 16 位。Thumb 指令集为 ARM 指令集的功能子集，但与等价的 ARM 代码相比较，可节省 30%～40%以上的存储空间，同时具备 32 位代码的所有优点。关于 ARM 处理器的指令集介绍，可查看 ARM 指令集手册。

2.1.5 ARM 微处理器的编程模型

从编程的角度看，ARM 微处理器的工作状态一般有两种。

(1) ARM 状态，此时处理器执行 32 位字对齐的 ARM 指令。

(2) Thumb状态，此时处理器执行16位、半字对齐的Thumb指令。

当 ARM 微处理器执行 32 位的 ARM 指令集时，工作在 ARM 状态；当 ARM 微处理器执行 16 位的 Thumb 指令集时，工作在 Thumb 状态。在程序的执行过程中，微处理器可以随时在两种工作状态之间切换，并且处理器工作状态的转变并不影响处理器的工作模

式和相应寄存器中的内容。

ARM 指令集和 Thumb 指令集均有切换处理器状态的指令，但 ARM 微处理器在开始执行代码时，应处于 ARM 状态。

进入 Thumb 状态：当操作数寄存器的状态位(位 0)为 1 时，可以采用执行 BX 指令的方法，使微处理器从 ARM 状态切换到 Thumb 状态。此外，若处理器处于 Thumb 状态时发生异常(如 IRQ、FIQ、Undef、Abort、SWI 等)，则异常处理返回时，自动切换到 Thumb 状态。

进入 ARM 状态：当操作数寄存器的状态位为 0 时，执行 BX 指令可以使微处理器从 Thumb 状态切换到 ARM 状态。此外，在处理器进行异常处理时，把 PC 指针放入异常模式链接寄存器中，并从异常向量地址开始执行程序，也可以使处理器切换到 ARM 状态。

2.1.6　ARM 体系结构的存储器格式

ARM 体系结构将存储器看作是从零地址开始的字节的线性组合。从零字节到第 3 字节放置第一个存储的字数据，从第 4 个字节到第 7 个字节放置第二个存储的字数据，依次排列。作为 32 位的微处理器，ARM 体系结构所支持的最大寻址空间为 4GB(2^{32} 字节)。

ARM 体系结构可以用两种方法存储字数据，称之为大端格式和小端格式，具体说明如下。

1. 大端格式

在这种格式中，字数据的高字节存储在低地址中，低字节存放在高地址中，如图 2.2 所示。

高地址 ↑ 低地址

31　　24	23　　16	15　　8	7　　0	字地址
8	9	10	11	8
4	5	6	7	4
0	1	2	3	0

图 2.2　以大端格式存储字数据

2. 小端格式

与大端存储格式相反，在小端存储格式中，低地址中存放的是字数据的低字节，高地址存放的是字数据的高字节，如图 2.3 所示。

高地址 ↑ 低地址

31　　24	23　　16	15　　8	7　　0	字地址
11	10	9	8	8
7	6	5	4	4
3	2	1	0	0

图 2.3　以小端格式存储字数据

2.1.7 ARM 微处理器的应用领域

到目前为止，ARM 微处理器及技术的应用几乎已经深入到各个领域。

1. 工业控制领域

作为 32 位的 RISC 架构，基于 ARM 核的微控制器芯片不但占据了高端微控制器市场的大部分市场份额，同时也逐渐向低端微控制器应用领域扩展。ARM 微控制器的低功耗、高性价比，向传统的 8 位/16 位微控制器提出了挑战。

2. 无线通信领域

目前已有超过 85%的无线通信设备采用了 ARM 技术。ARM 以其高性能和低成本的优势，在该领域的地位日益巩固。

3. 网络应用

随着宽带技术的推广，采用 ARM 技术的 ADSL 芯片正逐步获得竞争优势。此外，ARM 在语音及视频处理上进行了优化，并获得了广泛支持，也对 DSP 的应用领域提出了挑战。

4. 消费类电子产品

ARM 技术在目前流行的数字音频播放器、数字机顶盒和游戏机中得到广泛应用。

5. 成像和安全产品

现在流行的数码相机和打印机中绝大部分采用 ARM 技术。手机中的 32 位 SIM 智能卡也采用了 ARM 技术。

除此以外，ARM 微处理器及技术还应用到许多不同的领域，并会在将来取得更加广泛的应用。

2.2 SAMSUNG S3C2410 处理器

Samsung 公司推出的 16/32 位 RISC 处理器 S3C2410A，为手持设备和一般类型应用提供了低价格、低功耗、高性能小型微控制器的解决方案。为了降低整个系统的成本，S3C2410A 提供了以下丰富的内部设备：分开的 16KB 的指令 Cache 和 16KB 数据 Cache，MMU 虚拟存储器管理，LCD 控制器(支持 STN&TFT)，支持 NAND Flash 系统引导，系统管理器(片选逻辑和 SDRAM 控制器)，3 通道 UART，4 通道 DMA，4 通道 PWM 定时器，I/O 端口，RTC，8 通道 10 位 ADC 和触摸屏接口，IIC-BUS 接口，USB 主机，USB 设备，SD 主卡，MMC 卡接口，2 通道的 SPI 以及内部 PLL 时钟倍频器。

S3C2410A 采用了 ARM920T 内核，0.18μm 工艺的 CMOS 标准宏单元和存储器单元。它的低功耗、精简和出色的全静态设计特别适用于对成本和功耗敏感的应用。同样它还采

用了一种称为 Advanced Microcontroller Bus Architecture(AMBA)的新型总线结构。

S3C2410A 的显著特性是它的 CPU 内核，是一个由 ARM 公司设计的 16/32 位 ARM920T RISC 处理器。ARM920T 实现了 MMU、AMBA BUS 和 Harvard 高速缓冲体系结构。这一结构具有独立的 16KB 指令 Cache 和 16KB 数据 Cache，每个都是由 8 字长的行(line)构成。

通过提供一系列完整的系统外围设备，S3C2410A 大大减少了整个系统的成本，消除了为系统配置额外器件的需要。本文档将介绍 S3C2410A 中集成了以下片上功能。

(1) 微处理器具有 16KB 的 I-Cache 和 16KB 的 D-Cache/MMU；1.8V/2.0V 内核供电，3.3V 存储器供电，3.3V 外部 I/O 供电。

(2) 外部存储控制器(SDRAM 控制和片选逻辑)。

(3) LCD 控制器(最大支持 4K 色 STN 和 256K 色 TFT)提供 1 通道 LCD 专用 DMA。

(4) 4 通道 DMA 并有外部请求引脚。

(5) 3 通道 UART(IrDA1.0,16 字节 Tx FIFO，16 字节 Rx FIFO)/2 通道 SPI。

(6) 1 通道多主 IIC-BUS/1 通道 IIS-BUS。

(7) 兼容 SD 主接口协议 1.0 版和 MMC 卡协议 2.11。

(8) 2 端口 USB 主机/1 端口 USB 设备(1.1 版)。

(9) 4 通道 PWM 定时器和 1 通道内部定时器。

(10) 看门狗定时器。

(11) 117 个通用 I/O 口和 24 通道外部中断源。

(12) 功耗控制模式：具有普通，慢速，空闲和掉电模式。

(13) 8 通道 10 比特 ADC 和触摸屏接口。

(14) 具有日历功能的 RTC。

(15) 具有 PLL 片上时钟发生器。

2.2.1 特性

1. 体系结构

(1) 为手持设备和通用嵌入式应用提供片上集成系统解决方案。

(2) 16/32 位 RISC 体系结构和 ARM920T 内核强大的指令集。

(3) 加强的 ARM 体系结构 MMU 用于支持 WinCE、EPOC32 和 Linux。

(4) 指令高速存储缓冲器(I-Cache)，数据高速存储缓冲器(D-Cache)，写缓冲器和物理地址 TAG RAM 减少主存带宽和响应性带来的影响。

(5) 采用 ARM920T CPU 内核支持 ARM 调试体系结构。

(6) 内部高级微控制总线(AMBA)体系结构(AMBA2.0，AHB/APB)。

2. 系统管理器

(1) 支持大/小端方式。

(2) 寻址空间：每 Bank 128MB(总共 1GB)。

(3) 支持可编程的每 Bank 8/16/32 位数据总线带宽。

(4) 从 Bank0 到 Bank6 都采用固定的 Bank 起始寻址。

(5) Bank7 具有可编程的 Bank 的起始地址和大小。

(6) 8 个存储器 Bank：其中 6 个适用于 ROM、SRAM 和其他；另外 2 个适用于 ROM/SRAM 和同步 DRAM。

(7) 所有的存储器 Bank 都具有可编程的操作周期。

(8) 支持外部等待信号延长总线周期。

(9) 支持掉电时的 SDRAM 自刷新模式。

(10) 支持各种型号的 ROM 引导(NOR/NAND Flash、EEPROM 或其他)。

3. NAND Flash 启动引导

(1) 支持从 NAND flash 存储器的启动。

(2) 采用 4KB 内部缓冲器进行启动引导。

(3) 支持启动之后 NAND 存储器仍然作为外部存储器使用。

4. Cache 存储器

(1) 64 项全相连模式，采用 I-Cache(16KB)和 D-Cache(16KB)。

(2) 每行 8 字长度，其中每行带有一个有效位和两个 dirty 位。

(3) 伪随机数或轮转循环替换算法。

(4) 采用写穿式(Write-Through)或写回式(Write-Back)Cache 操作来更新主存储器。

(5) 写缓冲器可以保存 16 个字的数据和 4 个地址。

5. 时钟和电源管理

(1) 片上 MPLL 和 UPLL。

(2) 采用 UPLL 产生操作 USB 主机/设备的时钟。

(3) MPLL 产生最大 266MHz(在 2.0V 内核电压下)操作 MCU 所需要的时钟。

(4) 通过软件可以有选择性的为每个功能模块提供时钟。

(5) 电源模式：正常、慢速、空闲和掉电模式。

① 正常模式：正常运行模式。

② 慢速模式：不加 PLL 的低时钟频率模式。

③ 空闲模式：只停止 CPU 的时钟。

④ 掉电模式：所有外设和内核的电源都切断了。

(6) 可以通过 EINT[15:0]或 RTC 报警中断来从掉电模式中唤醒处理器。

6. 中断控制器

(1) 55 个中断源(1 个看门狗定时器，5 个定时器，9 个 UARTs，24 个外部中断，4 个 DMA，2 个 RTC，2 个 ADC，1 个 IIC，2 个 SPI，1 个 SDI，2 个 USB，1 个 LCD 和 1 个电池故障)。

(2) 电平/边沿触发模式的外部中断源。

(3) 可编程的边沿/电平触发极性。
(4) 支持为紧急中断请求提供快速中断服务。

7. 具有脉冲带宽调制功能的定时器

(1) 4通道16位具有PWM功能的定时器，1通道16位内部定时器，可基于DMA或中断工作。
(2) 可编程的占空比周期，频率和极性。
(3) 能产生死区。
(4) 支持外部时钟源。

8. RTC(实时时钟)

(1) 全面的时钟特性：秒、分、时、日期、星期、月和年。
(2) 32.768kHz工作频率。
(3) 具有报警中断。
(4) 具有节拍中断。

9. 通用I/O端口

(1) 24个外部中断端口。
(2) 多功能输入/输出端口。

10. UART

(1) 3通道UART，可以基于DMA模式或中断模式工作。
(2) 支持5位、6位、7位或者8位串行数据发送/接收。
(3) 支持外部时钟作为UART的运行时钟(UEXTCLK)。
(4) 可编程的波特率。
(5) 支持IrDA1.0。
(6) 具有测试用的回环模式。
(7) 每个通道都具有内部16字节的发送FIFO和16字节的接收FIFO。

11. DMA控制器

(1) 4通道的DMA控制器。
(2) 支持存储器到存储器、IO到存储器、存储器到IO和IO到IO的传输。
(3) 采用猝发传输模式加快传输速率。

12. A/D转换和触摸屏接口

(1) 8通道多路复用ADC。
(2) 最大500KSPS/10位精度。

13. LCD控制器STNLCD显示特性

(1) 支持3种类型的STNLCD显示屏：4位双扫描、4位单扫描、8位单扫描显示类型。

(2) 支持单色模式、4 级、16 级灰度 STNLCD、256 色和 4096 色 STN LCD。

(3) 支持多种不同尺寸的液晶屏。

(4) LCD 实际尺寸的典型值是 640×480、320×240、160×160 及其他。

① 最大虚拟屏幕大小是 4M 字节。

② 256 色模式下支持的最大虚拟屏是 4096×1024、2048×2048、1024×4096 等。

14. TFT 彩色显示屏

(1) 支持彩色 TFT 的 1、2、4 或 8bbp(像素每位)调色显示。

(2) 支持 16bbp 无调色真彩显示。

(3) 在 24bbp 模式下支持最大 16M 彩色 TFT。

(4) 支持多种不同尺寸的液晶屏。

(5) 典型实屏尺寸：640×480、320×240、160×160 及其他。

(6) 最大虚拟屏大小为 4M 字节。

(7) 64K 色彩模式下最大的虚拟屏尺寸为 2048×1024 及其他。

15. 看门狗定时器

(1) 16 位看门狗定时器。

(2) 在定时器溢出时发生中断请求或系统复位。

16. IIC 总线接口

(1) 1 通道多主 IIC 总线。

(2) 可进行串行，8 位，双向数据传输，标准模式下数据传输速度可达 100kb/s，快速模式下可达到 400kb/s。

17. IIS 总线接口

(1) 1 通道音频 IIS 总线接口，可基于 DMA 方式工作。

(2) 串行，每通道 8/16 位数据传输。

(3) 发送和接收具备 128B(64B 加 64B)FIFO。

(4) 支持 IIS 格式和 MSB-justified 数据格式。

18. USB 主设备

(1) 2个USB主设备接口。

(2) 遵从OHCI Rev.1.0标准。

(3) 兼容USB ver1.1标准。

19. USB 从设备

(1) 1 个 USB 从设备接口。

(2) 具备 5 个 Endpoint。

(3) 兼容 USB ver1.1 标准。

20. SD 主机接口

(1) 兼容 SD 存储卡协议 1.0 版。

(2) 兼容SDIO卡协议1.0版。
(3) 发送和接收具有FIFO。
(4) 基于DMA或中断模式工作。
(5) 兼容MMC卡协议2.11版。

21. SPI接口

(1) 兼容2通道SPI协议2.11版。
(2) 发送和接收具有2×8位的移位寄存器。
(3) 可以基于DMA或中断模式工作。

22. 工作电压

(1) 内核：1.8V时最高200MHz(S3C2410A-20)；2.0V时最高266MHz(S3C2410A-26)。
(2) 存储器和IO口：3.3V。

23. 操作频率

操作频率最高达到266MHz。

24. 封装

272－FBGA封装。

25. S3C2410引脚定义图

S3C2410引脚定义图如图2.4所示。

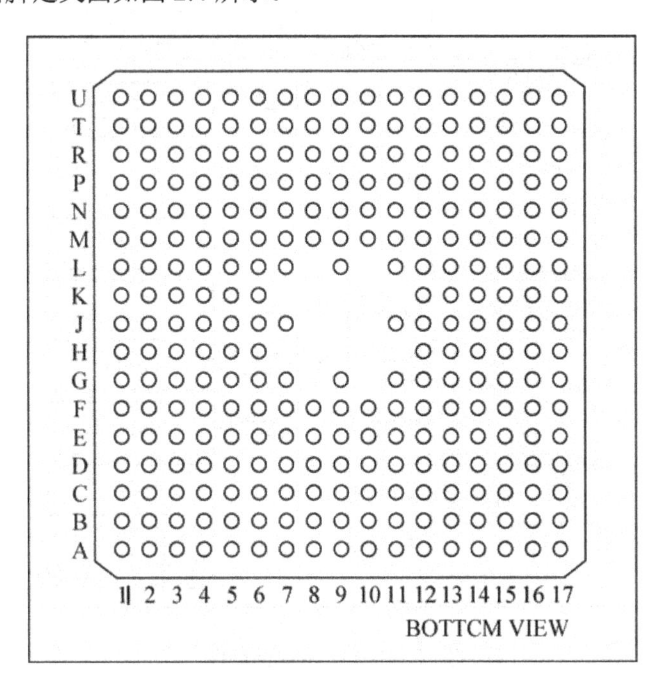

图2.4　S3C2410引脚定义图

关于引脚封装和顺序的详细信息可查阅 S3C2410 技术手册。

26. S3C2410 内部结构图

S3C2410 内部结构图如图 2.5 所示。

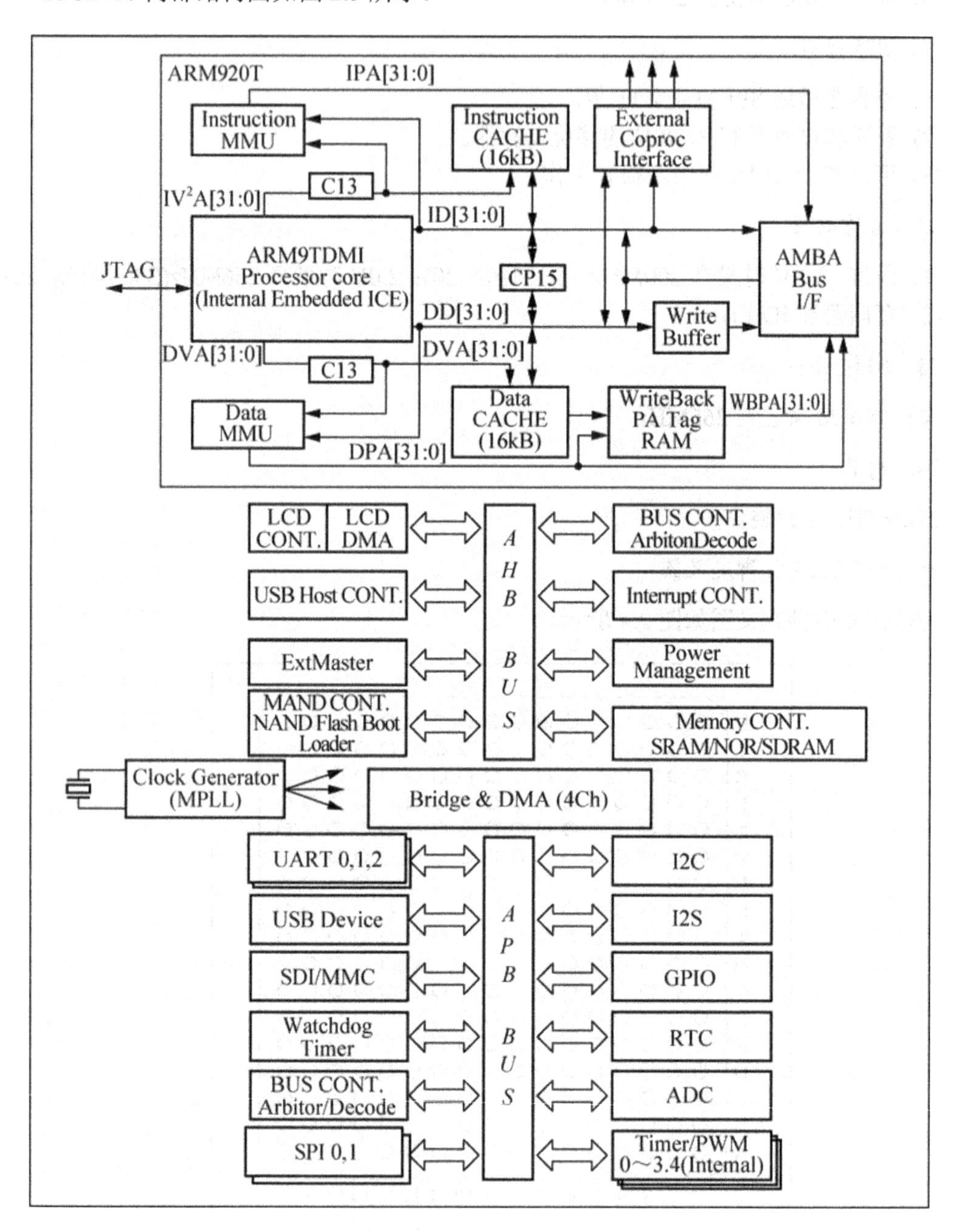

图 2.5 S3C2410 内部结构图

2.2.2　处理器工作模式

S3C2410A采用了非常先进的ARM920T内核，它是由ARM公司研制的。

1. 处理工作状态

从程序员的角度上看，ARM920T可以工作在下面两种工作状态下的一种。

(1) ARM状态：执行32位字对齐的ARM指令；

(2) Thumb状态：执行16位半字对齐的Thumb指令。在这种状态下，PC寄存器的第1位来选择一个字中的哪个半字。

注意：这两种状态的转换不影响处理模式和寄存器的内容。

2. 切换状态

进入Thumb状态，可以通过执行BX指令，同时将操作数寄存器的状态位(0位)置1来实现。当从异常(IRQ，FIQ，UNDEF，ABORT，SWI等)返回时，只要进入异常处理前处理器处于Thumb状态，也会自动进入Thumb状态。

进入ARM状态，可以通过执行BX指令，并且操作数寄存器的状态位(0位)清零来实现。当处理进入异常(IRQ，FIQ，RESET，UNDEF，ABORT，SWI等)时，PC值保持在异常模式下的link寄存器中，并从异常向量地址处开始执行处理程序。

3. 存储空间的格式

ARM920将存储器空间视为从0开始由字节组成的线性集合，字节0到3中保存了第一个字节，字节4到7中保存第二个字，依此类推，ARM920T对存储的字，可以按照小端(Little endian)或大端(Big endian)的方式对待。

4. 指令长度

指令可以是32位长度(在ARM状态下)或16 位长度(在Thumb状态)。

5. 数据类型

ARM920T支持字节(8位)，半字(16位)和字(32位)数据类型。字必须按照4字节对齐，半字必须是2字节对齐。

6. 操作模式

ARM920T支持7种操作模式：

(1) 用户模式(usr模式)，运行应用的普通模式。

(2) 快速中断模式(fiq模式)，用于支持数据传输或通道处理。

(3) 中断模式(irq模式)，用于普通中断处理。

(4) 超级用户模式(svc模式)，操作系统的保护模式。

(5) 异常中断模式(abt模式)，输入数据后登入或预取异常中断指令。

(6) 系统模式(sys 模式)，是操作系统使用的一个有特权的用户模式。

(7) 未定义模式(und 模式)，执行了未定义指令时进入该模式。

外部中断，异常操作或软件控制都可以改变中断模式。大多数应用程序都是在用户模式下运行。进入特权模式是为了处理中断或异常请求或操作保护资源服务的。

2.2.3 寄存器

ARM 共有 37 个 32 位的寄存器，其中 31 个是通用寄存器，6 个是状态寄存器。但在同一时间，对程序员来说并不是所有的寄存器都可见。在某一时刻存储器是否可见(可被访问)，是由处理器当前的工作状态和工作模式决定的。

1. ARM 状态寄存器

在 ARM 状态下，任何时刻都可以看到 16 个通用寄存器，1 或 2 个状态寄存器。在特权模式(非用户模式)下会切换到具体模式下的寄存器组，其中包括模式专用的私有(banked)寄存器。

ARM 状态寄存器系列中含有 16 个直接操作寄存器：R0～R15。除了 R15 外其他的都是通用寄存器，可用来存放地址或数据值。除此之外，实际上有 17 个寄存器用来存放状态信息。具体说明如下。

(1) 寄存器 14：专职持有返回点的地址，在系统执行一条跳转并链接(link)(BL)指令的时候，R14 将收到一个 R15 的复制。其他的时候，它可以用作一个通用寄存器。相应的它在其他模式下的私有寄存器 R14_svc、R14_irq、R14_fiq、R14_abt 和 R14_und 都同样用来保存在中断或异常发生时，或在中断和异常中执行了 BL 指令时，R15 的返回值。

(2) 寄存器 15：程序计数器(PC)。在 ARM 状态下，R15 的 bits[1:0]为 0，bits[31:2]保存了 PC 的值。在 Thumb 状态下，bits[0]为 0，同时 bits[31:1]保存了 PC 值。

(3) 寄存器 16：CPSR(当前程序状态寄存器)，用来保存当前代码标志和当前处理器模式位。

2. ARM 状态下寄存器集

FIQ 模式拥有 7 个私有寄存器 R8～R14(R8_fiq～R14_fiq)。在 ARM 状态下，多数 FIQ 处理都不需要保存任何寄存器。用户、中断、异常中止，超级用户和未定义模式都拥有 2 个私有寄存器，R13 和 R14。允许这些模式都可拥有 1 个私有堆栈指针和链接(link)寄存器。如图 2.6 所示。

3. Thumb 状态下的寄存器集

Thumb 状态寄存器是 ARM 状态寄存器的一个子集。程序员可以直接操作 8 个通用寄存器 R0～R7，同样可以这样操作程序计数器(PC)、堆栈指针寄存器(SP)、链接(link)寄存器(LR)和 CPSR。它们都是各个特权模式下的私有寄存器，如图 2.7 所示。

ARM State General Registers and Program Counter

System & User	FIQ	Supervisor	Abort	IRQ	Undefined
R0	R0	R0	R0	R0	R0
R1	R1	R1	R1	R1	R1
R2	R2	R2	R2	R2	R2
R3	R3	R3	R3	R3	R3
R4	R4	R4	R4	R4	R4
R5	R5	R5	R5	R5	R5
R6	R6	R6	R6	R6	R6
R7	R7	R7	R7	R7	R7
R8	R8_fiq	R8	R8	R8	R8
R9	R9_fiq	R9	R9	R9	R9
R10	R10_fiq	R10	R10	R10	R10
R11	R11_fiq	R11	R11	R11	R11
R12	R12_fiq	R12	R12	R12	R12
R13	R13_fiq	R13_svc	R13_abt	R13_irq	R13_und
R14	R14_fiq	R14_svc	R14_abt	R14_irq	R14_und
R15(PC)	R15(PC)	R15(PC)	R15(PC)	R15(PC)	R15(PC)

ARM State Program Status Registers

System & User	FIQ	Supervisor	Abort	IRQ	Undefined
CPSR	CPSR	CPSR	CPSR	CPSR	CPSR
	SPSR_fiq	SPSR_svc	SPSR_abt	SPSR_irq	SPSR_und

◣ = banked register

图 2.6　ARM 状态下的寄存器组织结构

Thumb State General Registers and Program Counter

System & User	FIQ	Supervisor	Abort	IRQ	Undefined
R0	R0	R0	R0	R0	R0
R1	R1	R1	R1	R1	R1
R2	R2	R2	R2	R2	R2
R3	R3	R3	R3	R3	R3
R4	R4	R4	R4	R4	R4
R5	R5	R5	R5	R5	R5
R6	R6	R6	R6	R6	R6
R7	R7	R7	R7	R7	R7
SP	SP_fiq	SP_svc	SP_abt	SP_und	SP_fiq
LR	LR_fiq	LR_svc	LR_abt	LR_und	LR_fiq
PC	PC	PC	PC	PC	PC

Thumb State Program Status Registers

System & User	FIQ	Supervisor	Abort	IRQ	Undefined
CPSR	CPSR	CPSR	CPSR	CPSR	CPSR
	SPSR_fiq	SPSR_svc	SPSR_abt	SPSR_irq	SPSR_und

◣ = banked register

图 2.7　Thumb 状态下的寄存器组织结构

4. ARM 和 Thumb 状态寄存器间的关系

(1) Thumb 态下 R0～R7 和 ARM 状态下 R0～R7 是等同的。
(2) Thumb 状态的 CPSR 和 SPSRs 跟 ARM 状态的 CPSR 和 SPSRs 是等同的。
(3) Thumb 状态下的 SP 映射在 ARM 状态下的 R13 上。
(4) Thumb 状态下的 LR 映射在 ARM 状态下的 R14 上。
(5) Thumb 状态下的程序计数器映射在 ARM 状态下的程序计数器(R15)上。

图 2.8 显示了它们之间的关系。

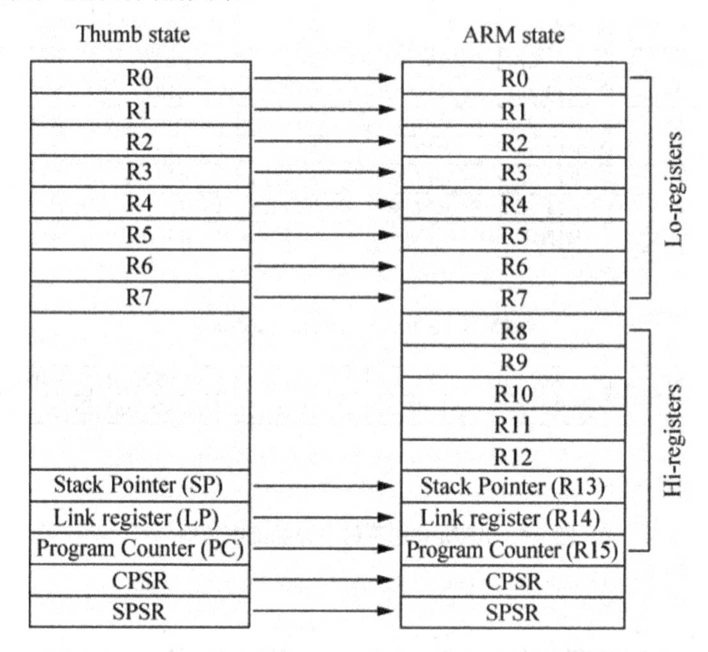

图 2.8 Thumb 状态下和 ARM 状态下寄存器之间的映射关系

5. 在 Thumb 状态下访问高地址寄存器

在 Thumb 状态下寄存器 R8～R15(高地址寄存器)不是标准寄存器集。但是，汇编语言的程序员可以访问它们并用它们作快速暂存。

向 R8～R15 写入或读出数据，可以采用 MOV 指令的某个变型，从 R0～R7(低地址寄存器)的某个寄存器传送数据到高地址寄存器，或者从高地址寄存器传送到低地址寄存器。还可以采用 CMP 和 ADD 指令，将高地址寄存器的值与低地址寄存器的值进行比较或相加。

6. 程序状态寄存器

ARM920T 包含一个当前程序状态寄存器(CPSR)和 5 个备份的程序状态寄存器(SPSRs)，备份的程序状态寄存器用来进行异常处理，这些寄存器的功能如下。

(1) 保存 ALU 当前操作的有关信息。
(2) 控制中断的允许和禁止。
(3) 设置处理器的运行模式。

程序状态寄存器的位定义如图 2.9 所示。

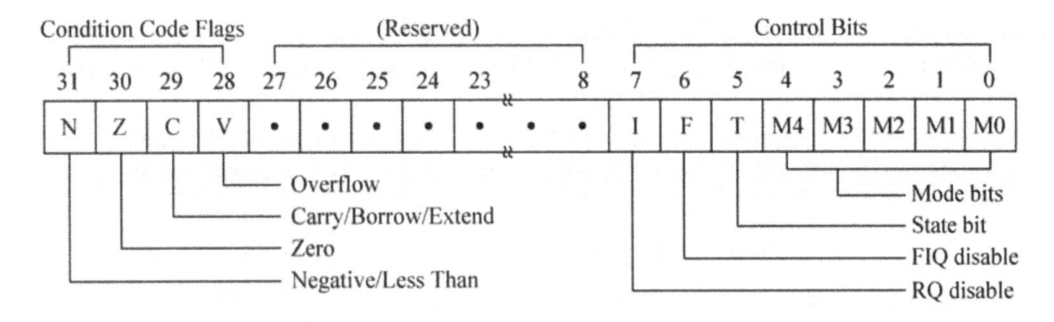

图 2.9 程序状态寄存器组织结构

1) 条件码标志位

N、Z、C、V 均为条件码标志位。它们的内容根据算术或逻辑运算的结果所改变，并可用来作为一些指令是否运行的检测条件。

在 ARM 状态下，绝大多数的指令都是有条件执行的；在 Thumb 状态下，仅有分支指令是有条件执行的。

2) 控制位

PRS 的低 8 位(包括 I、F、T 和 M[4:0])称为控制位，当发生异常时这些位会被改变，如果处理器在特权模式下运行，这些位也可以由程序修改。

T 标记位：该位反映处理器的运行状态。该位被设置为 1 时，处理器执行在 Thumb 状态，否则执行在 ARM 状态。这些由外部信号 TBIT 反映出来。注意软件绝不能改变 CPSR 的 TBIT 状态。如果这样做，处理器将会进入一种不可预知的状态。

中断禁止位：IF 位为中断禁止位，当它们被置 1 时可以相应地禁止 IRQ 和 FIQ 中断。

运行模式位：M4、M3、M2、M1 和 M0 位(M[4:0])是模式位，它们决定了处理器的操作模式，见表 2-1。并不是所有的组合都决定一个有效的处理器模式。只有那些明确定义的值才能被采用。用户必须意识到任何一种非法的值写入模式位，处理器都会进入到一种不可重获的状态，如果发生这种情况，就要进行复位。

表 2-1 PSR 模式位决定的操作模式

M[4:0]	Mode	Visible HUMB state registers	Visible ARM state registers
10000	User	R7..R0、 LR、SP PC、CPSR	R14..R0、 PC、CPSR
10001	FIQ	R7..R0、 LR_fiq、SP_fiq PC、CPSR、SPSR_fiq	R7..R0、 R14_fiq..R8_fiq、 PC、CPSR、SPSR_fiq
10010	IRQ	R7..R0、 LR_irq、SP_irq PC、CPSR、SPSR_irq	R12..R0、 R14_irq、R13_irq PC、CPSR、SRSR_irq

续表

M[4:0]	Mode	Visible HUMB state registers	Visible ARM state registers
10011	Supervisor	R7..R0、 LR_svc、SP_svc、 PC、CPSR、SPSR_svc	R12..R0、 R14_svc、R13_svc、 PC、CPSR、SRSR_svc
10111	Abort	R7..R0、 LR_abt、SP_abt、 PC、CPSR、SPSR_abt	R12..R0、 R14_abt、R13_ abt PC、CPSR、SRSR_abt
11011	Undefined	R7..R0、 LR_und、SP_und PC、CPSR、SPSR_und	R12..R0、 R14_und、R13_und PC、CPSR
11111	System	R7..R0、 LR、SP PC、CPSR	R14..R0、 PC、CPSR

3) 保留位

PSR 中的其余位为保留位，当改变 PSR 中的条件码标志位或者控制位时，必须确保保留位不被改变，在程序中也不要使用保留位来存储数据值。

7. 异常

当正常的程序执行流程被临时中断时，称为产生了异常。例如，程序执行转向一个外设的中断请求。在异常能被处理前，当前处理器的状态必须被保留，这样按处理程序完成时就能恢复原始的程序。

有可能同时产生好几个异常，如果出现这种情况，就应该按固定的顺序处理。

1) 进入异常时的操作

当一个异常发生时，ARM920T 将进行以下步骤。

(1) 将下一条指令的地址保存到相应的 link 寄存器中。如果异常是从 ARM 状态进入的，下一条指令的地址(根据异常的类型，数值为当前 PC+4 或 PC+8)复制到 link 寄存器。如果异常是从 Thumb 状态进入，那么写入到 link 寄存器的值是当前的 PC 偏移一个值。这表示异常处理程序不需要关心是从哪种状态进入异常的。例如，在 SWI 情况下，无论是来自什么状态，处理程序只要采用 MOVS PC, R14_svc 语句，总可以返回到原始程序的下一条语句。

(2) 复制 CPSR 到相应的 SPSR。

(3) 根据异常类型强制改变 CPRS 模式位的值。

(4) 令 PC 的值指向异常处理向量所指的下一条指令。

这时也可能设置中断禁能标志，以防止不可估计的异常嵌套发生。当处理器处于 Thumb 状态时发生了异常，当 PC 载入异常矢量所在地址时，它将自动地切换到 ARM 状态。

2) 离开异常处理时的操作

当完成异常处理时，处理程序应该有如下步骤。

(1) 将 link 寄存器，减去相应的偏移量，赋给 PC(偏移量的值由异常的类型决定)。

(2) 复制 PSR 到 CPSR。

如果在进入中断时设置了中断禁止标志，清除它；不需要特别指明切换回 Thumb 状态。因为原来的 CPSR 被自动地保存到了 SPSR。

3) 异常进入/退出的总结

表 2-2 总结了在进入异常时，保留到相应的 R14 中的 PC 的值和推荐使用的退出异常处理时采用的语句。

表 2-2 进入/退出异常

	Return Instruction	Previous State		Notes
		ARM R14_x	Thumb R14_x	
BL	MOV PC, R14	PC+4	PC+2	1
SW1	MOV PC, R14_svc	PC+4	PC+2	1
UDEF	MOV PC, R14_und	PC+4	PC+2	1
FIQ	SUBS PC, R14_fiq, #4	PC+4	PC+4	2
IRQ	SUBS PC, R14_irq, #4	PC+4	PC+4	2
PABT	SUBS PC, R14_abt, #4	PC+4	PC+4	1
DABT	SUBS PC, R14_abt, #8	PC+4	PC+8	3
RESET	NA	—	—	4

注意：

(1) 这里 PC 所赋的是 BL/SWI/未定义模式等指令所取的地址，它们在预取的阶段就被中断了。

(2) 这里 PC 所赋的是由于 FIQ 或 IRQ 取得了优先权，而没有来得及得到执行的指令地址。

(3) 这里 PC 所赋的地址是 Load 或 Store 指令的地址，它们在执行时产生了数据的异常中断。

(4) 在 R14_svc 复位之前保存的数值是不可预知的。

几种常见中断介绍如下。

1) FIQ 中断

FIQ(快速中断请求)异常通常是用来支持数据传输和通道操作的，在 ARM 状态下，它具有充分的私有寄存器，用来减少寄存器存取的需要(从而减少进入中断前的“上下文切换”的工作)。

FIQ 中断是由外部设备通过拉低 nFIQ 引脚触发的。通过对 ISYNC 输入引脚的控制，nFIQ 可以区别同步或异步的传输情况。当 ISYNC 为低电平时，nFIQ 和 nIRQ 将被认为是

异步的。中断之前产生同步周期延长会影响处理器的流程。

不管是 ARM 还是 Thumb 状态下的异常，FIQ 处理程序都可以通过执行以下的语句来退出中断处理。

```
SUBS PC, R14_fiq, #4
```

通过设置 CPSR 的 F 标记位可以禁止 FIQ 中断(但是在用户模式下是不可行的)。如果 F 标记位已经清除，ARM920T 在每个指令的最后检测来自 FIQ 中断同步器的低电输出。

2) IRQ 中断

IRQ(中断请求)异常是由 nIRQ 输入低电平引发的普通中断。IRQ 中断相对 FIQ 中断的优先级低，当一个 FIQ 中断序列进入时，它将被屏蔽。IRQ 也可以通过设置 CPRS 中的 I 标志来禁止，但同样也不能在用户模式中这样做(只能在特权模式下)。

无论 IRQ 发生在 ARM 还是 Thumb 状态下，都可以采用以下语句来退出中断处理。

```
SUBS PC, R14_irq, #4
```

3) 异常中止

异常中止表示当前存储访问不能完成。通过外部的 ABORT 输入信号来告知内核。ARM920T 在每次的存储操作中都会检测该异常是否发生。

有如下两种类型的异常中止。

(1) 预取指异常中断：指令预取时产生。

(2) 数据异常中断：数据访问时产生。

如果产生预取指中止，所取得的指令将会被标记为无效，但是异常不会立即发生，要直到取指到达了管道的头部才会发生。如果这些指令不执行——例如，在管道内发生了分支跳转，那么异常就不会发生了。

如果产生数据异常中止，根据指令类型进行如下操作。

(1) 简单数据传输指令(LDM、STR)写回改变的基址[变址]寄存器，异常中断处理器必须清楚这些。

(2) 取消交换指令，尽管它还没执行。

(3) 数据块传输指令(LDM、STM)完成。如果设置为写回，基址已经校正。如果指令超出了数据的写基址(传输目录中有它的基址)，就应该防止写超出。在中止异常将发生时，所有寄存器的覆盖写入都是禁止的。这意味着特别是 R15(经常是最后一个改变的寄存器)的值将在中止的 LDM 指令中保留下来。

Abort 机制使得页面虚拟存储器机制得以实现。在采用虚拟存储器的系统中，处理器可以产生任意的地址。当某个地址的数据无效时，MMU(存储器管理单元)将产生一个 abort 中止。这样 abort 的处理程序就必须找出异常中断的原因，使要求的数据可用，并重试被中止的指令。应用程序不需要了解实际可用存储空间的大小，也不需要了解异常中断对它的影响。

在完成了异常中断的处理后，通过以下语句退出中断处理(与发生在 ARM 状态还是 Thumb 状态下无关)。

```
SUBS PC, R14_abt, #4 ; 预取指 Abort
SUBS PC, R14_abt, #8 ; 数据 Abort
```

通过执行该语句，就恢复了 PC 和 CPSR，并重试被中断的指令。

4) 软件中断

SWI(软件中断指令)用来进入超级用户模式，通常用于请求特殊的超级用户功能。SWI 的处理程序通过执行以下语句，退出异常处理(无论在 ARM 状态或 Thumb 状态下)。

```
MOV PC, R14_svc
```

通过执行该语句，就恢复了 PC 和 CPRS，并返回到 SWI 后面的指令上。

注意：前面提到的 nFIQ，nIRQ，ISYNC，LOCK，BIGEND 和 ABORT 引脚只存在于 ARM920T CPU 的内核上。

5) 未定义指令

当 ARM920T 遇到一个它不能执行的指令，它将产生一个未定义指令陷阱。这个机制是软件仿真器用来扩展 Thumb 和 ARM 指令集用的。

在完成对未知指令的处理后，陷阱处理程序应该执行以下的语句退出异常处理(无论是 ARM 或 Thumb 状态)：

```
MOVS PC, R14_und
```

通过执行该语句，恢复了 CPSR，并返回执行未定义指令的下一条指令。

6) 异常中断向量

异常中断的向量地址见表 2-3。

表 2-3 异常中断向量表

Address	Exception	Mode in Entry
0x0000000	Reset	Supervisor
0x00000004	Undefined instruction	Undefined
0x00000008	Software Interrupt	Supervisor
0x0000000C	Abort(prefetch)	Abort
0x00000010	Abort(data)	Abort
0x00000014	Reserved	Reserved
0x00000018	IRQ	IRQ
0x0000001C	FIQ	FIQ

当多个异常中断同时发生时，处理器根据一个固定的优先级系统来决定处理它们的顺序。

最高优先级：复位、数据 abort、FIQ、IRQ、预取指 Abort。

最低优先级：未定义指令、软件中断。

注意：并非所有的异常中断都可能同时发生。未定义指令和软件中断是相互排斥的，因为它们都对应于当前指令的唯一的(非重叠的)解码结果。如果一个数据abort和FIQ中断同时发生了，并且此时的FIQ中断是使能的，ARM920T先进入到数据abort处理程序，然后立即进入FIQ向量。从FIQ正常的返回后，数据abort的处理程序才恢复执行。将数据abort设计为比FIQ拥有更高的优先级，可以确保传输错误不能逃避检测。这种情况下进入FIQ异常处理的时间延长了，这一时间必须考虑到FIQ中断最长反应时间的计算中去。

中断反应时间：最坏情况下的FIQ中断的反应时间，假设它是使能的，包括通过同步器最长请求时间(如果是异步则是Tsyncmax)，加上最长的指令执行时间(Tldm、LDM指令用于载入所有的寄存器，因此需要最长的执行时间)，加上数据abort进入时间(Texc)，加上进入FIQ处理所需要的时间(Tfiq)。在这些时间的最后，ARM920T会执行位于0x1C的指令。

Tsyncmax是3个处理器周期，Tldm是20个，Texc是3个，Tfiq是2个周期。也就是总共28个处理周期。在一个20MHz的处理时钟的系统里，它使用的时间超过1.4μs。最长的IRQ反应时间的计算方法是类似的，但是必须考虑到更高优秀级的FIQ中断可以推迟任意长时间进入IRQ中断处理。最小的FIQ或IRQ的反应时间包括通过同步器的时间Tsyncmax加上Tfiq，它是4个处理器周期。

复位：当nRESET信号为低时，ARM920T放弃任何指令的执行，并从增加的字地址处取指令。当nRESET信号变高时，ARM920T进行如下操作。

(1) 将当前的PC值和CPSR值写入R14_svc和SPSR_svc。已保存的PC和SPSR的值是未知的。

(2) 强制M[4:0]为10011(超级用户模式)，将CPSR中的I和F位设为1，并将T位清零。

(3) 强制PC从0x00地址取得下一条指令。

(4) 恢复为ARM状态开始执行。

2.3 SAMSUNG S3C2410模块接口

SAMSUNG S3C2410在包含ARM920T核的同时，增加了丰富的外围资源。本节从嵌入式最小系统的角度，介绍SAMSUNG S3C2410的模块接口。

2.3.1 时钟与电源管理

时钟与电源控制主要包括3部分：时钟控制，USB控制以及电源控制。

S3C2410X的时钟控制逻辑能够产生需要的时钟信号，包括向CPU提供的FCLK，向AHB总线外设提供的HCLK以及向APB总线外设提供的PCLK。S3C2410拥有两个锁相环(PLLs)：一个提供给FCLK、HCLK以及PCLK使用，另一个则是提供给USB的

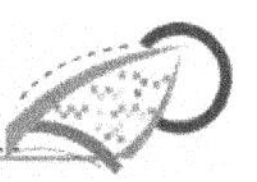

(48MHz)。在不需要PLL的情况下时钟控制逻辑可产生较慢的时钟并可通过软件来控制相应外设时钟的开关，这样可以减少电源的消耗。

在电源控制逻辑的帮助下，S3C2410采取了多种电源管理方法来保证最优的电源消耗，并可工作于4种模式：正常模式(NORMAL MODE)、慢速模式(SLOW MODE)、空闲模式(IDLE MODE)和断电模式(POWER-OFF MODE)。

1. 时钟控制

图2.10是时钟模块的整体结构图。由图可看出，主时钟源来自外部晶振(XTlPLL)或外部时钟(EXCLK)。时钟产生器包括一个连接到外部晶振的振荡器以及两个可产生高频时钟的锁相环(Phase-Locked-Loop)。PLL模块图如图2.11所示。

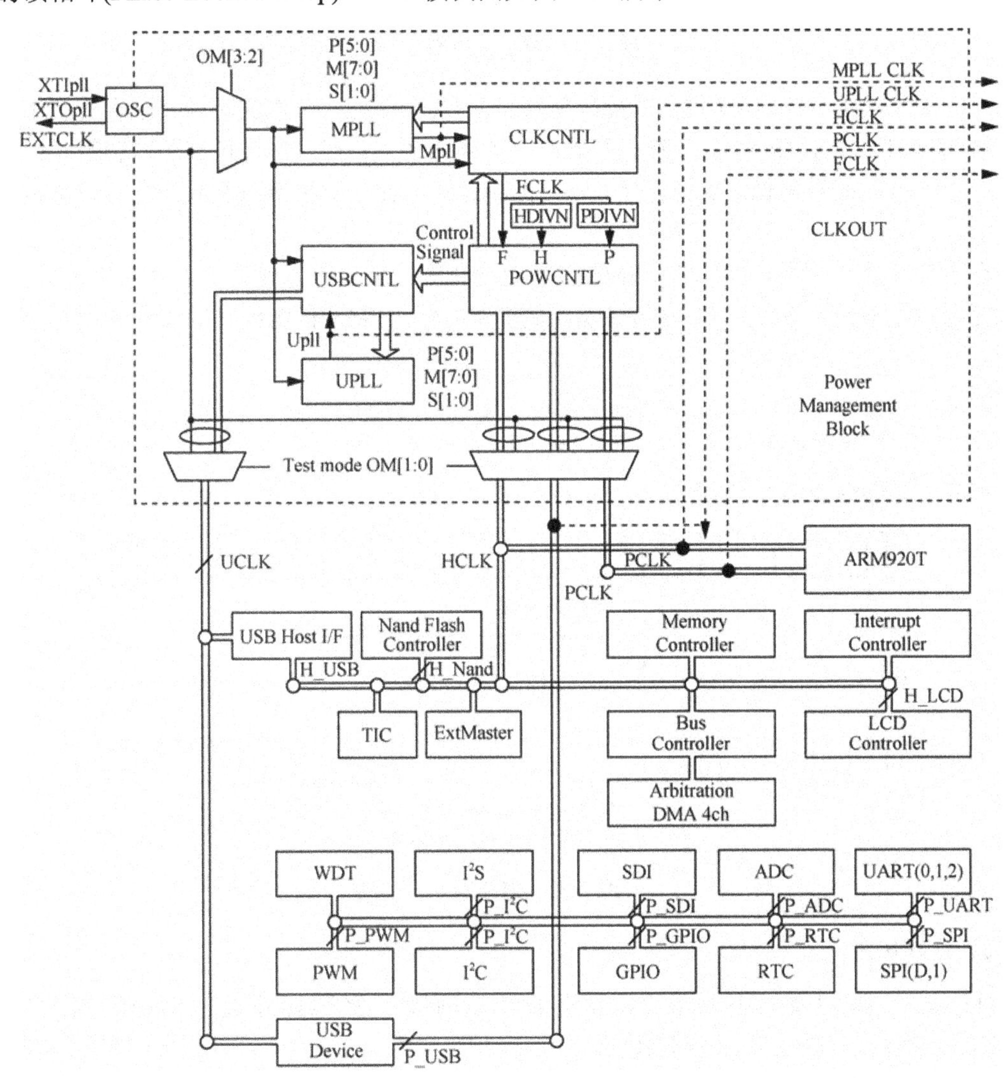

图2.10 时钟模块结构图

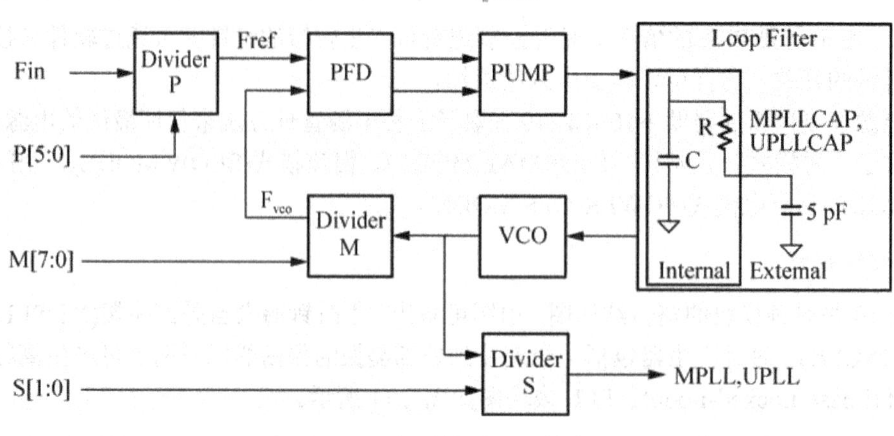

图 2.11　PLL 模块图

时钟控制逻辑可决定所用的时钟源，例如可采用通过 PLL 产生的时钟或是直接引用外部时钟(XTlpll 或 EXTCLK)。当 PLL 配置出一个新的频率值时，时钟控制逻辑会暂时停止 FCLK 直到 PLL 的输出稳定后再开启，时钟控制逻辑可在上电重启以及从断电模式中唤醒时激活。

在正常模式下，用户可通过写 PMS 值来改变频率，此时 PLL 锁存的时间会自动插入。在锁存期间，不会向 S3C2410 内部功能模块提供时钟。PMS 值对频率的改变遵循下面的式子。

```
Mpll = (m * Fin) / (p * 2s)
m = M (the value for divider M)+ 8, p = P (the value for divider P) + 2
```

相应的时序图如图 2.12 所示。

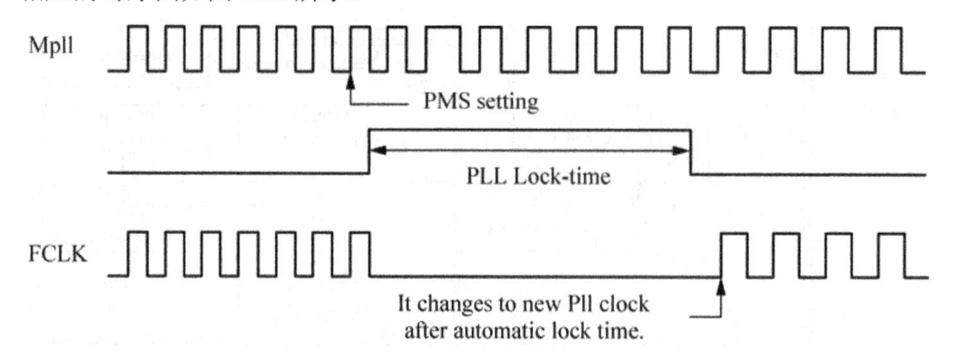

图 2.12　时序图

2. 时钟使用

(1) USB 主机以及 USB 设备接口需要 48MHz 时钟，S3C2410 中通过 PLL(UPLL)产生 48MHz 的时钟频率提供给 USB 使用。

(2) FCLK 提供给 ARM920T 核使用。

(3) HCLK 提供给 AHB 总线使用，包括存储控制器(Memory Controller)，中断控制器(Interrupt Controller)，LCD 控制器，DMA。

(4) PCLK 提供给 APB 总线上的外设使用，包括 WDT、IIS、IIC、PWM Timer、MMC Interface、ADC、UART、GPIO、RTC 和 SPI。

S3C2410 支持 FCLK、HLCK 和 PCLK 之间的比率可选，比率值可通过设置 HDIVN、PDIVN 和 CLKDIVN 控制寄存器设定。对照表见表 2-4。

表 2-4 时钟频率对应转换表

HDIVN	PDIVN	FCLK	HCLK	PCLK	Divide Ratio
0	0	FCLK	FCLK	FCLK	1∶1∶1 (Default)
0	1	FCLK	FCLK	FCLK/2	1∶1∶2
1	0	FCLK	FCLK/2	FCLK/2	1∶2∶2
1	1	FCLK	FCLK/2	FCLK/4	1∶2∶4 (recommended)

3. 电源管理

电源管理可通过软件来控制系统时钟，从而减少 S3C2410 的电源消耗。图 2.13 为 S3C2410 的时钟分配图。

S3C2410 有 4 种电源模式。接下来将对每一种模式进行简单的介绍。各模式之间的转换需要条件，图 2.14 为电源模式转换图。

1) 普通模式

在普通模式(NORMAL MODE)下，所有的外设以及一些基本的功能模块、包括电源管理模块、CPU 核、总线控制器、存储控制器、中断控制器、DMA 以及外部主控器都将全部工作。但是，除去基本的功能模块，其他的外设时钟都可通过软件来停止，以达到减少电源消耗的目的。

2) 空闲模式

在空闲模式(IDLE MODE)下，为 CPU 核提供的时钟会停止，但总线控制器、存储控制器、中断控制器以及电源管理模块的时钟不会停止。离开空闲模式，可通过外部中断、RTC 警报中断或是其他可被激活的中断来实现(外部中断只有在相应的 GPIO 打开时才可用)。

3) 低速模式

在低速模式(SLOW MODE)下，可通过提供较慢的时钟频率以及不使用 PLL 来减少电源的消耗。FCLK 的时钟频率通过输入时钟(XTlpll 或 EXTCLK)分频提供。分频率由 CLKSLOW 控制寄存器和 CLKDIVN 控制寄存器中的 SLOW_VAL 决定。

4) 断电模式

在断电模式(Power_OFF MODE)下，CPU 以及除去唤醒逻辑功能模块外的其他内部逻辑模块都没有电源消耗。激活断电模式需要两个独立的电源，一个向唤醒逻辑功能模块提供电源，另一个则向 CPU 以及其他逻辑功能模块提供电源。在断电模式下，上面所说的第 2 个电源则关闭向 CPU 以及相应内部逻辑功能模块提供的电源，但可通过外部中断(EINT[15:0])以及 RTC 报警中断将其从断电模式下唤醒。

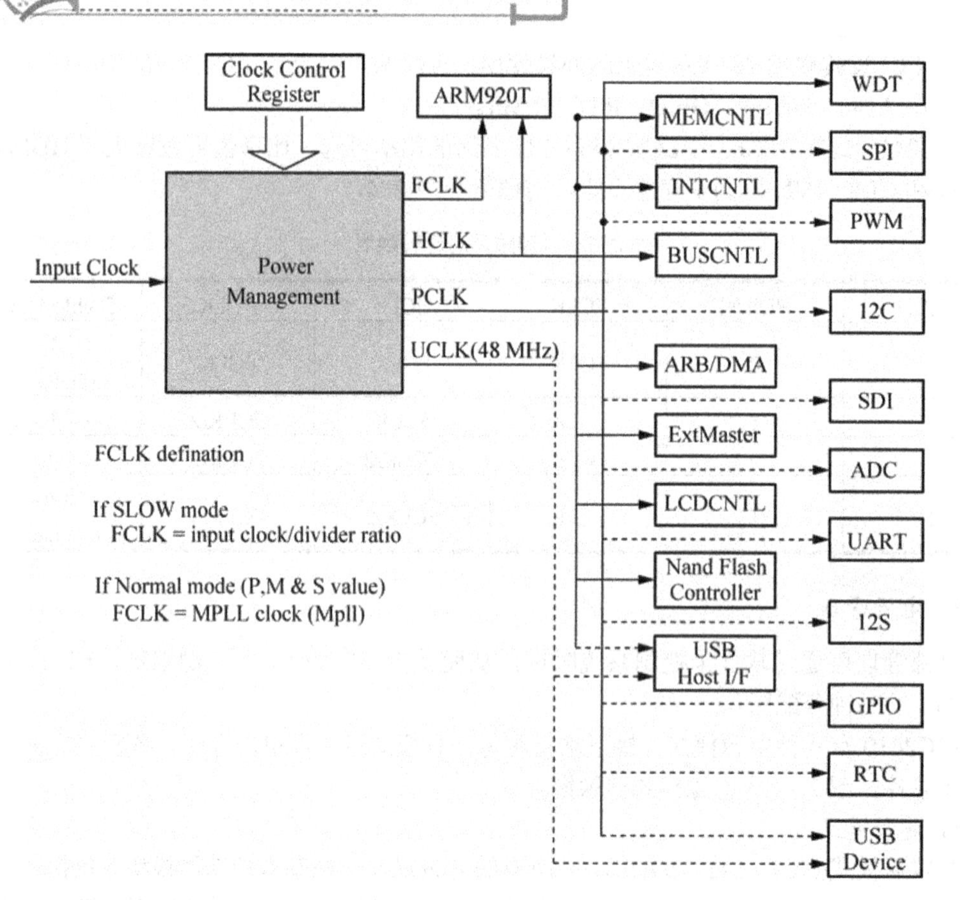

图 2.13　时钟分配图

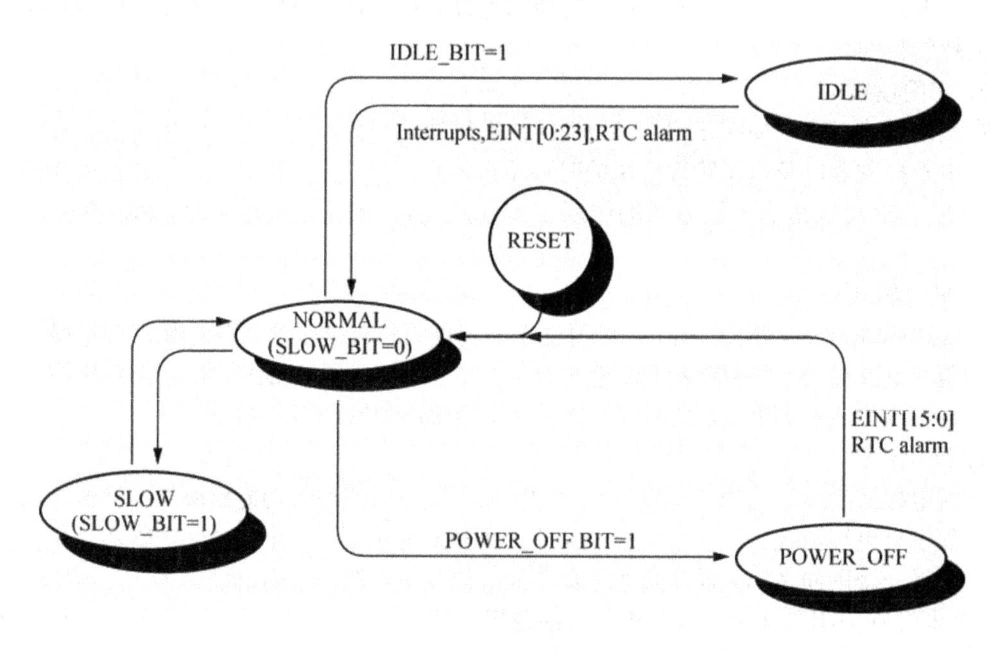

图 2.14　电源管理状态图

4. 时钟与电源管理特殊寄存器

1) 锁存时间计数寄存器

锁存时间计数寄存器(LOCKTIME)的值如表 2-5 所示。

表 2-5　LOCKTIME 的值

LOCK TIME COUNT REGISTER(LOCKTIME)

Register	Address	R/W	Description	Reset Value
LOCKTIME	0x4C000000	R/W	PLL lock time count register	0x00FFFFFF
LOCKTIME	**Bit**	**Description**		**Initial State**
U_LTIME	[23:12]	UPLL lock time count value for UCLK (U_LTIME>150uS)		0xFFF
M_LTIME	[11:0]	UPLL lock time count value for FCLK, and PCLK (U_LTIME>150uS)		0xFFF

2) PLL 控制寄存器

```
Mpll = (m * Fin) / (p * 2s)
m = (MDIV + 8), p = (PDIV + 2), s = SDIV
```

PLL 控制寄存器(MPLLCON 和 UPLLCON)值的选择如下。

(1) Fout = m * Fin / (p*2^s), Fvco = m * Fin / p where : m=MDIV+8, p=PDIV+2, s=SDIV

(2) Fin/(25*p) < 28.449e6/m < Fin/(10*p)

(3) 0.7 . 3.373/sqrt(m) . 1.8

(4) 160e6 . Fvco . 400e6

(5) 20e6 . Fout . 300e6 (The max. Fout of the PLL itself is 300MHz)

(6) FCLK . 3X-tal or 3EXTCLK

注意：尽管在选择 PLL 值的时候有相应的规则，但是推荐采用表 2-6 给出的 PLL 值，如果想选择其他的值，请联系芯片厂商。

表 2-6　PLL 的值

Register	Address	R/W	Description	Reset Value
MPLLCON	0x4C000004	R/W	MPLL configuration register	0x0005C080
UPLLCON	0x4C000008		UPLL configuration register	0x00028080
PLLCON	**Bit**	**Description**		**Initial State**
MDIV	[19:12]	Main divider control		0x5C/0x28
SDIV	[9:4]	Pre-divider control		0x08/0x08
SDIV	[1:0]	Post divider control		0x0/0x0

注意：当要同时设定 MPLL 和 UPLL 的值时，应先设置 MPLL 的值再设置 UPLL 的值。PLL 值选择表见表 2-7。

表 2-7 PLL 值的选择表

Input Frequency	Output Frequency	MDIV	PDIV	SDIV
12.00MHz	11.289MHz	N/A	N/A	N/A
12.00MHz	16.934MHz	N/A	N/A	N/A
12.00MHz	22.50MHz	N/A	N/A	N/A
12.00MHz	33.75MHz	82(0x52)	2	3
12.00MHz	45.00MHz	82(0x52)	1	3
12.00MHz	50.70MHz	161(0xa1)	3	3
12.00MHz	48.00MHz(note)	120(0x78)	2	3
12.00MHz	56.25MHz	142(0x8e)	2	3
12.00MHz	67.50MHz	82(0x52)	2	2
12.00MHz	69.00MHz	71(0x47)	1	2
12.00MHz	84.75MHz	105(0x69)	2	2
12.00MHz	90.00MHz	112(0x70)	2	2
12.00MHz	101.25MHz	127(0x7f)	2	2
12.00MHz	113.00MHz	105(0x69)	1	2
12.00MHz	118.50MHz	150(0x96)	2	2
12.00MHz	124.00MHz	116(0x74)	1	2
12.00MHz	135.00MHz	82(0x52)	2	1
12.00MHz	147.00MHz	90(0x5a)	2	1
12.00MHz	152.00MHz	68(0x44)	1	1
12.00MHz	158.00MHz	71(0x47)	1	1
12.00MHz	170.00MHz	77(0x4d)	1	1
12.00MHz	180.00MHz	82(0x52)	1	1
12.00MHz	186.00MHz	85(0x55)	1	1
12.00MHz	192.00MHz	88(0x58)	1	1
12.00MHz	202.80MHz	161(0xa1)	3	1

注意：48MHz 输出用于 UPLLCON 寄存器。

3) 时钟控制寄存器

时钟控制寄存器(CLKCON)的值见表 2-8。

表 2-8 CLKCON 的值

Register	Address	R/W	Description	Reset Value
CLKCON	0x4C00000C	R/W	Clock generator control register	0x7FFFF0

LOCKTIME	Bit	Description	Initial State
SPI	[18]	Control PCLK into SPI block. 0=Disable, 1=Enable	1
IIS	[17]	Control PCLK into ISS block. 0=Disable, 1=Enable	1
IIC	[16]	Control PCLK into IIS block. 0=Disable, 1=Enable	1
ADC(& Touch Screen)	[15]	Control PCLK into ADC block. 0=Disable, 1=Enable	1
RTC	[14]	Control PCLK into RTC control block. Even if this bit is cleared to 0, RTC timer is alive 0=Disable, 1=Enable	1
GPIO	[13]	Control PCLK into GPIO block. 0=Disable, 1=Enable	1
UART2	[12]	Control PCLK into UART2 block. 0=Disable, 1=Enable	1
UART1	[11]	Control PCLK into UART1S block. 0=Disable, 1=Enable	1
UART0	[10]	Control PCLK into UART0 block. 0=Disable, 1=Enable	1
SDI	[9]	Control PCLK into DDI interface block. 0=Disable, 1=Enable	1
RWMTNER	[8]	Control PCLK into PWMTIMER block. 0=Disable, 1=Enable	1
USB device	[7]	Control PCLK into USB device block. 0=Disable, 1=Enable	1
USB host	[6]	Control HCLK into USB host block. 0=Disable, 1=Enable	1
LCDC	[5]	Control HCLK into LCDC block. 0=Disable, 1=Enable	1

续表

LOCKTIME	Bit	Description	Initial State
NAND Flash Controller	[4]	Control HCLK into NAND Flash Controller block. 0=Disable, 1=Enable	1
POWER-OFF	[3]	Control Power Off mode of S3C2410. 0=Disable, 1=Transition to Power_OFF mode	0
IDLE B/T	[2]	Enter IDLE mode. Tis bit is not cleared automatically. 0=Disable, 1=Transition to IDLE mode	0
Reserved	[1]	Reserved	0
SM_BIT	[0]	SPECIAL mode. '0'is recommended nomally This bit can be used to enter SPECLAL mode in only the special condition, OM3=1 & wake-up by nRESET. Please contact us to use this bit.	0

4) 时钟慢调寄存器

时钟慢调寄存器(CLKSLOW)的值见表 2-9 所示。

表 2-9 CLKSLOW 的值

Register	Address	R/W	Description	Reset Value
CLKSLOW	0x4C000010	R/W	Slow clock control register	0x00000004

LOCKTIME	Bit	Description	Initial State
UCLK_ON	[7]	0:UCLK ON(UPLL is also tumed on and the UPLLlock time is inserted automatically.) 1:UCLK OFF(UPLL is also turned off.)	0
Reserved	[6]	Reserved	—
MPLL_OFF	[5]	0: PLL is turned on. After PLL stabilization time (minimum 15us), SLOW_BIT can be cleared to 0. 1: PLL is turned off. PLL is turned off only when SlOW_BIT is 1.	0
SLOW_BIT	[4]	0:FCLK= Mpll(MPLL output) 1:SLOW mode FCLK=input clock(0xSLOW_VAL)(SLOW_VAL>0) FCLK=input clock (SLOW_VAL=0) input clock= XTIpll or EXTCLK	0
Reserved	[3]	—	—
SLOW_VAL	[2:0]	The divider value for the slow clock when SLOW_BIT is on	0x4

5) 时钟分频寄存器

时钟分频寄存器(CLKDIVN)的值见表 2-10。

表 2-10 CLKDIVN 的值

Register	Address	R/W	Description	Reset Value
CLKDIVN	0x4C000014	R/W	Clock divider control register	0x00000000

LOCKTIME	Bit	Description	Initial State
Reserved	[2]	Special bus clock ratio for the chip verification	0
HDIVN	[1]	0: HCLK has the clock same as the FCLK. 1: HCLK has the clock same as the FCLK/2.	0
PDIVN	[0]	0: PCLK has the clock same as the HCLK. 1: PCLK has the clock same as the HCLK/2.	0

2.3.2 内存控制器

1. 概述

S3C2410 处理器的存储控制器可为片外存储器访问提供必要的控制信号，它主要有以下特点。

(1) 支持大、小端模式(通过软件选择)。

(2) 地址空间：包含 8 个地址空间，每个地址空间的大小为 128MB，总共有 1GB 的地址空间。

(3) 除 bank0 以外的所有地址空间都可以通过编程设置为 8b、16b 或 32b 对准访问。bank0 可以设置为 16b、32b 访问。

(4) 8 个地址空间中，6 个地址空间可以用于 ROM、SRAM 等存储器，2 个用于 ROM、SRAM、SDRAM 等存储器。

(5) 7 个地址空间的起始地址及空间大小是固定的；1 个地址空间的起始地址和空间大小是可变的。

(6) 所有存储器空间的访问周期都可以通过编程配置。

(7) 提供外部扩展总线的等待周期。

(8) SDRAM 支持自动刷新和掉电模式。

图 2.15 为 S3C2410 复位后的存储器地址分配图。从图中可以看出，特殊功能寄存器位于 X48000000～0X60000000 的空间内。bank0～bank5 的起始地址和空间大小都是固定的，bank6 的起始地址是固定的，但是空间大小和 bank7 一样是可变的，可以配置为 2M、4M、8M、16M、32M、64M、128M。bank6 和 bank7 的详细地址和空间大小的关系见表 2-11。

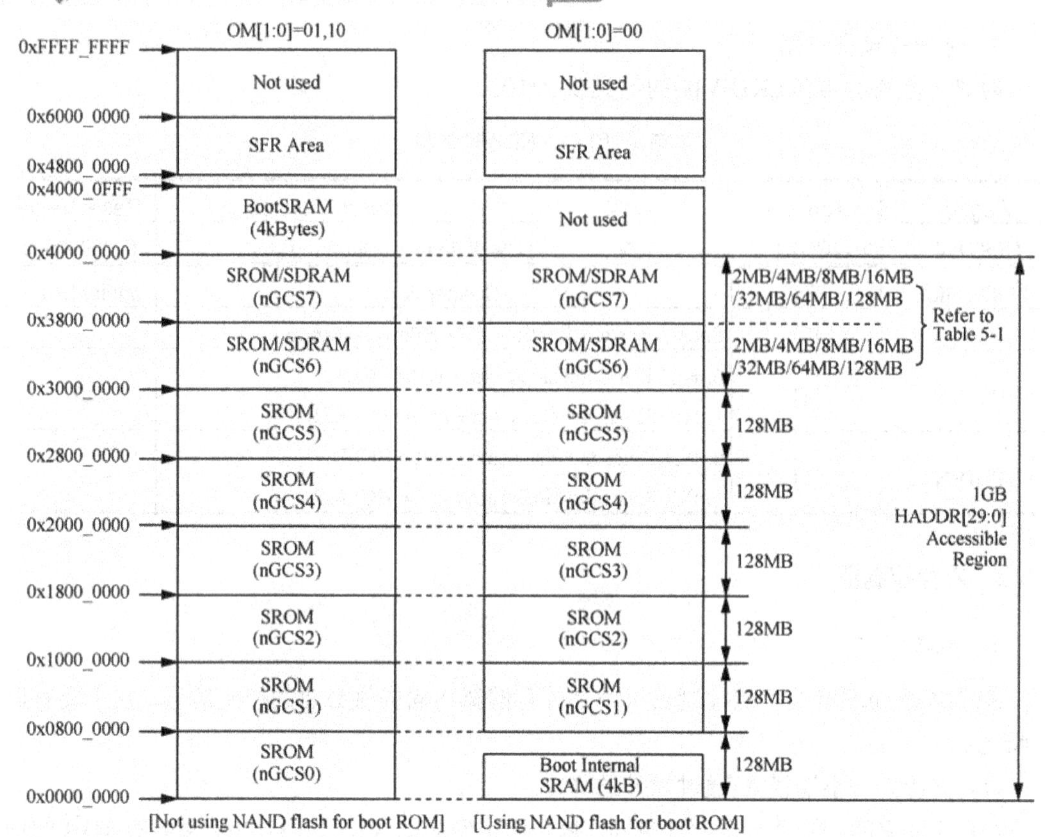

图 2.15　S3C2410 复位后的存储器地址分配

表 2-11　bank6/bank7 地址

Address	2MB	4MB	8MB	16MB	32MB	64MB	128MB
bank6							
Start address	0x3000_0000	0x3000_0000	0x3000_0000	0x3000_0000	0x3000_0000	0x3000_0000	0x3000_0000
End address	0x201f_ffff	0x303f_ffff	0x307f_ffff	0x30ff_ffff	0x31ff_ffff	0x33ff_ffff	0x37ff_ffff
bank7							
Start address	0x3020_0000	0x3040_0000	0x3080_0000	0x3100_0000	0x3200_0000	0x3400_0000	0x3800_0000
End address	0x303f_ffff	0x307f_ffff	0x30ff_ffff	0x31ff_ffff	0x33ff_ffff	0x37ff_ffff	0x3fff_ffff

注意：bank6/bank7 的空间大小必须相同。

2. 功能描述

1) bank0 总线宽度

bank0(nGCS0)的数据总线宽度可以配置为 16b 或 32b。因为 bank0 为启动 ROM(映射

地址为 0X00000000)所在的空间，所以必须在第一次访问 ROM 前设置 bank0 数据宽度，该数据宽度是由复位后 OM[1:0]的逻辑电平所决定的，见表 2-12。

表 2-12 数据宽度选择

OM1(Operating Mode 1)	OM0(Operating Mode 0)	Booting ROM Data width
0	0	Nand Flash Mode
0	1	16-bit
1	0	32-bit
1	1	Test Mode

表 2-13 存储器(SROM/SDRAM)地址引脚连接

MEMORY ADDR.RIN	S3C2410xADDR. @8-bit DATA BUS	S3C2410xADDR. @16-bit DATA BUS	S3C2410xADDR. @32-bit DATA BUS
A0	A0	A1	A2
A1	A1	A2	A3
…	…	…	…

2) nWAIT 引脚功能

如果和每个地址空间相关联的 WAIT 被允许，某个地址空间处于激活状态的时候应该通过外部 nWAIT 引脚来延长 nOE 的持续时间。从 tacc－1 核对 nWAIT，在采样 nWAIT 为高电平的后一个时钟周期使 nOE 变为高电平，nWE 信号和 nOE 信号相同，tacc=4 时，nWAIT 时序图如图 2.16 所示。

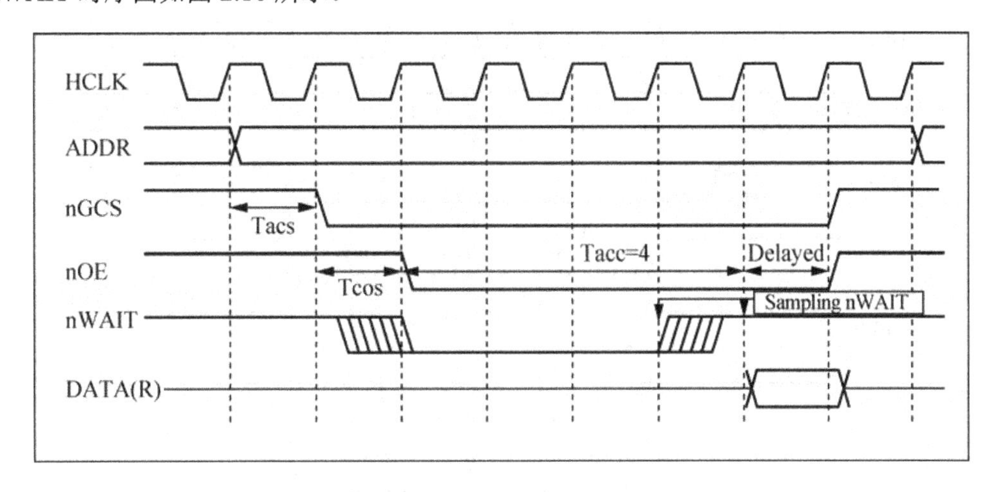

图 2.16 S3C2410 的外部 nWAIT 时序图(tacc＝4)

3) nXBREQ/nXBACK 引脚操作

如果 nXBREQ 被允许，处理器会在 nXBACK 引脚输出低电平作为应答信号，如果 nXBACK 引脚输出低电平，地址/数据总线和存储器控制信号会处于高阻状态，如图 2.17 所示。如果 nXBREQ 没有被允许，nXBACK 无效。

4) 可编程访问周期

S3C2410 nGCS 及 S3C2410 SDRAM 时序图分别如图 2.18 和图 2.19 所示。

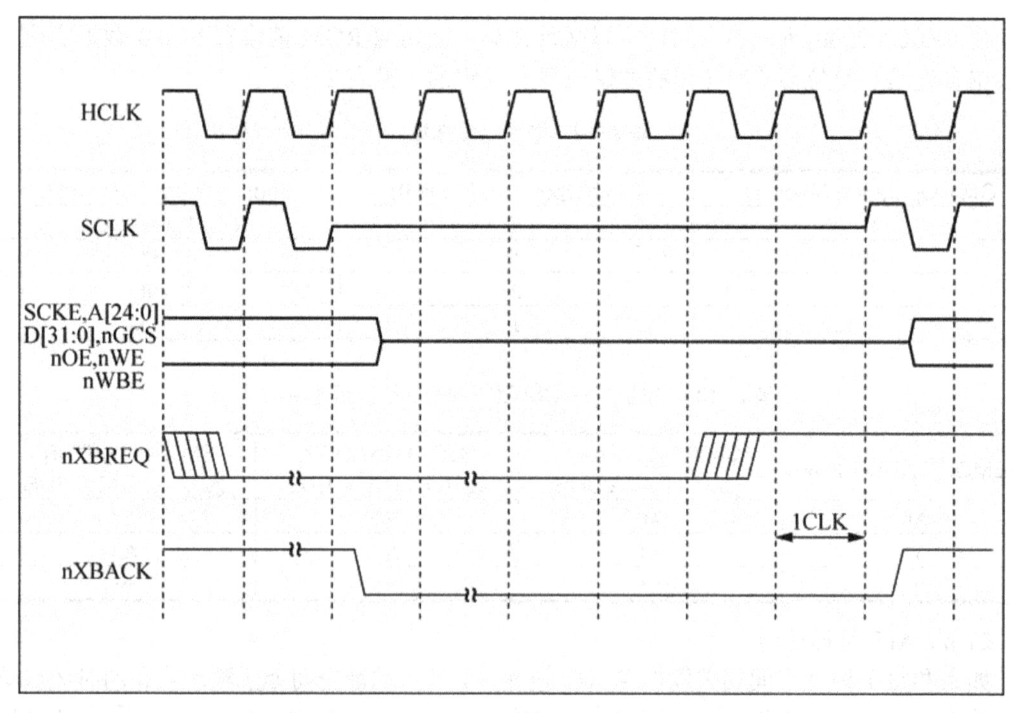

图 2.17　S3C2410 的 nXBREQ/nXBACK 时序图

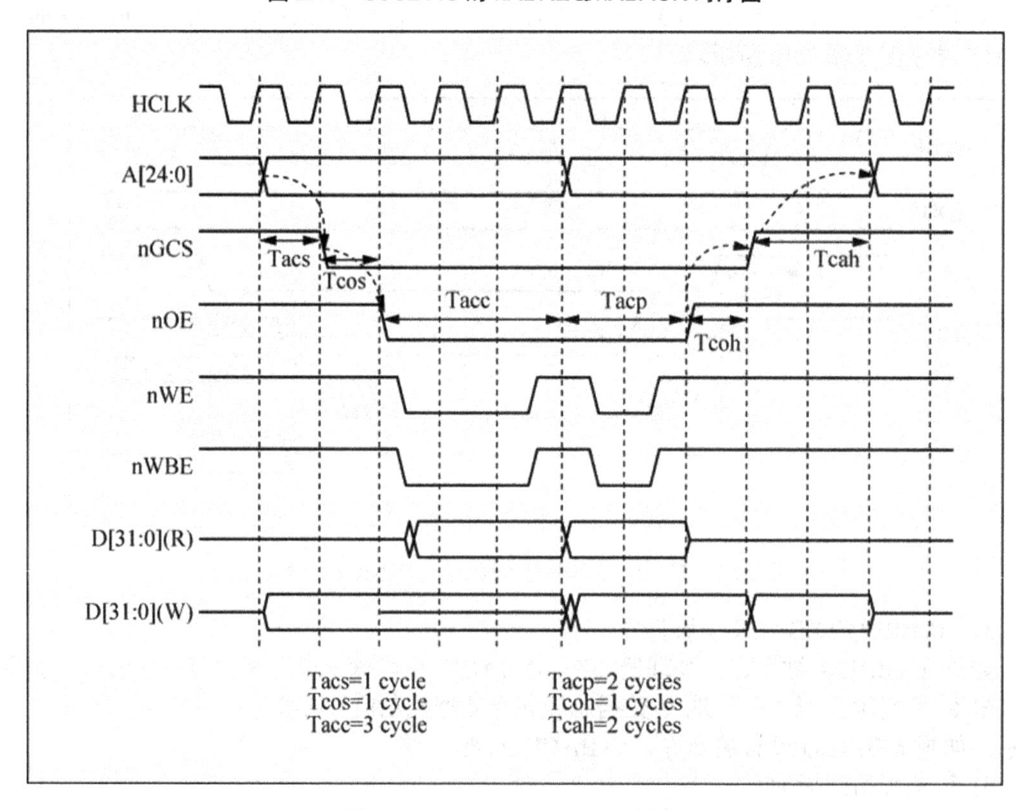

图 2.18　S3C2410 nGCS 时序图

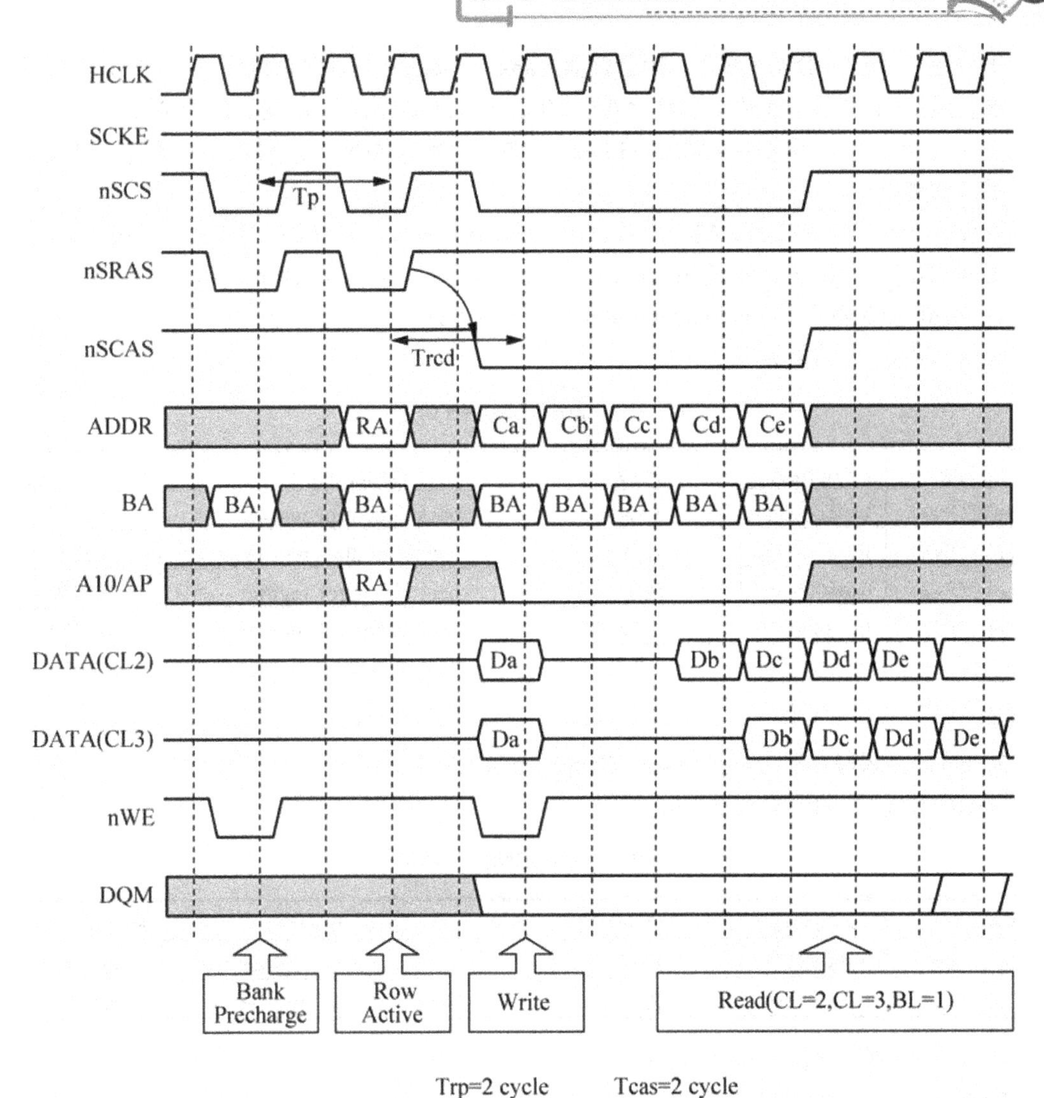

图 2.19　S3C2410 SDRAM 时序图

3. 存储器控制专用寄存器

1) 总线宽度/等待控制寄存器(BWSCON)

BWSCON 的值见表 2-14。

表 2-14　BWSCON 的值

Register	Address	R/W	Description	Reset Value
BWSCON	0x48000000	R/W	Bus & wait status control register	0x000000

寄存器各位的功能：

[DW*i*]：*i*=0～7，其中 DW0 为只读，因为 bank0 数据总线宽度在复位后已经由 OM[1：0]

的电平决定。DW1～DW7 可写，用于配置 bank1～bank7 的数据总线宽度，00 表示 8b 数据总线宽度，01 表示 16b 数据总线宽度，10 表示 32b 数据总线宽度，11 保留。

[WS*i*]：*i*=1～7，写入 0 则对应的 bank i 的等待状态不使用，写入 1 则对应的 bank i 等待状态使能。

[ST*i*]：*i*=1～7，决定 SRAM 是否使用 UB/LB。0 表示不使用 UB/LB，引脚[14：11]定义为 nWBE[3：0]；1 表示使用 UB/LB，引脚[14：11]定义为 nBE[3：0]。

2) bank 控制寄存器(bankCONn: nGCS0～nGCS5)

bankCON0～5 的值见表 2-15。

表 2-15 bankCON0～5 的值

Register	Address	R/W	Description	Reset Value
bankCON0	0x48000004	R/W	bank 0 control register	0x0700
bankCON1	0x48000008	R/W	bank 1 control register	0x0700
bankCON2	0x4800000C	R/W	bank 2 control register	0x0700
bankCON3	0x48000010	R/W	bank 3 control register	0x0700
bankCON4	0x48000014	R/W	bank 4 control register	0x0700
bankCON5	0x48000018	R/W	bank 5 control register	0x0700

3) bank 控制寄存器(bankCONn: nGCS6～nGCS7)

bankCON6～7 的值见表 2-16。

表 2-16 bankCON6～7 的值

Register	Address	R/W	Description	Reset Value
bankCON6	0x4800001C	R/W	bank 6 control register	0x18008
bankCON7	0x48000020	R/W	bank 7 control register	0x18008

4) 刷新控制寄存器(REFRESH)

REFRESH 的值见表 2-17。

表 2-17 REFRESH 的值

Register	Address	R/W	Description	Reset Value
REFRESH	0x48000024	R/W	SDRAM refresh 6 control register	0xac0000

5) bank 大小寄存器(bankSIZE)

bankSIZE 的值见表 2-18。

表 2-18 bankSIZE 的值

Register	Address	R/W	Description	Reset Value
bankSIZE	0x48000028	R/W	Flexible bank size register	0x0

6) SDRAM模式设置寄存器(MRSR)

MRSR的值见表2-19。

表2-19 MRSR的值

Register	Address	R/W	Description	Reset Value
MRSRB6	0x4800002C	R/W	Mode register set register bank6	xxx
MRSRB7	0x48000030	R/W	Mode register set register bank7	xxx

以上所提到的寄存器的详细解释及设置可参考S3C2410数据手册。

2.3.3 基本I/O接口

1. 概述

S3C2410A有117个多功能输入/输出端口。端口介绍如下。

端口A(GPA)：23—输出端口

端口B(GPB)：11—输入/输出端

端口C(GPC)：16—输入/输出端

端口D(GPD)：16—输入/输出端口

端口E(GPE)：16—输入/输出端口

端口F(GPF)：8—输入/输出端口

端口G(GPG)：16—输入/输出端口

端口H(GPH)：11—输入/输出端口

每个端口都可以通过软件配置来满足不同的系统配置和设计要求。在启动主程序之前一定要先定义使用端口的哪种功能。如果一个端口不用于多功能用途可以配置为I/O端口。

端口初始状态必须无缝配置以避免发生问题。

更多端口配置信息可查阅S3C2410技术手册的S3C2410的端口配置。

2. 端口控制描述

1) 端口控制寄存器(GPACON～GPHCON)

在S3C2410A中，大多数的端口都是多功能的。所以，需要决定使用端口的哪种功能。端口控制寄存器(PnCON)决定了每个端口的功能。

如果GPF0～GPF7和GPG0～GPG7被用作掉电(Power-OFF)模式下的唤醒信号，这些端口必须配置为中断模式。

端口控制寄存器的具体内容查看S3C2410手册。

2) 端口数据寄存器(GPADAT～GPHDAT)

如果端口被配置为输出端口，数据可以写到数据寄存器(PnDAT)的对应位中，如果端口配置为输入端口，数据可以从数据寄存器对应位中读出。

端口数据寄存器的具体内容查看S3C2410手册。

3) 端口上拉寄存器(GPBUP～GPHUP)

端口上拉寄存器控制着每组端口上拉电阻的使能和禁能。当对应位为0时，端口的上

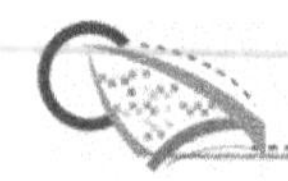

拉电阻是使能的；当对应位为 1 时，上拉电阻是禁能的。

如果端口上拉电阻寄存器是使能的，那么不管端口设置为何种功能(输入、输出、数据、外部中断等)上拉电阻都是工作的。

端口上拉寄存器的具体内容查看 S3C2410 手册。

4) 混合控制寄存器(MISCCR)

这个寄存器控制着数据端口的上拉电阻、高阻态、USB 端口和输出时钟的选择。

混合控制寄存器的具体内容查看 S3C2410 手册。

5) DCLK 控制寄存器(DCLKCON)

该寄存器定义向外部提供时钟的 DCLK 信号，只有在 CLKOUT[1:0]设置为发送 DCLK 信号时，这个寄存器才会工作。

DCLK 控制寄存器的具体内容查看 S3C2410 手册。

6) 外部中断控制寄存器(EXTINTN)

24 个外部中断可以通过以下各种触发方式被请求。外部中断寄存器配置外部中断信号触发的方式(低电平触发还是高电平触发，下降沿触发还是上升沿触发或者双沿触发)，并且可以配置触发信号的极性。

为了识别出电平中断，EXTINTn 引脚上的有效逻辑电平至少要持续 40ns。

8 个外部中断(EINT[23：16])端口有一个滤波器(参考 EINTFLTn)

只有 16 个外部中断端口(EINT[15：0])用作唤醒源。

外部中断控制寄存器的具体内容查看 S3C2410 手册。

7) 外部中断滤波控制寄存器(EINTFLTn)

外部中断滤波控制寄存器控制着 8 个外部中断(EINT[23：16])的时钟选择(PCLK 还是 EXTCLK/OSC_CLK)，以及频带宽度。

外部中断滤波寄存器的具体内容查看 S3C2410 手册。

8) 外部中断屏蔽寄存器(EXTINTMASK)

外部中断屏蔽寄存器控制着 20 个外部中断(EINT[23：4])的屏蔽状态。

外部中断控制寄存器的具体内容查看 S3C2410 手册。

9) 外部中断挂起寄存器(EINTPENDn)

外部中断挂起寄存器控制着 20 个外部中断(EINT[23：4])的状态。可以通过向寄存器的某一位写“1”来清除该位。

外部中断挂起寄存器的具体内容查看 S3C2410 手册。

10) 通用状态寄存器(GSTATUSn)

通用状态寄存器用于记录外部引脚状态、芯片 ID、复位状态和其他信息。

通用状态寄存器的具体内容查看 S3C2410 手册。

11) 掉电(POWER_OFF)模式和 I/O 端口

所有的通用输入输出端口(GPIO)寄存器值在掉电(Power_OFF)模式下都会被保存。详细信息参考时钟和电源管理一章中的掉电(Power_OFF)模式。

外部中断屏蔽可以防止处理器从掉电(Power_OFF)模式中被唤醒。如果外部中断屏蔽寄存器屏蔽了 EINT[15：4]中的一个，则处理器可以被唤醒但是在唤醒后，中断源挂起寄存器的 EINT4_7 位和 EINT8_23 位不会被置 1。

2.3.4 中断控制

1. 概述

S3C2410 的中断控制器可以接受多达 56 个中断源的中断请求。S3C2410 的中断源可以由片内外设提供，如 DMA、UART、IIC 等，其中 UARTn 中断和 EINTn 中断是逻辑或的关系，它们共用一条中断请求线。

当 S3C2410 收到来自片内外设和外部中断请求引脚的多个中断请求时，S3C2410 的中断控制器在中断仲裁过程后向 S3C2410 内核请求 FIQ 或 IRQ 中断。中断仲裁过程依靠处理器的硬件优先级逻辑，处理器在仲裁过程结束后将仲裁结果记录到 INTPND 寄存器中，以告知用户中断由哪个中断源产生。S3C2410 的中断控制器的处理过程如图 2.20 所示。

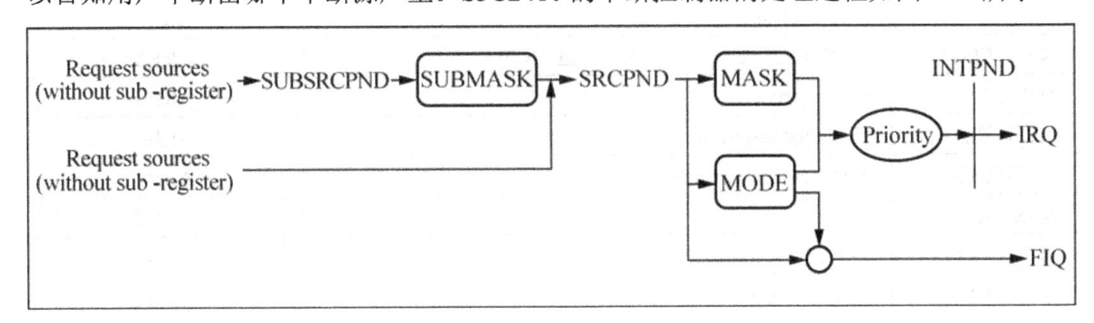

图 2.20 中断处理图

2. 中断控制操作

1) 程序状态寄存器的 F 位和 I 位

如果 CPSR 程序状态寄存器的 F 位被设置为 1，那么 CPU 将不接受来自中断控制器的 FIQ(快速中断请求)；如果 CPSR 程序状态寄存器的 I 位被设置为 1，那么 CPU 将不接受来自中断控制器的 IRQ(中断请求)。因此，为了使能 FIQ 和 IRQ，必须先将 CPSR 程序状态寄存器的 F 位和 I 位清零，并且中断屏蔽寄存器 INTMSK 中相应的位也要清零。

2) 中断模式(INTMOD)

ARM920T 提供了 2 种中断模式，FIQ 模式和 IRQ 模式。所有的中断源在中断请求时都要确定使用哪一种中断模式。

3) 中断挂起寄存器(INTPND)

S3C2410X 有两个中断挂起寄存器：源中断挂起寄存器(SRCPND)和中断挂起寄存器(INTPND)，用于指示对应的中断是否被激活。当中断源请求中断的时候，SRCPND 寄存器的相应位被置为 1，同时 INTPND 寄存器中也有唯一的一位在仲裁程序后被自动置 1，如果屏蔽位被置为 1，相应的 SRCPND 位会被置 1，但是 INTPND 寄存器不会有变化。如果 INTPND 被置位，只要标志 I 或标志 F 一被清零，就会执行相应的中断服务程序。在中断服务子程序中要先向 SRCPND 中的相应位写 1 来清除源挂起状态，再用同样的方法来清除 INTPND 的相应位的挂起状态。可以通过 INTPND = INTPND。来实现清零，以避免写入不正确的数据引起错误。

4) 中断屏蔽寄存器(INTMSK)

当 INTMSK 寄存器的屏蔽位为 1 时，对应的中断被禁止；当 INTMSK 寄存器的屏蔽位为 0 时，则对应的中断正常执行。如果一个中断的屏蔽位为 1，在该中断发出请求时挂起位还是会被设置为 1，但中断请求不被受理。

3. 中断源

中断控制器支持 56 个中断源，见表 2-20。

表 2-20 S3C2410 的中断源

Sources	Descriptions	Arbiter Group
INT_ADC	ADC EOC and Touch Interrupt(INT_ADC/INT_TC)	ARB5
INT_RTC	RTC alarm interrupt	ARB5
INT_SPI1	SP11 interrupt	ARB5
INT_UART0	UART0 Interrupt(ERR, RXD, and TXD)	ARB5
INT_IIC	ICC interrupt	ARB4
INT_USBH	USB Host interrupt	ARB4
INT_USBD	USB Device interrupt	ARB4
Reserved	Reserved	ARB4
INT_UART1	UART1 Interrupt(ERR, RXD, and TXD)	ARB4
INT_SPI0	SP10 interrupt	ARB4
INT_SDI	SDI interrupt	ARB3
INT_DMA3	DMA channel3 interrupt	ARB3
INT_DMA2	DMA channel2 interrupt	ARB3
INT_DMA1	DMA channel1 interrupt	ARB3
INT_DMA0	DMA channel0 interrupt	ARB3
INT_LCD	LCD interrupt(INT_FrSyn and INT_FiCnt)	ARB3
INT_UART2	UART2 Interrupt(ERR, RXD, and TXD)	ARB2
INT_TIMER4	Time 4 interrupt	ARB2
INT_TIMER3	Time 3 interrupt	ARB2
INT_TIMER2	Time 2 interrupt	ARB2
INT_TIMER1	Time 1 interrupt	ARB2
INT_TIMER0	Time 0 interrupt	ARB2
INT_WDT	Watch-Dog timer interrupt	ARB1
INT_TICK	RTC Time tick interrupt	ARB1
nBATT_FLT	Battery Fault interrupt	ARB1
Reserved	Reserved	ARB1
EINT8_23	Extemal interrupt 8-23	ARB1
EINT4_7	Extemal interrupt 4-7	ARB1
EINT3	Extemal interrupt 3	ARB0
EINT2	Extemal interrupt 2	ARB0
EINT1	Extemal interrupt 1	ARB0
EINT0	Extemal interrupt 0	ARB0

4. 中断优先级产生模块

支持 32 个中断请求的优先级逻辑由 7 个旋转仲裁器组成：6 个 1 级优先等级的仲裁器和一个二级优先等级的仲裁器，如图 2.21 所示。

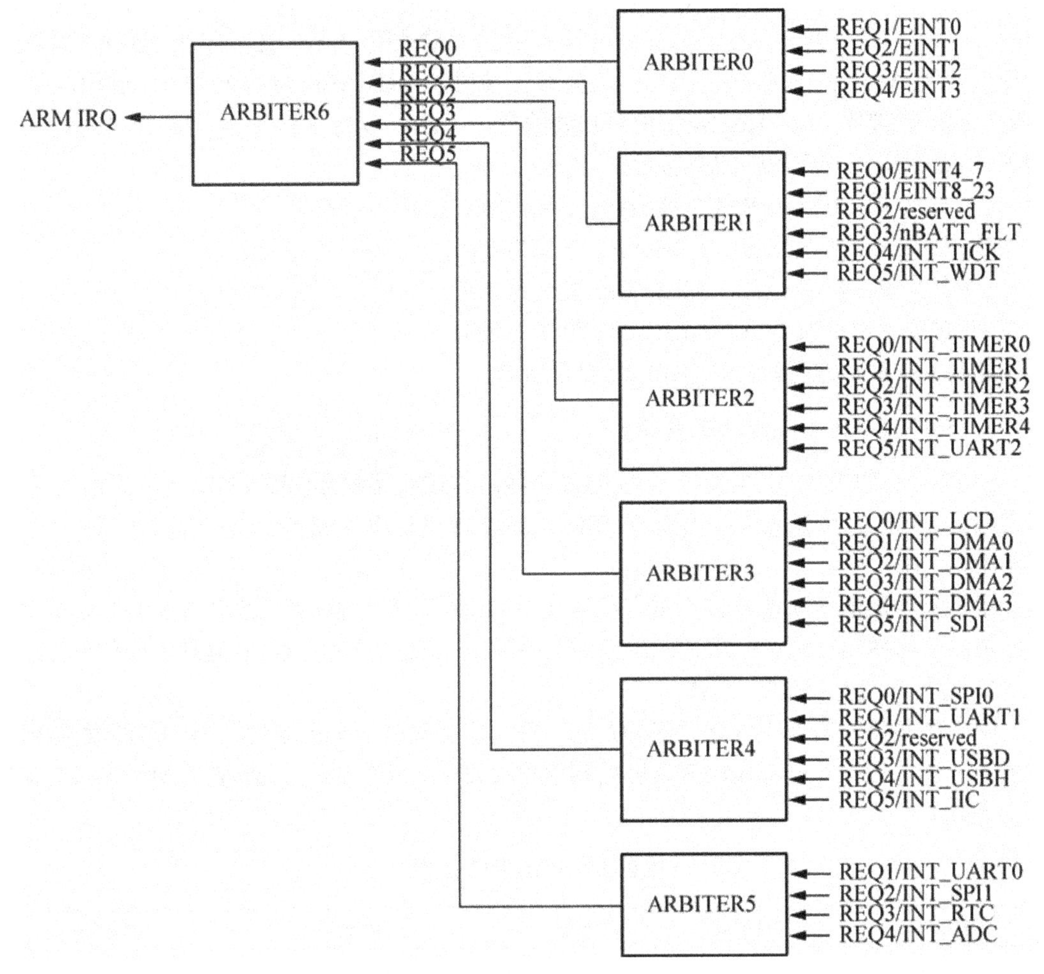

图 2.21　优先级产生模块

每一个仲裁器可以处理 6 个中断请求，基于一位的仲裁模式控制位(ARB_MODE)和两位的选择控制信号位(ARB_SEL)，如下所示。

(1) 如果 ARB_SEL 位为 00B，则优先级顺序为 REQ0、REQ1、REQ2、REQ3、REQ4 和 REQ5。

(2) 如果 ARB_SEL 位为 01B，则优先级顺序为 REQ0、REQ2、REQ3、REQ4、REQ1 和 REQ5。

(3) 如果 ARB_SEL 位为 10B，则优先级顺序为 REQ0、REQ3、REQ4、REQ1、REQ2 和 REQ5。

(4) 如果 ARB_SEL 位为 11B，则优先级顺序为 REQ0、REQ4、REQ1、REQ2、REQ3 和 REQ5。

注意：每个仲裁器的 REQ0 一直有最高的优先级，而 REQ5 一直是优先级最低的。通过改变 ARB_SEL 位，可以旋转 REQ1～REQ4 的优先级。

如果 ARB_MODE 位被置 0，ARB_SEL 位将不会自动改变，这时仲裁器以固定的优先级模式来操作(即使是在这个模式下，也可以通过手动改变 ARB_SEL 位来配置优先级)。另外，如果 ARB_MODE 位为 1，当优先级旋转时，ARB_SEL 位将被改变。例如，如果 REQ1 的中断被服务，ARB_SEL 位将自动的变为 01B，以将 REQ1 置为最低的优先级。ARB_SEL 改变的详细规则如下所示。

(1) 如果 REQ0 或者 REQ5 被服务，ARB_SEL 位将不会改变。

(2) 如果 REQ1 被服务，ARB_SEL 位变为 01B。

(3) 如果 REQ2 被服务，ARB_SEL 位变为 10B。

(4) 如果 REQ3 被服务，ARB_SEL 位变为 11B。

如果 REQ4 被服务，ARB_SEL 位变为 00B。

5. S3C2410 的中断控制寄存器

S3C2410 的中断控制器有 5 个控制寄存器：源挂起寄存器(SRCPND)、中断模式寄存器(INTMOD)、中断屏蔽寄存器(INTMSK)、中断优先权寄存器(PRIORITY)、中断挂起寄存器(INTPND)。

中断源发出的中断请求首先被寄存器在中断源挂起寄存器(SRCPND)中，INTMOD 把中断请求分为两组：快速中断请求(FIQ)和中断请求(IRQ)；PRIORITY 处理中断的优先级。

1) 源挂起寄存器(SRCPND)

中断控制寄存器 INTCON 共有 32 位，每一位对应着一个中断源，当中断源发出中断请求的时候，就会置位源挂起寄存器的相应位。反之，中断的挂起寄存器的值为 0，其值见表 2-21。

表 2-21 SRCPND 的值

寄存器	地址	R/W	描述	复位值
INTMOD	0x4A000004	R/W	0=IRQ 模式 1=FIQ 模式	0x00000000

2) 中断模式寄存器(INTMOD)

中断模式寄存器 INTMOD 共有 32 位，每一位对应着一个中断源，当中断源的模式位设置为 1 时，对应的中断会由 ARM920T 内核以 FIQ 模式来处理。相反的，当模式位设置为 0 时，中断会以 IRQ 模式来处理，其值见表 2-22。

表 2-22 INTMOD 的值

寄存器	地址	R/W	描述	复位值
INTMSK	0x4A000008	R/W	0=允许响应中断请求 1=中断请求被屏蔽	0xFFFFFFFF

注意：中断控制寄存器中只有一个中断源可以被设置为FIQ模式，因此只能在紧急情况下使用FIQ。如果INTMOD寄存器把某个中断设为FIQ模式，FIQ中断不影响INTPND和INTOFFSET寄存器，因为这两个寄存器只对IRQ模式中断有效。

3) 中断屏蔽寄存器(INTMSK)

这个寄存器有32位，分别对应一个中断源。当中断源的屏蔽位设置为1时，CPU不响应该中断源的中断请求，反之，等于0时CPU能响应该中断源的中断请求，其值见表2-23。

表2-23 INTMSK的值

寄存器	地址	R/W	描述	复位值
INTPND	0x4A000010	R/W	0=未发生中断请求 1=中断源发出中断请求	0x00000000

4) 中断挂起寄存器(INTPND)

中断挂起寄存器INTPND共有32位，每一位对应着一个中断源，当中断请求被响应的时候，相应的位会被设置为1。在某一时刻只有一个位能为1，因此在中断服务子程序中可以通过判断INTPND来判断哪个中断正在被响应。在中断服务子程序中必须在清零SRCPND中相应位清零后相应的中断挂起位，清零方法和SRCPND相同。

注意：

(1) FIQ响应的时候不会影响INTPND相应的标志位

(2) 向INTPND等于1的位写入0时，INTPND寄存器和INTOFFSET寄存器会有无法预知的结果，因此千万不要向INTPND的1位写入0，推荐的清零方法是把INTPND的值重新写入INTPND。

5) IRQ偏移寄存器

中断偏移寄存器给出INTPND寄存器中哪个是IRQ模式的中断请求，其值见表2-24。

表2-24 IRQ偏移寄存器的值

寄存器	地址	R/W	描述	复位值
INTOFFSET	0x4A000014	R	指示中断请求源的IRQ模式	0x00000000

S3C2410中的优先级产生模块包含7个单元(1个主单元和6个从单元)。两个从优先级产生单元管理4个中断源，4个从优先级产生单元管理6个中断源。主优先级产生单元管理6个从单元。

每一个从单元有4个可编程优先级中断源和2个固定优先级中断源。这4个中断源的优先级是由ARB_SEL和ARM_MODE所决定的。另外2个固定优先级中断源在6个中断源中的优先级最低。

6) 外部中断控制寄存器(EXTINTn)

S3C2410 的 24 个外部中断有几种中断触发方式，EXTINTn 配置外部中断的触发类型是电平触发、边沿触发以及触发的极性。

EXTINT0/1/2/3 具体配置参考数据手册。

7) 外部中断屏蔽寄存器(EXTMASK)

外部中断屏蔽寄存器的值见表 2-25。

表 2-25　EXTMASK 的值

寄存器	地址	R/W	描述	复位值
EXTMASK	0x560000A4	R/W	外部中断屏蔽标志	0x00FFFFF0

思考与练习

一、填空题

1．ARM 处理器具有两种工作状态，分别是__________状态和__________状态。

2．ARM 体系结构的存储器格式有__________模式和__________模式。

3．若想屏蔽处理器对普通中断的响应，可以通过设置__________寄存器的__________位来实现。

二、简答题

1．ARM 处理器模式和 ARM 处理器状态有何区别？

2．R13 寄存器的通用功能是什么？

3．描述如何禁止 FIR 和 IRQ 的中断。

4．试述 ARM 的设计思想是什么？

5．试述嵌入式最小系统的组成，并说明其各部件的作用。

第3章

ARM微处理器的指令系统

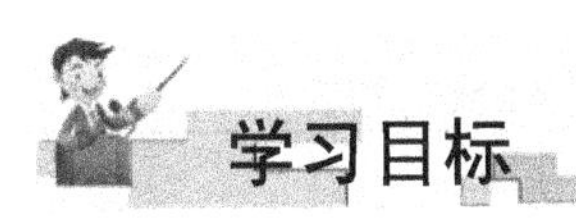

本章介绍ARM指令集、Thumb指令集以及各类指令对应的寻址方式，通过对本章的阅读，读者应该能够掌握ARM指令集的分类与具体应用，了解Thumb指令集简介及应用场合。

3.1 ARM微处理器的指令集概述

3.1.1 ARM微处理器指令的分类与格式

ARM微处理器的指令集是加载/存储型的，也即指令集仅能处理寄存器中的数据，而且处理结果都要放回寄存器中，而对系统存储器的访问则需要通过专门的加载/存储指令来完成。

ARM微处理器的指令集可以分为跳转指令、数据处理指令、程序状态寄存器(PSR)处理指令、加载/存储指令、协处理器指令和异常产生指令共6大类，具体的指令及功能见表3-1(表中指令为基本ARM指令，不包括派生的ARM指令)。

表3-1 ARM指令及功能描述

助记符	指令功能描述
ADC	带进位加法指令
ADD	加法指令
AND	逻辑与指令
B	跳转指令
BIC	位清零指令
BL	带返回的跳转指令
BLX	带返回和状态切换的跳转指令
BX	带状态切换的跳转指令
CDP	协处理器数据操作指令

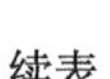

续表

助记符	指令功能描述
CMN	比较反值指令
CMP	比较指令
EOR	异或指令
LDC	存储器到协处理器的数据传输指令
LDM	加载多个寄存器指令
LDR	存储器到寄存器的数据传输指令
MCR	从 ARM 寄存器到协处理器寄存器
MLA	乘加运算指令
MOV	数据传送指令
MRC	从协处理器寄存器到 ARM 寄存器
MRS	传送 CPSR 到通用寄存器
MSR	传送通用寄存器到 CPSR
MUL	32 乘法指令
MLA	32 乘加指令
MVN	数据取反传送指令
ORR	逻辑或指令
RSB	逆向减法指令
助记符	指令功能描述
RSC	带借位的逆向减法指令
SBC	带借位减法指令
STC	协处理器寄存器写入存储器指令
STM	批量内存字写入指令
STR	寄存器到存储器的数据传输指令
SUB	减法指令
SWI	软件中断指令
SWP	交换指令
TEQ	相等测试指令
TST	位测试指令

3.1.2 指令的条件域

当处理器工作在 ARM 状态时，几乎所有的指令均根据 CPSR 中条件码的状态和指令的条件域有条件地执行。当指令的执行条件满足时，指令被执行，否则指令被忽略。

每一条 ARM 指令包含 4 位的条件码，位于指令的最高 4 位[31:28]。条件码共有 16 种，每种条件码可用两个字符表示，这两个字符可以添加在指令助记符的后面和指令同时使用。例如，跳转指令 B 可以加上后缀 EQ 变为 BEQ 表示“相等则跳转”，即当 CPSR 中的 Z 标志置位时发生跳转。

在 16 种条件标志码中，只有 15 种可以使用，见表 3-2，第 16 种(1111)为系统保留，暂时不能使用。

表 3-2　指令的条件码

条件码	条件码助记符	标　　志	含　　义
0000	EQ	Z=1	相等
0001	NE	Z=0	不相等
0010	CS	C=1	无符号数大于或等于
0011	CC	C=0	无符号数小于
0100	MI	N=1	负数
0101	PL	N=0	正数或零
0110	VS	V=1	溢出
0111	VC	V=0	没有溢出
1000	HI	C=1，Z=0	无符号数大于
1001	LS	C=0，Z=0	无符号数小于或等于
1010	GE	N=V	有符号数大于或等于
1011	LT	N!=V	有符号数小于
1100	GT	Z=0，N=V	有符号数大于
1101	LE	Z=1，N!=V	有符号数小于或等于
1110	AL	任意	无条件执行

3.2　ARM 指令的寻址方式

所谓寻址方式就是处理器根据指令中给出的地址信息来寻找物理地址的方式。目前 ARM 指令系统支持如下几种常见的寻址方式。

3.2.1　立即寻址

立即寻址也叫立即数寻址，这是一种特殊的寻址方式，操作数本身就在指令中给出，只要取出指令也就取到了操作数。这个操作数被称为立即数，对应的寻址方式也就称为立即寻址。

应用举例如下：

```
ADD R0,R0,#1;R0←R0+1
ADD R0,R0,#0x3f;R0←R0+0x3f
```

在以上两条指令中，第 2 个源操作数即为立即数，要求以“#”为前缀，对于以十六进制表示的立即数，还要求在“#”后加上“0x”或“&”。

3.2.2　寄存器寻址

寄存器寻址就是利用寄存器中的数值作为操作数，这种寻址方式是各类微处理器经常采用的一种方式，也是一种执行效率较高的寻址方式。

应用举例如下：

```
ADD R0,R1,R2;R0←R1+R2
```

该指令的执行效果是将寄存器 R1 和 R2 的内容相加，其结果存放在寄存器 R0 中。

3.2.3 寄存器间接寻址

寄存器间接寻址就是以寄存器中的值作为操作数的地址，而操作数本身存放在存储器中。

应用举例如下：

```
ADD R0,R1,[R2];R0←R1+[R2]
LDR R0,[R1];R0←[R1]
STR R0,[R1];[R1]←R0
```

在第 1 条指令中，以寄存器 R2 的值作为操作数的地址，在存储器中取得一个操作数后与 R1 相加，结果存入寄存器 R0 中。

第 2 条指令将以 R1 的值为地址的存储器中的数据传送到 R0 中。第三条指令将 R0 的值传送到以 R1 的值为地址的存储器中。

3.2.4 基址变址寻址

基址变址寻址就是将寄存器(该寄存器一般称作基址寄存器)的内容与指令中给出的地址偏移量相加，从而得到一个操作数的有效地址。变址寻址方式常用于访问某基地址附近的地址单元。

应用举例如下：

```
LDR R0,[R1,#4];R0←[R1+4]
LDR R0,[R1,#4]! ;R0←[R1+4]、R1←R1+4
LDR R0,[R1],#4;R0←[R1]、R1←R1+4
LDR R0,[R1,R2];R0←[R1+R2]
```

在第 1 条指令中，将寄存器 R1 的内容加上 4 形成操作数的有效地址，从而取得操作数存入寄存器 R0 中。在第 2 条指令中，将寄存器 R1 的内容加上 4 形成操作数的有效地址，从而取得操作数存入寄存器 R0 中，然后 R1 的内容自增 4 个字节。在第 3 条指令中，以寄存器 R1 的内容作为操作数的有效地址，从而取得操作数存入寄存器 R0 中，然后 R1 的内容自增 4 个字节。在第 4 条指令中，将寄存器 R1 的内容加上寄存器 R2 的内容形成操作数的有效地址，从而取得操作数存入寄存器 R0 中。

3.2.5 多寄存器寻址

采用多寄存器寻址方式，一条指令可以完成多个寄存器值的传送。这种寻址方式可以用一条指令完成传送最多 16 个通用寄存器的值。

应用举例如下：

```
LDMIA R0,{R1, R2, R3, R4};R1←[R0];R2←[R0+4];R3←[R0+8];R4←[R0+12]
```

该指令的后缀 IA 表示在每次执行完加载/存储操作后，R0 按字长度增加，因此指令可将连续存储单元的值传送到 R1～R4。

3.2.6　相对寻址

与基址变址寻址方式类似，相对寻址以程序计数器 PC 的当前值为基地址，指令中的地址标号作为偏移量，将两者相加之后得到操作数的有效地址。以下程序段完成子程序的调用和返回，跳转指令 BL 采用了相对寻址方式。

应用举例如下：

```
BL NEXT;跳转到子程序 NEXT 处执行
……
NEXT
……
MOV PC,LR;从子程序返回
```

3.2.7　堆栈寻址

堆栈是一种数据结构，按先进后出(First In Last Out，FILO)的方式工作，使用一个称为堆栈指针的专用寄存器指示当前的操作位置，堆栈指针总是指向栈顶。

当堆栈指针指向最后压入堆栈的数据时，称为满堆栈(Full Stack)，而当堆栈指针指向下一个将要放入数据的空位置时，称为空堆栈(Empty Stack)。

同时，根据堆栈的生成方式，又可以分为递增堆栈(Ascending Stack)和递减堆栈(Decending Stack)。当堆栈由低地址向高地址生成时，称为递增堆栈；当堆栈由高地址向低地址生成时，称为递减堆栈。这样就有 4 种类型的堆栈工作方式，ARM 微处理器支持这 4 种类型的堆栈工作方式。

(1) 满递增堆栈：堆栈指针指向最后压入的数据，且由低地址向高地址生成。

(2) 满递减堆栈：堆栈指针指向最后压入的数据，且由高地址向低地址生成。

(3) 空递增堆栈：堆栈指针指向下一个将要放入数据的空位置，且由低地址向高地址生成。

(4) 空递减堆栈：堆栈指针指向下一个将要放入数据的空位置，且由高地址向低地址生成。

3.3　ARM 指令集

本节对 ARM 指令集的 6 大类指令进行详细的描述。

3.3.1　跳转指令

跳转指令用于实现程序流程的跳转，在 ARM 程序中有两种方法可以实现程序流程的跳转：(1)使用专门的跳转指令；(2)直接向程序计数器 PC 写入跳转地址值。

通过向程序计数器 PC 写入跳转地址值，可以实现在 4GB 的地址空间中的任意跳转，

在跳转之前结合使用 MOV LR，PC 等类似指令，可以保存将来的返回地址值，从而实现在 4GB 连续的线性地址空间的子程序调用。

ARM 指令集中的跳转指令可以完成从当前指令向前或向后的 32MB 的地址空间的跳转，包括以下 4 条指令：B 跳转指令、BL 带返回的跳转指令、BLX 带返回和状态切换的跳转指令、BX 带状态切换的跳转指令。

1. B 指令

B 指令的格式为：

```
B{条件}目标地址
```

B 指令是最简单的跳转指令。一旦遇到一个 B 指令，ARM 处理器将立即跳转到给定的目标地址，从那里继续执行。注意，存储在跳转指令中的实际值是相对当前 PC 值的一个偏移量，而不是一个绝对地址，它的值由汇编器来计算(参考寻址方式中的相对寻址)。它是 24 位有符号数，左移两位后有符号扩展为 32 位，表示的有效偏移为 26 位(前后 32MB 的地址空间)。

应用举例如下：

```
B Label     ;程序无条件跳转到标号 Label 处执行
CMP R1,#0 ;当 CPSR 寄存器中的 Z 条件码置位时，程序跳转到标号 Label 处执行
BEQ Label
```

2. BL 指令

BL 指令的格式为：

```
BL{条件} 目标地址
```

BL 是另一个跳转指令，但跳转之前，会在寄存器 R14 中保存 PC 的当前内容，因此可以通过将 R14 的内容重新加载到 PC 中，来返回到跳转指令之后的那个指令处执行。该指令是实现子程序调用的一个基本但常用的手段。

应用举例如下：

```
BL Label;当程序无条件跳转到标号 Label 处执行时，同时将当前的 PC 值保存到 R14 中
```

3. BLX 指令

BLX 指令的格式为：

```
BLX 目标地址
```

BLX 指令从 ARM 指令集跳转到指令中所指定的目标地址，并将处理器的工作状态由 ARM 状态切换到 Thumb 状态，该指令同时将 PC 的当前内容保存到寄存器 R14 中。因此，当子程序使用 Thumb 指令集，而调用者使用 ARM 指令集时，可以通过 BLX 指令实现子程序的调用和处理器工作状态的切换。同时，子程序的返回可以通过将寄存器 R14 值复制到 PC 中来完成。

4. BX 指令

BX 指令的格式为：

```
BX{条件}目标地址
```

BX 指令跳转到指令中所指定的目标地址，目标地址处的指令既可以是 ARM 指令，也可以是 Thumb 指令。

3.3.2　数据处理指令

数据处理指令可分为数据传送指令、算术逻辑运算指令和比较指令等。

数据传送指令用于在寄存器和存储器之间进行数据的双向传输；算术逻辑运算指令完成常用的算术与逻辑的运算，该类指令不但将运算结果保存在目的寄存器中，同时更新 CPSR 中的相应条件标志位；比较指令不保存运算结果，只更新 CPSR 中相应的条件标志位。

数据处理指令包括：MOV 数据传送指令、MVN 数据取反传送指令、CMP 比较指令 CMN 反值比较指令、TST 位测试指令、TEQ 相等测试指令、ADD 加法指令、ADC 带进位加法指令、SUB 减法指令、SBC 带借位减法指令、RSB 逆向减法指令、RSC 带借位的逆向减法指令、AND 逻辑与指令、ORR 逻辑或指令、EOR 逻辑异或指、BIC 位清除指令。

1. MOV 指令

MOV 指令的格式为：

```
MOV{条件}{S} 目的寄存器，源操作数
```

MOV 指令可完成将另一个寄存器、被移位的寄存器的内容或将一个立即数加载到目的寄存器。其中，S 选项决定指令的操作是否影响 CPSR 中条件标志位的值，当没有 S 时指令不更新 CPSR 中条件标志位的值。

应用举例如下：

```
MOV R1,R0              ;将寄存器 R0 的值传送到寄存器 R1
MOV PC,R14             ;将寄存器 R14 的值传送到 PC，常用于子程序返回
MOV R1,R0,LSL#3        ;将寄存器 R0 的值左移 3 位后传送到 R1
```

2. MVN 指令

MVN 指令的格式为：

```
MVN{条件}{S} 目的寄存器,源操作数
```

MVN 指令可完成将另一个寄存器、被移位的寄存器的内容或将一个立即数加载到目的寄存器。与 MOV 指令不同之处是在传送之前按位取反，即把一个被取反的值传送到目的寄存器中。其中 S 决定指令的操作是否影响 CPSR 中条件标志位的值，当没有 S 时指令不更新 CPSR 中条件标志位的值。

应用举例如下：

```
MVN R0,#0              ;将立即数 0 取反传送到寄存器 R0 中，完成后 R0=-1
```

3. CMP 指令

CMP 指令的格式为：

```
CMP{条件} 操作数 1，操作数 2
```

CMP 指令用于把一个寄存器的内容和另一个寄存器的内容或立即数进行比较，同时更新 CPSR 中条件标志位的值。该指令进行一次减法运算，但不存储结果，只更改条件标志位。标志位表示的是操作数 1 与操作数 2 的关系(大、小、相等)，例如，当操作数 1 大于操作数 2 时，则此后的有 GT 后缀的指令将可以执行。

应用举例如下：

```
CMP R1,R0        ;将寄存器 R1 的值与寄存器 R0 的值相减，并根据结果设置 CPSR 的标志位
CMP R1,#100      ;将寄存器 R1 的值与立即数 100 相减，并根据结果设置 CPSR 的标志位
```

4. CMN 指令

CMN 指令的格式为：

```
CMN{条件} 操作数 1，操作数 2
```

CMN 指令用于把一个寄存器的内容和另一个寄存器的内容或立即数取反后进行比较，同时更新 CPSR 中条件标志位的值。该指令实际完成操作数 1 和操作数 2 相加，并根据结果更改条件标志位。

应用举例如下：

```
CMN R1,R0        ;将寄存器 R1 的值与寄存器 R0 的值相加，并根据结果设置 CPSR 的标志位
CMN R1,#100      ;将寄存器 R1 的值与立即数 100 相加，并根据结果设置 CPSR 的标志位
```

5. TST 指令

TST 指令的格式为：

```
TST{条件} 操作数 1，操作数 2
```

TST 指令用于把一个寄存器的内容和另一个寄存器的内容或立即数进行按位与运算，并根据运算结果更新 CPSR 中条件标志位的值。操作数 1 是要测试的数据，而操作数 2 是一个位掩码，该指令一般用来检测是否设置了特定的位。

应用举例如下：

```
TST R1,#%1       ;用于测试在寄存器 R1 中是否设置了最低位(%表示二进制数)
TST R1,#0xffe    ;将寄存器 R1 的值与立即数 0xffe 按位与，并根据结果设置 CPSR 的标志位
```

6. TEQ 指令

TEQ 指令的格式为：

```
TEQ{条件}操作数 1，操作数 2
```

TEQ 指令用于把一个寄存器的内容和另一个寄存器的内容或立即数进行按位异或运

算，并根据运算结果更新 CPSR 中条件标志位的值。该指令通常用于比较操作数 1 和操作数 2 是否相等。

应用举例如下：

```
TEQ R1,R2  ;将寄存器 R1 的值与寄存器 R2 的值按位异或，并根据结果设置 CPSR 的标志位
```

7. ADD 指令

ADD 指令的格式为：

```
ADD{条件}{S} 目的寄存器，操作数 1，操作数 2
```

ADD 指令用于把两个操作数相加，并将结果存放到目的寄存器中。操作数 1 应是一个寄存器，操作数 2 可以是一个寄存器、被移位的寄存器或一个立即数。

应用举例如下：

```
ADD R0,R1,R2            ;R0 = R1 + R2
ADD R0,R1,#256          ;R0 = R1 + 256
ADD R0,R2,R3,LSL#1      ;R0 = R2 + (R3 << 1)
```

8. ADC 指令

ADC 指令的格式为：

```
ADC{条件}{S} 目的寄存器，操作数 1，操作数 2
```

ADC 指令用于把两个操作数相加，再加上 CPSR 中的 C 条件标志位的值，并将结果存放到目的寄存器中。它使用一个进位标志位，这样就可以做比 32 位大的数的加法，注意不要忘记设置 S 后缀来更改进位标志。操作数 1 应是一个寄存器，操作数 2 可以是一个寄存器、被移位的寄存器或一个立即数。

应用举例如下：

```
ADDS R0,R4,R8        ;加低端的字
ADCS R1,R5,R9        ;加第 2 个字，带进位
ADCS R2,R6,R10       ;加第 3 个字，带进位
ADC R3, R7,R11       ;加第 4 个字，带进位
```

以上指令序列完成两个 128 位数的加法，第 1 个数由高到低存放在寄存器 R7～R4，第 2 个数由高到低存放在寄存器 R11～R8，运算结果由高到低存放在寄存器 R3～R0。.

9. SUB 指令

SUB 指令的格式为：

```
SUB{条件}{S} 目的寄存器，操作数 1，操作数 2
```

SUB 指令用于把操作数 1 减去操作数 2，并将结果存放到目的寄存器中。操作数 1 应是一个寄存器，操作数 2 可以是一个寄存器、被移位的寄存器或一个立即数。该指令可用于有符号数或无符号数的减法运算。

应用举例如下：

```
SUB R0,R1,R2                ; R0 = R1 - R2
SUB R0,R1,#256              ; R0 = R1 - 256
SUB R0,R2,R3,LSL#1          ; R0 = R2 - (R3 << 1)
```

10. SBC 指令

SBC 指令的格式为：

```
SBC{条件}{S} 目的寄存器，操作数 1，操作数 2
```

SBC 指令用于把操作数 1 减去操作数 2，再减去 CPSR 中的 C 条件标志位的反码，并将结果存放到目的寄存器中。操作数 1 应是一个寄存器，操作数 2 可以是一个寄存器，被移位的寄存器或一个立即数。该指令使用进位标志来表示借位，这样就可以做大于 32 位的减法，注意不要忘记设置 S 后缀来更改进位标志。该指令可用于有符号数或无符号数的减法运算。

应用举例如下：

```
SUBS R0,R1,R2               ;R0 = R1 - R2 - ！C，并根据结果设置 CPSR 的进位标志位
```

11. RSB 指令

RSB 指令的格式为：

```
RSB{条件}{S} 目的寄存器，操作数 1，操作数 2
```

RSB 指令称为逆向减法指令，用于把操作数 2 减去操作数 1，并将结果存放到目的寄存器中。操作数 1 应是一个寄存器，操作数 2 可以是一个寄存器、被移位的寄存器或一个立即数。该指令可用于有符号数或无符号数的减法运算。

应用举例如下：

```
RSB R0,R1,R2                ;R0 = R2 - R1
RSB R0,R1,#256              ;R0 = 256 - R1
RSB R0,R2,R3,LSL#1          ;R0 = (R3 << 1) - R2
```

12. RSC 指令

RSC 指令的格式为：

```
RSC{条件}{S} 目的寄存器，操作数 1，操作数 2
```

RSC 指令用于把操作数 2 减去操作数 1，再减去 CPSR 中的 C 条件标志位的反码，并将结果存放到目的寄存器中。操作数 1 应是一个寄存器，操作数 2 可以是一个寄存器，被移位的寄存器或一个立即数。该指令使用进位标志来表示借位，这样就可以做大于 32 位的减法，注意不要忘记设置 S 后缀来更改进位标志。该指令可用于有符号数或无符号数的减法运算。

应用举例如下：

```
RSC R0,R1,R2                ; R0 = R2 - R1 - ! C
```

13. AND 指令

AND 指令的格式为：

```
AND{条件}{S} 目的寄存器，操作数 1，操作数 2
```

AND 指令用于在两个操作数上进行逻辑与运算，并把结果放置到目的寄存器中。操作数 1 应是一个寄存器，操作数 2 可以是一个寄存器、被移位的寄存器或一个立即数。该指令常用于屏蔽操作数 1 的某些位。

应用举例如下：

```
AND R0,R0,#3                ;该指令保持 R0 的 0、1 位，其余位清零
```

14. ORR 指令

ORR 指令的格式为：

```
ORR{条件}{S} 目的寄存器，操作数 1，操作数 2
```

ORR 指令用于在两个操作数上进行逻辑或运算，并把结果放置到目的寄存器中。操作数 1 应是一个寄存器，操作数 2 可以是一个寄存器、被移位的寄存器或一个立即数。该指令常用于设置操作数 1 的某些位。

应用举例如下：

```
ORR R0,R0,#3                ;该指令设置 R0 的 0、1 位，其余位保持不变
```

15. EOR 指令

EOR 指令的格式为：

```
EOR{条件}{S} 目的寄存器，操作数 1，操作数 2
```

EOR 指令用于在两个操作数上进行逻辑异或运算，并把结果放置到目的寄存器中。操作数 1 应是一个寄存器，操作数 2 可以是一个寄存器、被移位的寄存器或一个立即数。该指令常用于反转操作数 1 的某些位。

应用举例如下：

```
EOR R0,R0,#3                ;该指令反转 R0 的 0、1 位，其余位保持不变
```

16. BIC 指令

BIC 指令的格式为：

```
BIC{条件}{S} 目的寄存器，操作数 1，操作数 2
```

BIC 指令用于清除操作数 1 的某些位，并把结果放置到目的寄存器中。操作数 1 应是一个寄存器，操作数 2 可以是一个寄存器、被移位的寄存器或一个立即数。操作数 2 为 32

位的掩码，如果在掩码中设置了某一位，则清除这一位，未设置的掩码位保持不变。

应用举例如下：

```
BIC R0,R0,#%1011            ;该指令清除 R0 中的位 0、1、和 3，其余的位保持不变
```

3.3.3 乘法指令与乘加指令

ARM 微处理器支持的乘法指令与乘加指令共有 6 条，可分为运算结果为 32 位和运算结果为 64 位两类，与前面的数据处理指令不同，指令中的所有操作数、目的寄存器必须为通用寄存器，不能对操作数使用立即数或被移位的寄存器，同时，目的寄存器和操作数 1 必须是不同的寄存器。

乘法指令与乘加指令共有以下 6 条：MUL 32 位乘法指令、MLA 32 位乘加指令、SMULL 64 位有符号数乘法指令、SMLAL 64 位有符号数乘加指令、UMULL 64 位无符号数乘法指令、UMLAL 64 位无符号数乘加指令。

1. MUL 指令

MUL 指令的格式为：

```
MUL{条件}{S} 目的寄存器，操作数 1，操作数 2
```

MUL 指令完成将操作数 1 与操作数 2 的乘法运算，并把结果放置到目的寄存器中，同时可以根据运算结果设置 CPSR 中相应的条件标志位。其中，操作数 1 和操作数 2 均为 32 位的有符号数或无符号数。

应用举例如下：

```
MUL R0,R1,R2                ;R0 = R1 × R2
MULS R0,R1,R2               ;R0 = R1 × R2，同时设置 CPSR 中的相关条件标志位
```

2. MLA 指令

MLA 指令的格式为：

```
MLA{条件}{S} 目的寄存器，操作数 1，操作数 2，操作数 3
```

MLA 指令完成将操作数 1 与操作数 2 的乘法运算，再将乘积加上操作数 3，并把结果放置到目的寄存器中，同时可以根据运算结果设置 CPSR 中相应的条件标志位。其中，操作数 1 和操作数 2 均为 32 位的有符号数或无符号数。

应用举例如下：

```
MLA R0,R1,R2,R3             ;R0 = R1 × R2 + R3
MLAS R0,R1,R2,R3            ;R0 = R1 × R2 + R3，同时设置 CPSR 中的相关条件标志位
```

3. SMULL 指令

SMULL 指令的格式为：

```
SMULL{条件}{S} 目的寄存器 Low，目的寄存器 High，操作数 1，操作数 2
```

SMULL 指令完成将操作数 1 与操作数 2 的乘法运算，并把结果的低 32 位放置到目的寄存器 Low 中，结果的高 32 位放置到目的寄存器 High 中，同时可以根据运算结果设置 CPSR 中相应的条件标志位。其中，操作数 1 和操作数 2 均为 32 位的有符号数。

应用举例如下：

```
SMULL R0,R1,R2,R3          ;R0 = (R2 × R3)的低 32 位、R1 = (R2 × R3)的高 32 位
```

4. SMLAL 指令

SMLAL 指令的格式为：

```
SMLAL{条件}{S} 目的寄存器 Low，目的寄存器 High，操作数 1，操作数 2
```

SMLAL 指令完成将操作数 1 与操作数 2 的乘法运算，并把结果的低 32 位同目的寄存器 Low 中的值相加后放置到目的寄存器 Low 中，结果的高 32 位同目的寄存器 High 中的值相加后放置到目的寄存器 High 中，同时可以根据运算结果设置 CPSR 中相应的条件标志位。其中，操作数 1 和操作数 2 均为 32 位的有符号数。

对于目的寄存器 Low，在指令执行前存放 64 位加数的低 32 位，指令执行后存放结果的低 32 位。

对于目的寄存器 High，在指令执行前存放 64 位加数的高 32 位，指令执行后存放结果的高 32 位。

应用举例如下：

```
SMLAL R0,R1,R2,R3  ;R0 = (R2×R3)的低 32 位 + R0、R1 = (R2×R3)的高 32 位 +R1
```

5. UMULL 指令

UMULL 指令的格式为：

```
UMULL{条件}{S} 目的寄存器 Low，目的寄存器 High，操作数 1，操作数 2
```

UMULL 指令完成将操作数 1 与操作数 2 的乘法运算，并把结果的低 32 位放置到目的寄存器 Low 中，结果的高 32 位放置到目的寄存器 High 中，同时可以根据运算结果设置 CPSR 中相应的条件标志位。其中，操作数 1 和操作数 2 均为 32 位的无符号数。

应用举例如下：

```
UMULL R0,R1,R2,R3  ;R0 = (R2 × R3)的低 32 位、R1 = (R2 × R3)的高 32 位
```

6. UMLAL 指令

UMLAL 指令的格式为：

```
UMLAL{条件}{S} 目的寄存器 Low，目的寄存器 High，操作数 1，操作数 2
```

UMLAL 指令完成将操作数 1 与操作数 2 的乘法运算，并把结果的低 32 位同目的寄存器 Low 中的值相加后放置到目的寄存器 Low 中，结果的高 32 位同目的寄存器 High 中的值相加后放置到目的寄存器 High 中，同时可以根据运算结果设置 CPSR 中相应的条件标志位。其中，操作数 1 和操作数 2 均为 32 位的无符号数。

对于目的寄存器 Low，在指令执行前存放 64 位加数的低 32 位，指令执行后存放结果的低 32 位。

对于目的寄存器 High，在指令执行前存放 64 位加数的高 32 位，指令执行后存放结果的高 32 位。

应用举例如下：

```
UMLAL R0,R1,R2,R3 ;R0 = (R2 × R3)的低 32 位 + R0、R1 = (R2 × R3)的高 32 位
+ R1
```

3.3.4 程序状态寄存器访问指令

ARM 微处理器支持程序状态寄存器访问指令，用于在程序状态寄存器和通用寄存器之间传送数据，程序状态寄存器访问指令包括以下两条：MRS 程序状态寄存器到通用寄存器的数据传送指令；MSR 通用寄存器到程序状态寄存器的数据传送指令。

1. MRS 指令

MRS 指令的格式为：

```
MRS{条件} 通用寄存器，程序状态寄存器(CPSR 或 SPSR)
```

MRS 指令用于将程序状态寄存器的内容传送到通用寄存器中。该指令一般用在以下几种情况。

(1) 当需要改变程序状态寄存器的内容时，可用 MRS 将程序状态寄存器的内容读入通用寄存器，修改后再写回程序状态寄存器。

(2) 当在异常处理或进程切换时，需要保存程序状态寄存器的值，可先用该指令读出程序状态寄存器的值，然后保存。

应用举例如下：

```
MRS R0,CPSR                    ;传送 CPSR 的内容到 R0
MRS R0,SPSR                    ;传送 SPSR 的内容到 R0
```

2. MSR 指令

MSR 指令的格式为：

```
MSR{条件} 程序状态寄存器(CPSR 或 SPSR)_<域>，操作数
```

MSR 指令用于将操作数的内容传送到程序状态寄存器的特定域中。其中，操作数可以为通用寄存器或立即数。<域>用于设置程序状态寄存器中需要操作的位，32 位的程序状态寄存器可分为 4 个域。

```
位[31：24]为条件标志位域，用 f 表示。
位[23：16]为状态位域，用 s 表示。
位[15：8]为扩展位域，用 x 表示。
位[7：0]为控制位域，用 c 表示。
```

该指令通常用于恢复或改变程序状态寄存器的内容，在使用时，一般要在 MSR 指令

中指明将要操作的域。

应用举例如下：

```
MSR CPSR,R0                ;传送 R0 的内容到 CPSR
MSR SPSR,R0                ;传送 R0 的内容到 SPSR
MSR CPSR_c,R0              ;传送 R0 的内容到 SPSR，但仅仅修改 CPSR 中的控制位域
```

3.3.5　加载/存储指令

ARM 微处理器支持加载/存储指令用于在寄存器和存储器之间传送数据，加载指令用于将存储器中的数据传送到寄存器中，存储指令则完成相反的操作。常用的加载存储指令有：LDR 字数据加载指令、LDRB 字节数据加载指令、LDRH 半字数据加载指令、STR 字数据存储指令、STRB 字节数据存储指令、STRH 半字数据存储指令。

1. LDR 指令

LDR 指令的格式为：

```
LDR{条件} 目的寄存器，<存储器地址>
```

LDR 指令用于从存储器中将一个 32 位的字数据传送到目的寄存器中。该指令通常用于从存储器中读取 32 位的字数据到通用寄存器，然后对数据进行处理。当程序计数器 PC 作为目的寄存器时，指令从存储器中读取的字数据被当作目的地址，从而可以实现程序流程的跳转。该指令在程序设计中比较常用，且寻址方式灵活多样。

应用举例如下：

```
LDR R0,[R1]                ;将存储器地址为 R1 的字数据读入寄存器 R0
LDR R0,[R1,R2]             ;将存储器地址为 R1+R2 的字数据读入寄存器 R0
LDR R0,[R1,#8]             ;将存储器地址为 R1+8 的字数据读入寄存器 R0
LDR R0,[R1,R2] !           ;将存储器地址为 R1+R2 的字数据读入寄存器 R0，并将新地
                            址 R1＋R2 写入 R1
LDR R0,[R1,#8] !           ;将存储器地址为 R1+8 的字数据读入寄存器 R0，并将新地址
                            R1＋8 写入 R1
LDR R0,[R1],R2             ;将存储器地址为 R1 的字数据读入寄存器 R0，并将新地址 R1
                            ＋R2 写入 R1
LDR R0,[R1,R2,LSL#2]!      ;将存储器地址为 R1＋R2×4 的字数据读入寄存器 R0，并将
                            新地址 R1＋R2×4 写入 R1
LDR R0,[R1],R2,LSL#2       ;将存储器地址为 R1 的字数据读入寄存器 R0，并将新地址 R1
                            ＋R2×4 写入 R1
```

2. LDRB 指令

LDRB 指令的格式为：

```
LDRB{条件} 目的寄存器，<存储器地址>
```

LDRB 指令用于从存储器中将一个 8 位的字节数据传送到目的寄存器中，同时将寄存器的高 24 位清零。该指令通常用于从存储器中读取 8 位的字节数据到通用寄存器，然后

对数据进行处理。当程序计数器 PC 作为目的寄存器时，指令从存储器中读取的字数据被当作目的地址，从而可以实现程序流程的跳转。

应用举例如下：

```
LDRB R0，[R1]              ;将存储器地址为 R1 的字节数据读入寄存器 R0，并将 R0 的
                            高 24 位清零
LDRB R0，[R1，#8]          ;将存储器地址为 R1+8 的字节数据读入寄存器 R0，并将 R0
                            的高 24 位清零
```

3. LDRH 指令

LDRH 指令的格式为：

```
LDRH{条件} 目的寄存器，<存储器地址>
```

LDRH 指令用于从存储器中将一个 16 位的半字数据传送到目的寄存器中，同时将寄存器的高 16 位清零。该指令通常用于从存储器中读取 16 位的半字数据到通用寄存器，然后对数据进行处理。当程序计数器 PC 作为目的寄存器时，指令从存储器中读取的字数据被当作目的地址，从而可以实现程序流程的跳转。

应用举例如下：

```
LDRH R0,[R1]               ;将存储器地址为 R1 的半字数据读入寄存器 R0，并将 R0 的
                            高 16 位清零
LDRH R0,[R1,#8]            ;将存储器地址为 R1+8 的半字数据读入寄存器 R0，并将 R0
                            的高 16 位清零
LDRH R0,[R1,R2]            ;将存储器地址为 R1+R2 的半字数据读入寄存器 R0，并将 R0
                            的高 16 位清零
```

4. STR 指令

STR 指令的格式为：

```
STR{条件} 源寄存器，<存储器地址>
```

STR 指令用于从源寄存器中将一个 32 位的字数据传送到存储器中。该指令在程序设计中比较常用，且寻址方式灵活多样，使用方式可参考指令 LDR。

应用举例如下：

```
STR R0,[R1],#8             ;将 R0 中的字数据写入以 R1 为地址的存储器中，并将新地
                            址 R1+8 写入 R1
STR R0,[R1,#8]             ;将 R0 中的字数据写入以 R1+8 为地址的存储器中
```

5. STRB 指令

STRB 指令的格式为：

```
STRB{条件} 源寄存器，<存储器地址>
```

STRB 指令用于从源寄存器中将一个 8 位的字节数据传送到存储器中。该字节数据为源寄存器中的低 8 位。

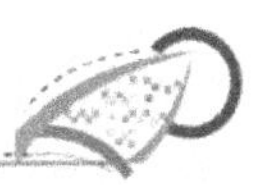

应用举例如下：

```
STRB R0,[R1]          ;将寄存器 R0 中的字节数据写入以 R1 为地址的存储器中
STRB R0,[R1,#8]       ;将寄存器 R0 中的字节数据写入以 R1+8 为地址的存储器中
```

6. STRH 指令

STRH 指令的格式为：

```
STRH{条件}源寄存器，<存储器地址>
```

STRH 指令用于从源寄存器中将一个 16 位的半字数据传送到存储器中。该半字数据为源寄存器中的低 16 位。

应用举例如下：

```
STRH R0,[R1]          ;将寄存器 R0 中的半字数据写入以 R1 为地址的存储器中
STRH R0,[R1,#8]       ;将寄存器 R0 中的半字数据写入以 R1+8 为地址的存储器中
```

3.3.6 批量数据加载/存储指令

ARM 微处理器所支持的批量数据加载/存储指令可以一次在一片连续的存储器单元和多个寄存器之间传送数据，批量加载指令用于将一片连续的存储器中的数据传送到多个寄存器，批量数据存储指令则完成相反的操作。常用的加载存储指令有 LDM 批量数据加载指令和 STM 批量数据存储指令。

LDM(或 STM)指令的格式为：

```
LDM(或 STM){条件}{类型} 基址寄存器{!}，寄存器列表{∧}
```

LDM(或 STM)指令用于从由基址寄存器所指示的一片连续存储器到寄存器列表所指示的多个寄存器之间传送数据，该指令的常见用途是将多个寄存器的内容入栈或出栈。其中，{类型}为以下几种情况。

(1) IA 每次传送后地址加 1。

(2) IB 每次传送前地址加 1。

(3) DA 每次传送后地址减 1。

(4) DB 每次传送前地址减 1。

(5) FD 满递减堆栈。

(6) ED 空递减堆栈。

(7) FA 满递增堆栈。

(8) EA 空递增堆栈。

{!}为可选后缀，若选用该后缀，则当数据传送完毕后，将最后的地址写入基址寄存器，否则基址寄存器的内容不变。

{∧}为可选后缀，当指令为 LDM 且寄存器列表中包含 R15 时，选用该后缀表示除了正常的数据传送之外，还将 SPSR 复制到 CPSR。同时，该后缀还表示传入或传出的是用户模式下的寄存器，而不是当前模式下的寄存器。

应用举例如下：

```
STMFD R13!,{R0,R4-R12,LR} ;将寄存器列表中的寄存器(R0、R4~R12、LR)存入堆栈
LDMFD R13!,{R0,R4-R12,PC} ;将堆栈内容恢复到寄存器(R0、R4~R12、LR)
```

注意：基址寄存器不允许为 R15，寄存器列表可以为 R0～R15 的任意组合。

3.3.7 数据交换指令

ARM 微处理器所支持的数据交换指令能在存储器和寄存器之间交换数据。数据交换指令有两条：SWP 字数据交换指令和 SWPB 字节数据交换指令。

1. SWP 指令

SWP 指令的格式为：

```
SWP{条件} 目的寄存器，源寄存器 1，[源寄存器 2]
```

SWP 指令用于将源寄存器 2 所指向的存储器中的字数据传送到目的寄存器中，同时将源寄存器 1 中的字数据传送到源寄存器 2 所指向的存储器中。显然，当源寄存器 1 和目的寄存器为同一个寄存器时，指令交换该寄存器和存储器的内容。

应用举例如下：

```
SWP R0,R1,[R2]          ;将 R2 所指向的存储器中的字数据传送到 R0,同时将 R1 中的
                         字数据传送到 R2 所指向的存储单元
SWP R0,R0,[R1]          ;该指令完成将 R1 所指向的存储器中的字数据与 R0 中的字数
                         据交换
```

2. SWPB 指令

SWPB 指令的格式为：

```
SWPB{条件} 目的寄存器，源寄存器 1，[源寄存器 2]
```

SWPB 指令用于将源寄存器 2 所指向的存储器中的字节数据传送到目的寄存器中，目的寄存器的高 24 位清零，同时将源寄存器 1 中的字节数据传送到源寄存器 2 所指向的存储器中。显然，当源寄存器 1 和目的寄存器为同一个寄存器时，指令交换该寄存器和存储器的内容。

应用举例如下：

```
SWPB R0,R1,[R2]         ;将 R2 所指向的存储器中的字节数据传送到 R0，R0 的高 24 位清
                         零，同时将 R1 中的低 8 位数据传送到 R2 所指向的存储单元
SWPB R0,R0,[R1]         ;该指令完成将 R1 所指向的存储器中的字节数据与 R0 中的低 8
                         位数据交换
```

3.3.8 移位指令(操作)

ARM 微处理器内嵌的桶型移位器(Barrel Shifter)支持数据的各种移位操作。移位操作

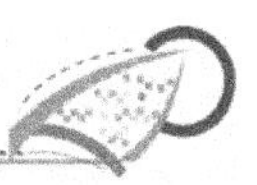

在ARM 指令集中不作为单独的指令使用，它只能作为指令格式中的一个字段，在汇编语言中表示为指令中的选项。例如，数据处理指令的第二个操作数为寄存器时，就可以加入移位操作选项对它进行各种移位操作。移位操作包括6种类型：LSL逻辑左移、ASL算术左移、LSR逻辑右移、ASR算术右移、ROR循环右移、RRX带扩展的循环右移。其中ASL和LSL是等价的，可以自由互换。

1. LSL(或ASL)操作

LSL(或ASL)操作的格式为：

```
通用寄存器，LSL(或ASL) 操作数
```

LSL(或ASL)可完成对通用寄存器中的内容进行逻辑(或算术)的左移操作，按操作数所指定的数量向左移位，低位用零来填充。其中，操作数可以是通用寄存器，也可以是立即数(0～31)。

操作示例：

```
MOV R0, R1, LSL#2              ;将R1 中的内容左移两位后传送到R0 中
```

2. LSR操作

LSR操作的格式为：

```
通用寄存器，LSR 操作数
```

LSR 可完成对通用寄存器中的内容进行右移的操作，按操作数所指定的数量向右移位，左端用零来填充。其中，操作数可以是通用寄存器，也可以是立即数(0～31)。

操作示例：

```
MOV R0, R1, LSR#2              ;将R1 中的内容右移两位后传送到R0 中，左端用零来填充
```

3. ASR操作

ASR操作的格式为：

```
通用寄存器，ASR 操作数
```

ASR 可完成对通用寄存器中的内容进行右移的操作，按操作数所指定的数量向右移位，左端用第31位的值来填充。其中，操作数可以是通用寄存器，也可以是立即数(0～31)。

操作示例：

```
MOV R0, R1, ASR#2  ;将R1中的内容右移两位后传送到R0 中，左端用第31 位的值来填充
```

4. ROR操作

ROR操作的格式为：

```
通用寄存器，ROR 操作数
```

ROR可完成对通用寄存器中的内容进行循环右移的操作，按操作数所指定的数量向右

循环移位，左端用右端移出的位来填充。其中，操作数可以是通用寄存器，也可以是立即数(0～31)。显然，当进行 32 位的循环右移操作时，通用寄存器中的值不变。

操作示例：

```
MOV R0, R1, ROR#2          ;将 R1 中的内容循环右移两位后传送到 R0 中
```

5. RRX 操作

RRX 操作的格式为：

```
通用寄存器，RRX 操作数
```

RRX 可完成对通用寄存器中的内容进行带扩展的循环右移的操作，按操作数所指定的数量向右循环移位，左端用进位标志位 C 来填充。其中，操作数可以是通用寄存器，也可以是立即数(0～31)。

操作示例：

```
MOV R0, R1, RRX#2          ;将 R1 中的内容进行带扩展的循环右移两位后传送到 R0 中
```

3.4 Thumb 指令及应用

为兼容数据总线宽度为 16 位的应用系统，ARM 体系结构除了支持执行效率很高的 32 位 ARM 指令集以外，同时支持 16 位的 Thumb 指令集。Thumb 指令集是 ARM 指令集的一个子集，允许指令编码为 16 位的长度。与等价的 32 位代码相比，Thumb 指令集在保留 32 代码优势的同时，大大地节省了系统的存储空间。

所有的 Thumb 指令都有对应的 ARM 指令，而且 Thumb 的编程模型也对应于 ARM 的编程模型，在应用程序的编写过程中，只要遵循一定的调用规则，Thumb 子程序和 ARM 子程序就可以互相调用。当处理器在执行 ARM 程序段时，称 ARM 处理器处于 ARM 工作状态，当处理器在执行 Thumb 程序段时，称 ARM 处理器处于 Thumb 工作状态。

与 ARM 指令集相比，Thumb 指令集中的数据处理指令的操作数仍然是 32 位，指令地址也为 32 位，但 Thumb 指令集为实现 16 位的指令长度，舍弃了 ARM 指令集的一些特性，如大多数的 Thumb 指令是无条件执行的，而几乎所有的 ARM 指令都是有条件执行的；大多数的 Thumb 数据处理指令的目的寄存器与其中一个源寄存器相同。

由于 Thumb 指令的长度为 16 位，即只用 ARM 指令一半的位数来实现相同的功能，所以，要实现特定的程序功能，所需的 Thumb 指令的条数较 ARM 指令多。在一般的情况下，Thumb 指令与 ARM 指令的时间效率和空间效率关系如下。

(1) Thumb 代码所需的存储空间约为 ARM 代码的 60%～70%。

(2) Thumb 代码使用的指令数比 ARM 代码约多 30%～40%。

(3) 若使用 32 位的存储器，ARM 代码比 Thumb 代码快约 40%。

(4) 若使用 16 位的存储器，Thumb 代码比 ARM 代码快约 40%～50%。

(5) 与 ARM 代码相比，使用 Thumb 代码，存储器的功耗会降低约 30%。

显然，ARM 指令集和 Thumb 指令集各有其优缺点，若对系统的性能有较高要求，应使用 32 位的存储系统和 ARM 指令集，若对系统的成本及功耗有较高要求，则应使用 16 位的存储系统和 Thumb 指令集。当然，若两者结合使用，充分发挥其各自的优点，会取得更好的效果。

思考与练习

1．LDR R1,[R0,#0x08]的寻址方式是______________ 。

2．在 32 位处理器上，假设栈顶指针寄存器的当前值为 0x00FFFFE8，那么在执行完指令 LDMFD　sp {r4} (sp 为栈顶指针，寄存器 r4 为 32 位寄存器)后，栈指针的当前值应为_________________。

3．CMP 指令操作仅对________________寄存器有影响。

4．试述 ARM920T 的几种寻址方式。

5．CMP 指令的操作是什么？写一个程序，判断 R1 的值是否大于 0x10，若是，则用 R1 减去 0x10。

6．利用汇编语言设计一个子函数，计算一个数 N 的阶乘。把编写的汇编语言进行编译链接，并进行调试。

第 4 章 基于 S3C1410 处理器的裸机开发

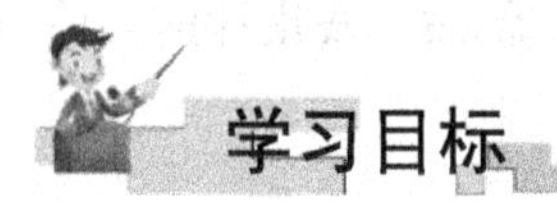

通过前面几章的学习，读者可以进行基本的嵌入式应用开发。本章利用案例的形式介绍了在没用操作系统的情况下，对嵌入式设备的应用。通过本章学习，读者重点掌握以下内容。

(1) 熟练使用 Realview MDK 嵌入式开发工具。

(2) 掌握嵌入式平台裸机程序开发方法。

4.1 嵌入式系统开发环境构建

嵌入式微处理器芯片本身是不能独立工作的，需要必要的外围设备给它提供基本的工作条件。嵌入式硬件平台由嵌入式处理器和嵌入式系统外围设备组成，其结构如图 4.1 所示。

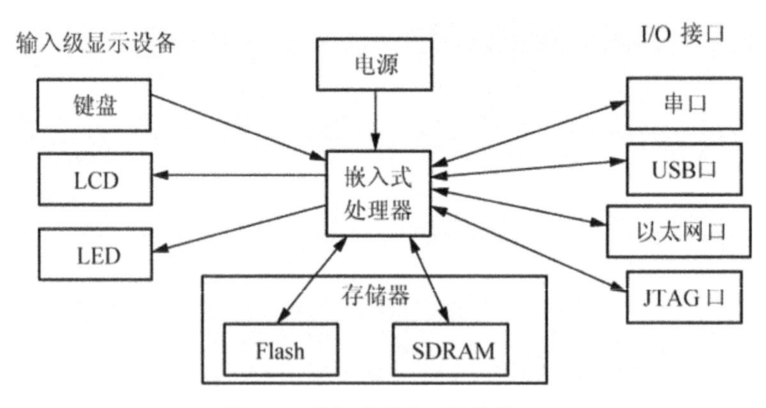

图 4.1 嵌入式系统硬件结构

4.1.1 硬件环境构建

开发 PC 机上的软件是可以直接在 PC 上编辑、编译、调试的软件，最终发布的软件

也在 PC 机上运行。对于嵌入式开发，最初的嵌入式硬件平台是一个空白的系统，需要通过主机为它构建基本的软件系统，并烧写到硬件平台中；另外，嵌入式设备的资源并不足以用来开发软件。因此需要用到交叉开发模式在主机上编辑、编译软件，然后再在目标板上运行、验证程序。

主机是指 PC 机，目标板是指嵌入式设备。

1. 主机要求

一般 PC 机就可以用来进行嵌入式系统开发，它应该满足以下要求。

(1) 有一个 9 针 RS232 串行接口。

(2) 有一个 25 针的并口接口，用来连接 JTAG 连线。

(3) 支持网络。

(4) 至少 30GB 硬盘。

对于台式机，这 4 项要求一般都能满足；对于笔记本计算机，如果没有并口则需要使用其他计算机来烧写程序；如果没有串口，则可以使用 USB 串口转换器。对于不用调试 Bootloader 的开发者来说，使用 JTAG 接口的次数会很少，只需要烧写一次 Bootloader 即可，当 Bootloader 启动后，就可以通过串口或网络下载程序，然后烧入目标板。

2. 目标板要求

本书的所有例子都在英贝特公司 EduKit-IV 嵌入式 ARM 教学实验平台上调试通过。市场上 S3C2410、S3C2440 开发板的原理图、配置基本相同，即使在细节上有所差别，理解代码后稍作修改即可使用。

4.1.2 软件环境构建

本书的软件开发共有两类：基于 ARM 开发工具 RealView MDK 的软件开发以及基于 Ubuntu8.04 的嵌入式 Linux 开发。本章的例子是利用 RealView MDK 进行开发的，基于 Ubuntu8.04 的嵌入式 Linux 开发将在第 2 篇中介绍。

4.2 Realview MDK 的使用

4.2.1 μVision IDE 主框架窗口

μVision IDE 由如图 4.2 所示的多个窗口、对话框、菜单栏、工具栏组成。其中菜单栏和工具栏用来实现快速的操作命令；工程工作区(Project Workspace)用于文件管理、寄存器调试、函数管理、手册管理等；输出窗口(Output Window)用于显示编译信息、搜索结果以及调试命令交互灯；内存窗口(Memory Window)可以不同格式显示内存中的内容；观测窗口(Watch & Call StackWindow)用于观察、修改程序中的变量以及当前的函数调用关系；工作区(Workspace)用于文件编辑、反汇编输出和一些调试信息显示；外设对话框(Peripheral Dialogs)帮助设计者观察片内外围接口的工作状态。

本节将主要介绍μVision IDE 的菜单栏、工具栏、常用快捷方式以及各种窗口的内容和使用方法，以便让读者能快速了解μVision IDE，并能对μVision IDE 进行简单和基本的操作。

μVision IDE 集成开发环境的菜单栏可提供如下菜单功能：编辑操作、工程维护、开发工具配置、程序调试、外部工具控制、窗口选择和操作以及在线帮助等。工具栏按钮可以快速执行μVision 3 的命令。状态栏显示了编辑和调试信息，在 View 菜单中可以控制工具栏和状态栏是否显示。键盘快捷键可以快速执行μVision 3 的命令，它可以通过菜单命令 Edit→Configuration→Shortcut Key 来进行配置。

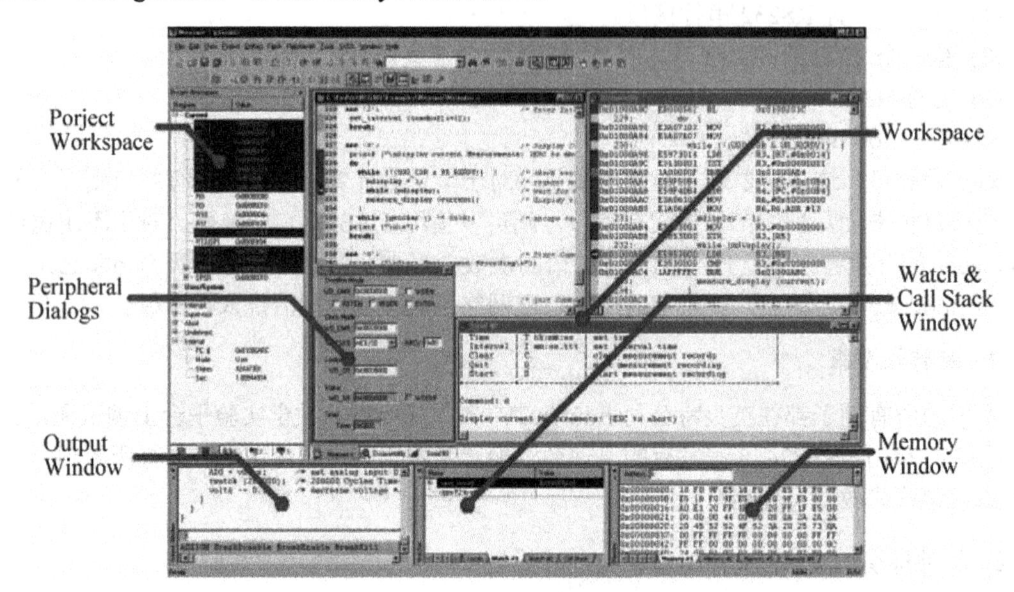

图 4.2 μVision IDE 开发环境软件界面

4.2.2 工程管理

1. 工程管理介绍

在μVision IDE 集成开发环境中，工程是一个非常重要的概念，它是用户组织一个应用的所有源文件、设置编译链接选项、生成调试信息文件和最终的目标 Bin 文件的一个基本结构。一个工程管理一个应用程序的所有源文件、库文件、其他输入文件，并根据实际情况进行相应的编译链接设置，一个工程须生成一个相对应的目录，以进行文件管理。

μVision IDE 工程管理提供以下功能。

μVision IDE 的工作区由 5 部分组成，分别为 Files 页、Regs 页、Books 页、Functions 页、Templates 页。工作区如图 4.3 所示，它显示了工程结构。

(1) 以工程为单位定义设置应用程序的各选项，包括目标处理器和调试设备的选择与设置调试相关信息的配置以及编译、汇编、链接等选项的设置等。系统提供一个专门的对话框来设置这些选项。

(2) 提供 Build 菜单和工具按钮，让用户轻松进行工程的编译、链接。编译、链接信

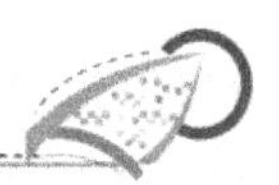

息输出到输出窗口中的 Build 标签窗中，如图 4.4 所示。编译链接出现的错误，通过鼠标左键双击错误信息提示行来定位相应的源文件行。

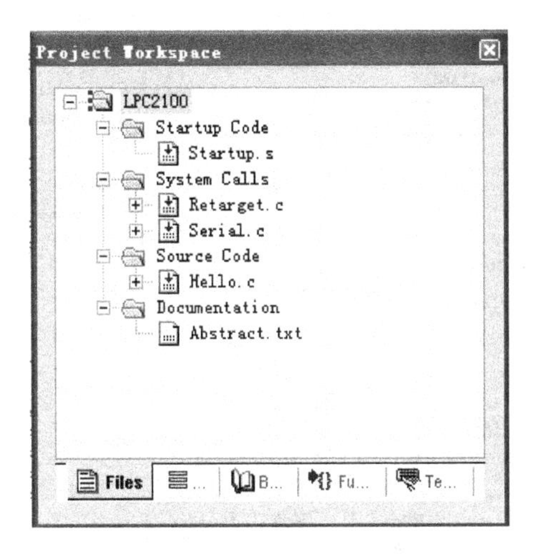

图 4.3　工程管理区结构图

Output Window

```
Build target 'LPC2100'
assembling Startup.s...
compiling Retarget.c...
compiling Serial.c...
compiling Hello.c...
linking...
Program Size: Code=732 RO-data=32 RW-data=4 ZI-data=1164
".\Obj\Hello.axf" - 0 Error(s), 0 Warning(s).
```

Build　Command

图 4.4　编译链接输出子窗口

(3) 一个应用工程编译链接后根据编译器的设置生成相应格式的调试信息文件，调试通过的程序转换成二进制格式的可执行文件后最终在目标板上运行。

2. 工程的创建

μVision 3 所提供的工程管理，使基于 ARM 处理器的应用程序设计开发变得越来越方便。通常使用μVision 3 创建一个新的工程需要以下几步：选择工具集、创建工程并选择处理器、创建源文件及文件组、配置硬件选项、配置对应启动代码、最后编译链接生成 HEX 文件。

1) 选择工具集

利用μVision 3 创建一个基于处理器的应用程序，首先要选择开发工具集。单击 Project→Manage→Components, Environment and Books 菜单项，在如图 4.5 所示对话框中，可选择所使用的工具集。在μVision 3 中既可使用 ARM RealView 编译器、GNU GCC 编译器，也可以使用 Keil CARM 编译器。当使用 GNU GCC 编译器时，需要安装相应的工具集。在本例程中选择 ARM RealView 编译器(MDK 环境默认的编译器)，可不用配置。

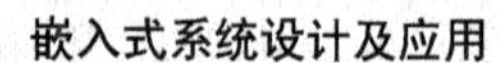

图 4.5　选择工具集

2) 创建工程并选择处理器

单击 Project→New μVision Project 菜单项，μVision 3 将打开一个标准对话框，输入新建工程的名字即可创建一个新的工程，建议对每个新建工程使用独立的文件夹。这里先建立一个新的文件夹 Hello，在前述对话框中输入 Hello，μVision 将会创建一个以 Hello.UV2 为名字的新工程文件，它包含了一个缺省的目标(target)和文件组名。这些内容在 Project Workspace 窗口中可以看到。

创建一个新工程时，μVision 3 要求设计者为工程选择一款对应处理器，如图 4.6 所示，该对话框中列出了μVision 3 所支持的处理器设备数据库，也可单击 Project→Select Device 菜单项进入此对话框。选择了某款处理之后，μVision 3 将会自动为工程设置相应的工具选项，这使得工具的配置过程简化。

对于大部分处理器设备，μVision 3 会提示是否在目标工程里加入 CPU 的相关启动代码，如图 4.7 所示。启动代码是用来初始化目标设备的配置，完成运行时系统的初始化工作，对于嵌入式系统开发而言是必不可少的，单击 Ok 按钮便可将启动代码加入工程，这使得系统的启动代码编写工作量大大减少。

在设备数据库中为工程选择 CPU 后，在 Project Workspace→Books 内就可以看到相应设备的用户手册，以供设计者参考，如图 4.8 所示。

3. 建立一个新的源文件

创建一个工程后，就可以开始编写源程序了。选择菜单项 File→New 可创建新的源文件，μVision IDE 将会打开一个空的编辑窗口用以输入源程序。在输入完源程序后，选择 File→Save As 菜单项保存源程序，当以*.C 为扩展名保存源文件时，μVision IDE 将会根据语法以彩色高亮字体显示源程序。

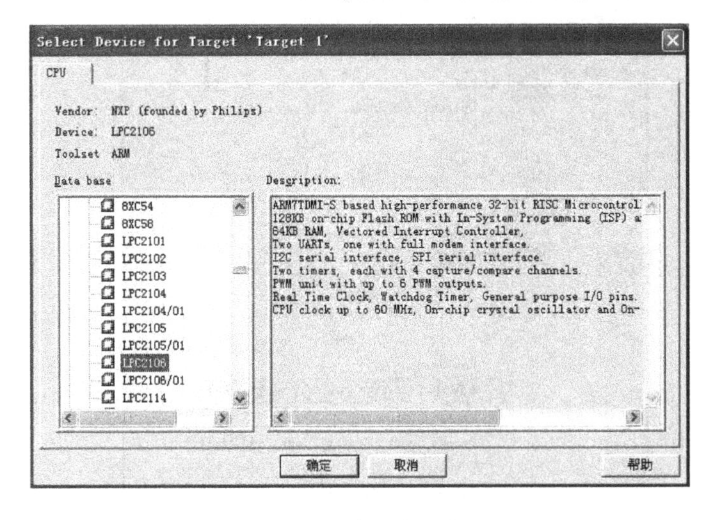

图 4.6　选择处理器

图 4.7　加入启动代码

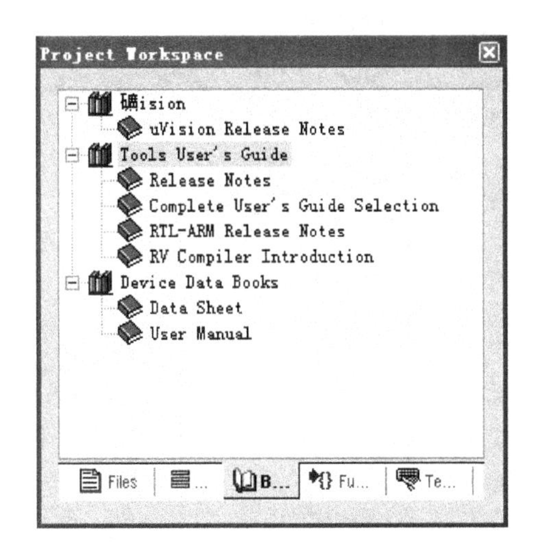

图 4.8　相应设备数据手册

4. 工程中文件的加入

创建完源文件后便可以在工程里加入此源文件，μVision 提供了多种方法加入源文件到工程中。例如，在 Project Workspace→Files 菜单项中选择文件组，右击将会弹出如图 4.9 所示快捷菜单，单击选项 Add Files to Group 打开一个标准文件对话框，将已创建好的源文件加入到工程中。

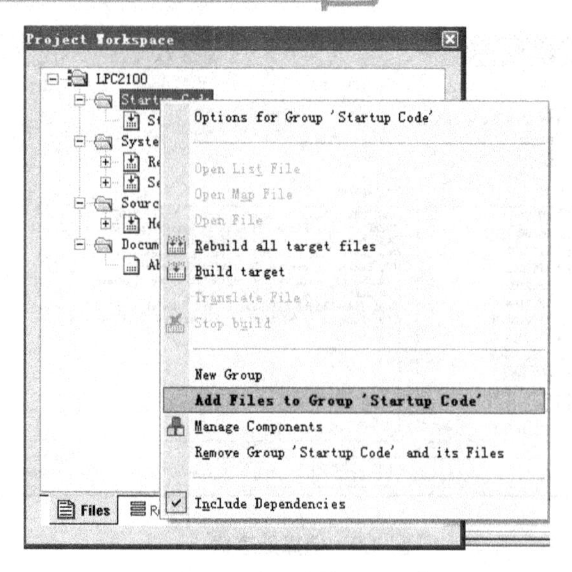

图 4.9 加入源文件到工程中

通常，设计人员应采用文件组来组织大的工程，将工程中同一个模块或者同一个类型的源文件放在同一个文件组中。例如，可在 Project→Manage→Components, Environment and Books 对话框中创建文件组 Sysem Files 来管理 CPU 启动代码和其他系统配置文件等，如图 4.10 所示。也可使用 New (Insert)按钮可创建新的文件组，或在 Groups 文件组中选定一个文件组，然后单击 Add Files 按钮为其添加文件。

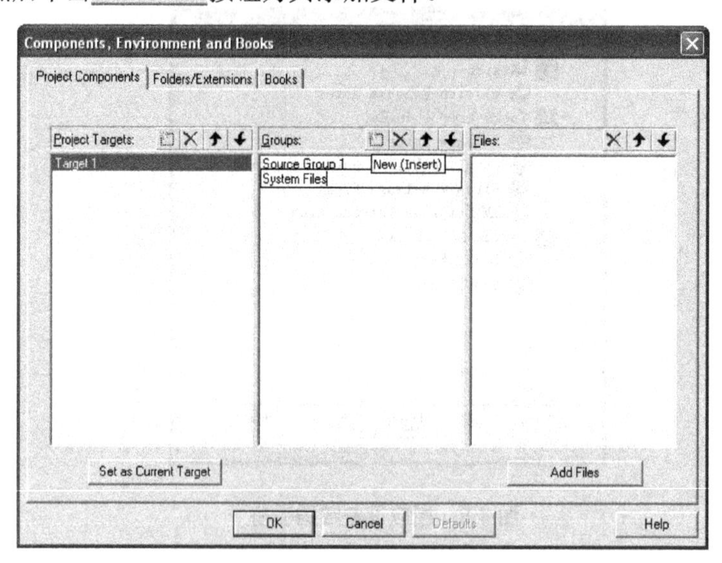

图 4.10 创建新的文件组

在μVision IDE 中可以存在几个同时打开的工程，但只有一个工程处于活动状态并显示在工程区中，处于活动状态的工程才可以作为调试工程。可在图 4.10 中的工程目标框中选择需要激活的工程，然后单击 Set as Current Target 按钮即可。

4.2.3　工程基本配置

1. 硬件选项配置

μVision 3 可根据目标硬件的实际情况对工程进行配置。通过单击目标工具栏图标或者单击菜单项 Project→Options for Target，在弹出的 Target 页面可指定目标硬件和所选择设备片内组件的相关参数，如图 4.11 所示。

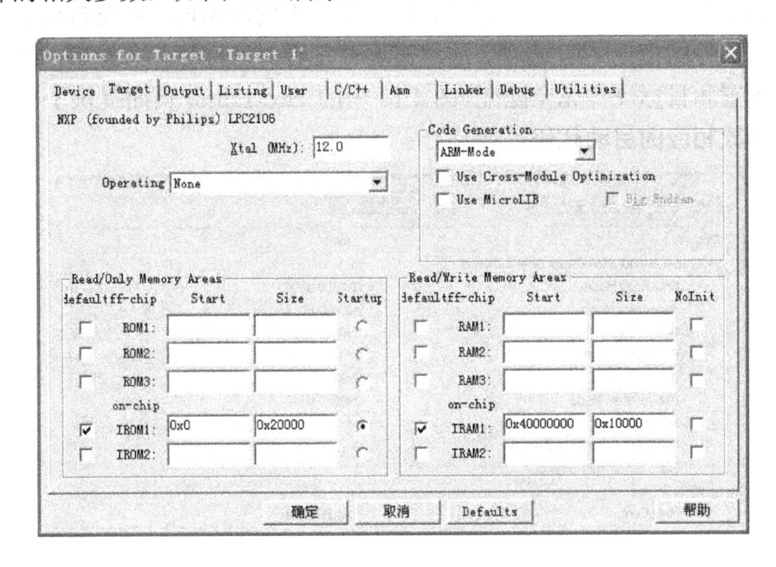

图 4.11　处理器配置对话框

表 4-1 对 Target 页面选项作一个简要说明。

表 4-1　目标硬件配置选项说明表

选项	描述
晶振	设备的晶振频率。大部分基于 ARM 的微控制器使用片内 PLL 作为 CPU 时钟源。多数情况下 CPU 时钟和晶振频率是不一致的，依据硬件设备不同设置其相应的值
使用片内 ROM/RAM	定义片内的内存部件的地址空间以供链接器/定位器使用。注意对于一些设备来说需要在启动代码中反映出这些配置
操作系统	允许为目标工程选择一个实时操作系统

2. 处理器启动代码配置

通常情况下，ARM 程序都需要初始化代码用来配置所对应的目标硬件。如前面章节所述，当创建一个应用程序时μVision 3 会提示使用者自动加入相应设备的启动代码。

μVision 3 提供了丰富的启动代码文件，可在相应文件夹中获得。例如，针对 Keil 开发工具的启动代码放在 ..\ARM\Startup 文件夹下；针对 GNU 开发工具的启动代码放在 ..\ARM\GNU\Startup 文件夹下；针对 ADS 开发工具的启动代码放在文件夹 ..\ARM\ADS\Startup

下。以 LPC2106 处理器为例，其启动代码文件为...\Startup\Philips\Startup.s，可把这个启动代码文件复制到工程文件夹下，根据目标硬件作相应的修改即可使用。μVision 3 里大部分的启动代码文件都有一个配置向导(Configuration Wizard)，如图 4.12 所示，它提供了一种菜单驱动方式来配置目标板的启动代码。

开发工具提供缺省的启动代码，对于大部分单芯片应用程序来说是一个很好的起点，但是开发者必须根据目标硬件来调整部分启动代码的配置，否则很可能是无法使用的。例如，CPU/PLL 时钟和总线系统往往会根据目标系统的不同而不同，不能自动配置。一些设备还提供了片上部件的使能/禁止选项，这就需要开发者对目标硬件有足够的了解，能够确保启动代码的配置和目标硬件完全匹配。图 4.12 中的 Text Editor 页面提供了标准文本编辑窗口可打开并修改相应的启动代码。

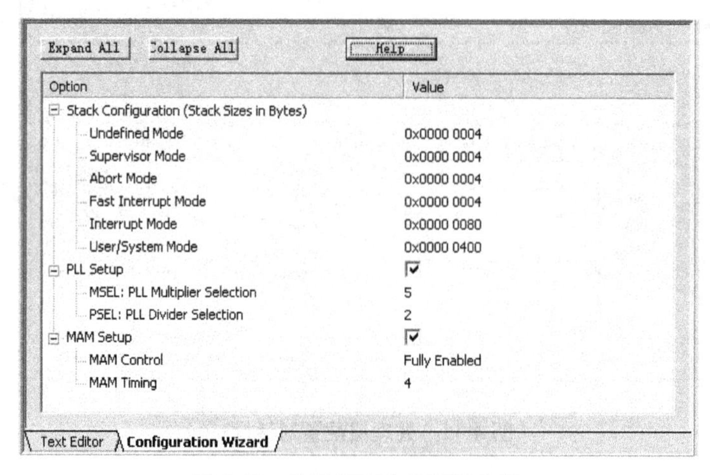

图 4.12 启动代码文件配置向导

3. 仿真器配置

选择菜单项 Project→Option for Target 或者直接单击按钮，打开 Option for Target 对话框的 Debug 页，弹出如图 4.13 所示对话框，进行仿真器的连接配置。

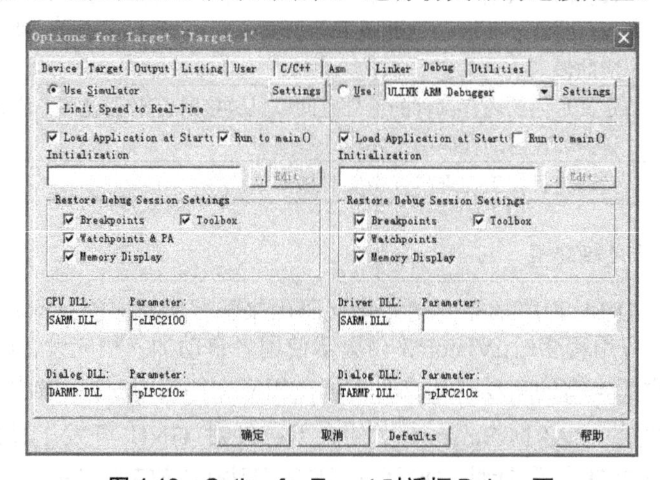

图 4.13 Option for Target 对话框 Debug 页

使用 ULINK 仿真器时，为仿真器选择合适的驱动以及为应用程序和可执行文件下载进行配置，对图 4.13 对话框的设置如图 4.14、图 4.15 所示。

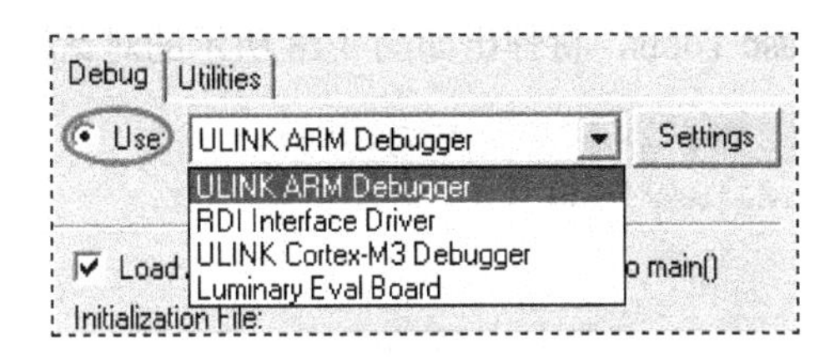

图 4.14　仿真器驱动配置图

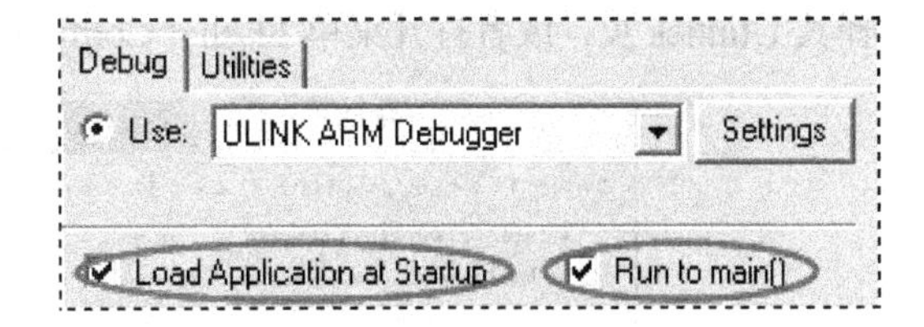

图 4.15　仿真器下载应用程序配置图

PC 机通过 ULINK USB-JTAG 仿真器与目标板连接成功之后，可以单击图 4.15 中的 Settings 选项查看 ULINK 信息，如图 4.16、图 4.17 所示。

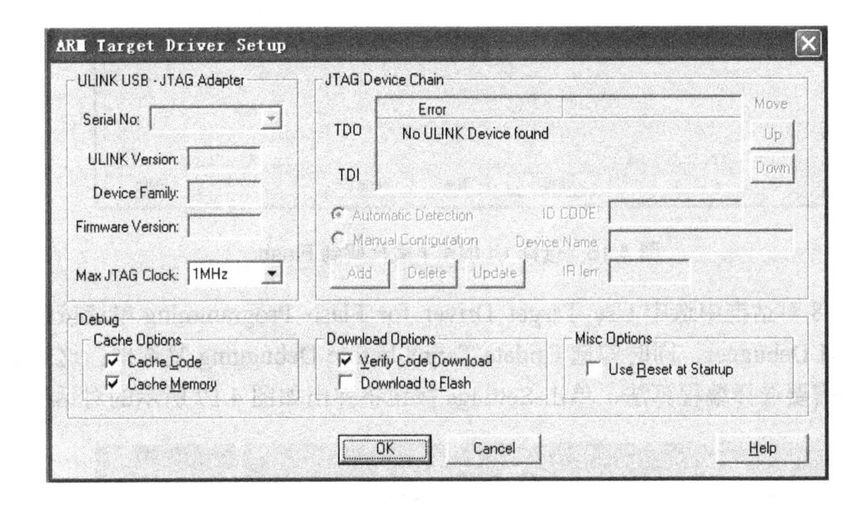

图 4.16　未连 ULINK 仿真器前

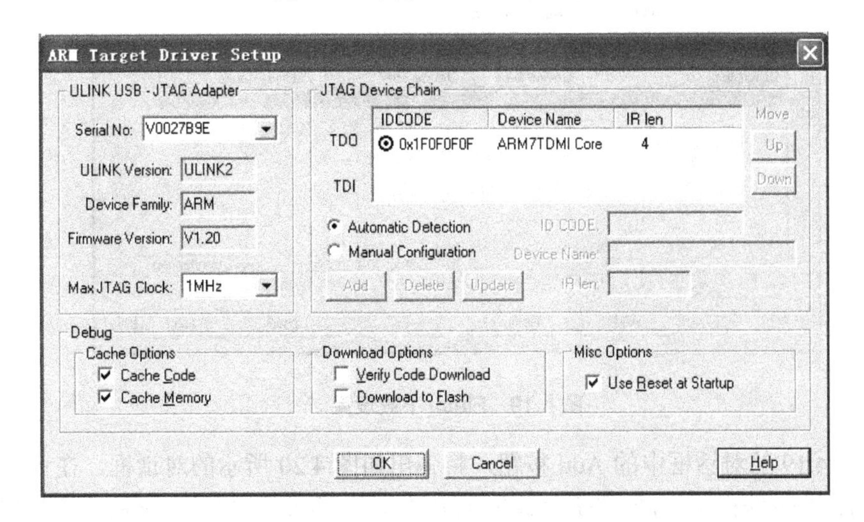

图 4.17　连接 ULINK 仿真器后

4. 工具配置

工具选项主要设置 Flash 下载选项。打开菜单栏的 Project→Option for Target 对话框选择其 Utilities 页，或者打开菜单 Flash→Configue Flash Tools，将弹出如图 4.18 所示的对话框。

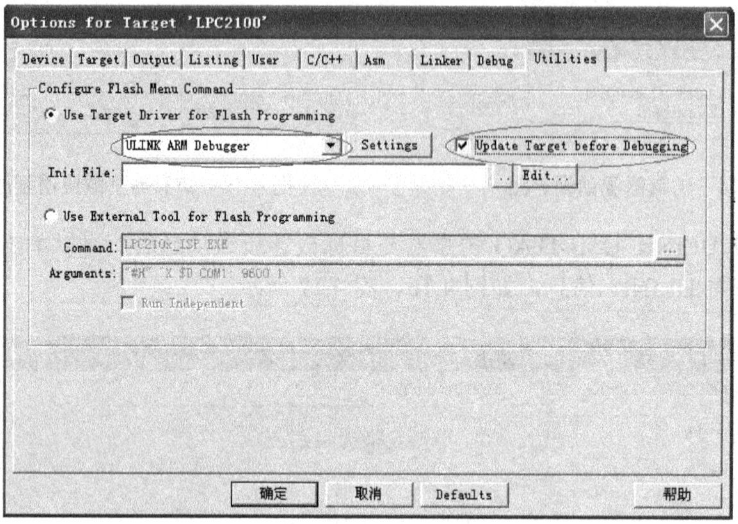

图 4.18 选择 ULINK 下载代码到 Flash

在图 4.18 对话框中选中 Use Target Driver for Flash Programming 单选按钮，再选择 ULINK ARM Debugger，同时勾选 Update Target before Debugging 复选框。这时还没有完成设置，还需要选择编程算法，单击 Settings 按钮将弹出如图 4.19 所示的对话框。

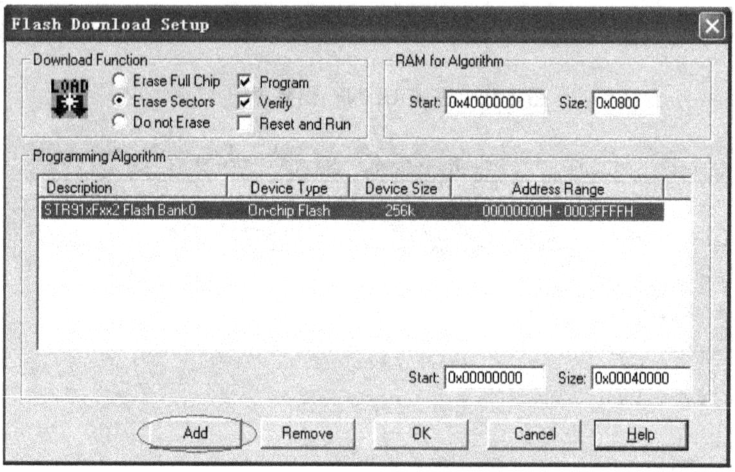

图 4.19 Flash 下载设置

单击图 4.19 的对话框中的 Add 按钮，将弹出如图 4.20 所示的对话框，在该对话框中选中需要的 Flash 编程算法，如 STR912FW 芯片由于其 Flash 为 256KB 则需要选择如图 4.20 所标注的 Flash 编程算法。

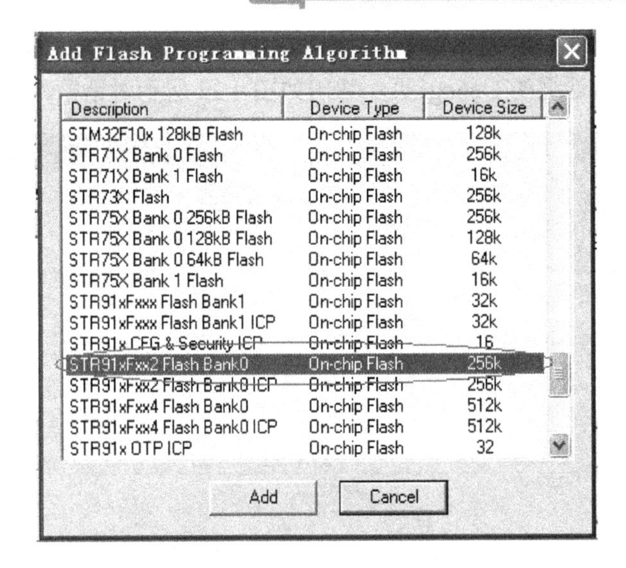

图 4.20　选择 Flash 编程算法

5. 调试设置

μVision 3 调试器提供了两种调试模式，可以从 Project→Options for Target 对话框的 Debug 页选择操作模式，如图 4.21 所示。

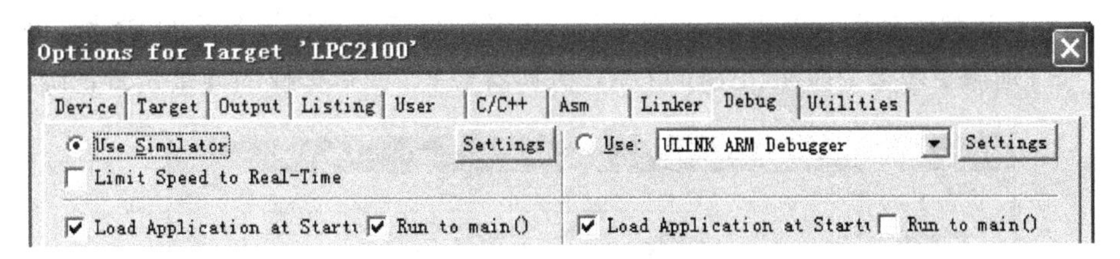

图 4.21　调试器的选择

软件仿真模式：在没有目标硬件的情况下，可以使用仿真器(Simulator)将μVision3 调试器配置为软件仿真器。它可以仿真微控制器的许多特性，还可以仿真许多外围设备包括串口、外部 I/O 口及时钟等。所能仿真的外围设备在为目标程序选择 CPU 时就被选定了。在目标硬件准备好之前，可用这种方式测试和调试嵌入式应用程序。

GDI 驱动模式：使用高级 GDI 驱动设备连接目标硬件来进行调试，如使用 ULINK Debugger。对于μVision 3 来说，可用于连接的驱动设备有以下几种。

(1) JTAG/OCDS(适配器)：它连接到片上调试系统，如 AMR Embedded ICE。

(2) Monitor(监视器)：它可以集成在用户硬件上，也可以用在许多评估板上。

(3) Emulator(仿真器)：它连接到目标硬件的 CPU 引脚上。

(4) In-System Debugger(系统内调试器)：它是用户应用程序的一部分，可以提供基本的测试功能。

(5) Test Hardware(测试硬件)：如 Philips SmartMX DBox、Infineon SmartCard ROM MonitorRM66P 等。

使用仿真器调试时，选择菜单项 Project→Options for Target 或者直接单击按钮，打开 Option for Target 对话框的 Debug 页，弹出如图 4.22 所示对话框，可进行调试配置。

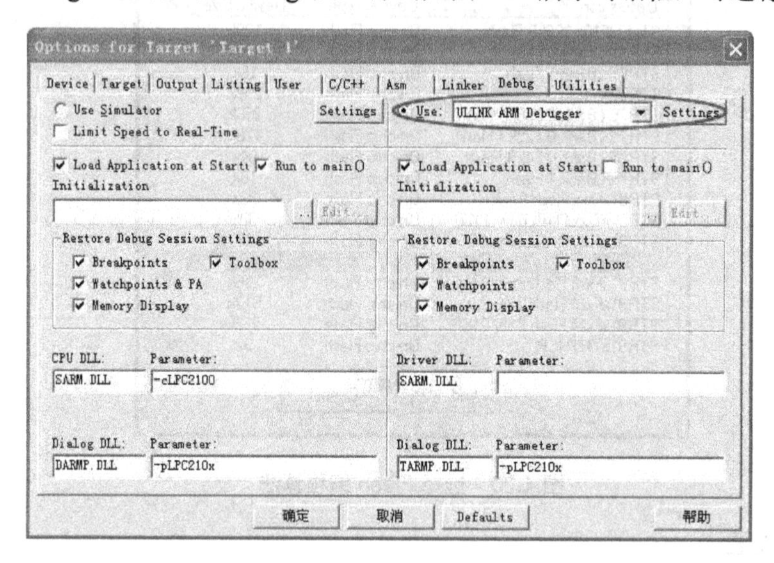

图 4.22 选择 ULINK USB-JTAG 仿真器调试

如果目标板已上电，并且已与 ULINK USB-JTAG 仿真器连接上，单击图 4.21 中的 Settings 按钮，将弹出如图 4.23 所示的对话框，正常则可读取目标板芯片的 ID 号。如果读不出 ID 号，则需要检查 ULINK USB-JTAG 仿真器与 PC 或目标板的连接是否正确。

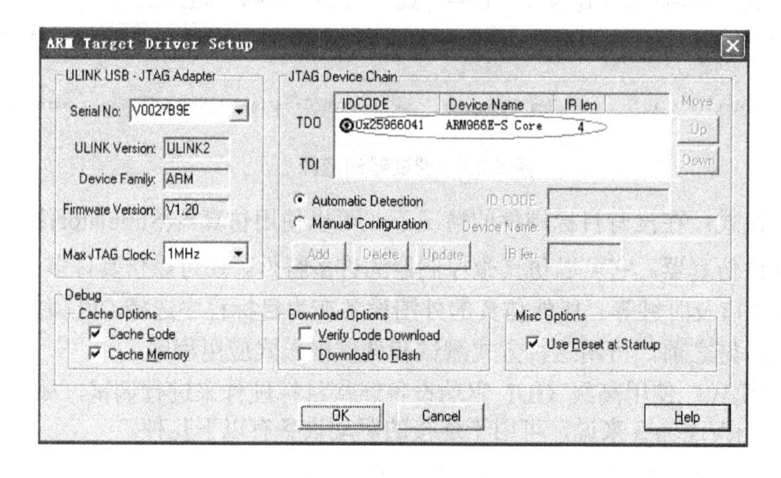

图 4.23 读取设备 ID 号

6. 编译配置

1) 选择编译器

μVision IDE 目前支持 RealView、Keil CARM 和 GNU 3 种编译器，选择菜单栏的 Project → Manage→Component,Environment and Books 选项或者直接单击工具栏中的图标，打开其 Folder/Extensions 页进入编译器选择界面。选择的 RealView 编译器如图 4.24 所示。

Components, Environment and Books

Project Components | Folders/Extensions | Books

Development Tool Folders

Use Settings from TOOLS.INI

Tool Base: C:\Keil\ARM\

BIN: C:\Keil\ARM\BIN\

INC:

LIB:

Regfile:

Default File Extensions:

C Source: *.c

C++ Source: *.cpp

Asm Source: *.s*; *.src; *.a

Object: *.obj

Library: *.lib

Document: *.txt; *.h; *.in

Select ARM Development Tools

Use RealView Compiler　RealView Folder: BIN31\

Use Keil CARM Compiler

Use GNU Compiler　GNU-Tool-Prefix:　Cygnus Folder: C:\Cygnus\

确定　取消　Defaults　帮助

图 4.24　选择编译器

2) 配置编译器

选择好编译器后，单击按钮，打开 Options for Target 对话框的 C/C++页，出现如图 4.25 所示的编译属性配置页面(这里主要说明 RealView 编译器的编译配置)。

Options for Target 'LPC2100'

Device | Target | Output | Listing | User | C/C++ | Asm | Linker | Debug | Utilities

Preprocessor Symbols

Define:

Undefine:

Language / Code Generation

Enable ARM/Thumb Interworking

Opimization: Level 0 (-O0)

Optimize for Time

Split Load and Store Multiple

One ELF Section per Function

Strict ANSI C

Enum Container always int

Plain Char is Signed

Read-Only Position Independent

Read-Write Position Independent

Warnings: <unspecified>

Thumb Mode

Include Paths

Misc Controls

Compiler control string: -c --device DARMP -D__MICROLIB -g -O0 --apcs=interwork -I "C:\Keil\ARM\INC\Philips" -o ".\Obj*.o" --depend ".\Obj*.d"

确定　取消　Defaults　帮助

图 4.25　编译器属性配置页

各个编译选项说明如下。

Enable ARM/Thumb Interworking：生成 ARM/Thumb 指令集的目标代码，支持两种指令之间的函数调用。

Optimization：优化等级选项。

Optimize for Time：时间优化。

Split Load and Store Multiple：非对齐数据采用多次访问方式。

One ELF Section per Function：每个函数设置一个 ELF 段。

Strict ANSI C：编译标准 ANSI C 格式的源文件。

Enum Container always int：枚举值用整型数表示。

Plain Char is Signed: Plain Char 类型用有符号字符表示。

Read-Only Position Independent：段中代码和只读数据的地址在运行时可以改变。

Read-Write Position Independent：段中的可读/写的数据地址在运行期间可以改变。

Warnings：编译源文件时，警告信息输出提示选项。

7. 汇编选项设置

单击按钮，打开 Options for Target 对话框的 Asm 页，出现如图 4.26 的汇编属性配置页面。

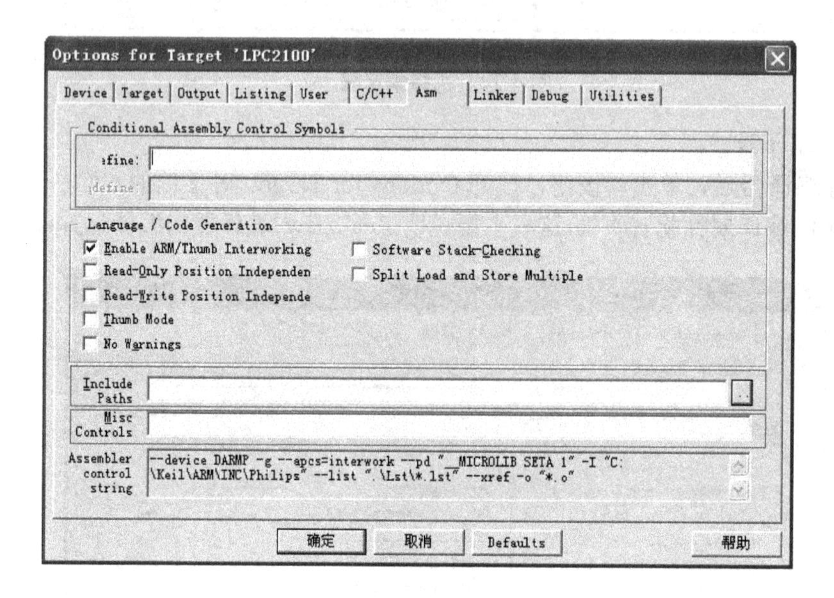

图 4.26　汇编属性配置页

各个汇编选项说明如下。

Enable ARM/Thumb Interworking：生成 ARM/Thumb 指令集的目标代码，支持两种指令之间的函数调用。

Read-Only Position Independent：段中代码和只读数据的地址在运行时可以改变。

Read-Write Position Independent：段中的可读/写的数据地址在运行期间可以改变。

Thumb Mode：只编译 Thumb 指令集的汇编源文件。

No Warnings：不输出警告信息。

Software Stack-Checking：软件堆栈检查。

Split Load and Store Multiple：非对齐数据采用多次访问方式。

8. 链接选项设置

链接器/定位器用于将目标模块进行段合并并对其定位，生成程序。既可通过命令行方式使用链接器，也可在μVision IDE 中使用链接器。单击按钮，打开 Options for Target 对话框的 Linker 页，出现链接属性配置页面。

各个链接选项配置说明如下。

Make RW Sections Position Independent: RW 段运行时可改变。

Make RO Sections Position Independent: RO 段运行时可改变。

Don’t search Standard Libraries: 链接时不搜索标准库。

Report 'might fail' Conditions as Err: 将'might fail'报告为错误提示输出。

R/O Base: R/O 段起始地址输入框。

R/W Base: R/W 段起始地址输入框。

9. 输出文件设置

在 Project→Options for Target 的 Output 页中配置输出文件，如图 4.27 所示。

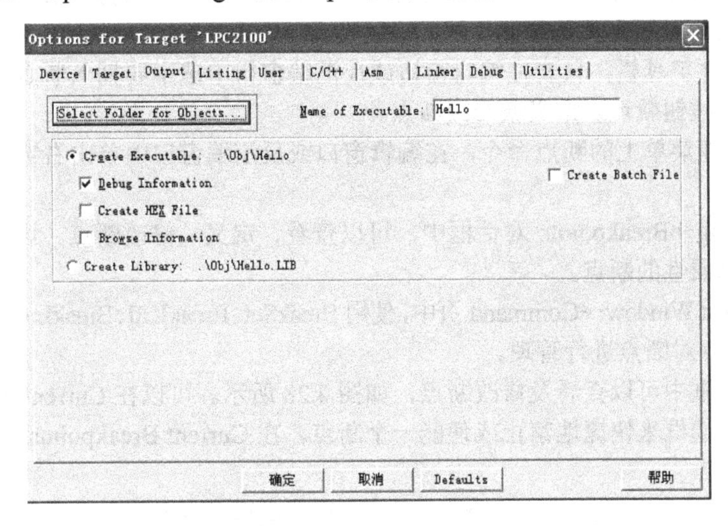

图 4.27　输出文件配置页

输出文件配置选项说明如下。

Name of Executable: 指定输出文件名。

Debug Information: 允许时，在可执行文件内存储符号的调试信息。

Create HEX File: 允许时，使用外部程序生成一个 HEX 文件进行 Flash 编程。

Big Endian: 输出文件采用大端对齐方式。

Create Batch File: 创建批文件。

4.2.4　编译、链接与调试

1. 工程的编译链接

完成工程的设置后，就可以对工程进行编译链接了。用户可以通过选择 Project→Build

target 或单击按钮，编译相应的文件或工程，同时将在输出窗的 Build 子窗口中输出有关信息。如果在编译链接过程中出现任何错误，包括源文件语法错误和其他错误时，编译链接操作将立刻终止，并在输出窗的 Build 子窗口中提示错误，如果是语法错误，用户可以通过鼠标左键双击错误提示行来定位引起错误的源文件行。

2. 加载调试

μVision 3 调试器提供了软件仿真和 GDI 驱动两种调试模式，采用 ULINK2 仿真器调试时，首先将集成环境与 ULINK2 仿真器连接，按照前面 4.2.3 节中的工程配置方法对要调试的工程进行配置后，单击 Flash→Download 菜单项可将目标文件下载到目标系统的指定存储区中，文件下载后即可进行在线仿真调试。

1) 断点和单步

调试器可以控制目标程序的运行和停止，并反汇编正在调试的二进制代码，同时可通过设置断点来控制程序的运行，辅助用户更快的调试目标程序。μVision IDE 的调试器可以在源程序、反汇编程序以及源程序汇编程序混合模式窗口中设置和删除断点。在μVision3 中设置断点的方式非常灵活，甚至可以在程序代码被编译前在源程序中设置断点。

定义和修改断点的方式有如下几种。

(1) 使用文件工具栏，只要在编辑窗口或反汇编窗口中选中要插入断点的行，然后再单击工具栏上的按钮就可以定义或修改断点。

(2) 使用快捷菜单上的断点命令，在编辑窗口或反汇编窗口中单击右键即可打开快捷菜单。

(3) 在 Debug→Breakpoints 对话框中，可以查看、定义、修改断点。这个对话框可以定义及访问不同属性的断点。

(4) 在 Output Window→Command 页中，使用 BreakSet、BreakKill、BreakList、BreakEnable、BreakDisable 命令对断点进行管理。

在断点对话框中可以查看及修改断点，如图 4.28 所示。可以在 Current Breakpoints 列表中通过单击复选框来快捷地禁止或使能一个断点。在 Current Breakpoints 列表中双击可以修改选定的断点。

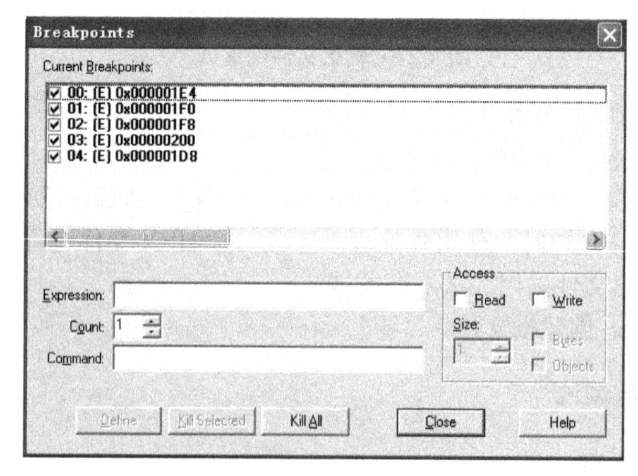

图 4.28　断点对话框

如图4.28所示，可以在断点对话框表达式的文本框中输入一个表达式来定义断点。根据表达式的类型可以定义如下类型的断点。

(1) 当表达式是代码地址时，一个类型为Execution Break(E)的断点被定义，当执行到指定的代码地址时，此断点有效。输入的代码地址要参考每条CPU 指令的第一个字节。

(2) 当对话框中一个内存访问类型(可读、可写或既可读又可写)被选中时，那么将会定义一个类型为Access Break(A)的断点。当指定的内存访问发生时，此断点有效。可以字节方式指定内存访问的范围，也可以指定表达式的目标范围。Access Break类型的表达式必须能转化为内存地址及内存类型。在Access Break类型的断点停止程序执行或执行命令之前，操作符(&、&&、<、<=、>、>=、==和!=)可用于比较变量的值。

(3) 当表达式不能转换为内存地址时，一个Conditional Break(C)类型的断点将被定义，当指定的条件表达式为真时，此断点有效。在每个 CPU 指令后，均需要重新计算表达式的值，因此，程序执行速度会明显降低。

在Command 文本框中可以为断点指定一条命令，程序执行到断点时将执行该命令，µVision 3执行命令后会继续执行目标程序。在此指定的命令可以是µVision 3 的调试命令或信号函数。µVision3中，可以使用系统变量_break_来停止程序的执行。Count 的值用于指定断点触发前断点表达式为真的次数。

2) 反汇编窗

反汇编窗用于显示反汇编二进制代码后得到的汇编级代码，可以混合源代码显示，也可以混合二进制代码显示。反汇编窗可以设置和清除汇编级别断点，并可按照 ARM 或Thumb的格式反汇编二进制代码。

如图4.29所示，反汇编窗口可用于将源程序和反汇编程序一起显示，也可以只显示反汇编程序。通过Debug→View Trace Records命令可以查看前面指令的执行记录。为了实现这一功能，需要设置Debug→Enable/Disable Trace Recording选项。

若选择反汇编窗口作为当前窗口，那么程序的执行是以 CPU 指令为单位而不是以源程序中的行为单位的。可以用工具条上的按钮或快捷菜单命令为选中的行设置断点或对断点进行修改；还可以使用对话框Debug→Inline Assembly来修改CPU 指令，它允许对调试的目标程序进行临时修改。

```
Disassembly
    18: int main (void)  {                    /* execution starts here
    19:
    20:   /* initialize the serial interface    */
0x000001D4  E92D4010  STMDB      R13!,{R4,R14}
    21:   PINSEL0 = 0x00050000;               /* Enable RxD1 and TxD1
0x000001D8  E3A00805  MOV        R0,#0x00050000
0x000001DC  E59F102C  LDR        R1,[PC,#0x002C]
0x000001E0  E5810000  STR        R0,[R1]
    22:   U1LCR = 0x83;                       /* 8 bits, no Parity, 1 Stop bit
0x000001E4  E3A00083  MOV        R0,#0x00000083
0x000001E8  E2411907  SUB        R1,R1,#0x0001C000
0x000001EC  E5C1000C  STRB       R0,[R1,#0x000C]
    23:   U1DLL = 97;                         /* 9600 Baud Rate @ 15MHz VPB Clock
0x000001F0  E3A00061  MOV        R0,#0x00000061
```

图4.29 源文件与反汇编指令交叉显示窗口

3) 寄存器窗

在 Project Workspace 的 Regs 页中列出了 CPU 的所有寄存器，按模式排列共有 8 组，分别为 Current 模式寄存器组、User/System 模式寄存器组、Fast Interrupt 模式寄存器组、Interrupt 模式寄存器组、Supervisor 模式寄存器组、Abort 模式寄存器组、Undefined 模式寄存器组以及 Internal 模式寄存器组，如图 4.30 所示。在每个寄存器组中又分别有相应的寄存器。在调试过程中，值发生变化的寄存器将会以蓝色显示。选中指定寄存器单击或按 F2 键便可以出现一个编辑框，在此编辑框内编辑可以改变此寄存器的值。

4) 存储区窗

通过内存窗口可以查看与显示存储情况，View→Memory Window 可以打开存储器窗口，如图 4.31 所示。μVision 3 可仿真高达 4GB 的存储空间，这些空间可以通过 MAP 命令或 Debug→Memory Map 打开内存映射对话框来映射为可读的、可写的、可执行的，如图 4.32 所示。μVision 3 能够检查并报告非法的存储访问。

从图 4.31 中可看出内存窗口有 4 个 Memory 页，分别为 Memory #1、Memory #2、Memory #3、Memory #4，即可同时显示 4 个指定存储区域的内容。在 Address 域内，输入地址即可显示相应地址中的内容。需要说明的是，它支持表达式输入，只要这个表达式代表了某个区域的地址即可，如图 4.31 中所示的 main。双击指定地址处会出现编辑框，可以改变相应地址处的值。在存储区内右击可以打开如图 4.32 所示的快捷菜单，在此可以选择输出格式。通过选中 View→Periodic Window Update，可以在运行时实时更新此内存窗口中的值。在运行过程中，若某些地址处的值发生变化，将会以红色显示。

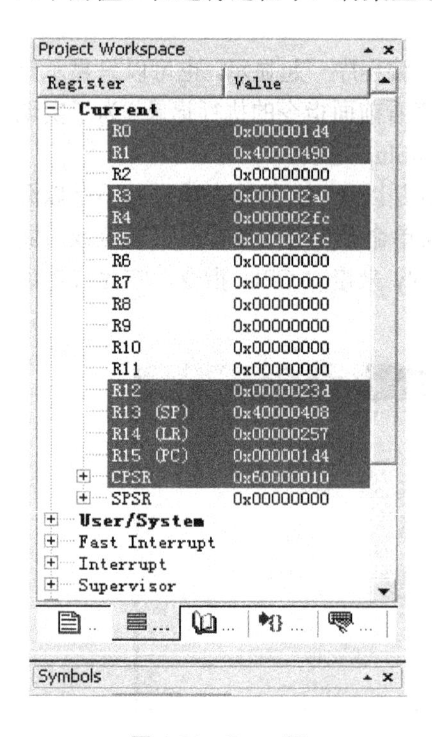

图 4.30 Regs 页

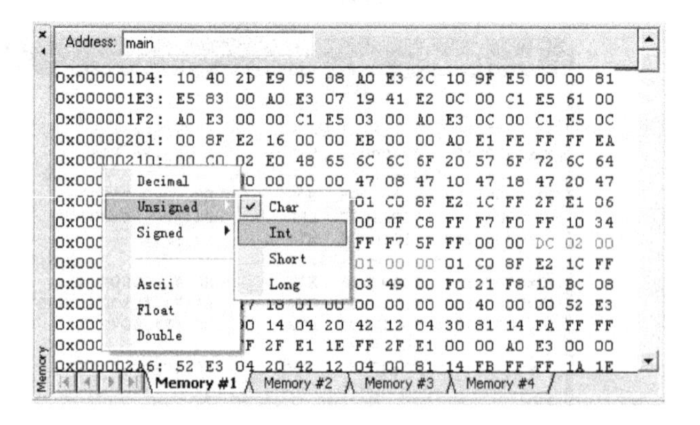

图 4.31 内存窗口

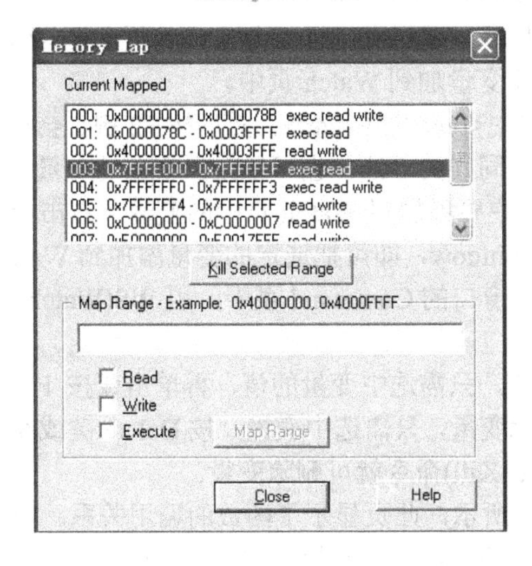

图 4.32 内存映射对话框

内存映射对话框可以用来设定哪些地址空间用于存储数据、哪些地址空间用于存储程序，也可以用 MAP 命令来完成上述工作。在载入目标应用时，μVision 3 自动地对应用进行地址映射，一般不需要映射额外的地址空间，但被访问的地址空间没有被明确声明时就必须进行地址映射，如存储映射 I/O 空间。如图 4.32 所示，每一个存储空间均可指定为可读、可写、可执行，若在编辑框内输入 MAP 0X0C000000,0X0E000000 READ WRITE EXEC，此命令就是将从 0X0C000000 到 0X0E000000 这部分区域映射为可读的、可写的、可执行的。在目标程序运行期间，μVision 3 使用存储映射来保证程序没有访问非法的存储区。

5) 观测窗口

观测窗口(Watch Windows)用于查看和修改程序中变量的值，并列出了当前的函数调用关系。在程序运行结束之后，观测窗口中的内容将自动更新，也可通过菜单 View→Periodic Window Update 的设置来实现程序运行时实时更新变量的值。观测窗口共包含 4 个页：Locals 页、Watch #1 页、Watch #2 页、Call Stack 页，分别介绍如下。

Locals 页：如图 4.33 所示，此页列出了程序中当前函数中全部的局部变量。要修改某个变量的值，只需选中变量的值，然后单击或按 F2 即可弹出一个文本框来修改该变量的值。

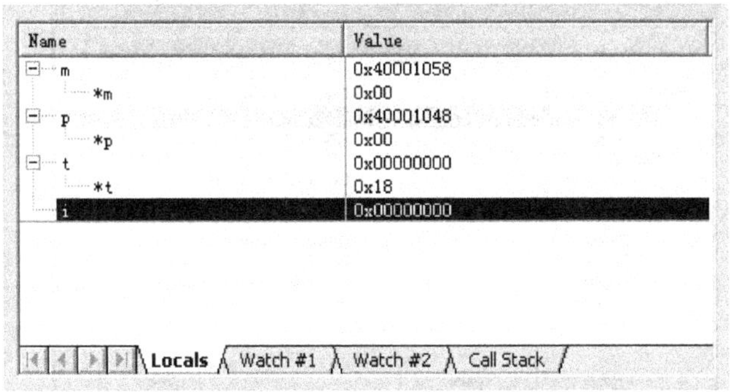

Name	Value
m	0x40001058
*m	0x00
p	0x40001048
*p	0x00
t	0x00000000
*t	0x18
i	0x00000000

Locals　Watch #1　Watch #2　Call Stack

图 4.33 Watch 窗口之 Locals 页

Watch 页：如图 4.34 所示，观测窗口有 2 个 Watch 页，此页列出了用户指定的程序变量。有 3 种方式可以把程序变量加到 Watch 页中。

(1) 在 Watch 页中，选中<type F2 to edit>，然后按 F2 键，会出现一个文本框，在此输入要添加的变量名即可，用同样的方法，也可修改已存在的变量。

(2) 在工作空间中，选中要添加到 Watch 页中的变量，右击会出现快捷菜单，在快捷菜单中选择 Add to Watch Window，即可把选定的变量添加到 Watch 页中。

(3) 在 Output Window 窗口的 Command 页中，用 WS(WatchSet)命令可将所要添加的变量添入 Watch 页中。

若要修改某个变量的值，只需选中变量的值，再单击或按 F2 键即可出现一个文本框修改该变量的值。若要删除变量，只需选中变量，按 Delete 键或在 Output Window 窗口的 Command 页中用 WK(WatchKill)命令就可删除变量。

Call Stack：如图 4.35 所示，此页显示了函数的调用关系。双击此页中的某行，将会在工作区中显示该行对应的调用函数以及相应的运行地址。

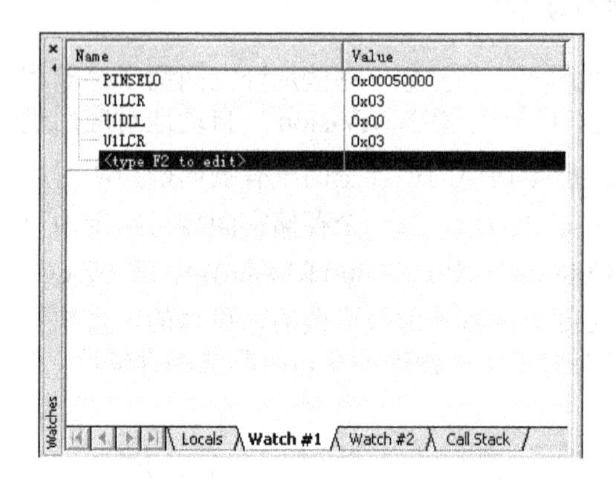

图 4.34　Watch 窗口之 Watch 页

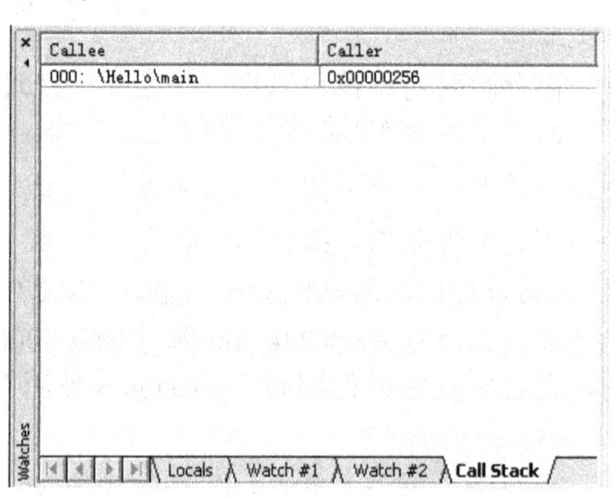

图 4.35　Watch 窗口之 Call Stack 页

6) 代码统计对话框

μVision 3 提供了一个统计代码(Code Coverage)执行情况的功能，这个功能以代码统计对话框的形式表示出来，如图 4.36 所示。在调试窗口中，已执行的代码行在左侧以绿色标出。当测试嵌入式应用程序时，可以用此功能来查看哪些程序还没有被执行。

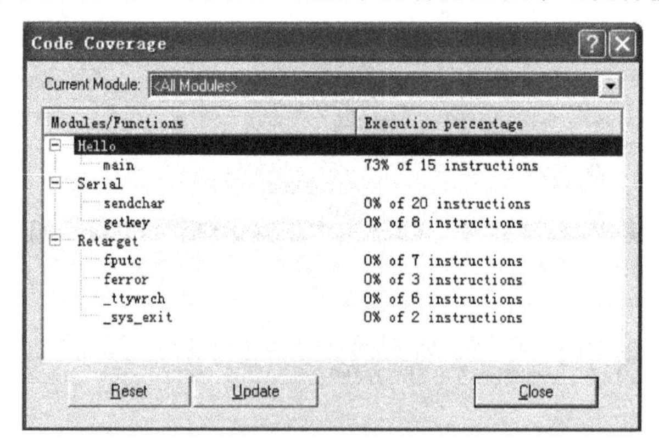

图 4.36　代码统计对话框

图 4.36 所示的代码统计对话框提供了程序中各个模块及函数的执行情况。在 Current Module 下拉列表框中列出了程序所有的模块，而在下面则显示了相应模块中指令的执行情况，即每个模块或函数的指令执行百分比，只要是执行了的部分均以绿色标出。在 Output Window 的 Command 页中可以用 COVERAGE 调试命令将此信息输出到输出窗口中。

7) 执行剖析器

μVision ARM 仿真器包含一个执行剖析器，它可以记录执行全部程序代码所需的时间。可以通过选中 Debug→Execution Profiling 来使能此功能。它具有两种显示方式：Call(显示执行次数)和 Time(显示执行时间)。将鼠标放在指定的入口处，即可显示有关执行时间及次数的详细信息，如图 4.37 所示。

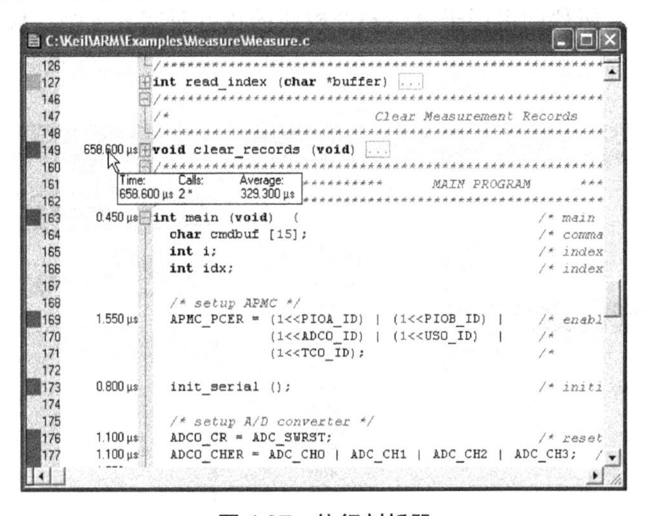

图 4.37　执行剖析器

对 C 源文件，可使用编辑器的源文件的大纲视图特性，用此特性可以将几行源文件代码收缩为一行，由此可查看某源文件块的执行时间。

在反汇编窗口中，可以显示每条汇编指令的执行信息，如图 4.38 所示。

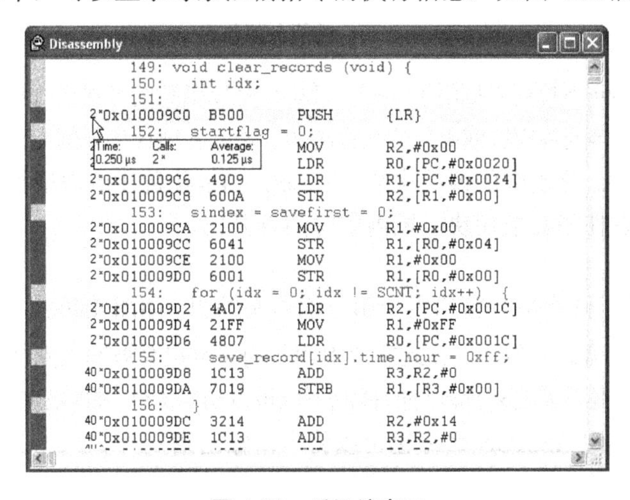

图 4.38　反汇编窗口

注意：执行剖析器得到的执行时间是基于当前的时钟设置，当代码以不同的时钟执行多次时，可能会得到一个错误的执行时间。另外，目前的执行剖析器仅能用于 ARM 仿真器。

8) 性能分析仪

μVision 3 ARM 仿真器的执行剖析器能够显示已知地址区域执行统计的信息。对没有调试信息的地址区域，显示列表中不会显示这块区域的执行情况，例如，ARM ADS/RealView 工具集的浮点库。

μVision 3 性能分析仪则可用于显示整个模块的执行时间及各个模块被调用的次数，如图 4.39 所示。

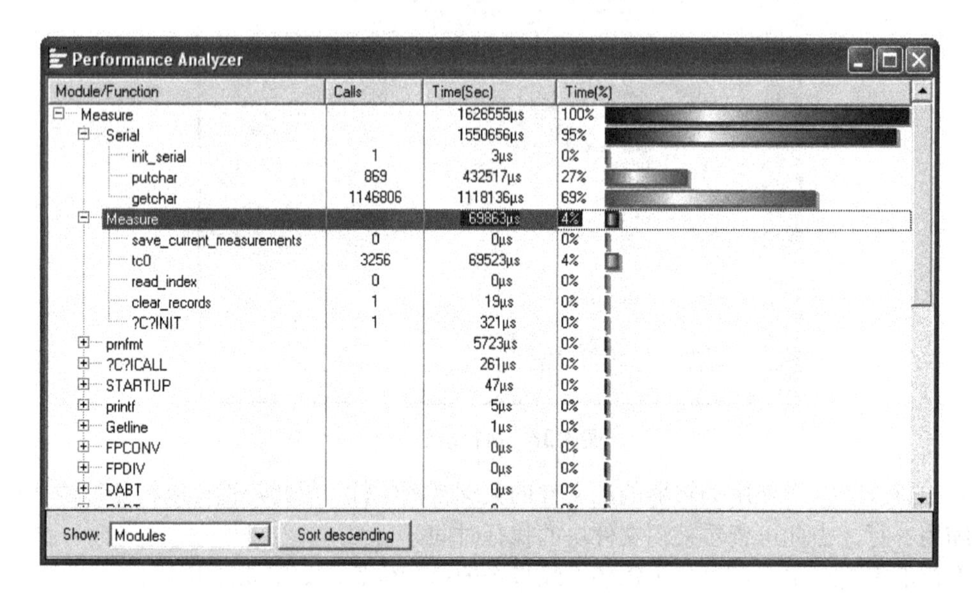

图 4.39　性能分析仪

图 4.39 中的 Show 下拉列表框用于选择以模块还是以函数的形式进行显示。Sort descending 按钮则用于以降序来排列各模块或函数的执行时间。表头各项含义分别为：Module/Funcation 是模块或函数名；Calls 是函数的调用次数；Time(Sec)是花费在函数或模块区域内的执行时间；Time(%)是花费在函数或模块区域内的时间百分比。

9) 串行窗口

μVision 3 提供了两个串行窗口用于串行输入及输出，如图 4.40 所示。被仿真的处理器所输出的数据会在此窗口中显示，在此窗口中输入的字符也会被输入到被仿真的 CPU 中。

利用串行窗口，在不需要外部硬件的情况下也可以仿真 CPU 的 UART。在 Output Window 的 Command 页中使用 ASSIGN 命令也可以将串口输出指定为 PC 的 COM 口。

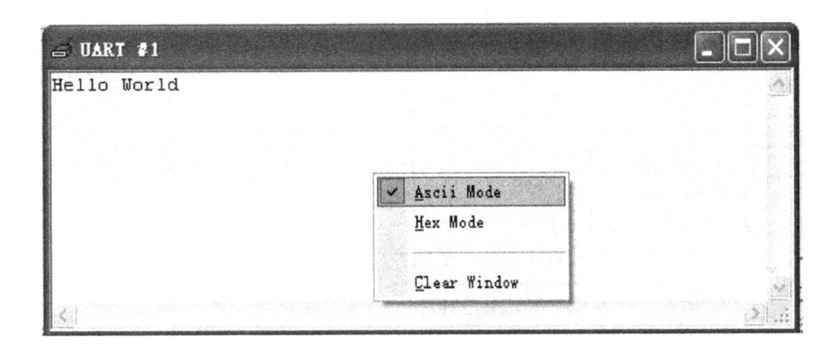

图 4.40　串行窗口

4.3　LED 控制设计实例

本案例通过编写程序，控制实验平台的发光二极管 LED1、LED2、LED3、LED4，使它们有规律的点亮和熄灭，具体顺序如下：LED1 亮→LED2 亮→LED3 亮→LED4 亮→LED1 灭→LED2 灭→LED3 灭→LED4 灭→全亮→全灭，如此反复。

本案例利用 S3C2410 芯片地址总线扩展的 I/O 来驱动 LED 显示，地址总线的连接及地址的对应是难点。本案例的目的是让读者对开发流程有个基本概念。

4.3.1　LED 驱动原理及功能

实验平台设计了 5 个 LED(D1～D5)用于指示和控制系统的状态，其中 D2 指示电源的状态，其他 4 个的状态是用户可编程的(SYSLED1～SYSLED4)，系统设计这 4 个 LED 的状态通过扩展 I/O 接口进行控制。扩展 I/O 接口如图 4.41 所示。

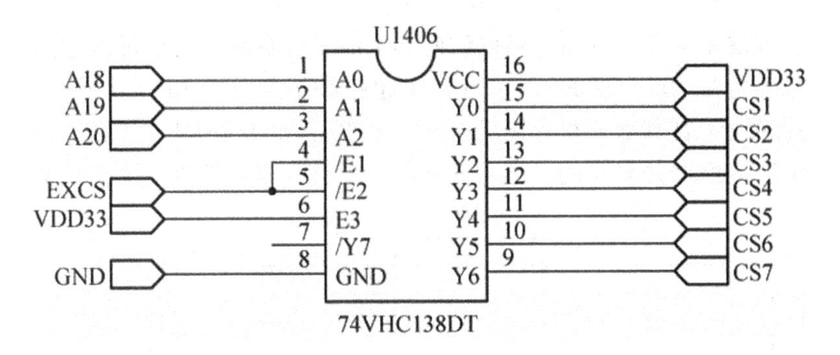

图 4.41　扩展 I/O 接口

利用 3/8 译码器将 A18～A20 扩展了 7 个外设片选信号 CS1～CS7。其中 CS1 和 CS2 引出口 EXCON_B3；CS3 和 CS4 为总线扩展输入的芯片 74HC541 的片选；CS5、CS6 和 CS7 为总线扩展输出的芯片 74HC573 的片选，片选信号在接入 74HC573 前经过了如图 4.42 所示的处理。

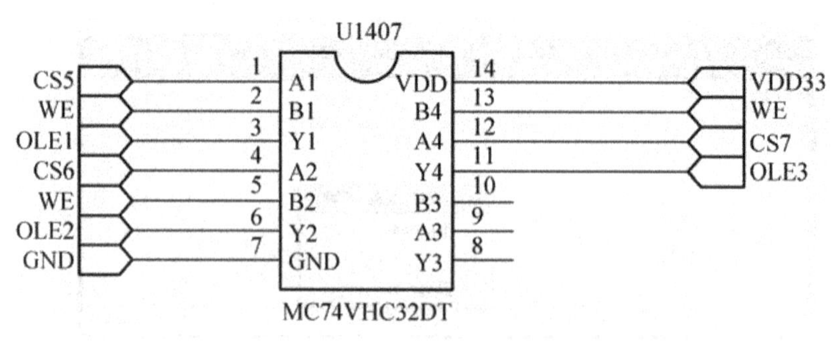

图 4.42 OLE 信号的产生

其中，CS5、CS6、CS7 3 个片选信号和写使能信号通过 74HC32 或门输出一个选通信号 LE 为低电平（如图 4.43 所示）。

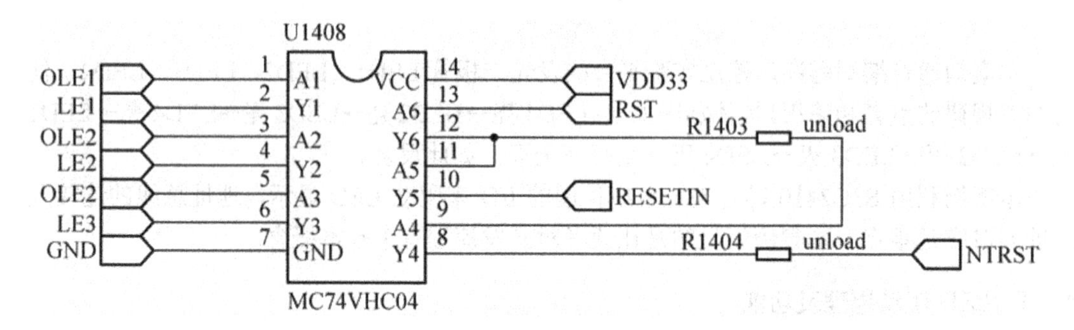

图 4.43 LE 信号的产生

前面或门输出的 LE 选通信号经过 74HC04 反相得到高电平后再连接到扩展输出芯片 74HC573。LED 接口电路如图 4.44 和图 4.45 所示。芯片 74VHC573DT 的选通物理地址为 0x05180000，访问这个物理地址时，可以访问其上的硬件资源。这里可以把其理解为一个寄存器，寄存器地址是 0x21180000，它的低 4 位控制了 4 个 LED 灯，通过访问地址为 0x21180000 的寄存器，往其低 4 位置高/低电平，从而控制相应的 4 个 LED 灯的亮/灭。(注意：寄存器 0x021180000 是只写的，在软件编程时只能往里写数据，不能读数据)

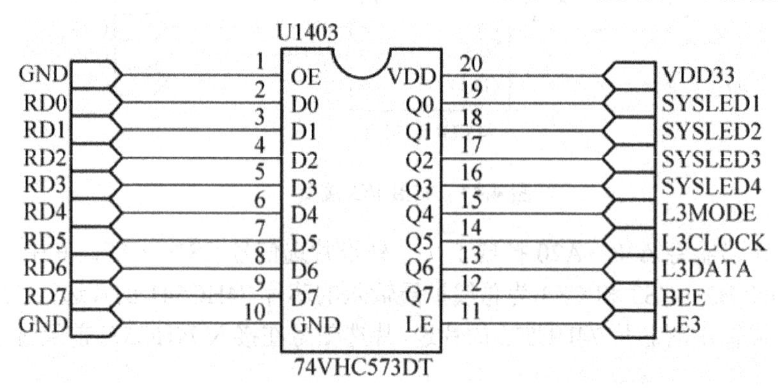

图 4.44 LED 接口电路

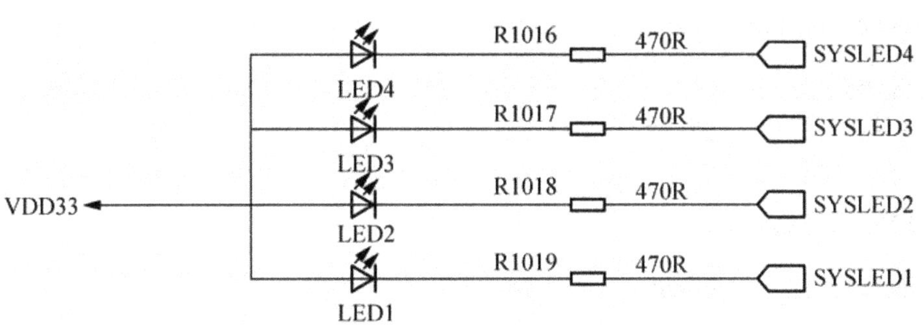

图 4.45 LED1～4 连接图

LED1～4 这 4 个 LED 采用了共阳极的接法，分别与 SYSLED1～4 相连，通过 SYSLED1～4 引脚的高低电平来控制发光二极管的亮与灭。当这几个管脚输出高电平时，发光二极管熄灭，反之发光二极管点亮。

4.3.2 LED 驱动软件设计

启动中主要设计了 LED 点亮和熄灭两个函数，根据这两个函数可以设计其他相应的 LED 操作，如 LED 闪烁等。

1. LED 点亮函数

```
#define LEDADDR (*(volatile unsigned char*)0x21180000) // LED Address
void led_on(void)
{
int i,nOut;
nOut = 0xFF;
LEDADDR = nOut & 0xFE;
for(i = 0; i < 100000; i++);
LEDADDR = nOut & 0xFC;
for(i = 0; i < 100000; i++);
LEDADDR = nOut & 0xF8;
for(i = 0; i < 100000; i++);
LEDADDR = nOut & 0xF0;
for(i = 0; i < 100000; i++);
}
```

2. LED 熄灭函数

```
void led_off(void)
{
int i,nOut;
nOut = 0xF0;
LEDADDR = nOut | 0x01;
for(i = 0; i < 100000; i++);
LEDADDR = nOut | 0x03;
for(i = 0; i < 100000; i++);
```

```
LEDADDR = nOut | 0x07;
for(i = 0; i < 100000; i++);
LEDADDR = nOut | 0x0F;
for(i = 0; i < 100000; i++);
}
```

3. LED 点亮熄灭函数

```
void led_on_off(void)
{
int i;
LEDADDR = 0xF0;
for(i = 0; i < 100000; i++);
LEDADDR = 0xFF;
for(i = 0; i < 100000; i++);
}
```

4. LED 功能测试函数

```
void led_test(void)
{
uart_printf(" Expand I/O (Diode Led) Test Example\n");
uart_printf(" Please Look At The LEDS \n");
led_on();
led_off();
led_on_off();
delay(2000);
uart_printf(" end.\n");
}
```

4.3.3 操作步骤

利用 RealView MDK 进行嵌入式开发的总体过程基本类似，后面的案例不再重复讲述如何烧写程序，读者可以参考案例工程中的 Readme.txt 文件。

实例分为 4 个步骤：编写源程序、生成可执行程序、烧写程序、运行程序。

1. 准备实验环境

使用 ULINK2 仿真器连接 Embest EduKit-IV 实验平台的主板 JTAG 接口；使用 Embest EduKit-IV 实验平台附带的交叉串口线，连接实验平台主板上的 COM2 和 PC 机的串口(一般 PC 只有一个串口，如果有多个自行选择，笔记本没有串口设备的可购买 USB 转串口适配器扩充)；使用 EmbestEduKit-IV 实验平台附带的电源适配器，连接实验平台主板上的电源接口。

2. 串口接收设置

在 PC 机上运行 Windows 自带的超级终端串口通信程序，或者使用实验平台附带光盘

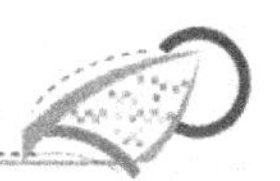

内设置好了的超级终端，设置超级终端：波特率 115200、1 位停止位、无校验位、无硬件流控制，或者使用其他串口通信程序。(注：超级终端串口的选择根据用户的 PC 串口硬件的不同自行选择，如果 PC 机只有一个串口，一般是 COM1)

3. 打开实例程序

(1) 复制本书配套的实验代码到 MDK 的安装路径：Keil\ARM\Boards\Embest\(如果本实验之前已经复制，可以跳过这一步)。

注意：用户也可复制工程到任意目录，本实验为了便于教学，故统一实验路径。同时用户也可以根据 4.2 节中介绍的自己创建工程，编写相应的源代码进行实例测试。

(2) 运行μVision IDE for ARM 软件，单击菜单栏 Project→Open Project 选项，在弹出的对话框选择实验例程目录 LED_Test 子目录下的 LED_Test.Uv2 工程。

(3) 默认打开的工程在源码编辑窗口会显示实验例程的说明文件 readme.txt，详细阅读并理解实验内容。

(4) 工程提供了两种运行方式：一是下载到 SDRAM 中调试运行，二是固化到 Nor Flash 中运行。

用户可以在工具栏 Select Target 下拉框中选择在 RAM 中调试运行还是固化 Flash 中运行，如图 4.46 所示。

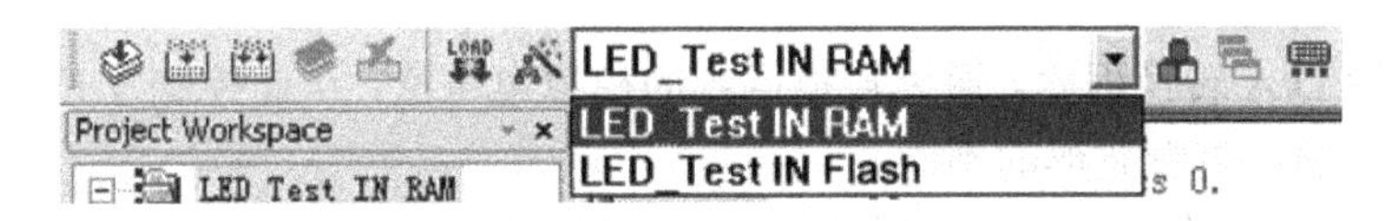

图 4.46　选择运行方式

下面实验将下载到 SDRAM 中调试运行，所以在 Select Target 下拉列表框中选择 LED_Test IN RAM。

(5) 开始编译链接工程，在单击菜单栏 Projiet→Build target 或者 Rebuild all targetfiles 编译整个工程，用户也可以在工具栏单击按钮或者按钮进行编译。

(6) 编译完成后，在输出窗口可以看到编译提示信息，如“".\SDRAM\LED_Test.axf" - 0 Error(s),1 Warning(s).”，如果显示 0 Error(s)即表示编译成功。

(7) 打开实验平台电源开关，给实验平台上电，单击菜单栏 Debug→Start/Stop Debug Session 选项将编译出来的映像文件下载到 SDRAM 中，或者单击工具栏的按钮来下载。

(8) 下载完成后，单击菜单栏 Debug→Run 选项运行程序，或者单击工具栏的按钮来全速运行程序。用户也可以使用进行单步调试程序。

(9) 全速运行后，用户可以在超级终端看到程序运行的信息。

(10) 用户可以 Stop 程序运行，使用μVision IDE for ARM 的一些调试窗口跟踪查看程序运行的信息。

注：如果在第(4)步中用户选择在 Flash 中运行，则编译链接成功后，单击菜单栏 Flash→Download 选项将程序固化到 NorFlash 中，或者单击工具栏 按钮固化程序，从实验平台的主板拔出 JTAG 线，给实验平台重新上电，程序将自动运行。

4.3.4 实例测试

在执行到第(8)步时，可以看到超级终端上输出如图 4.47 所示的字符。观察发光二极管的亮灭情况，观察到的现象与前面设计内容中的相符，说明案例设计成功地实现了利用总线扩展 I/O 对 LED 的驱动。

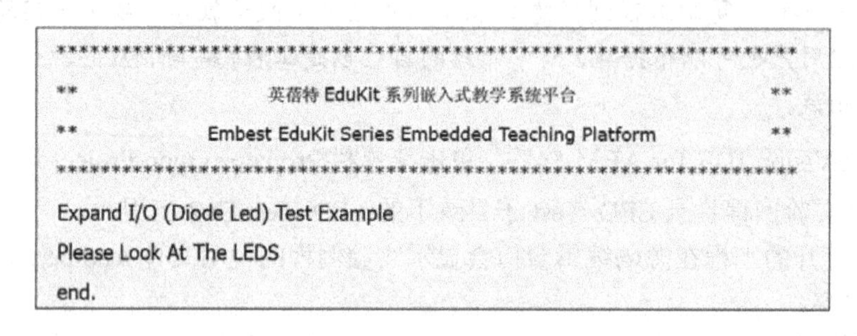

图 4.47 实例测试结果

4.4 D/A 功能应用开发实例

本案例编写 D/A 转换程序。通过转换得到的模拟电压量，从而控制发光二极管亮度的变化；通过示波器，查看波形的不同。

本案例中 D/A 初始化函数的编写是难点，函数的编写需要读者熟悉 D/A 转换的工作原理、芯片基本的工作原理。

4.4.1 D/A 转换器原理

AD7528BN 是 8 位双通道的数字—模拟转换器，内部集成数据锁存器，其特点包括紧密的 DAC 至 DAC 的一致性。数据通过 8 位数据线传送至两个 DAC 数据锁存器，控制输入端的 DACA/DACB 决定哪一个数据被装载。该器件的访问与随机存储器类似，能方便地与大多数 MCU 相接。AD7528BN 工作电源 5～15V，工耗小于 15mW。2 或 4 象限乘法功能使这种器件成为许多 MCU 控制的增益设置和信号控制应用的良好选择。它可以工作在电压方式，产生电压输出。AD7528BN 内部功能模块图如图 4.48 所示。

AD7528BN 芯片(图 4.49)用来根据一个输入数字量输出对应的模拟量(电压)。其接口的逻辑信息如下。

(1) DAC 选择：两个 DAC 锁存共享一个通用 8 位输入端口。通过控制输入引脚 $\overline{\text{DACA}}$ / DACB 来选择哪个通道接受输入端口的数据。

(2) 模式选择：输入引脚 $\overline{\text{CS}}$ 和 $\overline{\text{WR}}$ 用来控制所选择 DAC 通道的操作模式(见表 4-2)。

(3) 写模式：当$\overline{CS}$和$\overline{WR}$都为低电平时，所选择的 DAC 通道处于写模式。所选择的 DAC 的输入锁存数据输出，输出电压大小与 DB0～DB7 引脚信号相关。

(4) 保持模式：所选择的 DAC 锁存保持的数据是$\overline{CS}$或$\overline{WR}$变高之前 DB0～DB7 的状态。两个模拟输出保持各自锁存中数据对应的模拟电压值。

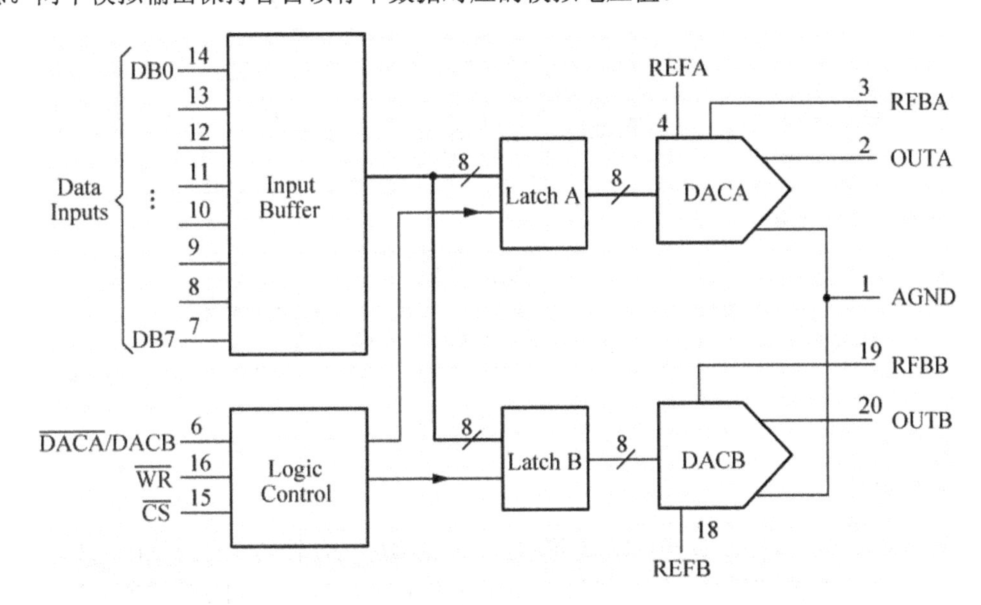

图 4.48　AD7528BN 内部功能模块图

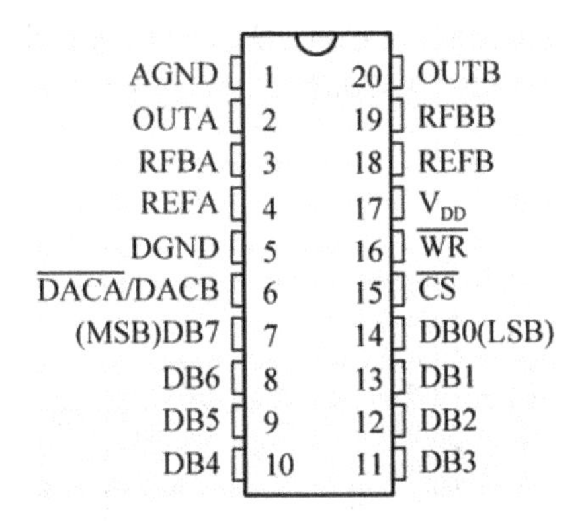

图 4.49　AD7528BN 引脚图

表 4-2　模式选择表

$\overline{DACA}$ /DACB	$\overline{CS}$	$\overline{WR}$	DAC A	DAC B
L	L	L	WRITE	HOLD
H	L	L	HOLD	WRITE
X	H	H	HOLD	HOLD
X	X	H	HOLD	HOLD

L 表示低电平；H 表示高电平；X 表示高或低电平无关。

AD7528BN 工作时序如图 4.50 所示。

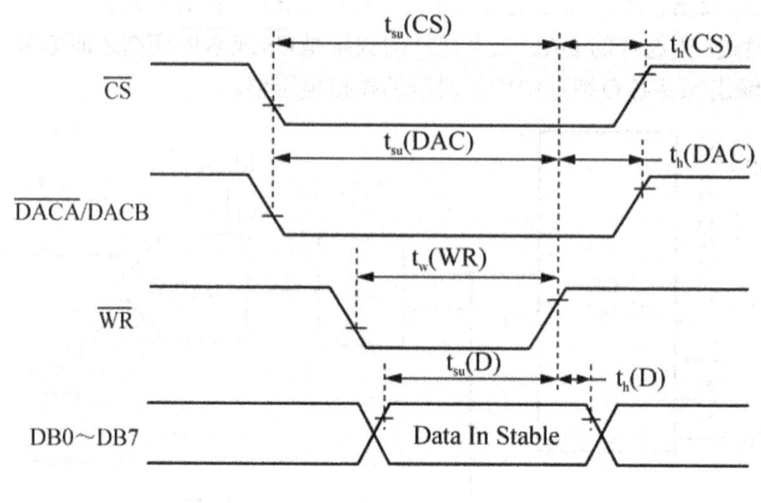

图 4.50　工作时序图

4.4.2　电路设计

系统中 AD7528BN 的 DB0～DB7 连接到 S3C2410 处理器的数据总线的 D0～D7；$\overline{\text{DACA}}$ /DACB 连到处理器的地址总线的 ADDR7(图 4.51)；$\overline{\text{WR}}$ 连到处理器的 NWE 写信号；$\overline{\text{CS}}$ 连到一个 3/8 译码器的输出输出引脚 Y_0，3/8 译码器的输出为地址总线的 A18～A20，其中 EXCS 通过 CPLD 连到处理器的 NGCS4。所以 A 通道的地址为 0x2100 0000，B 通道的地址为 0x21000080。daa 和 dab 连到两个 LED 灯上用来表示对应通道的电压大小。AD7528BN 与 LED 连接图如图 4.52 所示。

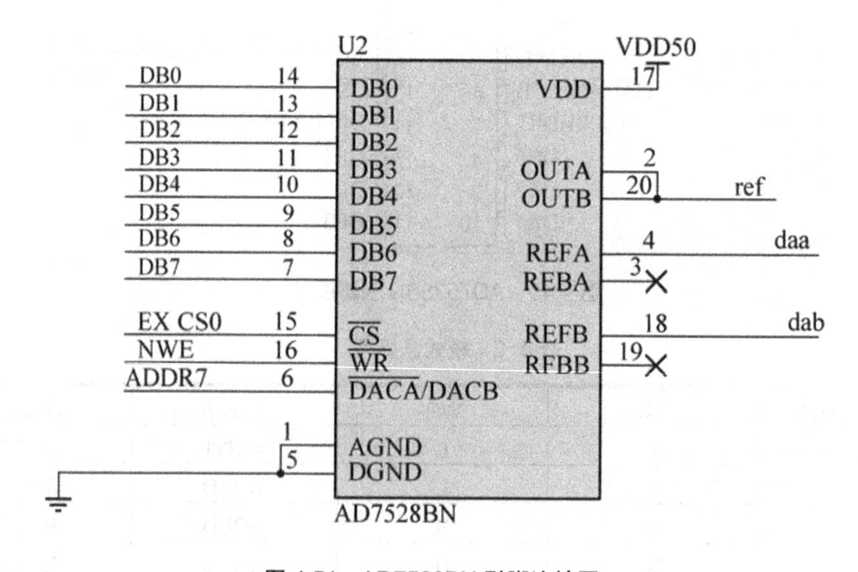

图 4.51　AD7528BN 引脚连接图

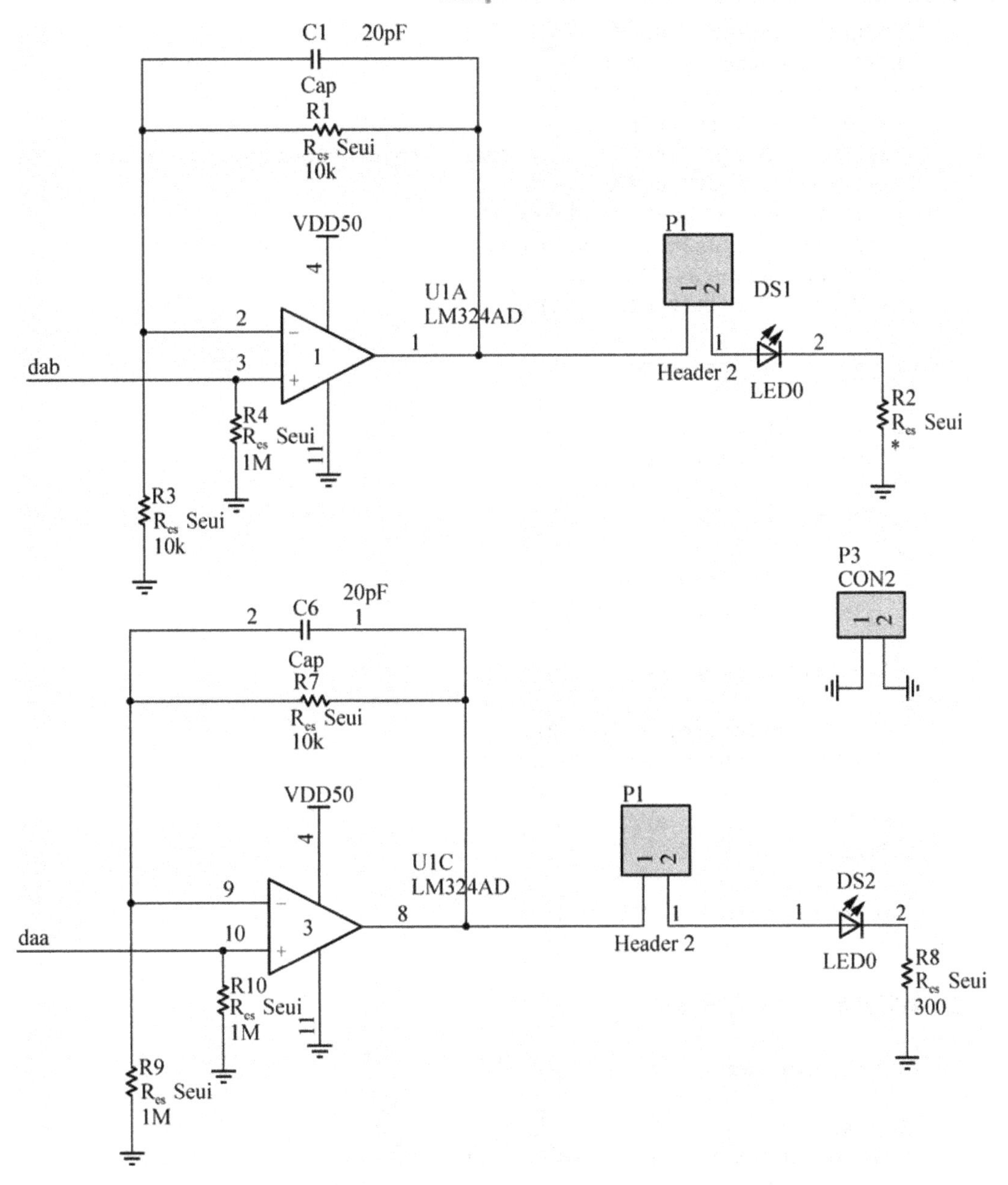

图 4.52　AD7528BN 与 LED 连接图

4.4.3　D/A 转换器驱动软件设计

1. 编写初始化函数

```
void int_init(void)
{
    rSRCPND = rSRCPND;          // Clear all interrupt
    rINTPND = rINTPND;          // Clear all interrupt
```

```
    rCPLDIntControl = 0xFF;
    rCPLDIntControl = 0xF9;
    pISR_EINT8_23 = (UINT32T)int_int;
    rEINTPEND = 0xffffff;
    rSRCPND = BIT_EINT8_23;     // Clear the previous pending states
    rINTPND = BIT_EINT8_23;
    rEXTINT1 &= ~((0x7<<4)|(0x7<<0));
    rEXTINT1 |= ((0x2<<4)|(0x2<<0));
    rEINTMASK &= ~(3<<8);
    rINTMSK   &= ~(BIT_EINT8_23);
}
void  __irq int_int(void)
{
    unsigned char Status;
    Status = rCPLDIntStatus;
    Status = ~(Status & 0x6);
    if(Status & 0x2)
    {
        rCPLDIntControl |= (1<<1);
        rCPLDIntControl &= ~(1<<1);
    }
    else if(Status & 0x4)
    {
        rCPLDIntControl |= (1<<2);
        rCPLDIntControl &= ~(1<<2);
    }
    rEINTPEND = (1 << 9);
    if(flag_stop == 0)
        flag_stop =1;
    ClearPending(BIT_EINT8_23);
}
```

2. 编写函数输出三角波信号

```
void triangle_test()
{
    int a;
    uart_printf(" Triangle wave output!\n");
    uart_printf(" Press KEY1 or KEY2 to stop!\n");

    while(!flag_stop)
    {
        for( a = 255; a > 0; a--)
        {
            *DACADDR = a;
            delay(50);
        }
        for( a = 0; a < 255; a++)
        {
```

```
            *DACADDR = a;
            delay(50);
        }
    }
}
```

4.5　S3C2410 的串行通信设计实例

本案例编写 S3C2410 处理器的串口通信程序。案例中监视串行口 UART1 的动作，将从 UART1 接收到的字符串回送显示。

通过本案例，读者可以了解 S3C2410 处理器中 UART 相关控制寄存器的使用，熟悉 ARM 处理器系统硬件电路中 UART 接口的设计方法，从而达到掌握 ARM 处理器串行通信的软件编程方法的目的。

4.5.1　串口通信原理

1. S3C2410 串行通讯(UART)单元

S3C2410 UART 单元提供了 3 个独立的异步串行通信接口，皆可工作于中断和 DMA 模式。使用系统时钟最高波特率达 230.4Kbps，如果使用外部设备提供的时钟，可以达到更高的速率。每一个 UART 单元包含一个 16 字节的 FIFO，用于数据的接收和发送。

S3C2410 UART 支持可编程波特率，红外发送/接收，一个或两个停止位，5b/6b/7b/或 8b 数据宽度和奇/偶校验。

2. 波特率的产生

波特率由一个专用的 UART 波特率分频寄存器(UBRDIVn)控制，计算公式如下。

UBRDIVn =(int)(ULK/(bps x 16))–1

或者 UBRDIVn =(int)(PLK/(bps x 16))–1

其中：时钟选用 ULK 还是 PLK 由 UART 控制寄存器 UCONn[10]的状态决定。如果 UCONn[10]=0，用 PLK 作为波特率发生，否则选用 ULK 做波特率发生。UBRDIVn 的值必须在 1 到(2^{16}–1)之间。

例如：ULK 或者 PLK 等于 40MHz，当波特率为 115200 时，

UBRDIVn = (int)(40000000/(115200 x 16)) −1= (int)(21.7) −1= 21−1 = 20

3. UART 通信操作

发送数据帧是可编程的。一个数据帧包含一个起始位，5～8 个数据位，一个可选的奇/偶校验位和 1～2 位停止位，停止位通过行控制寄存器 ULCONn 配置。

与发送类似，接收帧也是可编程的。接收帧由一个起始位，5～8 个数据位，一个可选的奇/偶校验和 1～2 位行控制寄存器 ULCONn 里的停止位组成。接收器还可以检测溢出错误、奇/偶校验错、帧错误和传输中断，每一个错误均可以设置一个错误标志。

溢出错误(Overrun error)是指已接收到的数据在读取之前被新接收的数据覆盖。

奇/偶校验错是指接收器检测到的校验和与设置的不符。

帧错误指没有接收到有效的停止位。

传输中断表示接收数据 RxDn 保持逻辑 0 超过一帧的传输时间。

在 FIFO 模式下，如果 RxFIFO 非空，而在 3 个字的传输时间内没有接收到数据，则产生超时。

4. UART 控制寄存器

1) UART 行控制寄存器 ULCONn

UART 行控制寄存器的第 6 位决定是否使用红外模式，位 5～3 决定校验方式，位 2 决定停止位长度，位 1 和位 0 决定每帧的数据位数。

2) UART 控制寄存器 UCONn

UART 控制寄存器决定 UART 的各种模式。

UCONn[10]= 1：ULK 做比特率发生；0：PLK 做比特率发生。

UCONn[9] = 1：Tx 中断电平触发；0：Tx 中断脉冲触发。

UCONn[8] = 1：Rx 中断电平触发；0：Rx 中断脉冲触发。

UCONn[7] = 1：接收超时中断允许；0：接收超时中断不允许。

UCONn[6] = 1：产生接收错误中断；0：不产生接收错误中断。

UCONn[5] = 1：发送直接传给接收方式(Loopback)；0：正常模式。

UCONn[4] = 1：发送间断信号；0：正常模式发送。

UCONn[3：2]：发送模式选择。

00：不允许发送。

01：中断或查询模式。

10：DMA0 请求(UART0)，DMA3 请求(UART2)。

11：DMA1 请求(UART1)。

UCONn[1：0]：接收模式选择。

00：不允许接收。

01：中断或查询模式。

10：DMA0 请求(UART0)，DMA3 请求(UART2)。

11：DMA1 请求(UART1)。

3) UART FIFO 控制寄存器 UFCONn

UFCONn[7：6]=

00：Tx FIFO 寄存器中有 0 个字节就触发中断。

01：Tx FIFO 寄存器中有 4 个字节就触发中断。

10：Tx FIFO 寄存器中有 8 个字节就触发中断。

11：Tx FIFO 寄存器中有 0 个字节就触发中断。

UFCONn[5：4]=

00：Rx FIFO 寄存器中有 0 个字节就触发中断。

01：Rx FIFO 寄存器中有 4 个字节就触发中断。

10：Rx FIFO 寄存器中有 8 个字节就触发中断。

11：Rx FIFO 寄存器中有 0 个字节就触发中断。

UFCONn[3]：保留。

UFCONn[2] = 1：FIFO 复位清零 Tx FIFO；0：FIFO 复位不清零 Tx FIFO。

UFCONn[1] = 1：FIFO 复位清零 Rx FIFO；0：FIFO 复位不清零 Rx FIFO。

UFCONn[0] = 1：允许 FIFO 功能；0：不允许 FIFO 功能。

4) UART MODEM 控制寄存器 UMCONn(n＝0 或 1)

UMCONn[7:5]：保留，必须全为 0。

UMCONn[4] =1：允许使用 AFC 模式；0：不允许使用 AFC。

UMCONn[3:1]：保留，必须全为 0。

UMCONn[0] =1：激活 nRTS；0：不激活 nRTS。

5) 发送寄存器 UTXH 和接收寄存器 URXH

这两个寄存器存放着发送和接收的数据，当然只有一个字节，8 位数据。需要注意的是在发生溢出错误的时候，接收的数据必须被读出来，否则会引发下次溢出错误。

4.5.2　RS232 接口电路

UART1 串口电路如图 4.53 所示，UART1 只采用两根接线 RXD1 和 TXD1，因此只能进行简单的数据传输及接收功能。UART1 采用 MAX232 作为电平转换器。

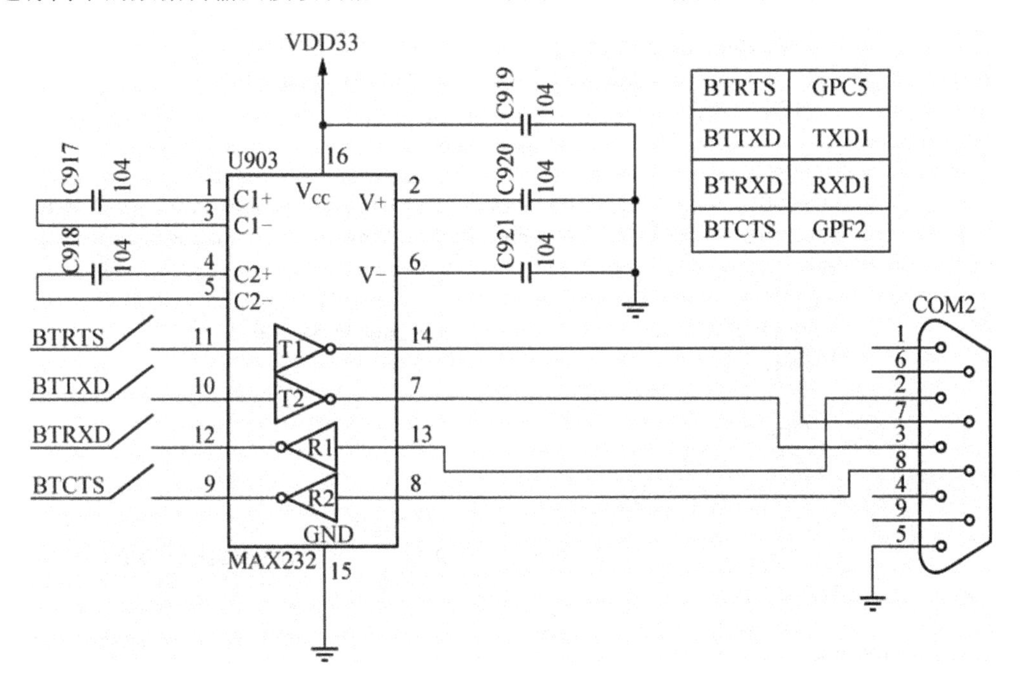

图 4.53　UART1 与 S3C2410 的连接图

4.5.3 S3C2410 的 UART 模块软件设计

1. UART 初始化实现

```
void uart_init(int nMainClk, int nBaud, int nChannel)
{
    int i;

    if(nMainClk == 0)
    nMainClk    = PCLK;

    switch (nChannel)
    {
    case UART0:
            rUFCON0 = 0x0; //UART channel 0 FIFO control register, FIFO disable
            rUMCON0 = 0x0; //UART chaneel 0 MODEM control register, AFC disable
            rULCON0 = 0x3; //Line control register : Normal,No parity,1 stop,8 bits
    // [10]    [9]    [8]    [7]    [6]    [5]    [4]    [3:2]    [1:0]
    // Clock Sel, Tx Int, Rx Int, Rx Time Out, Rx err,  Loop-back, Send break,
Transmit Mode, Receive Mode
    // 0     1     0,     0     1     0     0,     01     01
    // PCLK Level Pulse Disable Generate Normal Normal Interrupt or Polling
            rUCON0  = 0x245;                          //Control register
    //      rUBRDIV0=( (int)(nMainClk/16./nBaud) -1 );//Baud rate divisior
                                                        register 0
            rUBRDIV0=( (int)(nMainClk/16./nBaud+0.5) -1);
                                  // Baud rate divisior register 0
            break;

        case UART1:
            rUFCON1  = 0x0;  //UART channel 1 FIFO control register, FIFO disable
            rUMCON1  = 0x0;  //UART chaneel 1 MODEM control register, AFC disable
            rULCON1  = 0x3;
            rUCON1   = 0x245;
            rUBRDIV1=( (int)(nMainClk/16./nBaud) -1 );
            break;

        case UART2:
            rULCON2  = 0x3;
            rUCON2   = 0x245;
            rUBRDIV2=( (int)(nMainClk/16./nBaud) -1 );
            rUFCON2  = 0x0;  //UART channel 2 FIFO control register, FIFO disable
            break;

        default:
            break;
    }

    for(i=0;i<100;i++);
```

```
    delay(400);
}
```

2. 字符接收代码

```
char uart_getch(void)
{
    if(f_nWhichUart==0)
    {
        while(!(rUTRSTAT0 & 0x1)); //Receive data ready
        return RdURXH0();
    }
    else if(f_nWhichUart==1)
    {
        while(!(rUTRSTAT1 & 0x1)); //Receive data ready
        return RdURXH1();
    }
    else if(f_nWhichUart==2)
    {
        while(!(rUTRSTAT2 & 0x1)); //Receive data ready
        return RdURXH2();
    }
    return NULL;
}
```

3. 字符发送代码

```
void uart_sendbyte(int nData)
{
    if(f_nWhichUart==0)
    {
        if(nData=='\n')
        {
            while(!(rUTRSTAT0 & 0x2));
            delay(10);              //because the slow response of hyper_terminal
            WrUTXH0('\r');
        }
        while(!(rUTRSTAT0 & 0x2)); //Wait until THR is empty.
        delay(10);
        WrUTXH0(nData);
    }
    else if(f_nWhichUart==1)
    {
        if(nData=='\n')
        {
            while(!(rUTRSTAT1 & 0x2));
            delay(10);              //because the slow response of hyper_terminal
            rUTXH1 = '\r';
        }
```

```
        while(!(rUTRSTAT1 & 0x2)); //Wait until THR is empty.
        delay(10);
        rUTXH1 = nData;
    }
    else if(f_nWhichUart==2)
    {
        if(nData=='\n')
        {
            while(!(rUTRSTAT2 & 0x2));
            delay(10);                  //because the slow response of hyper_
                                          terminal
            rUTXH2 = '\r';
        }
        while(!(rUTRSTAT2 & 0x2)); //Wait until THR is empty.
        delay(10);
        rUTXH2 = nData;
    }
}
```

4.5.4 案例测试

下载完成后，运行测试程序，可以看到超级终端上输出等待输入字符。如果输入字符就会马上显示在超级终端上(假设输入为 abcdefg)，输入回车符后打印一整串字符，如图 4.54 所示。

```
**************************************************************

UART1 Communication Test Example

Please input words, then press Enter:

/>
```

```
The words that you input are:

abcdefg
```

图 4.54 串行通信测试结果

思考与练习

1．数据通信分为哪些类？各有什么特征？

2．编写程序实现 LED 的不同显示方式。

3．参照 D/A 三角波信号输出函数，编写方波输出函数。

第 2 篇

嵌入式Linux基础开发篇

第5章 嵌入式操作系统Linux概述

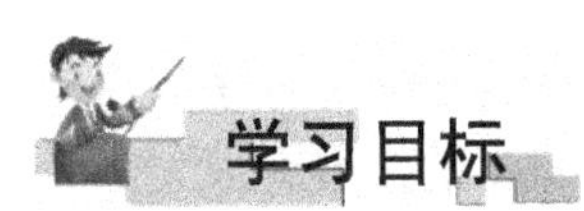

嵌入式Linux是以Linux为基础的操作系统，只有对Linux系统有了较为熟练的使用之后，才能在嵌入式Linux开发领域得心应手。学习完本章内容后，读者应掌握如下内容。

(1) 了解Linux内核结构。

(2) 理解Linux存储管理和进程管理。

(3) 了解Linux内核启动过程。

(4) 理解Linux初始化进程。

5.1 Linux的诞生与发展

Linux操作系统是UNIX操作系统的一种克隆系统。它诞生于1991年的10月5日(这是第一次正式向外公布的时间)。以后借助于Internet，并在全世界各地计算机爱好者的共同努力下，已经成为今天世界上使用最多的一种UNIX类操作系统，并且使用人数还在迅猛增长。Linux 操作系统的诞生、发展和成长过程始终依赖着以下 5 个重要支柱：UNIX操作系统、MINIX操作系统、GNU计划、POSIX标准和Internet。目前，Linux主要应用在服务器、桌面系统和嵌入式应用三大领域。其中在嵌入式领域的应用最为突出，嵌入式应用对操作系统的要求主要是功能高效、节约内存资源、启动速度快、技术支持好。Linux的性能特点使得它天生就是一个适合于嵌入式开发和应用的操作系统，它能方便地应用于机顶盒、IA设备、PDA、掌上计算机、WAP手机、寻呼机、车载盒以及工业控制等智能信息产品中，因此有理由相信，它能成为Internet时代嵌入式操作系统中的最强音。

5.1.1 Linux的诞生与版本历史

1. Linux的诞生

UNIX操作系统是美国贝尔实验室的Ken.Thompson 和Dennis Ritchie于1969年夏在DEC PDP-7小型计算机上开发的一个分时操作系统。当时Ken Thompson在一个月内开发出了UNIX操作系统的原型，使用低级语言编写，之后由Dennis Ritchie于1972年用移植

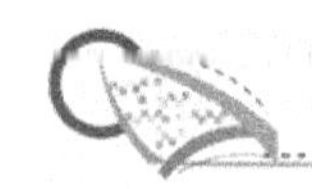

性很强的 C 语言进行了改写，使得 UNIX 系统在大专院校得到了推广。此后 UNIX 系统走上了以美国电话电报公司 AT&T 和加州 Berkeley 分校为主的发展道路。经过几年的发展，人们迫切需要给 UNIX 系统制订一个统一的标准，最后由 UNIX International 和 Open Software Foundation 两大组织定义了 UNIX 系统：UNIX 是能够提供一个 UNIX 的标准界面，包括程序级的和用户级的，不管它内部如何实现，更不管它运行于什么硬件平台，都是一个遵守开放系统标准的 UNIX 操作系统。开始，UNIX 是一个自由软件，当 AT&T 在 20 世纪 70 年代末期认识到该软件的价值，对 UNIX 的使用和发布强制实施版权控制后，对 UNIX 的支持和发展做出贡献的人们受到了很大的打击。

Minix 系统是由 Andrew S. Tanenbaum(AST)于 1987 年开发的，主要用于学生学习操作系统原理。到 1991 年时版本是 1.5，目前主要有两个版本在使用：1.5 版和 2.0 版。当时该操作系统在大学使用是免费的，因而在全世界的大学中刮起了学习 Minix 系统的旋风。对于 Linux 系统，他表示对其开发者 Linus 的称赞。但他认为 Linux 的发展有很大部分的原因是他没有接纳全世界许多人对 Minix 的扩展要求，而是保持 Minix 的小型化，使学习者在一个学期内就能学完。因此这也激发了 Linus 编写 Linux 系统的动力，Linus 正好抓住了这个好时机，从 1991 年开始开发 Linux 系统。作为一个操作系统，Minix 并不是优秀者，但它同时提供了用 C 语言和汇编语言写的系统源代码。这是第一次使得有抱负的程序员或黑客能够阅读操作系统的源代码。

GNU 计划和自由软件基金会(The Free Software Foundation，FSF)是由美国麻省理工学院(MIT)的 Richard M. Stallman 于 1984 年一手创办的，旨在开发一个类似 UNIX 并且是自由软件的完整操作系统——GNU 系统。各种使用 Linux 作为核心的 GNU 操作系统正在被广泛使用。虽然这些系统通常被称为 Linux，但是严格地说，它们应该被称为 GNU/Linux 系统。20 世纪 90 年代初，GNU 项目已经开发出许多高质量的免费软件，其中包括有名的 emacs 编辑系统、bash shell 程序、gcc 系列编译程序、gdb 调试程序等。这些软件为 Linux 操作系统的开发创造了一个合适的环境，是 Linux 能够诞生的基础之一，以至于目前许多人都将 Linux 操作系统称为 GNU/Linux 操作系统。

POSIX(Portable Operating System Interface for Computing Systems)可移植操作系统接口标准是由 IEEE 开发的，并由 ISO/IEC 标准化的一簇标准。该标准是基于现有的 UNIX 实践和经验，描述了操作系统的调用服务接口，用于保证编制的应用程序可以在源代码一级上在多种操作系统上移植运行。1985 年，IEEE 操作系统技术委员会标准小组委员会(TCOS-SS)开始在 ANSI 的支持下组成 IEEE 标准委员会制定有关程序源代码可移植性操作系统服务接口的正式标准。到了 1986 年 4 月，IEEE 就制定出了试用标准。第一个正式标准是在 1988 年 9 月份批准的(IEEE 1003.1-1988)，也即以后经常提到的 POSIX.1 标准。

1989 年 POSIX 的工作被转移至 ISO/IEC 社团，并由 15 个工作组继续将其制定成 ISO 标准。到 1990 年，POSIX.1 与已经通过的 C 语言标准联合，正式批准为 IEEE 1003.1-1990 (也是 ANSI 标准)和 ISO/IEC 9945-1:1990 标准。

在 20 世纪 90 年代初，POSIX 标准的制定正处在最后投票敲定的时候，那是 1991～1993 年间。此时正是 Linux 刚刚起步的时候，这个 UNIX 标准为 Linux 提供了极为重要的信息，Linux 就以该标准为指导进行开发，做到与绝大多数 UNIX 系统兼容的。POSIX 现

在已经发展成为一个非常庞大的标准簇。如果没有 Internet，没有遍布全世界的无数计算机黑客通过网络的无私奉献，那么 Linux 绝对不可能发展到现在的水平。

追溯到 1990 年，也就是 Linux 诞生的阶段，当时计算机技术的两大阵营——MS-DOS 操作系统和 UNIX 操作系统，因其天价而无人能够轻易靠近。正在此时，出现了 MINIX 操作系统，并有一本详细的书描述它的设计实现原理，这本书写得非常详细，并且叙述有条有理，几乎全世界的计算机爱好者都在看这本书以理解操作系统的工作原理。其中也包括 Linux 系统的创始者 Linus Benedict Torvalds。

当时缺乏的是一个专业级的操作系统。MINIX 虽然很好，但只是一个用于教学目的简单操作系统，而不是一个强有力的实用操作系统。

2. Linux 的版本发展历史

Linux 的开发都超越了国界经由 Internet 进行。通常，按照一定规律，每周发布一个 Linux 开发版本，供全世界开发者参照。Linux 内核版本有两种：稳定版和开发版。稳定的内核具有工业级的强度，可以广泛地应用和部署。新的稳定内核相对于较旧的只是修正一些 bug 或加入一些新的驱动程序。而开发版内核由于要试验各种解决方案，所以变化很快。这两种版本是相互关联，相互循环的。Linux 内核的命名机制为 num.num.num，其中第一个数字是主版本号，第二个数字是次版本号，第三个数字是修订版本号。主版本号和次版本号标志着重要的功能变动；修正号表示较小的功能变动。以 2.6.12 版本为例，2 代表主版本号，6 代表次版本号，12 代表修正号。其中次版本号还有特定的意义：如果次版本号是偶数，那么该内核就是稳定版的；若是奇数，则是开发版的。例如：1.2.0 是稳定版，而 1.3.0 则是开发版。头两个数字合在一起可以描述内核系列。这两个版本是关联的，是一前一后完成的。这两个版本不断的扩充增长，稳定代码会添加到稳定版，而测试阶段的代码则添加到开发版。当 Linus 本人确定开发版本具有足够的新功能并且性能稳定时，就称为代码冻结(Code Freeze)。开发版和发布版一同升级为 x.y.0 和 x.y+1.0，然后继续修复错误，添加功能。例如：1.2.0 和 1.3.0 是相同的，1.2.1 是对 1.2 版代码的第一次错误修复，而 1.3.1 是往 1.3 版中第一次添加新功能；最后到 1.2.9 中的错误在 1.2 中得到修复，1.3.9 最终为 1.3。最后，随着新功能的不断增加，当有足够的新功能时，代码冻结，版本一同升级为 1.4.0 和 1.5.0。然后 1.4.0 继续修复错误，1.5.0 继续添加功能。

到 1991 年，GNU 计划已经开发出了许多工具软件。最受期盼的 GNU C 编译器已经出现，但还没有开发出免费的 GNU 操作系统。即使是 MINIX 也开始有了版权，需要购买才能得到源代码。而 GNU 的操作系统 HURD 一直在开发之中，但并不能在几年内完成。对于 Linus 来说，已经不能等待了。从 1991 年 4 月份起，他开始酝酿并着手编制自己的操作系统。刚开始，他的目的很简单，只是为了学习 Intel 386 体系结构保护模式运行方式下的编程技术。但后来 Linux 的发展却完全改变了初衷。经过几个月的不懈努力，到了 1991 年的 10 月 5 日，Linus 在 Comp.os.minix 新闻组上发布消息，正式向外宣布 Linux 内核系统的诞生(Free Minix-Like Kernel Sources For 386-AT)。这段消息可以称为 Linux 的诞生宣言，并且一直广为流传。因此 10 月 5 日对 Linux 社区来说是一个特殊的日子，许多后来 Linux 的新版本发布时都选择了这个日子。Linux 操作系统刚开始时并没有被称为 Linux，

Linus 给他的操作系统取名为 FREAX，其英文含义是怪诞的、怪物、异想天开等。在他将新的操作系统上载到 Ftp.funet.fi 服务器上时，管理员 Ari Lemke 很不喜欢这个名称。他认为既然是 Linus 的操作系统就取其谐音 Linux 作为该操作系统的目录，于是 Linux 这个名称就开始流传下来。

1994 年 3 月，Linux 1.0 发布，代码量 17 万行，当时是按照完全自由免费的协议发布，随后正式采用 GPL 协议。至此，Linux 的代码开发进入良性循环。很多系统管理员开始在自己的操作系统环境中尝试 Linux，并将修改的代码通过网络提交给核心小组。由于拥有了丰富的操作系统平台，因而 Linux 的代码中也充实了对不同硬件系统的支持，大大地提高了跨平台移植性。

1998 年是 Linux 迅猛发展的一年。1998 年 1 月，小红帽高级研发实验室成立，同年 RedHat 5.0 获得了 InfoWorld 的操作系统奖项。1998 年 4 月，Mozilla 代码发布，成为 Linux 图形界面上的王牌浏览器。RedHat 宣布商业支持计划，网络了多名优秀技术人员开始商业运作。王牌搜索引擎 Google 现身，采用的也是 Linux 服务器。值得一提的是，Oracle 和 Informix 两家数据库厂商明确表示不支持 Linux，这个决定给予 Mysql 数据库充分的发展机会。同年 10 月，Intel 和 Netscape 宣布小额投资 Red Hat 软件，这被业界视为 Linux 获得商业认同的信号。同月，微软在法国发布了反 Linux 公开信，这表明微软公司开始将 Linux 视作一个对手。同年 12 月，IBM 发布了适用于 Linux 的文件系统 AFS3.5、Jikes Java 编辑器、Secure Mailer 及 DB2 测试版。IBM 的此番行为可以看成是与 Linux 的第一次接触。迫于 Windows 和 Linux 的压力，Sun 逐渐开放了 Java 协议，并且在 UltraSparc 上支持 Linux 操作系统。1998 年可以说是 Linux 与商业接触的一年。

2001 年 1 月，Linux 2.4 版内核发布，它进一步提升了 SMP(Symmetric Multi Processing)系统的扩展性，同时也集成了很多用于支持桌面系统的特性：USB、PC 卡(PCMCIA)的支持，内置的即插即用等功能。

2003 年 12 月，Linux2.6 版内核发布，在对系统的支持上 2.6 版内核相对于 2.4 版内核有很大的变化，这些变化如下。

(1) 更好地支持大型多处理器服务器，特别是采用 NUMA 设计的服务器。

(2) 更好地支持嵌入式设备，如手机、网络路由器以及视频录像机等。

(3) 对鼠标和键盘指令等用户行为反应更加迅速。

(4) 块设备驱动程序做了彻底更新，如与硬盘和 CD 光驱通信的软件模块。

从 Linux 诞生开始，Linux 内核就从来没有停止过升级，从 Linus 第一次发布的 0.02 版本到 1999 年具有里程碑意义的 2.2 版本，一直到现在的 2.6 版本，都凝聚了 Linux 内核开发人员大量辛苦的劳动。目前 Linux 在各种工作平台上，包括企业服务器和个人计算机上的广泛应用，使得 Linux 成为了 Windows 的强劲对手，如图 5.1 所示。

Linux 快速从一个个人项目进化成为一个全球数千人参与的开发项目。对于 Linux 来说，最为重要的决策之一是采用 GPL(GNU General Public License)。在 GPL 的保护之下，Linux 内核可以防止商业使用，并且它还从 GNU 项目(Richard Stallman 开发，其源代码要比 Linux 内核大得多)的用户空间中受益。这允许使用一些非常有用的应用程序，例如，GCC(GNU Compiler Collection)和各种 shell 支持。

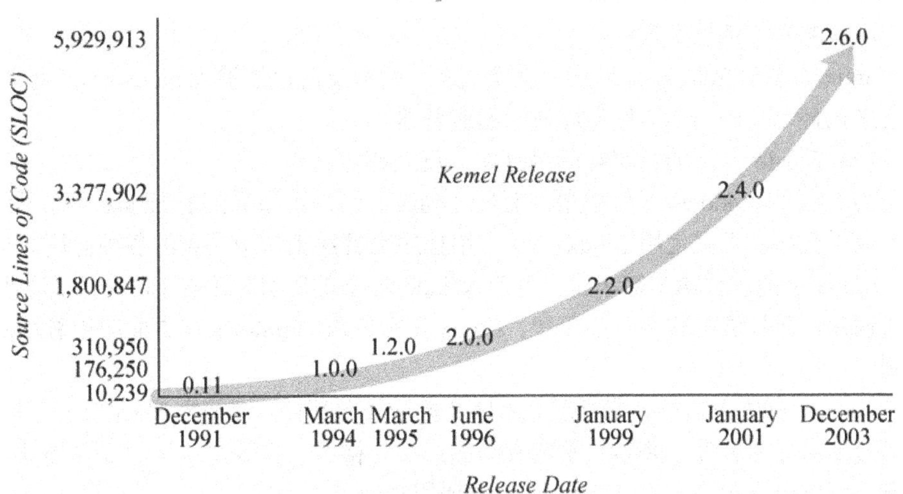

图 5.1　Linux 的主要发行版本

当今 Linux 的全部开发活动分布在各个国家，在互联网上由近 100 位高手日夜研究，总协调人是 Linus Torvalds 本人，带有序列号的 Linux 发布权掌握在他手中。在法律上，标称这组代码集的 Linux 注册商标的版权归 Linus 本人所有。

Linux 体系发行版是由特定序列号的 Linux(内核)及属于 GNU 体系源码开放的功能性支撑模块和一些运行于 Linux 上的商用软件所集成。发行版整体集成版权归相应的发行商所有。Linux 发行版的发行商(Linux 发行商)一般并不拥有其发行版中各软件模块的版权，发行商关注的只是发行版的品牌价值，以及含于其中的集成版的质量和相关特色服务进行市场竞争。严格地讲，Linux 发行商并非一定是独立于软件开发商，它本质上属于一种新兴的 IT 行业。

3. Linux 的应用领域

Linux 的应用主要有服务器、桌面系统和嵌入式应用三大领域。

在服务器方面，过去的几年中，尽管 Linux 在服务器端的市场远远好于桌面端，但是市场份额从未超过 10%，应用水平大多仅限于前端或简单的应用，如网络服务器、文件和打印服务器、邮件服务器和 DNS 服务器。但随着 Linux 系统的进步、Linux 厂商的投入、硬件厂商和软件厂商的支持，用户接受程度也随之提高，在政府部门和研究机构 Linux 正逐渐取代 Windows、UNIX，成为这些用户最喜欢使用的操作系统。这些机构需要处理大量的数据，却不希望花费大量的支出在 Windows 或者 UNIX 这种将他们限定在单一技术中的软件上。用户喜欢开放式标准和广泛拥有的技术，不喜欢专有的技术是推动 Linux 市场的源动力。同时，服务器厂商的持续投入是推动 Linux 市场发展的决定力量。这让人有理由相信，Linux 产业链在向前不停运转，促使 Linux 服务器的应用走向广泛和深入，Linux 服务器成为更多人的选择。

随着 Linux 技术的日新月异，以前 Linux 的弱项——桌面应用也逐渐表现出了它独到的优势。

(1) Linux 系统对 Windows，DOS 文件格式的完全支持、完全兼容，而反之则否。这

意味着，以前的文件都没有浪费。

(2) Linux 系统对 Windows 网络的完全支持，而且反向也能被 Windows NT 网络识别。可以用它来代替 Windows NT 作为局域网的服务器。

(3) 支持 Windows 下的共享打印机打印，反之亦然。

(4) 支持运行 Windows 下的程序，而反之则否。用户希望看到的 Linux 桌面系统应该有大量的应用程序，可以使用 Linux 及其应用程序来解决工作中遇到的各种问题。值得欣喜的是，Linux 下的软件越来越丰富，几乎 Windows 下的所有程序在 Linux 下都能找到相应功能的软件，并且这些软件全部免费，Linux 正在突破 Windows 在桌面应用领域对它形成的遏制。

(5) Linux 下有优秀的办公字处理、表格及数据线图套件，它兼容 MSoffice，而且有优秀而免费的图像处理软件，兼容几乎所有的图形文件格式，家庭娱乐用的媒体播放机，也十分成熟，可以说具备了一切 Windows 下的通用功能。

(6) Linux 是个安全、高效、超能的操作系统，这也与 Windows 下天天担心被病毒洗盘，担心运行越来越慢，担心新的 CPU 一上市，自己的计算机就好像一下子成为古董等局面形成鲜明对照。

(7)目前，对嵌入式 Linux 系统的开发正在蓬勃兴起，并已形成了很大的市场，Linux 现在的表现越来越引人注意。Linux 向来被认为是与 Internet 相关联的移动电话、手持设备、信息家电以及工业自动化等的应用平台。这些智能设备可以完成 PC 桌面系统的大部分 Internet 功能，发展前景毋庸置疑。Linux 系统是层次结构且内核完全开放。Linux 是由很多体积小且性能高的微内核系统组成。在内核代码完全开放的前提下，不同领域和不同层次的用户可以根据自己的应用需要方便地对内核进行改造，低成本地设计和开发出满足自己需要的嵌入式系统。

与其他嵌入式操作系统相比(表 5-1)，Linux 的特点如下。

表 5-1　专用嵌入式实时操作系统与嵌入式 Linux 的比较

	专用嵌入式实时操作系统	嵌入式 Linux 操作系统
版权费	每生产一件产品需交纳一份版权费	免费
购买费用	数十万元(RMB)	免费
技术支持	由开发商独家提供有限的技术支持	全世界的自由软件开发者提供支持
网络特性	另加数十万元(RMB)购买	免费且性能优异
软件移植	难(因为是封闭系统)	易，代码开放(有许多应用软件支持)
产品开发周期	长，因为可参考的代码有限	短，新产品上市迅速
实时性能	好	须改进，可用
稳定性	较好	较好，但在高性能系统中须改进

(1) 强大的网络支持功能。Linux 诞生于因特网时代并具有 UNIX 的特性，保证了它支持所有标准因特网协议，并且可以利用 Linux 的网络协议栈将其开发成为嵌入式的 TCP/IP 网络协议栈。此外，Linux 还支持 ext2、fat16、fat32、romfs 等文件系统，为开发嵌入式系统应用打下了很好的基础。

(2) Linux 具备一整套工具链，容易自行建立嵌入式系统的开发环境和交叉运行环境，可以跨越嵌入式系统开发中仿真工具的障碍。Linux 也符合 IEEE POSIX.1 标准，使应用程序具有较好的可移植性。

(3) Linux 具有广泛的硬件支持特性。无论是 RISC 还是 CISC，无论是 32 位还是 64 位等各种处理器，Linux 都能运行。Linux 支持各种主流硬件设备和最新硬件技术，甚至可以在没有存储管理单元(MMU)的处理器上运行。这意味着嵌入式 Linux 将具有更广泛的应用前景。

(4) Linux 的内核精简而高效。与微软的 Windows 操作系统或者普通的 UNIX 系统不同，根据实际的需要，大小功能都可定制。经过对不需要的功能进行裁剪，Linux 内核完全可以小到 100KB 以下。

(5) Linux 的可裁剪性强。由于 Linux 的模块性比较强，并且 Linux 是一个代码完全公开的操作系统，任何人都可以对其代码进行修改，开发人员可以方便地根据实际系统进行裁剪和修改。

5.1.2 Linux 在嵌入式领域的延伸

由上节的知识可知，Linux 操作系统正凭借着它优良的性能发展壮大成为全球第二大操作系统。目前，在嵌入式行业，它越来越受到各种商家的青睐。在所有的操作系统中，Linux 是一个发展最快，应用最为广泛的操作系统，Linux 本身的种种特性也使其成为嵌入式开发的首选。下面本节将会从嵌入式 Linux 的开发平台、开发模式、面临的挑战和发展前景这 4 个方面进行具体阐述。

1. Linux 嵌入式系统开发平台

1) 系统软件操作平台

Linux 作为嵌入式操作系统是完全可行的，因为 Linux 提供了完成嵌入功能的基本内核和所需要的所有用户界面，能处理嵌入式任务和用户界面。将 Linux 看成是连续的统一体，从一个具有内存管理、任务切换和时间服务及其他分拆的微内核到完整的服务器，支持所有的文件系统和网络服务。作为嵌入式系统，Linux 是一个拥有很多优势的新成员，它对许多 CPU 和硬件平台都是易移植、稳定、功能强大、易于开发的。

嵌入式 Linux 系统需要下面 3 个基本元素：系统引导工具(用于机器加电后的系统定位引导)、Linux 微内核(内存管理、程序管理)、初始化进程。但如果要它成为完整的操作系统并且继续保持小型化，还必须加上硬件驱动程序、硬件接口程序和应用程序组。

Linux 是基于 GNU 的 C 编译器，作为 GNU 工具链的一部分，与 gdb 源调试器一起工作。它提供了开发嵌入式 Linux 系统的所有软件工具。

2) 系统硬件平台

在选择硬件时，常由于缺乏完整或精确的信息而使硬件选择成为复杂且困难的工作。硬件开发成本常是人们很关心的。当考虑硬件成本时，须要考虑产品的整个成本而不仅是 CPU 的成本。因为合适的 CPU 一旦加上总线逻辑和延时电路使之与外设一起工作，硬件系统就可能变得非常昂贵。如果要寻找嵌入式软件系统，那么应首先确定硬件平台，即确定微处理器 CPU 的型号。选定硬件平台前，首先要确定系统的应用功能和所需要的速度，并制定好外接设备和接口标准，这样才能准确地定位所需要的硬件方案，得到性价比最高的系统。

2. 嵌入式 Linux 系统开发模式

嵌入式系统通常为一个资源受限的系统。直接在嵌入式系统的硬件平台上编写软件比较困难，有时甚至是不可能的。目前，一般采用的办法是，先在通用计算机上编写程序，然后通过交叉编译，生成目标平台上可运行的二进制代码格式，最后下载到目标平台上的特定位置上运行，具体步骤如图 5.2 所示。

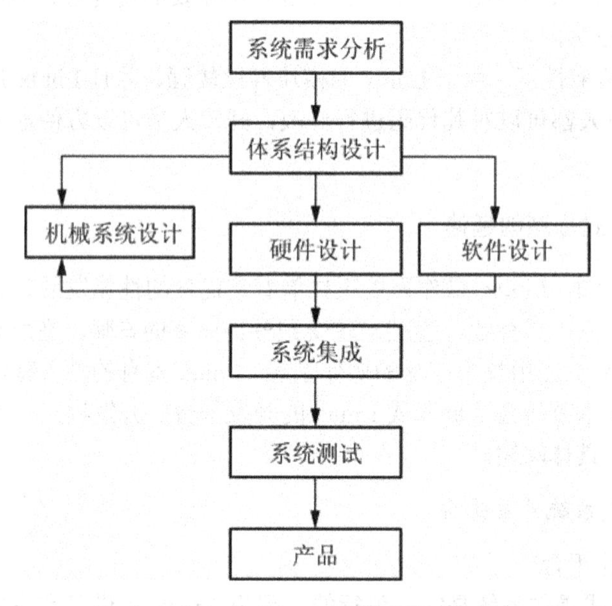

图 5.2　嵌入式 Linux 开发模式的一般流程

1) 建立嵌入式 Linux 交叉开发环境

目前，常用的交叉开发环境主要有开放和商业两种类型。开放的交叉开发环境的典型代表是 GNU 工具链。商业的交叉开发环境主要有 Metrowerks CodeWarrior、ARM Software Development Toolkit、SDS Cross compiler、WindRiver Tornado、Microsoft Embedded Visual C++等。交叉开发环境是指编译、链接和调试嵌入式应用软件的环境。它与运行嵌入式应用软件的环境有所不同，通常采用宿主机/目标机模式，如图 5.3 所示。

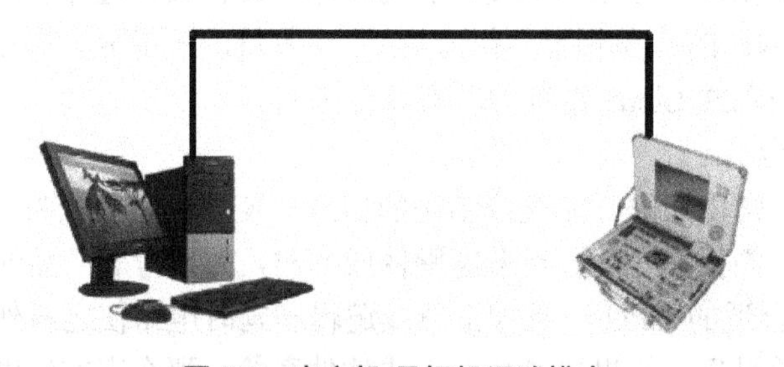

图 5.3　宿主机/目标机调试模式

2) 交叉编译和链接

在完成嵌入式软件的编码之后，就是进行编译和链接，以生成可执行代码。由于开发过程大多是在 Intel 公司 x86 系列 CPU 的通用计算机上进行的，而目标环境的处理器芯片大多为 ARM、MIPS、PowerPC、DragonBall 等系列的微处理器，这就要求在建立好的交叉开发环境中进行交叉编译和链接。

3) 交叉调试

(1) 硬件调试。如果不采用在线仿真器，可以让 CPU 直接在其内部实现调试功能，并通过在开发板上引出的调试端口，发送调试命令和接收调试信息，完成调试过程。目前，Motorola 公司提供的开发板上使用的是 DBM 调试端口，而 ARM 公司提供的开发板上使用的则是 JTAG 调试端口。使用合适的软件工具与这些调试端口进行连接，可以获得与 ICE 类似的调试效果。

(2) 软件调试。在嵌入式 Linux 系统中，Linux 系统内核调试可以先在 Linux 内核中设置一个调试桩(Debug Stub)，用作调试过程中和宿主机之间的通信服务器。然后在宿主机中通过调试器的串口与调试桩进行通信，并通过调试器控制目标机上 Linux 内核的运行。

(3) 嵌入式上层应用软件的调试可以使用本地调试和远程调试两种方法。如果采用的是本地调试，首先要将所需的调试器移植到目标系统中，然后就可以直接在目标机上运行调试器来调试应用程序了；如果采用的是远程调试，则需要移植一个调试服务器到目标系统中，并通过它与宿主机上的调试器共同完成应用程序的调试。在嵌入式 Linux 系统的开发中，远程调试时目标机上使用的调试服务器通常是 gdb server，而宿主机上使用的调试器则是 gdb，两者相互配合共同完成调试过程。

4) 系统测试

整个软件系统编译过程，嵌入式系统的硬件一般采用专门的测试仪器进行测试，而软件则需要有相关的测试技术和测试工具的支持，并要采用特定的测试策略。测试技术指的是软件测试的专门途径，以及能够更加有效地运用这些途径的特定方法。在嵌入式软件测试中，常常要在基于目标机的测试和基于宿主机的测试之间做出折中选择。基于目标机的测试需要消耗较多的时间和经费，而基于宿主机的测试虽然代价较小，但毕竟是在仿真环境中进行的，因此难以完全反映软件运行时的实际情况。这两种环境下的测试可以发现不同的软件缺陷，关键是要对目标机环境和宿主机环境下的测试内容进行合理取舍。嵌入式软件测试中经常用到的测试工具主要有内存分析工具、性能分析工具、覆盖分析工具、缺陷跟踪工具等，在这里不加详述。嵌入式系统的典型构成如图 5.4 所示。

3. 嵌入式 Linux 面临的挑战

目前，对嵌入式 Linux 系统的开发正在蓬勃兴起，并已形成了很大的市场。除了一些传统的 Linux 公司(Red Hat、VA Linux 等)，正在从事嵌入式 Linux 的研究之外，一批新公司(如 Lineo、TimeSys 等)和一些传统的大公司(如 IBM、SGI、Motorola、Intel 等)以及一些开发专用嵌入式操作系统的公司(如 Lynx)也都在进行嵌入式 Linux 的研究和开发。但就目前的技术而言，嵌入式 Linux 的研究成果与市场的真正需求还有一些距离，因此嵌入式 Linux 走向成熟还需要在以下几个方面有所发展。

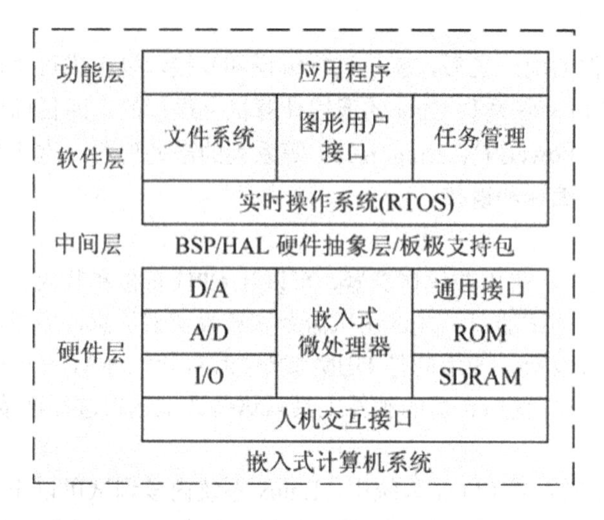

图 5.4　嵌入式系统典型构成

1) Linux 的实时性扩充

实时性是嵌入式操作系统的基本要求。由于 Linux 还不是一个真正的实时操作系统，内核不支持事件优先级和抢占实时特性，所以在开发嵌入式 Linux 的过程中，首要问题是扩展 Linux 的实时性能。对 Linux 实时性的扩展可以从两方面进行：向外扩展和向上扩展。向外扩展即从范围上扩展，让实时系统支持的范围更广，支持的设备更多；向上扩展是扩充 Linux 内核，从功能上扩充 Linux 的实时处理和控制系统。

2) 改变 Linux 内核的体系结构

Linux 的内核体系采用的是 Monolithic 体系。在这种体系结构中，内核的所有部分都集中在一起，而且所有的部件在一起编译链接。这样虽然能使系统的各部分直接沟通，有效地缩短任务之间的切换时间，提高系统的响应速度和 CPU 的利用率，且实时性好；但在系统比较大时体积也比较大，与嵌入式系统容量小、资源有限的特点不符。而另外一种内核体系结构 Microkernel，在内核中只包括了一些基本的内核功能，如创建和删除任务、任务调度、内存管理和中断处理等部分，而文件系统、网络协议栈等部分都是在用户内存空间运行。这种结构虽然执行效率不如 Monolithic 内核，但大大减小了内核的体积，同时也方便了整个系统的升级、维护和移植，更能满足嵌入式系统的特点需要。为此，要使嵌入式 Linux 的应用更加广泛，若将 Linux 目前的 Monolithic 内核结构中的部分结构改造成 Microkernel 体系结构，可使得到的 Linux 既具有很好的实时性，又能满足嵌入式系统体积小的要求。

另外，Linux 是一个需要占用存储器的操作系统。虽然这可以通过减少一些不必要的功能来弥补，但可能会浪费很多时间，而且容易带来很大的麻烦。许多 Linux 的应用程序都要用到虚拟内存，这在许多嵌入式系统中是没有价值的。所以，并不是一个没有磁盘的 Linux 嵌入式系统就可以运行任何 Linux 应用程序。

3) 完善 Linux 的集成开发环境

提供完整的集成开发环境是每一个嵌入式系统开发人员所期待的。一个完整的嵌入式

系统的集成开发环境一般需要提供的工具是编译/链接器、内核调试/跟踪器和集成图形界面开发平台。其中的集成图形界面开发平台包括编辑器、调试器、软件仿真器和监视器等。在 Linux 系统中，具有功能强大的 gcc 编译器工具链，使用了基于 GNU 的调试器 gdb 的远程调试功能，一般由一台客户机运行调试程序调试宿主机运行的操作系统内核；在使用远程开发时还可以使用交叉平台的方式，如在 Windows 平台下的调试跟踪器对 Linux 的宿主系统做调试。但是，Linux 在基于图形界面的特定系统定制平台的研究上，与 Windows 操作系统相比还存在差距。因此，要使嵌入式 Linux 在嵌入式操作系统领域中的优势更加明显，整体集成开发环境还有待提高和完善。

4. 嵌入式 Linux 的发展及应用前景

综上，由于 Linux 具有对各种设备的广泛支持性，因此能方便地应用于机顶盒、IA 设备、PDA、掌上计算机、WAP 手机、寻呼机、车载盒以及工业控制等智能信息产品中。与 PC 相比，手持设备、IA 设备以及信息家电的市场容量要高得多，而 Linux 嵌入式系统的强大的生命力和利用价值，使越来越多的企业和高校表现出对它极大的研发热情。蓝点软件公司、博利思公司、共创软件联盟、中科红旗等公司都已将嵌入式系统的开发作为自己的主要发展方向之一。

在嵌入式系统的应用中，Linux 嵌入式操作系统所具有的技术优势和独特的开发模式给业界以新异，有理由相信，它能成为 Internet 时代嵌入式操作系统中的最强音。

5.2　Linux 内核结构

Linux 内核是一个庞大而复杂的操作系统的核心，尽管庞大，其采用子系统和分层的概念仍然很好地进行了组织。Linux 是个人计算机和工作站上的 UNIX 类操作系统。但是，它绝不是简化的 UNIX。相反，Linux 是强有力和具有创新意义的 UNIX 类操作系统。它不仅继承了 UNIX 的特征，而且在许多方面超过了 UNIX。作为 UNIX 类操作系统，Linux 内核具有下列基本特征。

(1) Linux 内核的组织形式为整体式结构。

(2) Linux 的进程调度方式简单而有效。

(3) Linux 支持内核线程(守护进程)。

(4) Linux 支持多种平台的虚拟内存管理。

(5) Linux 内核另一个独具特色的部分是虚拟文件系统(VFS)。

(6) Linux 的模块机制使得内核保持独立而又易于扩充。

(7) 增加系统调用以满足特殊的需求。

(8) 网络部分面向对象的设计思想使 Linux 内核支持多种协议、多种网卡驱动程序变得容易。

本节将学习 Linux 内核的总体结构，并学习一些主要的子系统和核心接口。Linux 有两种不同的含义，从严格的技术角度讲，Linux 指的是开放源代码的 UNIX 类操作系统的内核。然而，大多数人用它来表示以 Linux 内核为基础的整个操作系统。从这种意义讲，

Linux 指的是开放源代码的，包含内核、系统工具、完整的开发环境和应用软件的 UNIX 类操作系统。

5.2.1 Linux 内核概述

从UNIX起，内核一般采用C语言编写，使得内核具有良好的扩展性。单一内核(Monolithichernel)是当时操作系统的主流，操作系统中所有功能都被封装在内核中，它们与外部程序处在不同的内存地址空间，并通过各种方式防止外部程序直接访问内核中的数据结构，程序只有通过系统调用来访问内核。近些年来，微内核(Microkernel)技术逐渐引入，并被多数现代操作系统所采用，成为操作系统的主要潮流。1987 年，Andrew Tanenbaum 创建了一个微内核版本的 UNIX，名为 MINIX(代表 Minimal UNIX)，它可以在小型的个人计算机上运行。这个开源操作系统在 20 世纪 90 年代激发了 Linus Torvalds 开发 Linux 的灵感。不同的是，Linux 系统并没有采用微内核结构，而是使用了单一内核结构，这是由于 Linux 是注重效率的操作系统。Linus Tovarlds 以代码执行效率作为操作系统的第一要务，并没有进行系统的结构设计工作。随后，Linux 在短短的十几年中发生了日新月异的变化。

1. Linux 内核特点

1) Linux 内核的重要特点

(1) 可移植性(Portability)，支持硬件平台广泛，在大多数体系结构上都可以运行。

(2) 可量测性(Scalability)，既可以运行在超级计算机上，也可以运行在很小的设备上(4MB RAM 就能满足)。

(3) 标准化和互用性(Interoperability)，遵守标准化和互用性规范。

(4) 完善的网络支持。

(5) 安全性，开放源码使缺陷暴露无遗，它的代码也接受了许多专家的审查。

(6) 稳定性(Stability)和可靠性(Reliability)。

(7) 模块化(Modularity)，运行时可以根据系统的需要加载程序。

(8) 编程容易，可以学习现有的代码，还可以从网络上找到很多有用的资源。

2) Linux 内核支持的处理器体系结构

Linux 内核能够支持的处理器的最小要求：32 位处理器，带或者不带 MMU。需要说明的是，不带 MMU 的处理器过去是 uClinux 支持的。Linux 2.6 内核采纳了 m68k 等不带 MMU 的部分平台，Linux 支持的绝大多数处理器还是带 MMU 的。

Linux 内核既能支持 32 位体系结构，又能支持 64 位体系结构。

每一种体系结构在内核源码树的 arch/目录下都有子目录。各种体系结构的详细内容可以查看源码 Documentation/<arch>/目录下的文档。

3) Linux 内核遵守的软件许可

Linux 内核全部源代码是遵守 GPL 软件许可的免费软件，这就要求在发布 Linux 软件的时候免费开放源码。

对于 Linux 等自由软件，必须对最终用户开放源代码，但是没有义务向其他任何人开放。在商业 Linux 公司中，通常会要求客户签署最终用户的使用许可。

私有的模块是允许使用。只要不被认定为源自 GPL 的代码，就可以按照私有许可使用。但是，私有的驱动程序不能静态链接到内核中去，但可以作为动态加载的模块使用。

4) 开放源码驱动程序的优点

基于庞大的 Linux 社区和内核源码工程，有各种各样的驱动程序和应用程序可以利用，而没有必要从头写程序。

开发者可以免费得到社区的贡献、支持、检查代码和测试。驱动程序可以免费发布给其他人，可以静态编译进内核。

对 Linux 公司来说，用户和社区的正面形象可以使他们更容易聘请到有才能的开发者。以源码形式发布驱动程序，可以不必为每一个内核版本和补丁版本都提供二进制的程序。另外通过分析源代码，可以保证它没有安全隐患。

2. Linux 2.6 内核新特性

Linux 2.6 内核吸收了一些新技术，在性能、可测量性、支持和可用性方面不断提高。这些改进多数是添加支持更多的体系结构、处理器、总线、接口和设备；也有一些是标准化内部接口，简化扩展添加新设备和子系统的支持。

与 Linux 2.4 版本相比，Linux 2.6 版本具有许多新特性，内核也有很大修改。其中一些修改只跟内核或者驱动开发者有关，另外一些修改则会影响到系统启动、系统管理和应用程序开发。Linux 2.6 内核重要的新特性如下。

1) 新的调度器

Linux 2.6 版本的 Linux 内核使用了新的调度器算法，它是由 Ingo Molnar 开发的 O(1) 调度器算法。它在高负载的情况下极其出色，并且对处理器调度有很好的扩展。

Linux 2.4 版本的标准调度器中，使用时间片重算的算法。这种算法要求在所有的进程都用尽时间片以后，重新计算下一次运行的时间片。这样每次任务调度的花销不确定，可能因为计算比较复杂，产生较大调度延迟。特别是多处理器系统，可能由于调度的延迟，导致大部分处理器处于空闲状态，影响系统性能。

Linux 2.6 的调度器采用 O(1)的调度算法，通过优先级数组的数据结构来实现。优先级数组可以使每个优先级都有相应的任务队列，还有一个优先级位图。每个优先级对应位图中的一位，通过位图可快速执行最高优先级任务。因优先级个数是固定的，所以查找的时间也固定，不受运行任务数的影响。新的调度器为每个处理器维护 2 个优先级数组：有效数组和过期数组。有效数组内任务队列的进程都还有可以运行的时间片；过期数组内任务队列的进程都没有时间片可以执行。当一个进程的时间片用光时，就把它从有效数组移到过期数组，并且时间片也已经重新计算好了。当需要重新调度这些任务的时候，只要在有效数组和过期数组之间切换就好了。这种交换是 O(1)算法的核心。它根本不需要从头到尾重新计算所有任务的时间片，调度器的效率更高。

O(1)调度器具有以下优点。

(1) SMP 效率高。如果有工作需要完成，那么所有处理器都会工作。

(2) 没有进程需要长时间地等待处理器；也没有进程会无端地占用大量的 CPU 时间。

(3) SMP 进程只映射到一个 CPU 而且不会在 CPU 之间跳跃。

(4) 不重要的任务可以设置低优先级，重要的任务可以设置高优先级。

(5) 负载平衡功能。调度器会降低那些超出处理器负载能力的进程的优先级。

(6) 交互性能提高。即使在高负载的情况下，也不会发生长时间不响应鼠标单击或键盘输入的情况。

2) 内核抢占

Linux 2.6 采纳了内核抢占的补丁，大大减小了用户交互、多媒体等应用程序的调度延迟。这一特性对实时系统和嵌入式系统来说特别有用。这项工作是由 Robert Love 完成的。

在 Linux 2.4 以前的内核版本中，内核空间运行的任务(包括通过系统调用进入内核空间的用户任务)不允许被抢占。一个内核任务可以被抢占，为的是让重要的用户应用程序可以继续运行。这样做可以极大增强系统的用户交互性，鼠标单击和击键的事件得到了更快速的响应。

当然，不是所有的内核代码段都可以被抢占。可以锁定内核代码的关键部分，不允许抢占。这样可以确保每个 CPU 的数据结构和状态始终受到保护。

3) 新的线程模型

Linux 2.6 内核重写了线程框架。它是由 Ingo Molnar 完成的。它基于一个 1∶1 的线程模型，能够支持 NPTL(Native Posix Threading Library)线程库。NPTL 是一个改进的 Linux 线程库，它是由 Molnar 和 Ulrich Drepper 合作开发的。

对于 Linux 2.4 内核的 Linux 线程库，存在一些不足。例如：总是需要一个线程管理，来负责创建和删除子线程，负责接受和分布信号等。如果系统中使用大量的线程，这种 Linux 线程库就存在严重的效率问题。

NPTL 线程库解决了传统的 Linux 线程库存在的问题，对系统有很大的性能提升。实际上，RedHat 已经将它向后移植到了 Linux 2.4 内核，从 RedHat 9.0 版本就开始包含对它的支持。新的线程框架的改进包含 Linux 线程空间中的许多新的概念，包括线程组、线程各自的本地存储区、POSIX 风格的信号以及其他改进。

4) 文件系统

相对于 Linux 2.4，Linux 2.6 对文件系统的支持在很多方面都有大的改进。关键的变化包括对扩展属性(Extended Attributes)以及 POSIX 标准的访问控制(Access Controls)的支持。

EXT2/EXT3 文件系统作为多数 Linux 系统缺省安装的文件系统，是在 Linux 2.6 中改进最大的一个。最主要的变化是对扩展属性的支持，也即给指定的文件在文件系统中嵌入一些元数据(metadata)。新的扩展属性子系统的第一个用途就是实现 POSIX 访问控制链表。POSIX 访问控制是标准 UNIX 权限控制的超集，支持更细粒度的访问控制。EXT3 还有其他一些细微变化。

Linux 对文件系统层还进行了大量的改进以使其兼容于其他操作系统。Linux 2.6 对 NTFS 文件系统的支持也进行了重写；同时也支持 IBM 的 JFS(Journaling File System)和 SGI 的 XFS。此外，Linux 文件系统中还有很多零散的变化。

5) 声音

Linux 2.6 内核还添加了新的声音系统：ALSA(Advanced Linux Sound Architecture)。老的声音系统 OSS(Open Sound System)存在一些系统结构的缺陷。新的声音体系结构支持 USB 音频和 MIDI 设备，全双工重放等。

6) 总线

Linux 2.6 的 IDE/ATA、SCSI 等存储总线也都被更新。最主要的是重写了 IDE 子系统，解决了许多可扩展性问题以及其他限制。其次是可以像微软的 Windows 操作系统那样检测介质的变动，以更好地兼容那些并不完全遵照标准规范的设备。

Linux 2.6 还大大提升了对 PCI 总线的支持，增强或者扩展了 USB、蓝牙(Bluetooth)、红外(IrDA)等外围设备总线。所有的总线设备类型(硬件、无线和存储)都集成到了 Linux 新的设备模型子系统中。

7) 电源管理

Linux 2.6 支持高级电源配置管理界面(ACPI，Advanced Configuration and Power Interface)，最早的 Linux 2.4 中有些支持。ACPI 不同于 APM(高级电源管理)，拥有这种接口的系统在改变电源状态时需要分别通知每一个兼容的设备。新的内核系统允许子系统跟踪需要进行电源状态转换的设备。

8) 网络

Linux 是一种网络性能优越的操作系统，已经可以支持世界上大多数主流网络协议，包括 TCP/IP(IPv4/IPv6)、AppleTalk、IPX 等。

在网络硬件驱动方面，利用了 Linux 的设备模型底层的改进和许多设备驱动程序的升级。例如，Linux 2.6 提供一个独立的 MII(媒体独立接口或是 IEEE802.3u)子系统，它被许多网络设备驱动程序使用。新的子系统替换了原先系统中各自运行的多个实例，消除了原先系统中多个驱动程序使用重复代码、采用类似的方法处理设备的 MII 支持的情况。

在网络安全方面，Linux 2.6 的一个重要改进是提供了对 IPsec 协议的支持。IPsec 是在网络协议层为 IPv4 和 IPv6 提供加密支持的一组协议。由于安全是在协议层提供的，对应用层是透明的。它与 SSL 协议及其他 Tunneling/Security 协议很相似，但是位于一个低很多的层面上。当前内核支持的加密算法包括 SHA(安全散列算法)、DES(数据加密标准)等。

在协议方面，Linux 2.6 还加强了对多播网络的支持。网络多播使得有一点发出的数据包可以被多台计算机接收(传统的点对点网络每次只能有两方通信)。

Linux 2.6 还有其他一些改进。例如 IPv6 已经成熟；VLAN 的支持也已经成熟等。

9) 用户界面层

Linux 2.6 中一个主要的内部改动是人机接口层的大量重写。人机接口层是一个 Linux 系统中用户体验的中心，包括视频输出、鼠标、键盘等。内核的新版本中，这一层的重写以及模块化工作超出了以前的任何一个版本。

Linux 2.6 对显示器输出处理的支持也有不少改进，但大部分只能在配置使用内核内部的帧缓冲控制台子系统时才有用。

人机界面层还加入了对近乎所有可接入设备的支持，从触摸屏到盲人用的设备到各种各样的鼠标。

10) 统一的设备模型

Linux 2.6 内核最值得关注的变化是创建了一个统一的设备模型。这个设备模型通过维持大量的数据结构囊括了几乎所有的设备结构和系统。这样做的好处是可以改进设备的电源管理和简化设备相关的任务管理。

这种设备模型可以跟踪获取以下信息。

(1) 系统中存在的设备及其所连接的总线。

(2) 特定情形下设备的电源状态。

(3) 系统清楚设备的驱动程序，并清楚哪些设备受其控制。

(4) 系统的总线结构，哪个设备连接在哪个总线上，以及哪些总线互联(例如，USB 和 PCI 总线的互联)。

(5) 设备在系统中的类别描述(类别包括磁盘、分区等)。

Linux 2.6 内核引入了 sysfs 文件系统，提供了系统的设备模型的用户空间描述。通常 sysfs 文件系统挂接在/sys 目录下。

3. Linux 内核的组成

现在使用图 5.5 所示的 Linux 内核结构的体系透视图中的分类来说明 Linux 内核的主要组件。Linux 内核主要由 5 个子系统组成：进程调度、内存管理、虚拟文件系统、网络接口、进程间通信。

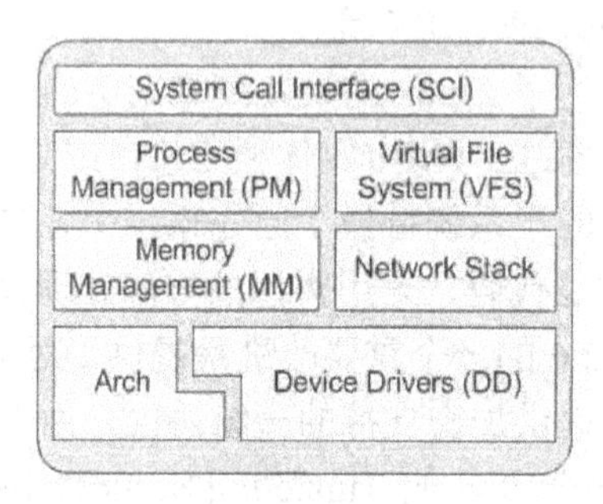

图 5.5　Linux 内核结构的体系透视图

这 5 部分之间是相互依赖的关系，如图 5.6 所示，其中箭头表示依赖关系。

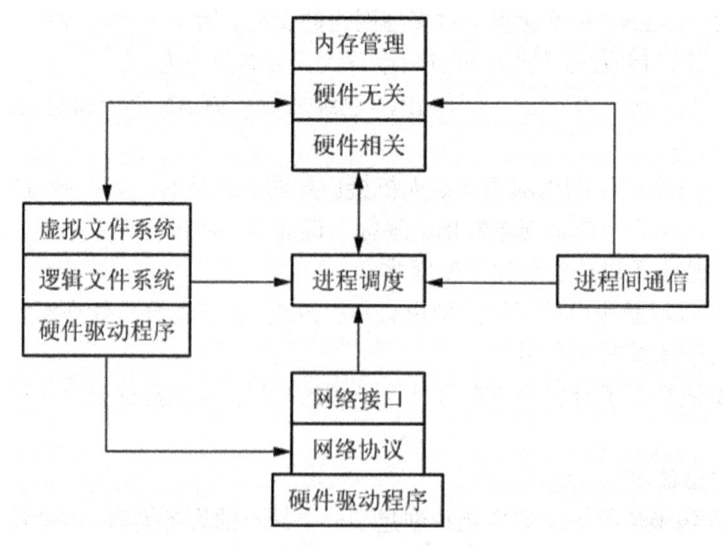

图 5.6　Linux 内核的组成

进程调度程序(SCHED)负责控制进程访问 CPU。保证进程能够公平地访问 CPU，同时保证内核可以准时执行一些必需的硬件操作。

(1) 内核管理程序(MM)使多个进程可以安全地共享机器的主存系统，并支持虚拟内存。

(2) 虚拟文件系统(VFS)。通过提供一个所有设备的公共文件接口，VFS 抽象了不同硬件设备的细节。此外，VFS 支持与其他操作系统兼容的不同的文件系统格式。

(3) 网络接口(NET)提供对许多建网标准和网络硬件的访问。

(4) 进程间通信(IPC)子系统为进程与进程之间的通信提供了一些机制。

这些子系统虽然实现的功能相对独立，但存在着较强的依赖性(调用依赖模块中相应的函数)，所以说 Linux 内核是单块结构(Monolithic)的，而 Windows 体系结构是微内核(Microkernel)的。同时，这些子系统之间是相辅相成的依赖关系。

进程调度与内存管理之间的关系：这两个子系统互相依赖。在多道程序环境下，程序要运行必须为之创建进程，而创建进程的第一件事情，就是将程序和数据装入内存。

进程间通信与内存管理的关系：进程间通信子系统要依赖内存管理支持共享内存通信机制，这种机制允许两个进程除了拥有自己的私有空间外，还可以存取共同的内存区域。

虚拟文件系统与网络接口之间的关系：虚拟文件系统利用网络接口支持网络文件系统(NFS)，也利用内存管理支持 RAMDISK 设备。

内存管理与虚拟文件系统之间的关系：内存管理利用虚拟文件系统支持交换，交换进程(Swapd)定期由调度程序调度，这也是内存管理依赖于进程调度的唯一原因。当一个进程存取的内存映射被换出时，内存管理向文件系统发出请求，同时挂起当前正在运行的进程。

5.2.2　存储与进程管理

1. 存储管理

存储管理是 Linux 中负责管理内存的模块。内存管理的任务是屏蔽各种硬件的内存结构并向上层返回统一的访问界面。Linux 支持各种各样的硬件体系结构，对每种硬件结构，其内存的组织形式不尽相同，并解决了多进程状态下内存不足的问题，做到按需调页。

Linux 采用页式存储管理机制，每个页面的大小随处理机芯片而异。例如，Intel 386 处理机页面大小可为 4KB 和 2MB，而 Alpha 处理机页面大小可为 8KB、16KB、32KB 和 64KB。Linux 的内存管理支持虚拟内存，即在计算机中运行的程序，其代码、数据和堆栈的总量可以超过实际内存的大小，操作系统只是把当前使用的程序块保留在内存中，其余的程序块则保留在磁盘中，必要时操作系统负责在磁盘和内存间交换程序块。内存管理从逻辑上分为硬件无关部分和硬件相关部分：硬件无关部分提供了进程的映射和逻辑内存的对换；硬件相关部分为内存管理硬件提供了虚拟接口。

在 Linux 中，为了建立虚拟空间和物理空间之间的映射，每个进程保留一张页表，用于将本进程空间中的虚拟地址变换成物理地址。页表还对物理页的访问权限做出规定，定义了哪些页可读/写，哪些页只读。在进行虚实变换时，Linux 将根据页表中规定的访问权限来判定进程对物理地址的访问是否合法，从而达到存储保护的目的。

尽管 Linux 对物理存储器资源的使用十分谨慎，但还是经常出现物理存储器资源短缺

的情况。Linux 中的 kswapd 进程专门负责页面的换出，当系统中的空闲页面小于一定的数目时，kswapd 将按照一定的淘汰算法选出某些页面，或直接丢弃(页面未进行修改)，或将其写回硬盘(页面已被修改)。

2. 进程调度

进程调度控制进程对 CPU 的访问。当需要选择下一个进程运行时，由调度程序选择最值得运行的进程。可运行进程实际上是仅等待 CPU 资源的进程，如果某个进程在等待其他资源，则该进程是不可运行进程。Linux 使用了比较简单的、基于优先级的进程调度算法选择可运行进程。

进程调度器处于 Linux 内核的中心位置，所有其他的子系统都依赖于它，因为每个子系统都需要挂起或恢复进程。一般情况下，当一个进程等待硬件操作完成时，它被挂起；当操作真正完成时，进程被恢复执行。例如，当一个进程通过网络发送一条消息时，网络接口需要挂起发送进程，直到硬件成功地完成消息的发送；当消息被成功地发送出去以后，网络接口给进程返回一个代码，表示操作的成功或失败。其他子系统以相似的理由依赖于进程调度。

调度程序运行时，要在所有可运行状态的进程中选择最值得运行的进程投入运行。选择进程的依据在每个进程的 task_struct 结构中有以下 4 项：policy、priority、rt_priority 和 counter，其中，policy 是进程的调度策略。系统中存在两类 Linux 进程：普通进程与实时进程。实时进程的优先级高于其他进程，如果一个实时进程处于可执行状态，它将先得到执行。实时进程有两种策略：时间片轮转(RP)和先进先出(FIFO)。在时间片轮转策略中，每个可执行实时进程轮流执行一个时间片；而在先进先出的策略中，每个可执行进程按各自的运行队列听顺序报告，并且顺序不能变化。priority 是调度管理器分配给进程(包括实时和普通)的优先级，同时也是进程允许运行的时间(jiffies)。系统调用 renice 可以改变进程的优先级。rt_priority 用于实时进程间的选择，是实时进程特有的。Linux 支持实时进程，且它们的优先级是高于非实时进程。调度器使用这个域给每个实时进程一个相对优先级，同样可以通过系统调用来改变实时进程的优先级。counter 是进程剩余的时间片，保存在 jiffies 中。它的起始值是 priority 的值，随时间变化递减。由于 counter 在后面计算一个处于可运行状态的进程要运行的程序 goodness 时起重要作用，因此 counter 也可以看成是进程的动态优先级。

Linux 用函数 goodness( )来衡量一个处于可运行状态的进程值要运行的程序。该函数综合了以上提到的 4 项，还结合了一些其他因素，给每个处于可运行状态的进程赋予一个权值(Weight)，调度程序以该权值作为选择进程的唯一依据。

首先，Linux 根据 policy 从整体上区分实时进程和普通进程，因为实时进程和普通进程调度不同，实时进程应该先于普通进程而运行。对于同一类型的不同进程，采用不同的标准来选择进程：对于普通进程，Linux 采用运态优先调度，选择进程的依据是进程 counter 的大小。

核心在以下时机调用调度管理器：例如，当前进程被放入等待队列时、系统调用结束时以及从系统模式返回用户模式时。

5.2.3　内核源代码目录结构

在阅读源码之前，还应知道 Linux 内核源码的整体分布情况。一般 Linux 内核源代码位于系统的/usr/src/linux 目录下。Linux 内核非常庞大，结构复杂。据统计，Linux 内核接近 1 万个文件，4 百万行代码。因此对代码的结构进行分析可以帮助读者更好地阅读和理解内核代码。现代的操作系统一般由进程管理、内存管理、文件系统、驱动程序和网络等组成。Linux 内核源码的各个目录大致与此相对应，其组成如图 5.7 所示。

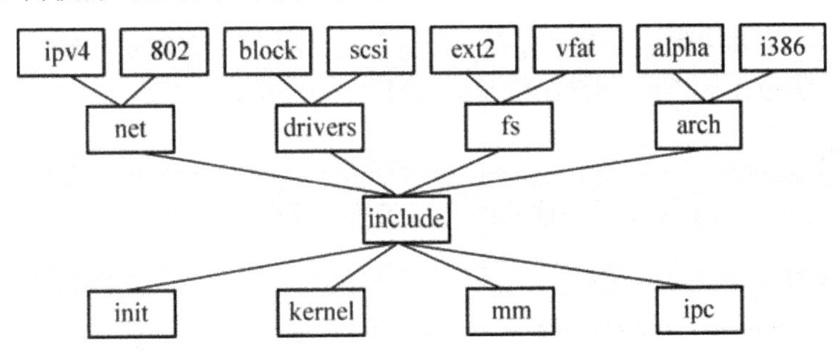

图 5.7　Linux 内核代码分布框图

1. Arch 目录

Linux 系统的内核中将源程序代码分为与体系结构相关部分和体系结构无关部分，这样方便支持多平台的硬件。Arch 目录包含了体系结构相关部分的内核代码，它下面的每一个子目录都代表一种 Linux 支持的体系结构，例如，I386 就是 Intel CPU 及与之相兼容体系结构的子目录。PC 机一般都基于此目录。Arch 目录在系统移植过程中是需要重点修改的部分。对于任何平台，都包含下列目录。

(1) boot：包含内核启动时所用到的和特定硬件平台有关的代码。

(2) kernel：包含和体系结构特有的特征相关的内核代码。

(3) lib：存放和体系结构相关的库文件代码，如 strlen 和 memcpy。

(4) mm：存放体系结构特有的内存管理程序代码。

(5) math-emu：模拟 FPU 的代码，对于 ARM 处理器，此目录由 math-xxx 代替。

2. Include 目录

Include 目录包括编译核心所需要的大部分头文件，例如，与平台无关的头文件在 Include/linux 子目录下。不同的平台需要的头文件是不同的，因此该目录和 Arch 目录一样，按平台划分了多个子目录，例如，次目录中的 Asm 子目录是对应某种处理器的符号连接，如 Include/asm-i386、include/asm-arm 目录等。

3. Init 目录

Init 目录包含核心的初始化代码(不是系统的引导代码)，有 main.c 和 Version.c 两个文件。研究该目录是研究核心如何工作的起点。

4. Mm 目录

Mm 目录包含了所有的内存管理代码。与具体硬件体系结构相关的内存管理代码位于 Arch/Mm 目录下，如对应于 X86 的就是 Arch/i386/mm/fault.c。

5. Drivers 目录

Drivers 目录中是系统中所有的设备驱动程序。它可进一步划分成几类设备驱动，每一种都有对应的子目录，如声卡的驱动对应于 Drivers/sound。该目录占用了整个内核发行版本代码的一半以上，其中有些驱动程序是与硬件平台相关的，有些是与硬件平台无关，例如，字符设备、块设备、串口、USB 以及 LCD 显示驱动等。

6. Ipc 目录

Ipc 目录包含了 Linux 操作系统核心的进程间通信代码。

7. Kernel 目录

Kernel 内核管理的核心代码放在这里。这部分内容包括进程调度(kernel/sched.c)及创建和撤销进程的代码(kernel/fork.c 和 kernel/exit.c)。同时与处理器结构相关的代码都放在 Arch/kernel 目录下，其中*为特定的处理器体系结构名称。

8. Fs 目录

Fs 目录下列出了 Linux 支持的所有文件系统。目前 Linux 已经支持包括 JFFS2、YAFFS、ext3 和 NFS 在内的多种文件系统。其中 JFFS2 用于嵌入式系统 NOR Flash 中的文件系统；YAFFS 常用于 NAND Flash 中的文件系统；ext3 常用于台式 PC 机的 Linux 操作系统中的文件系统。还有一些伪文件系统，如 proc 文件系统，可以以伪文件的形式提供其他信息(例如，在 proc 的情况下提供内核的内部变量和数据结构)。虽然在底层并没有实际的存储设备与这些文件系统相对应，但是进程可以像有实际存储设备一样处理。

9. Net 目录

Net 目录是核心的网络部分代码，其每个子目录对应于网络的一个方面，也包括 Linux 应用的网络协议代码，如 TCP/IP、IPX 等。

10. Lib 目录

Lib 目录包含了核心的库代码，不过与处理器结构相关的库代码被放在 Arch/lib/目录下。Lib/inflate.c 中的函数能够在系统启动时展开经过压缩的内核。Lib 目录下剩余的其他文件实现一个标准 C 库的有用子集，主要集中在字符串和内存操作的函数(strlen、memcpy 和其他类似的函数)及有关 Sprintf 和 Atoi 的系列函数上。

11. Scripts 目录

Scripts 目录下没有代码，它包含用于配置核心的脚本文件。当运行 make menuconfig 或 makexconfig 之类的命令配置内核时，用户就是和位于这个目录下的脚本进行交互的。

12. Documentation 目录

Documentation 目录下是一些非常有用的文档，是对每个目录作用的具体说明，起参考作用，非常详细。

一般在每个目录下都有一个 .depend 文件和一个 Makefile 文件。这两个文件都是编译时使用的辅助文件。仔细阅读这两个文件对弄清各个文件之间的联系和依托关系很有帮助。另外有的目录下还有 readme 文件，它是对该目录下文件的一些说明，同样有利于对内核源码的理解。

5.3　Linux 存储管理

5.3.1　进程虚存空间的管理

Linux 操作系统采用了请求式分页存储管理方法。系统为每个进程提供了 4GB 的虚拟内存空间。各个进程的虚拟内存彼此独立。

进程运行时能访问的存储空间只是它的虚拟内存空间。对当前该进程而言只有属于它的虚拟内存是可见的。进程的虚拟内存不仅包含着进程本身的程序代码和数据，还包含着操作系统内核。进程在运行中还必须得到操作系统的支持。Linux 把进程的虚拟内存分成两部分，内核区和用户区。操作系统内核的代码和数据等被映射到内核区。进程的可执行映像(代码和数据)映射到虚拟内存的用户区。进程虚拟内存的内核区的访问权限设置为 0 级，用户区为 3 级。内核访问虚存的权限为 0 级，而进程的访问权限为 3 级。

Linux 的存储管理主要是管理进程虚拟内存的用户区。进程虚拟内存的用户区分成代码段、数据段、堆栈以及进程运行的环境变量、参数传递区域等。每一个进程用一个 mm_struct 结构体来定义它的虚存用户区。mm_struct 结构体首地址在任务结构体 task-struct 成员项 mm 中：structmm-struct *mm，代码如下。

```
mm_struct 结构定义在/include/linux/schedul.h 中。
struct mm_struct
{
int count;
pgd_t * pgd;
unsigned long context;
unsigned long start_code, end_code, start_data, end_data;
unsigned long start_brk, brk, start_stack, start_mmap;
unsigned long arg_start, arg_end, env_start, env_end;
unsigned long rss, total_vm, locked_vm;
unsigned long def_flags;
struct vm_area_struct * mmap;
struct vm_area_struct * mmap_avl;
struct semaphore mmap_sem;
};
```

一个虚存区域是虚存空间中一个连续的区域，在这个区域中的信息具有相同的操作和访问特性。每个虚拟区域用一个 vm_area_struct 结构体进行描述。它定义在/Include/Linux/mm.h 中，代码如下。

```
struct vm_area_struct
{
struct mm_struct * vm_mm;
unsigned long vm_start;
unsigned long vm_end;
pgprot_t vm_page_prot;
unsigned short vm_flags;
short vm_avl_height;
struct vm_area_struct * vm_avl_left;
struct vm_area_struct * vm_avl_right;
struct vm_area_struct * vm_next;
struct vm_area_struct * vm_next_share;
struct vm_area_struct * vm_prev_share;
struct vm_operations_struct * vm_ops;
unsigned long vm_offset;
struct inode * vm_inode;
unsigned long vm_pte;
};
```

5.3.2 虚存空间的映射和虚存区域的建立

1. 虚拟空间的地址映射

在多进程操作系统中，同时运行多个用户的程序，系统分配给用户的物理地址空间放不下代码和数据等。为了解决这个矛盾，出现了虚拟存储技术。在虚拟存储技术中，用户的代码和数据(可执行映像)等并不是完整地装入物理内存，而是全部映射到虚拟内存空间。在进程需要访问内存时，在虚拟内存中“找到”要访问的程序代码和数据等，系统再把虚拟空间的地址转换成物理内存的物理地址。

2. 虚存区域的建立

Linux 使用 do_mmap( )函数完成可执行映像向虚存区域的映射，由它建立有关的虚存区域。do_mmap( )函数定义在/mm/mmap.c 文件中，代码如下。

```
unsigned long do_mmap(struct file * file, unsigned long addr,
unsigned long len,unsigned long prot,
unsigned long flags, unsigned long off)
```

5.3.3 Linux 的分页式存储管理

1. Linux 的 3 级分页结构

页表是从线性地址向物理地址转换中不可缺少的数据结构，而且它使用的频率较高。页表必须存放在物理存储器中。虚存空间有 4GB，按 4KB 页面划分页表可以有 1M 页。

若采用一级页表机制，页表有 1M 个表项，每个表项 4 字节，这个页面就要占用 4MB 的内存空间。由于系统中每个进程都有自己的页表，如果每个页表占用 4MB，对于多个进程而言就要占去大量的物理内存，这是不现实的。在目前用户的进程不可能需要使用 4GB 这么庞大的虚存空间，若使用 1M 个表项的一级页表，势必造成物理内存极大的浪费。为此，Linux 采用了三级页表结构，以利于节省物理内存。三级分页管理把虚拟地址分成 4 个位段：页目录、页中间目录、页表、页内编址。系统设置三级页表系列分为页目录 PGD(PaGe Directory)、页中间目录 PMD(Page Middle Directory)、页表 PTE(Page TablE)。

三级分页结构是 Linux 提供的与硬件无关的分页管理方式。当 Linux 运行在某种机器上时，需要利用该种机器硬件的存储管理机制来实现分页存储。Linux 内核中对不同的机器配备了不同的分页结构的转换方法。对 x86 提供了把三级分页管理转换成两级分页机制的方法。其中一个重要的方面就是把 PGD 与 PMD 合二为一，使所有关于 PMD 的操作变为对 PGD 的操作。

在/include/asm-i386/pgtable.h 中有如下定义。

```
#define PTRS_PER_PTE 1024
#define PTRS_PER_PMD 1
#define PTRS_PER_PGD 1024
```

2. 地址映射

地址映射就是在几个存储空间(逻辑地址空间、线形地址空间、物理地址空间)或存储设备之间进行的地址转换。

5.3.4　物理内存空间的管理

1. 物理内存的页面管理

Linux 对物理内存空间按照分页方式进行管理，把物理内存划分成大小相同的物理页面。

Linux 设置了一个 mem_map[]数组管理内存页面。mem_map[]在系统初始化时由 free_area_init()函数创建，它存放在物理内存的底部(低地址部分)。mem_map[]数组的元素是一个个的 page 结构体，每一个 page 结构体对应一个物理页面。page 结构进一步被定义为 mem_map_t 类型，其定义在/include/linux/mm.h 中，其代码如下。

```
typedef struct page
{
struct page *next;
struct page *prev;
struct inode *inode;
unsigned long offset;
struct page *next_hash;
atomic_t count;
unsigned flags;
unsigned dirty:16,age:8;
struct wait_queue *wait;
struct buffer_head * buffers;
```

```
unsigned long swap_unlock_entry;
unsigned long map_nr;
} mem_map_t;
```

2. 空闲页面的管理——Buddy 算法

Linux 对内存空闲空间的管理采用 Buddy 算法，Buddy 是“伙伴”、“搭档”的意思。Buddy 算法是把内存中的所有页面按照 2n 划分，其中 n=0～5，对一个内存空间按 1 个页面、2 个页面、4 个页面、8 个页面、16 个页面、32 个页面进行 6 次划分。划分后形成了大小不等的存储块，称为页面块，简称页块。包含 1 个页面的页块称为 1 页块，包含 2 个页面的称为 2 页块，依此类推，Linux 把物理内存划分成了 1、2、4、8、16、32 共 6 种页块。对于每种页面块按前后顺序两两结合成一对 Buddy。按照 1 页面划分后，0 和 1 页、2 和 3 页…是 1 页块 Buddy。按照 2 页面划分，0～1 和 2～3、4～5 和 6～7…是 2 页块 Buddy，依此类推。

Linux 把空闲的页面按照页块大小分组进行管理，数组 free_area[]来管理各个空闲页块组。在/mm/page_alloc.c 中定义如下。

```
#define NR_MEM_LISTS 6
static struct free_area_struct free_area[NR_MEM_LISTS];
struct free_area_struct
{
struct page *next;
struct page *prev;
unsigned int * map;
};
```

5.3.5 内存的分配与释放

Linux 中用于内存分配和释放的函数主要是 kmalloc()和 kfree()，它们用于分配和释放连续的内存空间。

1. 内存分配与释放的数据结构

1) blocksize 表

kmalloc()和 kfree()分配和释放内存是以块(block)为单位进行的。可以分配的空闲块的大小记录在 blocksize 表中，它是一个静态数组，定义在/mm/kmalloc.c 中，代码如下。

```
#if PAGE_SIZE == 4096
static const unsigned int blocksize[] =
{
32,64,128,252,508,1020,2040,
4096-16,8192-16,16384-16,
32768-16,65536-16,131072-16,
0
};
```

在使用 kmalloc()分配空闲块时仍以 Buddy 算法为基础，即以 free_area[]管理的空闲页面块作为分配对象但重新制定了分配的单位，blocksize[]数组中的块长度，它可以分配比 1 个页面更小的内存空间。blocksize[]中的前 7 个是在 1 个空闲页面内进行分配，其后的 6 个分别对应 free_area[]的 1～32 个空闲页面块。当申请分配的空间小于或等于 1 个页面时，从 free_area[]管理的 1 页面块中查找空闲页面进行分配。若申请的空间大于 1 个页面时，按照 blocksize[]后 6 个块单位进行申请，从 free_area[]中与该块长度对应的空闲页块组中查找空闲页面块。

2) page_descriptor

对 kmalloc()分配的内存页面块中加上一个信息头，它处于该页面块的前部。页面块中信息头后的空间是可以分配的内存空间。加在页面块前部的信息头称为页描述符，定义在/mm/kmalloc.c 中，代码如下。

```
struct page_descriptor
{
struct page_descriptor *next;           // 指向下一个页面块的指针
struct block_header *firstfree;         // 本页中空闲块链表的头
int order;                              // 本页中块长度的级别
int nfree;                              // 本页中空闲的数目
};
```

具有相同块单位和使用特性的页面块组成若干个链表。

3) sizes 表

Linux 设置了 sizes[]数组，对页面块进行描述。数组元素是 size_descriptor 结构体，定义在/mm/kmalloc.c 中，代码如下。

```
struct size_descriptor
{
struct page_descriptor *firstfree;      // 一般页块链表的头指针
struct page_descriptor *dmafree;        // DMA 页块链表的头指针
int nblocks;                            // 页块中划分的块数目
int nmallocs;                           // 链表中各页块中已分配的块总数
int nfrees;                             // 链表中各页块中尚空闲的块总数
int nbytesmalloced;                     // 链表中各页块中已分配的字节总数
int npages;                             // 链表中页块数目
unsigned long gfporder;                 // 页块的页面数目
};
static struct size_descriptor sizes[] =
{
{NULL, NULL, 127, 0, 0, 0, 0, 0}, {NULL, NULL, 63, 0, 0, 0, 0, 0},
{NULL, NULL, 31, 0, 0, 0, 0, 0}, {NULL, NULL, 16, 0, 0, 0, 0, 0},
{NULL, NULL, 8, 0, 0, 0, 0, 0}, {NULL, NULL, 4, 0, 0, 0, 0, 0},
{NULL, NULL, 2, 0, 0, 0, 0, 0}, {NULL, NULL, 1, 0, 0, 0, 0, 0},
{NULL, NULL, 1, 0, 0, 0, 0, 1}, {NULL, NULL, 1, 0, 0, 0, 0, 2},
{NULL, NULL, 1, 0, 0, 0, 0, 3}, {NULL, NULL, 1, 0, 0, 0, 0, 4},
{NULL, NULL, 1, 0, 0, 0, 0, 5}, {NULL, NULL, 0, 0, 0, 0, 0, 0}
};
```

blocksize[]与 sizes[]元素数目相同，它们一一对应。由 kmalloc()分配的每种块长度的页面块链接成两个链表，一个是DMA可以访问的页面块链表，dmafree 指向这个链表；一个是一般的链表，firstfree 指向这个链表。成员项 gfporder 是 0～5，它作为 2 的幂数表示所含的页面数。

4) block_header

由 sizes[]管理的各个页面块中每个块(空闲块和占用块)的头部还有一个对该块进行描述的块头 block_header，代码如下。

```
struct block_header
{
unsigned long bh_flags;                    // 块的分配标志
union {
unsigned long ubh_length;                  // 块长度
struct block_header *fbh_next;             //指向下一空闲块的指针
} vp;
};
```

bh_flages 是块的标志，有 3 种。

(1) MF_FREE 指明该块是空闲块。

(2) MF_USED 表示该块已占用。

(3) MF_DMA 表示该块是 DMA，可访问。

ubh_length 和 fbh_next 是联合体成员项，用法如下。

(1) 当块占用时使用 ubh_length 表示该块的长度。

(2) 当块空闲时使用 fbh_next 链接下一个空闲块。

在一个页块中的空闲块组成一个链表，表头由页块的 page_descriptor 中 firstfree 指出。

2. *内存分配函数* kmalloc( )

内存分配函数定义如下。

```
void *kmalloc(size_t size, int priority)。
```

参数 size 是申请分配内存的大小，priority 是申请优先级。

priority 常用的值为 GFP_KERNEL 和 GFP_ATOMIC。内存不够时，GFP_KERNEL 表示当前申请进程暂时被挂起而等待换页；GPF_ATOMIC 表示该函数不允许推迟，而立即返回 0 值。

priority 还可取值 GPF_DMA，表示申请的内存用于 DMA 传送。

kfree()用于释放由 kmalloc()分配的内存空间。定义为 void kfree(void *__ptr)，其中 ptr 表示 kmalloc()分配的内存空间的首地址。

当 kmalloc 管理的一个页面块中的占用块全部被释放后，它就成为一个空闲页面块。系统把这个空闲页面块从 sizes[]管理的相应链表中删除，把它交给 free_area[]数组按照 Buddy 算法管理。kmalloc()和 kfree()还共同维护一个 kmalloc 缓冲区，由 kmalloc_cache 的数组进行管理，定义如下。

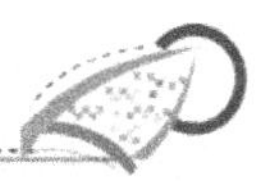

```
#define MAX_CACHE_ORDER 3
struct page_descriptor * kmalloc_cache[MAX_CACHE_ORDER];
```

kmalloc_cache[]有 3 个元素，分别指向一个空闲的 1、2、4 页面块。由 sizes[]管理的内存中有 1 页块、2 页块或 4 页块被释放时，它们不立即交还 free_area[]管理，先交给 kmalloc_cache[]管理。sizes[]中有新的 1 页块、2 页块或 4 页块被释放时，把 kmalloc_cache[]当前指向的空闲页块交给 free_area[]管理，然后指向新释放的空闲页块。

3. 虚拟内存的申请和释放

在申请和释放较小且连续的内存空间时，使用 kmalloc()和 kfree()在物理内存中进行分配。申请较大的内存空间时，使用 vmalloc()。由 vmalloc()申请的内存空间在虚拟内存中是连续的，它们映射到物理内存时，可以使用不连续的物理页面，而且仅把当前访问的部分放在物理页面中。由 vmalloc()分配的虚存空间称为虚拟内存块(虚存块)，由 vmalloc()分配的虚存块用一个链表来管理，系统定义的指针变量 vmlist 指向链表的表头，在 mm/vmalloc.c 中定义如下。

```
struct vm_struct              // 结构 vm_struct 描述由 vmalloc()分配的虚存块
{
unsigned long flags;          // 虚存块的标志
void * addr;                  // 虚存块起始地址
unsigned long size;           // 虚存块大小
struct vm_struct * next;      // 指向下一个虚存块的指针
};
//vmalloc()和 vfree()定义在 mm/vmalloc.c 中：
void * vmalloc(unsigned long size)
void vfree(void * addr)
```

可以看到 vmalloc()参数 size 指出申请内存的大小。分配成功后返回值为在虚存空间分配的虚存块的首地址，失败返回值为 0。vfree()用来释放由 vmalloc()分配的虚存块，参数 addr 是要释放的虚存块首地址。

5.4　Linux 进程管理

5.4.1　Linux 进程管理介绍

Linux 是一个多用户多任务的操作系统。多用户是指多个用户可以在同一时间使用计算机系统；多任务是指 Linux 可以同时执行几个任务，它可以在还未执行完一个任务时又执行另一项任务。操作系统管理多个用户的请求和多个任务。大多数系统都只有一个 CPU 和一个主存，但一个系统可能有多个二级存储磁盘和多个输入/输出设备。操作系统管理这些资源并在多个用户间共享资源，当提出一个请求时，造成一种好像系统被独自占用的假象，而实际上操作系统监控着一个等待执行的任务队列，这些任务包括用户作业、操作系统任务、邮件和打印作业等。操作系统根据每个任务的优先级为每个任务分配合适的时间片，每个时间片大约都有零点几秒，虽然看起来很短，但实际上已经足够计算机完成成千上万个指令集。每个任务都会被系统运行一段时间，然后挂起，系统转而处理其他任务；过一段时间以后再回来处理这个任务，直到某个任务完成，从任务队列中去除。

5.4.2 进程及作业

Linux 系统上所有运行的东西都可以称为一个进程。每个用户任务、每个系统管理守护进程，都可以称为进程。Linux 用分时管理方法使所有的任务共同分享系统资源。人们所关心的是如何去控制这些进程，让它们能很好地为用户服务。

进程的一个比较正式的定义：在自身的虚拟地址空间运行的一个单独的程序。进程与程序是有区别的：程序只是一个静态的指令集合，不占系统的运行资源；而进程不是程序，尽管它由程序产生。它是一个随时都有可能发生变化的、动态的、使用系统运行资源的程序，而且一个程序可以启动多个进程。

进程和作业的概念也有区别。一个正在执行的进程称为一个作业，而且作业可以包含一个或多个进程，尤其是当使用了管道和重定向命令后。

作业控制指的是控制正在运行的进程的行为。例如，用户可以挂起一个进程，稍后再继续执行该进程，shell 将记录所有启动的进程情况。在每个进程过程中，用户可以任意地挂起或重新启动进程。作业控制是许多 shell(包括 bash 和 tcsh)的一个特性，使用户能在多个独立作业间进行切换。

例如，当用户编辑一个文本文件并需要中止编辑做其他事情时，利用作业控制，用户可以让编辑器暂时挂起，返回 shell 提示符开始做其他的事情。之后，用户可以重新启动挂起的编辑器，返回到刚才中止的地方，就像用户从来没有离开编辑器一样。除此之外，作业控制还有许多其他实际的用途。

5.4.3 启动进程

在 shell 环境下键入需要运行的程序或在图形界面下执行一个程序，其实也就是启动了一个进程。在 Linux 系统中每个进程都具有一个进程号，用于系统识别和调度。启动一个进程有两个主要途径：手工启动和调度启动，后者是事先进行设置的，根据用户要求自行启动。

1. 手工启动

由用户输入命令，直接启动一个进程便是手工启动。手工启动进程又可以分为前台启动和后台启动。

前台启动是手工启动一个进程的最常用的方式。一般用户键入一个命令 ls-l，即已经启动了一个进程，而且是一个前台的进程。这时系统其实已经处于一个多进程状态。或许有些用户会疑惑：只是启动了一个进程而已，但实际上有许多运行在后台的、系统启动时就已经自动启动的进程正在悄悄运行着。还有的用户在键入 ls-l 命令后赶紧使用 ps-x 查看，却没有看到 ls 进程，也觉得很奇怪。其实这是因为 ls 这个进程结束太快，使用 ps 查看时

该进程已经执行结束了。直接从后台手工启动一个进程用得比较少，除非是该进程甚为耗时，且用户也不急着需要结果的时候。假设用户要启动一个需要长时间运行的格式化文字文件的进程。为了不使整个 shell 在格式化过程中都处于“瘫痪”状态，从后台启动这个进程是明智的选择。

2. *调度启动*

有时候需要对系统进行一些比较费时且占用资源的维护工作，这些工作适合在深夜进行。这时用户可以事先进行调度安排，指定任务运行的时间或场合，到时候系统会自动完成这些工作。要使用自动启动进程的功能，就需要掌握以下几个启动命令。

1) at 命令

用户使用 at 命令在指定时刻执行指定的命令序列。也就是说，该命令至少需要指定一个命令、一个执行时间才可以正常运行。at 命令可以只指定时间，也可以时间和日期一起指定。需要注意的是，只指定时间有个系统判别问题。例如，用户现在指定了一个执行时间——凌晨 3:20，而发出 at 命令的时间是前一天晚上的 20:00，那么究竟是在哪一天执行该命令呢？如果用户在凌晨 3:20 以前仍在工作，那么该命令将在这个时候完成；如果用户凌晨 3:20 以前就退出了工作状态，那么该命令将在第二天凌晨才得到执行。下面是 at 命令的语法格式。

```
at [-V] [-q 队列] [-f 文件名] [-mldbv] 时间
at -c 作业 [作业...]
```

at 命令允许使用一套相当复杂的指定时间的方法，它可以接受在当天的 hh：mm(小时：分钟)式的时间指定，如果该时间已经过去，那么就放在第二天执行。当然也可以使用 midnight(深夜)、noon(中午)、teatime(饮茶时间，一般是下午 4 点)等比较模糊的词语来指定时间。用户还可以采用 12 小时计时制，即在时间后面加上 AM(上午)或者 PM(下午)来说明是上午还是下午。也可以指定命令执行的具体日期，指定格式为 month day(月 日)、mm/dd/yy(月/日/年)或者 dd.mm.yy(日.月.年)，指定的日期必须跟在指定时间的后面。

上面介绍的都是绝对计时法，其实还可以使用相对计时法，这对于安排不久就要执行的命令是很有好处的。指定格式为：now + count time-units，其中 now 就是当前时间；time-units 是时间单位，这里可以是 minutes(分钟)、hours(小时)、days(天)、weeks(星期)；count 是时间的数量，究竟是几天，还是几小时。

还有一种计时方法就是直接使用 today(今天)、tomorrow(明天)来指定完成命令的时间。下面通过一些例子来说明具体用法。

例如，指定在今天下午 5：30 执行某命令。假设现在时间是 2011 年 2 月 24 日中午 12：30，其命令格式如下。

```
at 5：30pm
at 17：30
at 17：30 today
at now + 5 hours
at now + 300 minutes
at 17:30 24.2.11
```

```
at 17:30 2/24/11
at 17:30 Feb 24
```

以上这些命令表达的意义是完全一样的，所以在安排时间的时候完全可以根据个人喜好和具体情况自由选择。一般采用绝对时间的 24 小时计时法可以避免由于用户自己的疏忽造成计时错误的情况发生，上例还可以写成如下形式。

```
at 17:30 2/24/11
```

这样非常清楚，而且别人也看得懂。

对于 at 命令来说，需要定时执行的命令是从标准输入或使用-f 选项指定的文件中读取并执行的。如果 at 命令是从一个使用 su 命令切换到用户 shell 中执行的，那么当前用户被认为是执行用户，所有的错误和输出结果都会送给这个用户。但是如果有邮件送出的话，收到邮件的将是原来的用户，也就是登录时 shell 的所有者。

在任何情况下，超级用户都可以使用这个命令。对于其他用户来说，是否可以使用取决于两个文件：/etc/at.allow 和/etc/at.deny。

2) cron 命令

前面介绍的命令会在一定时间内完成一定任务，但是要注意它们都只能执行一次。也就是说，当指定了运行命令后，系统在指定时间完成任务，一切就结束了。但是在很多时候需要不断重复一些命令，例如，某公司每周一自动向员工报告头一周公司的活动情况，这时候就需要使用 cron 命令来完成任务了。实际上，cron 命令是不应该手工启动的。cron 命令在系统启动时就由一个 shell 脚本自动启动，进入后台(所以不需要使用&符号)。一般的用户没有运行该命令的权限，虽然超级用户可以手工启动 cron 命令，不过还是建议将其放到 shell 脚本中由系统自行启动。

首先 cron 命令会搜索/var/spool/cron 目录，寻找以/etc/passwd 文件中的用户名命名的 crontab 文件，被找到的这种文件将载入内存。例如，一个用户名为 foxy 的用户，它所对应的 crontab 文件就应该是/var/spool/cron/foxy，也就是说，以该用户命名的 crontab 文件存放在/var/spool/cron 目录下面。cron 命令还将搜索/etc/crontab 文件，这个文件是用不同的格式写成的。cron 命令启动以后，它将首先检查是否有用户设置了 crontab 文件，如果没有就转入“休眠”状态，释放系统资源，所以该后台进程占用资源极少。它每分钟“醒”过来一次，查看当前是否有需要运行的命令。命令执行结束后，任何输出都将作为邮件发送给 crontab 的所有者，或者是/etc/crontab 文件中 MAILTO 环境变量中指定的用户。上面简单介绍了一些 cron 的工作原理，但是 cron 命令的执行不需要用户干涉；需要用户修改的是 crontab 中要执行的命令序列，所以下面介绍 crontab 命令。

3) crontab 命令

crontab 命令用于安装、删除或者列出用于驱动 cron 后台进程的表格。也就是说，用户把需要执行的命令序列放到 crontab 文件中以获得执行。每个用户都可以有自己的 crontab 文件。下面就来看看如何创建一个 crontab 文件。在/var/spool/cron 下的 crontab 文件不可以直接创建或者直接修改。crontab 文件是通过 crontab 命令得到的。现在假设有个用户名为 foxy，需要创建自己的一个 crontab 文件。首先可以使用任何文本编辑器建立一个新文件，

然后向其中写入需要运行的命令和要定期执行的时间，然后存盘退出。假设该文件为/tmp/test.cron。再后就是使用 crontab 命令来安装这个文件，使之成为该用户的 crontab 文件，键入 crontab test.cron。这样一个 crontab 文件就建立好了。可以转到/var/spool/cron 目录下查看，发现多了一个 foxy 文件，这个文件就是所需的 crontab 文件。

在 crontab 文件中如何输入需要执行的命令和时间。该文件中每行都包括 6 个域，其中前 5 个域是指定命令被执行的时间，最后一个域是要被执行的命令。每个域之间使用空格或者制表符分隔。格式如下：

```
minute hour day-of-month month-of-year day-of-week commands
```

第 1 项是分钟，第 2 项是小时，第 3 项是一个月的第几天，第 4 项是一年的第几个月，第 5 项是一周的星期几，第 6 项是要执行的命令。这些项都不能为空，必须填入。如果用户不需要指定其中的几项，那么可以使用*代替，因为*是统配符，可以代替任何字符，所以就可以认为是任何时间，也就是该项被忽略了。

3. 进程的挂起及恢复

作业控制允许将进程挂起并可以在需要时恢复进程的运行，被挂起的作业恢复后将从中止处开始继续运行。只要按 Ctrl+Z 快捷键，即可挂起当前的前台作业。按 Ctrl+Z 快捷键后，将挂起当前执行的命令 cat。使用 jobs 命令可以显示 shell 的作业清单，包括具体的作业、作业号以及作业当前所处的状态。恢复进程执行时，有两种选择：用 fg 命令将挂起的作业放回到前台执行；用 bg 命令将挂起的作业放到后台执行。灵活使用上述命令，将给用户带来很大的方便。

5.4.4 进程管理

由于 Linux 是个多用户系统，有时候也要了解其他用户现在在干什么；同时 Linux 是一个多进程系统，经常需要对这些进程进行一些调配和管理，而要进行管理，首先就要知道现在的进程情况——究竟有哪些进程？进程情况如何？所以需要查看进程。

1. who 命令

who 命令主要用于查看当前线上的用户情况，这个命令非常有用。如果用户想和其他用户创建即时通信，如使用 talk 命令，那么首先要确定的就是该用户确实上线，不然 talk 进程就无法创建起来。又如，系统管理员希望监视每个登录的用户此时此刻的行为，也要使用 who 命令。who 命令应用起来非常简单，可以比较准确地掌握用户的情况，所以使用非常广泛。

2. w 命令

w 命令也用于显示登录到系统的用户情况，但是与 who 不同的是，w 命令功能更加强大，它不但可以显示有谁登录到系统，还可以显示出这些用户当前正在进行的工作，并且统计资料相对 who 命令来说更加详细和科学。可以认为 w 命令就是 who 命令的一个增强版。w 命令的显示项目按以下顺序排列：当前时间，系统启动到现在的时间，登录用户的

数目，系统在最近1秒、5秒和15秒的平均负载。然后是每个用户的各项资料，项目显示顺序如下：登录账号，终端名称，远程主机名，登录时间，空闲时间，JCPU时间，PCPU时间，当前正在运行进程的命令行。其中JCPU时间指的是和该终端(tty)连接的所有进程占用的时间，这个时间里并不包括过去后台作业的时间，但包括当前正在运行的后台作业所占用的时间。而PCPU时间则是指当前进程(即在What项中显示的进程)所占用的时间。

3. ps命令

ps命令就是最基本的同时也是非常强大的进程查看命令。使用该命令可以确定有哪些进程正在运行以及运行的状态、进程是否结束、进程有没有僵死、哪些进程占用了过多的资源；等等。总之大部分信息都可以通过执行该命令得到。

ps命令最常用的还是用于监控后台进程的工作情况，因为后台进程是不和屏幕键盘这些标准输入/输出设备进行通信的，如果需要检测其情况，可以使用ps命令了。

下面对ps命令选项进行说明。

(1) -e 显示所有进程。

(2) -f 全格式。

(3) -h 不显示标题。

(4) -l 长格式。

(5) -w 宽输出。

(6) a 显示终端上的所有进程，包括其他用户的进程。

(7) r 只显示正在运行的进程。

(8) x 显示没有控制终端的进程。

O[+|-] k1 [, [+|-] k2 [, …]] 根据SHORT KEYS, k1, k2 中快捷键指定的多级排序顺序显示进程列表。对于ps命令的不同格式都存在着默认的顺序指定。这些默认顺序可以被用户的指定所覆盖。其中+字符是可选的，-字符是倒转指定键的方向。最常用的3个参数是u、a、x。

4. top命令

top命令和ps命令的基本作用是相同的，用于显示系统当前的进程和其他状况。但是top是一个动态显示过程，即可以通过用户按键来不断刷新当前状态。如果在前台执行该命令，它将独占前台，直到用户终止该程序为止。准确地说，top命令提供了即时的对系统处理器的状态监视。它将显示系统中CPU最“敏感”的任务列表。该命令可以按CPU使用、内存使用和执行时间对任务进行排序；而且该命令的很多特性都可以通过互动式命令或者在个人定制文件中进行设置。

下面是该命令的语法格式：

```
top [-] [d delay] [q] [c] [s] [S] [i]
```

其中：

(1) d 指定每两次屏幕信息刷新之间的时间间隔。当然用户可以使用s交互命令来改变它。

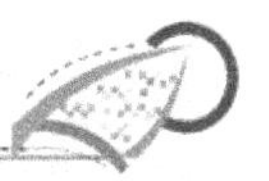

(2) q 该选项将使 top 没有任何延迟地进行刷新。如果调用程序有超级用户许可权，那么 top 命令将以尽可能高的优先顺序运行。

(3) c 显示整个命令行而不只是显示命令名。

(4) s 使 top 命令在安全模式中运行，这将去除交互命令所带来的潜在危险。

(5) S 指定累计模式。

(6) i 使 top 不显示任何闲置或者僵死进程。

top 命令显示的项目很多，默认值是每 5 秒刷新一次，当然这是可以设置的。

5. kill 命令

当需要中断一个前台进程时，通常使用组合键 Ctrl+C，但是要中断一个后台进程恐怕就不是一个组合键所能解决的了，这时就必须求助于 kill 命令，该命令可以终止后台进程。终止后台进程的原因很多，或许是该进程占用的 CPU 时间过多，或许是该进程已经挂死，总之，这种情况是经常发生的。kill 命令是通过向进程发送指定的信号来结束进程的，如果没有指定发送信号，那么默认值为 TERM 信号，它将终止所有不能捕获该信号的进程，至于那些可以捕获该信号的进程可能就需要使用 kill(9)信号了，该信号是不能被捕捉的。

```
kill 命令的语法格式很简单，大致有以下两种方式。
kill [-s 信号 | -p ] [ -a ] 进程号 ...
kill -l [信号]
```

其中：

(1) -s 指定需要送出的信号，既可以是信号名也可以是对应数位。

(2) -p 指定 kill 命令只是显示进程的 pid，并不真正送出结束信号。

在本实验平台的主板上设计了两路外部按键，当键被按下时，会产生按键中断信号。按键产生的中断信号经过 CPLD 逻辑处理后连接到 CPU 的中断引脚。

6. nohup 命令

理论上，一般退出 Linux 系统时会把所有的程序全部结束，包括那些后台程序。有些时候，例如，当正在编辑一个很长的程序但由于下班或是有事需要先退出系统，而又不希望系统把编辑那么久的程序结束，希望退出系统，程序还能继续执行时，就可以使用 nohup 命令使进程在用户退出后仍能继续执行。

一般用户都是让这些进程在后台执行，结果会写到用户自己目录下的 nohup.out 文件里(也可以使用输出重定向，让它输出到一个特定的文件)，其语法格式如下。

```
# nohup sort sales.dat &
```

这条命令告诉 sort 命令忽略用户已退出系统，它应该一直运行，直到进程完成。利用这种方法，可以启动一个要运行几天甚至几周的进程，而且在它运行时，用户不需要去登录。nohup 命令把一条命令的所有输出和错误信息送到 nohup.out 文件中。若将输出重定向，则只有错误信息放在 nohup.out 文件中。

5.5 Linux 内核启动和初始化进程

5.5.1 引导程序 Bootloader

Linux 的内核本身是不能自举的，系统上电后通过 BIOS 或者引导程序 Bootloader 加载系统内核。在嵌入式设备中，Bootloader 是在操作系统运行之前运行的一段小程序。通过这段小程序，初始化最基本的硬件设备并建立内存空间的映射图，从而将系统的软硬件环境带到一个合适的状态，以便为最终调用操作系统内核准备好正确的环境，然后将 Kernel 映像和根文件系统映像从 Flash 上读到 RAM 空间，并为内核设置启动参数，跳转到内核映像文件在 RAM 中的地址，开始启动内核。

5.5.2 Kernel 引导入口

当 Bootloader 跳转到内核映像文件在 RAM 中的地址时，会运行 start_kernel 函数。start-kernel()是 init/main.c 中的 asmlinkage 函数，这是与体系结构无关的通用 C 代码。

5.5.3 核心数据结构初始化——内核引导第一部分

start_kernel()中调用了一系列初始化函数，以完成 kernel 本身的设置。这些动作有的是公共的，有的则需要配置才会执行。

start_kernel()函数中用于初始化工作的各函数的功能如下。

(1) 输出 Linux 版本信息(printk(linux_banner))。

(2) 设置与体系结构相关的环境(setup_arch())。

(3) 页表结构初始化(paging_init())。

(4) 使用"arch/alpha/kernel/entry.S"中的入口点设置系统自陷入口(trap_init())。

(5) 使用 alpha_mv 结构和 entry.S 入口初始化系统 IRQ(init_IRQ())。

(6) 核心进程调度器初始化(包括初始化几个缺省的 Bottom-half，sched_init())。

(7) 时间、定时器初始化(包括读取 CMOS 时钟、估测主频、初始化定时器中断等，time_init()提取并分析核心启动参数(从环境变量中读取参数，设置相应标志位等待处理，parse_options())。

(8) 控制台初始化(为输出信息而先于 PCI 初始化，console_init())。

(9) 剖析器数据结构初始化(prof_buffer 和 prof_len 变量)。

(10) 核心 Cache 初始化(描述 Cache 信息的 Cache，kmem_cache_init())。

(11) 延迟校准(获得时钟 jiffies 与 CPU 主频 ticks 的延迟，calibrate_delay())。

(12) 内存初始化(设置内存上下界和页表项初始值，mem_init())。

(13) 创建和设置内部及通用 cache("slab_cache"，kmem_cache_sizes_init())。

(14) 创建 uid taskcount SLAB cache("uid_cache"，uidcache_init())。

(15) 创建文件 cache("files_cache"，filescache_init())。

(16) 创建目录 cache("dentry_cache"，dcache_init())。

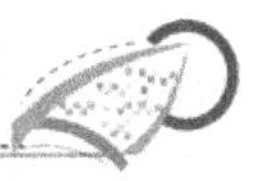

(17) 创建与虚存相关的 cache("vm_area_struct"，"mm_struct"，vma_init())。

(18) 块设备读写缓冲区初始化(同时创建"buffer_head"cache 用户加速访问，buffer_init())。

(19) 创建页 cache(内存页 hash 表初始化，page_cache_init())。

(20) 创建信号队列 cache("signal_queue"，signals_init())。

(21) 初始化内存 inode 表(inode_init())。

(22) 创建内存文件描述符表("filp_cache"，file_table_init())。

(23) 检查体系结构漏洞(对于 alpha，此函数为空，check_bugs())。

(24) SMP 机器其余 CPU(除当前引导 CPU)初始化(对于没有配置 SMP 的内核，此函数为空，smp_init())。

(25) 启动 init 过程(创建第一个核心线程，调用 init()函数，原执行序列调用 cpu_idle()等待调度，init())。

至此 start_kernel()结束，基本的核心环境已经建立起来了。

5.5.4　外设初始化——内核引导第二部分

init()函数作为核心线程，首先锁定内核(仅对 SMP 机器有效)，然后调用 do_basic_setup()完成外设及其驱动程序的加载和初始化，过程如下。

(1) 总线初始化(如 pci_init())。

(2) 网络初始化(初始化网络数据结构，包括 sk_init()、skb_init()和 proto_init() 3 部分，在 proto_init()中，将调用 protocols 结构中包含的所有协议的初始化过程，sock_init())。

(3) 创建 bdflush 核心线程(bdflush()过程常驻核心空间，由核心唤醒来清理被写过的内存缓冲区，当 bdflush()由 kernel_thread()启动后，它将自己命名为 kflushd)。

(4) 创建 kupdate 核心线程(kupdate()过程常驻核心空间，由核心按时调度执行，将内存缓冲区中的信息更新到磁盘中，更新的内容包括超级块和 inode 表)。

(5) 设置并启动核心调页线程 kswapd(为了防止 kswapd 启动时将版本信息输出到其他信息中间，核心线程调用 kswapd_setup()设置 kswapd 运行时所要求的环境，然后再创建 kswapd 核心线程)。

(6) 创建事件管理核心线程(start_context_thread()函数启动 context_thread()过程，并重命名为 keventd)。

(7) 设备初始化(包括并口 parport_init()、字符设备 chr_dev_init()、块设备 blk_dev_ini()、SCSI 设备 scsi_dev_init()、网络设备 net_dev_init()、磁盘初始化及分区检查，等等，device_setup())。

(8) 执行文件格式设置(binfmt_setup())。

(9) 启动任何使用_initcall 标识的函数(方便核心开发者添加启动函数，do_initcalls())。

(10) 文件系统初始化(filesystem_setup())。

(11) 安装 root 文件系统(mount_root())。

至此 do_basic_setup()函数返回 init()，在释放启动内存段(free_initmem())并给内核解锁以后，init()打开/dev/console 设备，重定向 stdin、stdout 和 stderr 到控制台，最后搜索文件系统中的 init 程序(或者由 init=命令行参数指定的程序)，并使用 execve()系统调用加载执行 init 程序。

init()函数到此结束，内核的引导部分也到此结束了，这个由 start_kernel()创建的第一个线程已经成为一个用户模式下的进程了。此时系统中存在着 6 个运行实体。

(1) start_kernel()本身所在的执行体，这其实是一个“手工”创建的线程，它在创建了 init()线程以后就进入 cpu_idle()循环了，它不会在进程(线程)列表中出现。

(2) init 线程，由 start_kernel()创建，当前处于用户态，加载了 init 程序。

(3) kflushd 核心线程，由 init 线程创建，在核心态运行 bdflush()函数。

(4) kupdate 核心线程，由 init 线程创建，在核心态运行 kupdate()函数。

(5) kswapd 核心线程，由 init 线程创建，在核心态运行 kswapd()函数。

(6) keventd 核心线程，由 init 线程创建，在核心态运行 context_thread()函数。

5.5.5 init 进程和 inittab 引导脚本

init 进程是系统所有进程的起点，内核在完成核内引导以后，即在本线程(进程)空间内加载 init 程序，它的进程号是 1。

init 程序需要读取/etc/inittab 文件作为其行为指针，inittab 是以行为单位的描述性(非执行性)文本，每一个指令行都具有 d:runlevel:action:process 的格式。其中，id 为入口标识符，runlevel 为运行级别，action 为动作代号，process 为具体的执行程序。

id 一般要求 4 个字符以内，对于 getty 或其他 login 程序项，要求 id 与 tty 的编号相同，否则 getty 程序将不能正常工作。

runlevel 是 init 所处于的运行级别的标识，一般使用 0～6 以及 S 或 s。0、1、6 运行级别被系统保留，0 作为 shutdown 动作，1 作为重启至单用户模式，6 为重启；S 和 s 意义相同，表示单用户模式，且无须 inittab 文件，因此也不在 inittab 中出现。实际上，进入单用户模式时，init 直接在控制台(/dev/console)上运行/sbin/sulogin。在一般的系统实现中，都使用了 2、3、4、5 几个级别。在 Redhat 系统中，2 表示无 NFS 支持的多用户模式，3 表示完全多用户模式(也是最常用的级别)，4 保留给用户自定义，5 表示 XDM 图形登录方式。7～9 级别也是可以使用的，传统的 UNIX 系统没有定义这几个级别。runlevel 可以是并列的多个值，以匹配多个运行级别，对大多数 action 来说，仅当 runlevel 与当前运行级别匹配成功才会执行。

initdefault 是一个特殊的 action 值，用于标识缺省的启动级别；当 init 由核心激活以后，它将读取 inittab 中的 initdefault 项，取得其中的 runlevel，并作为当前的运行级别。如果没有 inittab 文件，或者其中没有 initdefault 项，init 将在控制台上请求输入 runlevel。

sysinit、boot、bootwait 等 action 将在系统启动时无条件运行，而忽略其中的 runlevel，其余的 action(不含 initdefault)都与某个 runlevel 相关。各个 action 的定义在 inittab 的 main 手册中有详细的描述。

5.5.6 rc 启动脚本

上面已经提到 init 进程将启动运行 rc 脚本，下面将介绍 rc 脚本具体的工作。一般情况下，rc 启动脚本都位于/etc/rc.d 目录下，rc.sysinit 中最常见的动作就是激活交换分区、检查磁盘、加载硬件模块，这些动作无论哪个运行级别都是需要优先执行的。仅当 rc.sysinit

执行完以后 init 才会执行其他的 boot 或 bootwait 动作。

如果没有其他 boot、bootwait 动作，在运行级别 3 下，/etc/rc.d/rc 将会得到执行，命令行参数为 3，即执行/etc/rc.d/rc3.d/目录下的所有文件。rc3.d 下的文件都是指向/etc/rc.d/init.d/目录下各个 shell 脚本的符号连接，而这些脚本一般能接受 start、stop、restart、status 等参数。rc 脚本以 start 参数启动所有以 S 开头的脚本。在此之前，如果相应的脚本也存在以 K 打头的链接，而且已经处于运行态了(以/var/lock/subsys/下的文件作为标志)，则将首先启动以 K 开头的脚本，以 stop 作为参数停止这些已经启动了的服务，然后再重新运行。显然，这样做的直接目的就是当 init 改变运行级别时，所有相关的服务都将重启，即使是同一个级别。

rc 程序执行完毕后，系统环境已经设置好了，下面就该用户登录系统了。

5.5.7　getty 和 login

rc 执行完毕后，返回 init，这时基本系统环境已经配置好。各种守护进程也已经启动。接下来 init 会打开 6 个终端，以便用户登录系统。通过按 Alt+Fn 快捷键(n 对应 1～6)，也可以在 6 个终端中切换。在 initt 中，以下 6 行定义 6 个终端。

(1) 2345:respawn:/sbin/getty-n 115200,tty1。

(2) 2345:respawn:/sbin/getty-n 115200,tty2。

(3) 2345:respawn:/sbin/getty-n 115200,tty3。

(4) 2345:respawn:/sbin/getty-n 115200,tty4。

(5) 2345:respawn:/sbin/getty-n 115200,tty5。

(6) 2345:respawn:/sbin/getty-n 115200,/dev/tts/0。

从上面可以看出，在 2、3、4、5 的运行级别中都将以 respawn 方式运行 mingetty 程序，mingetty 程序能打开终端，设置模式。同时它会显示一个文本登录界面，这个界面就是经常看到的登录界面，在这个登录界面中会提示用户名，而用户输入的用户名将作为参数传给 login 程序来验证用户的身份。缺省的登录提示记录在/etc/issue 文件中，但每次启动一般都会由 rc.local 脚本根据系统环境重新生成。用于远程登录的提示信息位于 etc/issue.net。

login 程序在 getty 的同一个进程空间中运行，接受 getty 传来的用户名参数作为登录的用户名。如果用户名不是 root，且存在 etc/nologin 文件，则 login 将输出 nologin 文件中的内容，然后退出，这通常用来系统维护时防止非 root 用户登录。只有在/etc/securetty 中登记了的终端才允许 root 登录，如果不存在这个文件，则 root 可以在任何终端上登录。/etc/usertty 文件用于对用户做出附加访问限制，如果不存在这个文件，则没有其他限制。

当用户登录通过了这些检查后，login 将搜索/etc/passwd 文件(必要时搜索/etc/shadow 文件)用于匹配密码、设置主目录和加载 shell。如果没有指定主目录，将默认为根目录；如果没有指定 shell，将默认为/bin/sh。在将控制转交给 shell 以前，getty 将输出/var/log/lastlog 中记录的上次登录系统的信息，然后检查用户是否有新邮件(/usr/spool/mail/{username})。在设置好 shell 的 uid、gid 以及 TERM、PATH 等环境变量以后，进程加载 shell，login 的任务也就完成了。

5.5.8 bash

运行级别 3 下的用户 login 以后，将启动一个用户指定的 shell，以下以/bin/bash 为例继续介绍启动过程。

bash 是 BourneShell 的 GNU 扩展，除了继承了 sh 的所有特点以外，还增加了很多特性和功能。由 login 启动的 bash 是作为一个登录 shell 启动的，它继承了 getty 设置的 TERM、PATH 等环境变量，其中 PATH 对于普通用户为/bin:/usr/bin:/usr/local/bin，对于 root 为/sbin:/bin:/usr/sbin:/usr/bin。作为登录 shell，它将首先寻找/etc/profile 脚本文件并执行；然后如果存在 ~/.bash_profile，则执行它，否则执行 ~/.bash_login，如果该文件也不存在，则执行 ~/.profile 文件。然后 bash 将作为一个交互式 shell 执行 ~/.bashrc 文件(如果存在的话)，在很多系统中，~/.bashrc 都将启动/etc/bashrc 作为系统范围内的配置文件。

当显示出命令行提示符的时候，整个启动过程就结束了。此时的系统，运行着内核，运行着几个核心线程，运行着 init 进程，运行着一批由 rc 启动脚本激活的守护进程(如 inetd 等)，运行着一个 bash 作为用户的命令解释器。

思考与练习

1．试述 Linux 系统的进程管理策略。
2．试述内核源码目录结构。
3．说明 Linux 内核启动过程。

第6章

嵌入式Linux开发基础

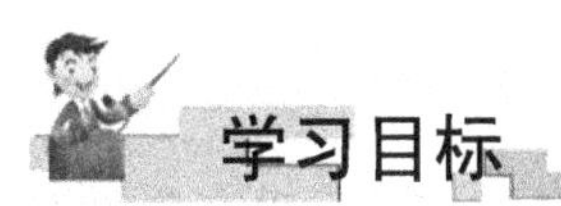

学习目标

C语言是嵌入式Linux程序设计中重要的编程语言，本章主要针对具有初步C语言程序设计基础的读者，介绍Linux操作系统下的程序设计方法。学习本章后，读者应掌握以下内容。

(1) 了解嵌入式Linux开发环境的搭建。

(2) 熟练使用常用的Linux命令。

(3) 掌握Linux系统下的开发环境。

(4) 掌握Vi的基本操作。

(5) 理解Linux下的shell。

(6) 了解GCC编译器的基本原理。

(7) 掌握GCC编译器的常用选项。

(8) 了解Makefile基本原理和语法规范。

6.1 搭建嵌入式Linux开发环境

本节主要分为3个部分，包括常用的Linux发行版的介绍、Ubuntu的安装运行和Ubuntu的优化与配置的应用开发。首先介绍了当前比较流行的Linux的发行版本，如Ubuntu、RedHat等，并对各个版本进行了比较，方便读者理解；然后以现在最常用的发行版Ubuntu为例，说明了Ubuntu的安装与运行过程；最后，系统地讲解了嵌入式Ubuntu的优化配置，包括一些基本的软件配置，如通行工具Skype、星际译王等。本节为Linux的基础部分，为Linux初学者能快速入门提供了保证。同时，本文提供了大量的截图，使读者对嵌入式系统的发行版、安装与配置有一个全面的了解。

6.1.1 常用的Linux发行版

Linux发行版本非常多，但是常用的Linux发行版本就不是很多了，下面介绍在国内

外常见的几种 Linux 发行版本。事实上，对 Linux 高手而言，选用哪种发行版本差别并不大，但对新手而言差别就比较大了，对于新手而言要求系统易安装、易使用、配置简单、上手容易且硬件兼容性要好。新手可以先选择适于新手使用的流行发行版本，如 Ubuntu、Fedora、openSUSE 等，推荐使用 Ubuntu。如果对 Linux 一窍不通，也不想费很多时间配置系统想先使用，后面再慢慢学，可以使用 Magic linux、Hiweed linux 等已经配置好的中文环境的 Linux 系统，当然也可以使用上手容易的类 Windows 的红旗、新华等的 Linux 操作系统，但不推荐使用这些类 Windows 的系统，虽然对 Windows 用户而言比较容易上手。至于 Gentoo、Arch 等 Linux 系统运行速度虽然快，不过入门较难，等对 Linux 比较熟练后，可尝试使用这些操作系统。也可以使用 Live cd 直接在计算机上运行 Linux 而不安装，或者把 Linux 装在 U 盘或移动硬盘中(这一点是 Windows 做不到的)。

1. Ubuntu

Ubuntu 就是一个拥有 Debian 所有优点，以及自己所加强的优点的近乎完美的 Linux 操作系统。Ubuntu 是一个相对较新的发行版，它的出现可能改变了许多潜在用户对 Linux 的看法。也许，从前人们会认为 Linux 难以安装、难以使用，但 Ubuntu 出现后，这些都成为了历史。Ubuntu 基于 Debian Sid，所以这也就是上文所说的，Ubuntu 拥有 Debian 的所有优点，包括 apt-get。不仅如此，Ubuntu 默认采用的 GNOME 桌面系统也将 Ubuntu 的界面装饰的简易而不失华丽。Kubuntu 同样适合当然，KDE 的拥护者。

Ubuntu 的安装非常的人性化，只要按照提示一步一步进行，安装和 Windows 同样简便，并且 Ubuntu 被誉为对硬件支持最好、最全面的 Linux 发行版本之一，许多在其他发行版本上无法使用或默认配置时无法使用的硬件，在 Ubuntu 上可以轻松搞定。Ubuntu 采用自行加强的内核(kernel)，安全性方面更上一层楼，并且 Ubuntu 默认不能直接 root 登陆，必须从第一个创建的用户通过 su 或 sudo 来获取 root 权限(这也许不太方便，但无疑增加了安全性，避免用户由于粗心而损坏系统)。Ubuntu 的版本周期为 6 个月，弥补了 Debian 更新缓慢的不足，而且具有人气颇高的论坛提供优秀的资源和技术支持，固定的版本更新周期和技术支持，适于新手使用，是当前最流行的发行版之一。

Ubuntu 的优点：可从 Debian Woody 直接升级；缺点：还未建立成熟的商业模式。

Ubuntu 软件包管理系统：APT(DEB)。

Ubuntu 免费下载官方主页：http://www.ubuntulinux.org/。

2. SUSE

SUSE 是德国最著名的 Linux 发行版，在全世界范围中也享有较高的声誉。SUSE 自主开发的软件包管理系统 YaST 也大受好评。SUSE 于 2003 年年末被 Novell 收购。SUSE 是一个非常专业、优秀的发行版，一向以华丽的用户界面著称。它使用方便，也是当前最流行的版本之一，适于新手使用。

SUSE 的优点：专业，易用的 YaST 软件包管理系统；缺点：FTP 发布通常要比零售版晚 1～3 个月。

SUSE 软件包管理系统：YaST(RPM)，第三方 APT(RPM)软件库(repository)。

SUSE 免费下载：取决于版本。

SUSE 官方主页：http://www.suse.com/。

3. Redhat/Fedora

国内乃至全世界 Linux 用户最耳熟能详的发行版想必就是 Red Hat 了。Red Hat 最早由 Bob Young 和 Marc Ewing 在 1995 年创建，而公司最近才开始真正步入赢利时代，归功于收费的 Red Hat Enterprise Linux(RHEL，Red Hat 的企业版)。而正统的 Red Hat 版本早已停止技术支持，最后一版是 Red Hat 9.0。目前 Red Hat 分为两个系列：由 Red Hat 公司提供收费技术支持和更新的 Red Hat Enterprise Linux 以及由社区开发的免费的 Fedora Core。Fedora Core 1 发布于 2003 年年末，FC 的定位是桌面用户。

适用于服务器的版本是 Red Hat Enterprise Linux，而由于这是个收费的操作系统。于是，国内外许多企业或空间商选择 CentOS。CentOS 可以算是 RHEL 的克隆版，但它最大的好处是免费！

Redhat/Fedora 的优点：拥有数量庞大的用户，优秀的社区技术支持，许多创新；缺点：免费版(Fedora Core)版本生命周期太短，多媒体支持不佳。

Redhat/Fedora 软件包管理系统：up2date(RPM)、YUM(RPM)。

Redhat/Fedora 免费下载：Fedora 免费、RHEL 商业。

Redhat/Fedora 官方主页：http://www.redhat.com/。

4. Debian

Debian 最早由 Ian Murdock 于 1993 年创建。Debian 是迄今为止最遵循 GNU 规范的 Linux 系统。Debian 系统分为 3 个版本分支(branch)：stable、testing 和 unstable。截至 2005 年 5 月，这 3 个版本分支分别对应的具体版本为 Woody、Sarge 和 Sid。其中，unstable 为最新的测试版本，其中包括最新的软件包，但是也有相对较多的 bug，适合桌面用户；testing 的版本都经过 unstable 中的测试，相对较为稳定，也支持了不少新技术(比如 SMP 等)。而 Woody 一般只用于服务器，上面的软件包大部分都比较过时，但是稳定和安全性都非常的高。dpkg 是 Debian 系列特有的软件包管理工具，它被誉为所有 Linux 软件包管理工具(比如 RPM)中最强大的！配合 apt-get，在 Debian 上安装、升级、删除和管理软件变得异常容易。Debian 具有优秀的网络和社区资源，强大的 apt- get，许多发行版都是基于 Debian 的，它最有影响力的发行版之一。不过 Debian 安装相对不易，stable 分支的软件极度过时，不适于新手使用。

Debian 的优点：遵循 GNU 规范，100%免费，优秀的网络和社区资源，强大的 apt-get；缺点：安装相对不易，stable 分支的软件极度过时。

Debian 软件包管理系统：APT(DEB)。

Debian 免费下载：是。

Debian 官方主页：http://www.debian.org/。

5. Mandrake

Mandriva 原名 Mandrake，发布于 1998 年 7 月。最早的 Mandrake 是基于 Redhat 进行

开发的。Redhat 默认采用 GNOME 桌面系统，而 Mandrake 将之改为 KDE。由于当时的 Linux 普遍比较难安装，不适合第一次接触 Linux 的新手使用，所以 Mandrake 简化了安装系统。同时 Mandrake 在易用性方面下了不少功夫，包括默认情况下的硬件检测等，并且具有友好的操作界面，图形配置工具，庞大的社区技术支持，是国际上比较有影响力的版本之一。

Mandrake 的优点：友好的操作界面，图形配置工具，庞大的社区技术支持，NTFS 分区大小变更；缺点：部分版本 bug 较多，最新版本只先发布给 Mandrake 俱乐部的成员。

Mandrake 软件包管理系统：urpmi(RPM)。

Mandrake 免费下载：FTP 即时发布下载，ISO 在版本发布后数星期内提供。

Mandrake 官方主页：http://www.mandrivalinux.com/。

6.1.2 Ubuntu 的安装与运行

在 Windows XP 下面安装 Ubuntu-8.04 有很多种方法，如用虚拟机安装、从硬盘安装，还有用 Wubi 安装等，其中用 Wubi 安装是最安全也是最简单的一种方法。

Wubi 是 Windows based Ubuntu Installer 的缩写，是一个专门针对 Windows 用户的 Ubuntu 安装工具。同 Live CD 一样，Wubi 不会给 Xp 系统带来任何改变，但是不同的是它提供完整的硬件接入，还可以如同 Ubuntu 中下载、安装和使用应用程序。Wubi 会把大部分文件储存在 Windows 下的一个文件夹内，可以随时卸载它们。

下面将具体介绍使用 Wubi 安装 Ubuntu-8.04 的过程。

(1) 在网上下载文件 Ubuntu-8.04.1-desktop-i386.iso 到本地磁盘，使用虚拟光驱加载该文件，在虚拟的盘符中双击文件 Umenu.exe，弹出文件安装界面，如图 6.1 所示，选择第二个选项卡(在 Windows 中安装)，使用 Wubi 直接在 Windows 下安装 Ubuntu。

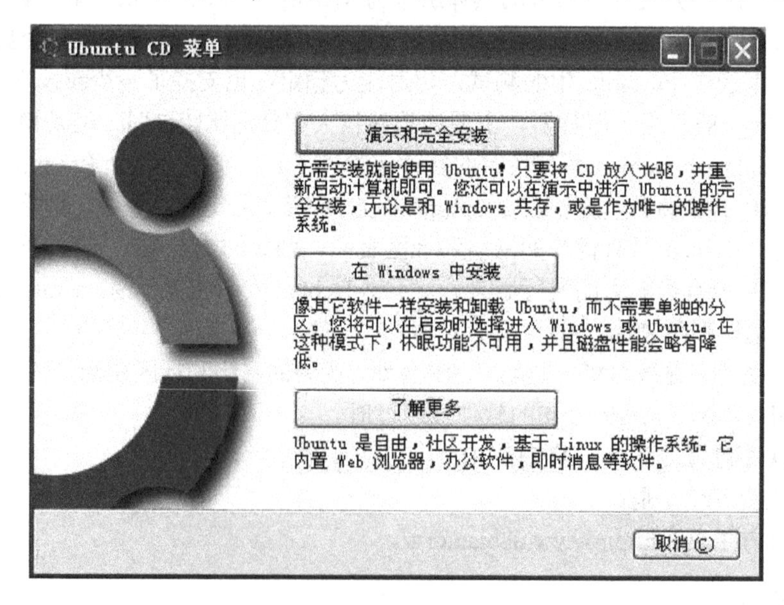

图 6.1　Ubuntu 安装界面

附：用户下载安装文件时，可以根据所在地区选择速度最快的服务器下载，推荐下载地址：http://tw.releases.ubuntu.com/8.04/ubuntu-8.04.1-desktop-i386.iso。

(2) 接下来出现如图 6.2 所示的界面，在安装驱动器栏选择 Ubuntu 需要安装的分区(建议大于 17G)，安装程序会自己计算所需的空间(修改安装大小，建议为 15G)，同时在语言栏选择语言为 Chinese(Simplify)。并且填入自己的基本信息，包括用户名和用户密码等。

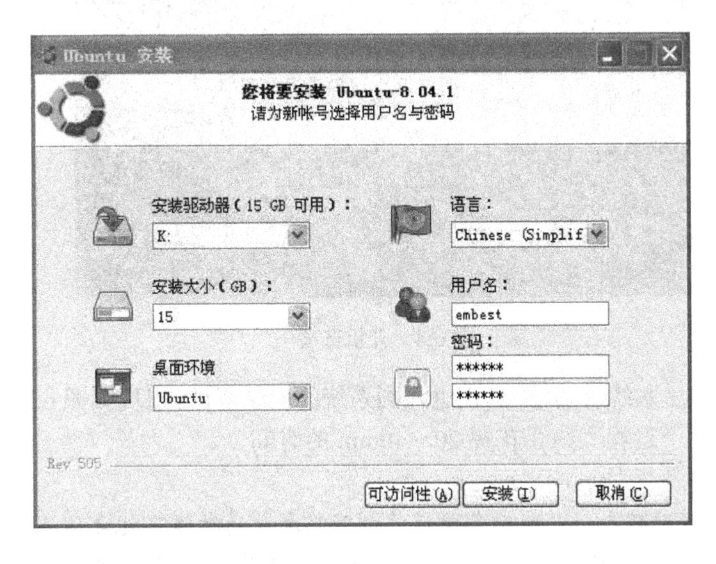

图 6.2　用户选择信息

(3) 当填写完图 6.2 中的信息以后，单击“安装”按钮进行安装，出现如图 6.3 所示的安装界面，检查安装文件，并复制主要文件备份到硬盘。

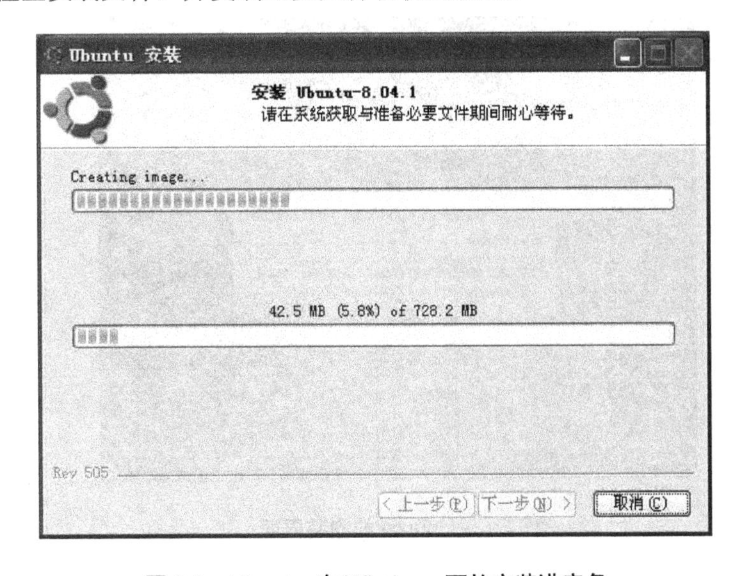

图 6.3　Ubuntu 在 Windows 下的安装进度条

(4) 大约 5 分钟左右，系统要求进行重启进行下一步安装，单击“完成”按钮重启计算机。

(5) 计算机再次启动后，出现如图 6.4 所示的启动选择菜单，此处选择 Ubuntu 选项，利用键盘的上下键可以进行选择，按“回车”键后进入到 Ubuntu 系统。

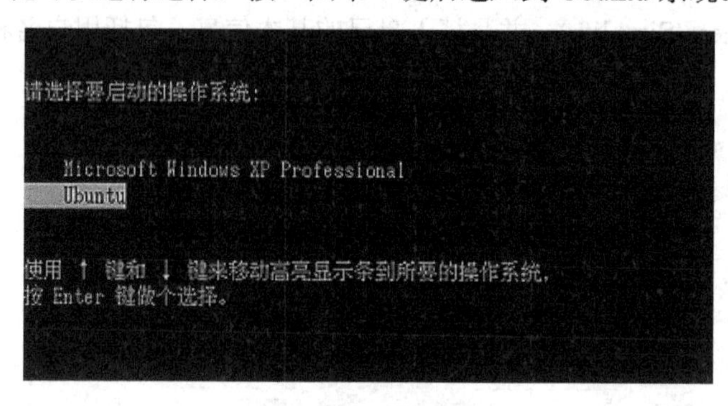

图 6.4　开机选项

(6) 2～5 分钟后系统启动，并真正进入到系统的安装界面，出现如图 6.5 所示的 Ubuntu 的安装进度条。这个过程大约会花费 20～40min 的时间。

注意： 在安装过程中，当进度条显示装到82%左右的时候可能会假死。此时是安装程序正在网上下载相应的安装包资源，由于资源很多，这会消耗大量的时间，然后造成了安装程序“不动”的假象。用户可以在此时断开网线，手动停止下载。这些需要的安装包可以在系统装完了之后再进行下载。

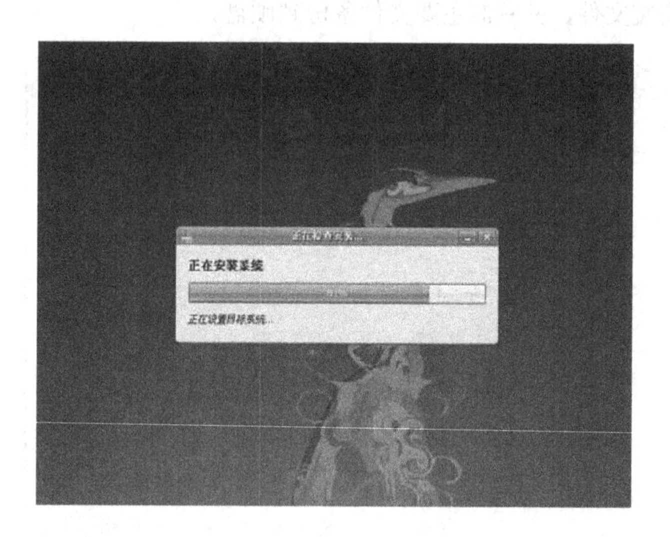

图 6.5　Ubuntu 的安装界面

6.1.3　嵌入式环境的配置与源码的安装

刚安装好的 Ubuntu8.04 还不适合进行嵌入式开发，必须要安装必备的软件资源包，本

节将介绍如何建立自己的Ubuntu嵌入式环境。

一般来说，Ubuntu是离不开网络的，它提供了比较便利的升级模式，从debian继承来的更新源系统，让Ubuntu下安装及升级软件包变得很容易。用户只要设定好了网络，并选择合适的更新源将可以很好的更新自己的系统或者安装自己所需要的软件。

考虑到教学的需要，提供了针对EduKit-IV嵌入式实验平台的嵌入式环境离线升级包，实验室用户可以考虑采用离线升级。

以下步骤将开始配置嵌入式环境。

(1) 打开root用户登录窗口权限，在Ubuntu的标题栏选择System→“系统管理”→“登陆窗口”选项，弹出输入密码提示框，输入完密码后，弹出Login Window Preferences窗体，选择Securtity选项卡，在Security选项选中Allow local system administrator login，如图6.6所示。

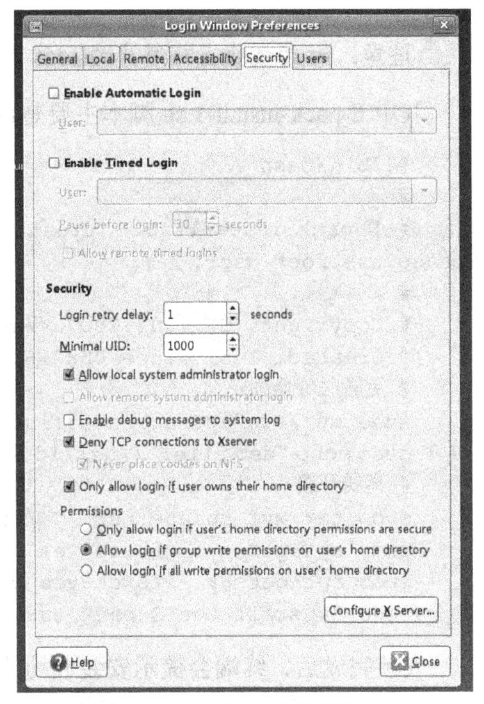

图6.6 允许root用户登录

(2) 设置root用户密码，在Ubuntu的标题栏选择Applications→“附件”→“终端”选项运行终端，在终端的命令行输入以下命令设置root密码。

```
$ sudo passwd root
```

注意：本书默认Ubuntu终端提示符为$，minicom串口终端提示符为#。

输入命令后，提示输入当前用户的密码；输入完成后，将提示输入root的新密码，并要求输入两次，设置完成后将提示设置成功。

(3) 准备嵌入式环境离线升级包，在终端输入命令建立目录eduk4-pack用于存放资源包，代码如下。

```
$ mkdir -p ~/eduk4-pack
```

复制针对EduKit-IV嵌入式实验平台的嵌入式环境离线升级包到~/eduk4-pack文件夹下。

(4) 准备好嵌入式环境离线升级包后，在终端输入命令开始建立本地的更新源并初步更新系统，代码如下。

```
$ cd ~/eduk4-pack/update
$ su
$ sudo sh E-pack-install-1.sh
```

注意：su 为切换当前用户为 root 用户，执行命令后会提示输入密码。

其中 E-pack-install-1.sh 脚本主要是设置本地更新源，并开始更新系统，具体代码如下。

```
#!/bin/bash
#
# E-pack-install.sh - create Ubuntu Embedded development environment, Please use root user.
#
# Copyright (C) 2002-2007 <www.tryarm.net>
# Created. lusi <luce_008@163.com>
# 更新服务器列表
sudo mv /etc/apt/sources.list /etc/apt/sources.list_backup
sudo echo "deb file:///usr/local/update hardy main" >/etc/apt/sources.list
# 离线升级
sudo tar xvf update.tar -C /usr/local/
sudo apt-get -y --force-yes update
sudo apt-get -y --force-yes dist-upgrade
echo "Install the E-pack susscess! ^_^ "
```

安装完成后，终端会提示安装成功的提示，重启系统。

(5) 再次启动系统后，开始安装中文语言包支持，在 Ubuntu 的标题栏选择 System→“系统管理”→Language Support 选项，弹出 Language Support 窗口，如图 6.7 所示。选中 Supported Languages 中的“汉语”，然后单击 OK 按钮。

接下来弹出窗口提示确认输入用户密码，输入完成后，会弹出如图 6.8 所示的窗口提示是否安装这些文件包，单击 Apply 按钮，系统将开始安装中文语言包。

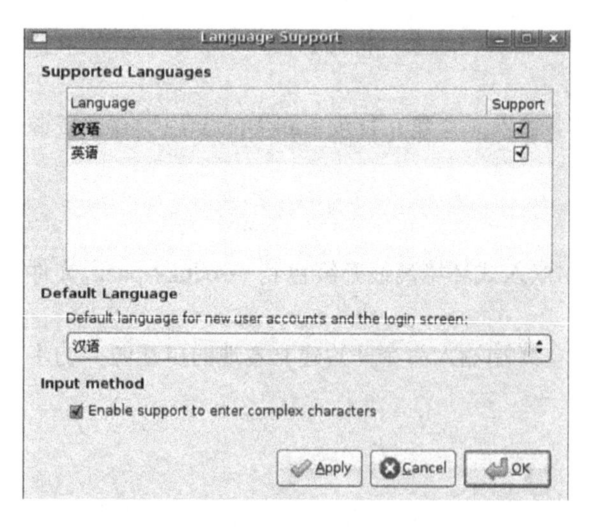

图 6.7　选择安装汉语语言包

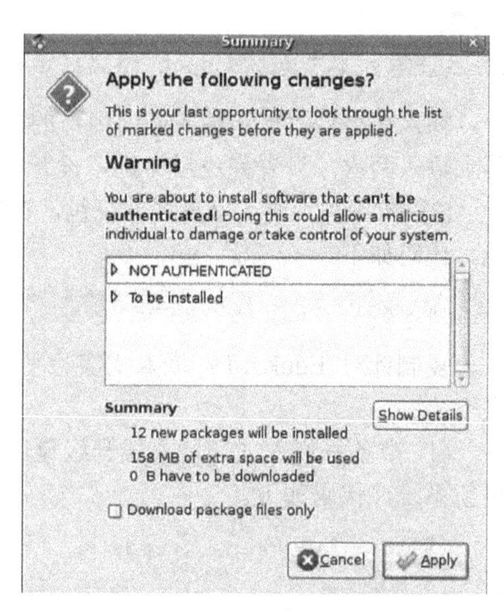

图 6.8　提示应用改变

安装结束将提示汉语语言包安装成功，关闭后提示要求重启系统。关闭窗口并重新启动 Ubuntu。

(6) 再次启动系统后，开始安装嵌入式环境必备软件资源包，在 Ubuntu 的标题栏选择“应用程序”→“附件”→“终端”选项运行终端，在终端的命令行输入以下命令开始安装嵌入式环境资源包。

```
$ cd ~/eduk4-pack/update
$ su
$ sudo sh E-pack-install-2.sh
```

其中 E-pack-install-2.sh 脚本主要是用于安装嵌入式环境必备资源包，并安装了一些常用软件，如 ksnapshot、kscope、minicom、tftp、rar、stardict 等。安装完成后，终端会提示安装成功的提示，重启系统。

6.1.4　常用软件的配置

1. Linux 终端的配置

(1) 配置 Linux 的终端，在 Ubuntu 的标题栏选择“应用程序”→“附件”→“终端”选项运行终端，在终端的菜单栏选择“编辑”→“当前配置文件”选项，弹出如图 6.9 所示配置对话框。

(2) 在“常规”选项卡中取消选中“使用系统的等宽字体”复选框，根据自己的喜好选择合适的字体，例如，字体为 Bitstream Vera Sans Mono，大小为 10，如图 6.10 所示。

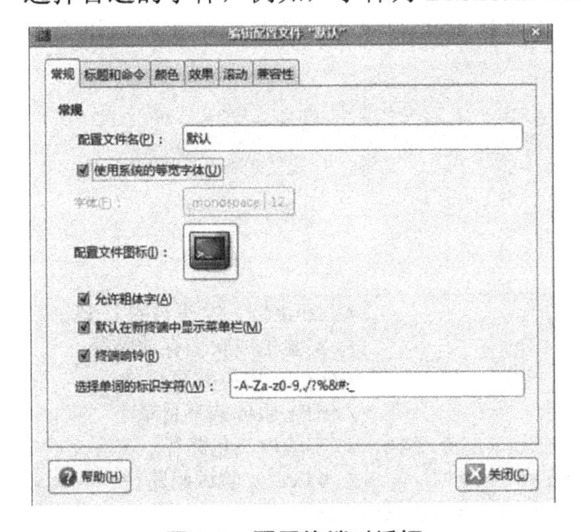

图 6.9　配置终端对话框

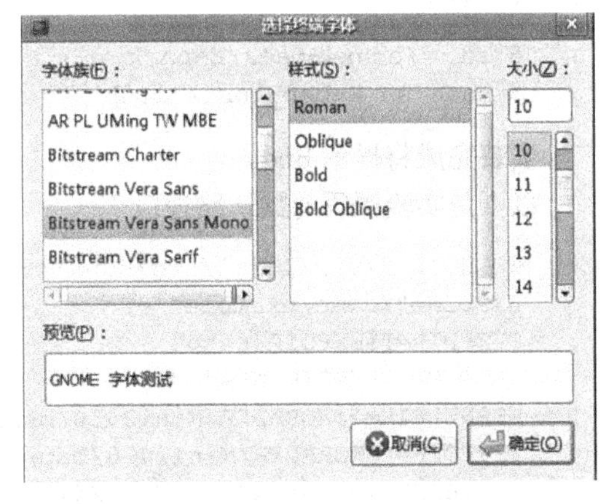

图 6.10　配置终端字体对话框

确定后退出，用户还可以根据自己的喜好设置终端的其他属性。

2. 串口终端 Minicom 的设置

在 Ubuntu 的标题栏选择“应用程序”→“附件”→“终端”运行终端，输入命令建立 Minicom 配置文件 minirc.dfl，代码如下。

```
$ sudo gedit /etc/minicom/minirc.dfl
```

在弹出的minirc.dfl文件中编辑代码如下。

```
# Machine-generated file - use "minicom -s" to change parameters.
pu port /dev/ttyS0
pu baudrate 115200
pu bits 8
pu parity N
pu stopbits 1
pu minit
pu mreset
pu rtscts No
```

其中pu port的选项根据用户计算机的实际情况设置，如笔记本使用的USB转串口的适配器，则为/dev/ttyUSB0。

3. 源码的安装

本书中所有的实例都提供了相应的源码，下面的步骤将指导安装该实验源码资源包到Ubuntu中的相应位置。

建立源码资源包存放目录，在Ubuntu的标题栏选择“应用程序”→“附件”→“终端”选项运行终端，在终端的命令行输入以下命令建立目录。

```
$ mkdir -p ~/eduk4-pack/E-pack
```

将文件E-bsp.tar.bz2和E-bsp_install.sh复制到E-pack目录下，在终端中执行以下命令来安装实验源码包。

```
$ cd ~/eduk4-pack/E-pack
$ sudo sh E-bsp_install.sh
```

安装完成将提示End。

以下是实验源码的默认路径：

```
WORKDIR="/usr/local/src/EduKit-IV"                     //EduKit-IV平台的工作路径
EXPDIR="/home/example"                                 //实验生成映像存放路径
TFTPDIR="$EXPDIR/tftp"                                 //tftp服务共享目录
NFSDIR="$EXPDIR/nfs"                                   //nfs服务共享目录
KERNELDIR="$WORKDIR/Mini2410/bsp/linux-2.6.14"         //实验内核包路径
VIVIDIR="$WORKDIR/Mini2410/bsp/vivi-0.1.4"             //vivi实验源码路径
ROOTBASEDIR="$WORKDIR/Mini2410/bsp/rootfs-eduk4-base"
                                                       //基础根文件系统路径
ROOTTSPDIR="$WORKDIR/Mini2410/bsp/rootfs-eduk4-tsp"
                                                       //带TSP的QT文件系统路径
ROOTMOUSEDIR="$WORKDIR/Mini2410/bsp/rootfs-eduk4-mouse"
                                                       //带mouse的QT文件系统路径
SIMPLEDIR="$WORKDIR/Mini2410/simple"                   //实验例程路径
```

6.2 Linux 准备知识

Linux 的系统管理主要在控制终端下进行，通过使用命令行的方式进行管理。Linux 的文件命令可以完成各种复杂的工作，例如，对目录进行复制、移动和链接，搜索和查找文件和目录，阅读、显示或打印文件内容等操作。Linux 操作系统提供的命令很多，但用户日常使用的命令却很有限。本节将介绍一些在日常工作中最常用的 Linux 命令。

6.2.1 常用的 Linux 命令与使用方法

1) 查询当前目录文件列表：ls

ls 命令默认状态下将按首字母升序列出当前文件夹下的所有内容，但这样直接运行所得到的信息也是比较少的，通常它可以结合一些参数运行以查询更多的信息。

使用实例：

```
ls / 显示/.下的所有文件和目录。
ls -l 给出文件或者文件夹的详细信息。
ls -a 显示所有文件，包括隐藏文件。
ls -h 以 kB/MB/GB 方式给出文件大小，而不仅仅是字节。
```

2) 查询当前所在目录：pwd

在 Linux 层次目录结构中，用户可以在被授权的任意目录下利用 mkdir 命令创建新目录，也可以利用 cd 命令从一个目录转换到另一个目录，然而没有提示符来告知用户目前处于哪一个目录中。若想知道当前所处的目录，可以使用 pwd 命令，该命令显示整个路径名。

```
语法：pwd;
```

说明：此命令显示出当前工作目录的绝对路径。

3) 进入其他目录：cd

功能：改变工作目录

```
语法：cd [directory];
```

说明：该命令将当前目录改变至 directory 所指定的目录。若没有指定 directory，则回到用户的主目录。为了改变到指定目录，用户必须拥有对指定目录的执行和读权限。

使用实例：

```
$ cd /root/
$ pwd
/root
```

4) 在屏幕上输出字符：echo

使用实例：

```
$ echo "hello"
```

```
Hello
```

5) 显示文件内容：cat

使用实例：

```
$ cat temp
text test temp
```

6) 复制文件：cp

cp 命令的功能是将给出的文件或目录复制到另一个文件或目录中，同 MSDOS 下的 copy 命令一样，功能十分强大。

```
语法：cp [选项] 源文件或目录目标文件或目录
```

说明：该命令把指定的源文件复制到目标文件或把多个源文件复制到目标目录中。

使用实例：

```
$ ls
Desktop Examples file2.txt new_file.txt
$ cp file2.txt file2_copy.txt
$ ls
Desktop Examples file2_copy.txt file2.txt new_file.txt
```

7) 移动文件：mv

用户可以使用 mv 命令来为文件或目录改名或将文件由一个目录移入另一个目录中。该命令如同 MSDOS 下的 ren 和 move 的组合。

```
语法：mv [选项] 源文件或目录目标文件或目录
```

使用实例：

```
$ ls
Desktop Examples file1.txt file2.txt
$ mv file1.txt new_file.txt
$ ls
Desktop Examples file2.txt new_file.txt
```

8) 建立一个空文本文件：touch

使用实例：

```
$ ls
Desktop Examples
$ touch file1.txt
$ ls
Desktop Examples file1.txt
```

9) 建立一个目录：mkdir

功能：创建一个目录(类似 MSDOS 下的 md 命令)

```
语法：mkdir [选项] dir-name
```

说明：该命令创建由 dir-name 命名的目录。要求创建目录的用户在当前目录中(dir-name 的父目录中)具有写权限，并且 dirname 不能是当前目录中已有的目录或文件名。

使用实例：

```
$ ls
Desktop Examples file2_copy.txt file2_new.txt new_file.txt
$ mkdir test_dir
$ ls
Desktop Examples file2_copy.txt file2_new.txt new_file.txt test_dir
```

10) 删除文件/目录：rm

用户可以用 rm 命令删除不需要的文件。该命令的功能为删除一个目录中的一个或多个文件或目录，它也可以将某个目录及其下的所有文件及子目录均删除。对于链接文件，只是断开了链接，原文件保持不变。

```
语法：rm [选项] 文件
```

说明：如果没有使用 -r 选项，则 rm 不会删除目录。

使用实例：

```
$ ls
Desktop Examples file2_copy.txt file2_new.txt new_file.txt test_dir
$ rm -r test_dir
$ ls
Desktop Examples file2_copy.txt file2_new.txt new_file.txt
$ rm new_file.txt
$ ls
Desktop Examples file2_copy.txt file2_new.txt
```

11) 访问权限：chmod

确定了一个文件的访问权限后，用户可以利用 Linux 系统提供的 chmod 命令来重新设定不同的访问权限，也可以利用 chown 命令来更改某个文件或目录的所有者。利用 chgrp 命令来更改某个文件或目录的用户组。

使用实例：

```
chmod u+s file 为 file 的属主加上特殊权限
chmod g+r file 为 file 的属组加上读权限
chmod o+w file 为 file 的其他用户加上写权限
chmod a-x file 为 file 的所有用户减去执行权限
chmod 765 file 为 file 的属主设为完全权限，属组设成读写权，其他用户具有读和执行权限
```

12) 改变所属的组：chown 命令

功能：更改某个文件或目录的属主和属组，这个命令也很常用。例如，root 用户把自己的一个文件复制给用户 xu，为了让用户 xu 能够存取这个文件，root 用户应该把这个文件的属主设为 xu，否则用户 xu 将无法存取这个文件。

```
语法：chown [选项] 用户或组文件
```

13) 修改密码：passwd 命令

出于系统安全考虑，Linux 系统中的每一个用户除了有其用户名外，还有其对应的用户口令。因此使用 useradd 命令增加时，还需使用 passwd 命令为每一位新增加的用户设置口令；用户以后还可以随时用 passwd 命令改变自己的口令。

使用实例：

```
$ sudo passwd root
New UNIX password:
Retype new UNIX password:
passwd: all authentication tokens updated successfully
```

14) write 命令

write 命令的功能是向系统中某一个用户发送信息。该命令的一般格式为：

```
write 用户账号[终端名称]
```

使用实例：

```
$ write Guest hello
```

此时系统进入发送信息状态，用户可以输入要发送的信息，输入完毕希望退出发送状态时，按 Ctrl+C 键即可。

15) mesg 指令

mesg 命令设定是否允许其他用户用 write 命令给自己发送信息。如果允许别人给自己发送信息，输入命令：# mesg y，否则输入：# mesg n。对于超级用户，系统的默认值为 n；而对于一般用户系统的默认值为 y。如果 mesg 后不带任何参数，则显示当前的状态是 y 还是 n。

16) shutdown 命令

shutdown 命令可以安全地关闭或重启 Linux 系统，它在系统关闭之前给系统上的所有登录用户提示一条警告信息。该命令还允许用户指定一个时间参数，可以是一个精确的时间，也可以是从现在开始的一个时间段。精确时间的格式是 hh:mm，表示小时和分钟；时间段由“+”和分钟数表示。系统执行该命令后，会自动进行数据同步的工作。

该命令的一般格式为：

```
shutdown [选项] [时间] [警告信息]
```

命令中各选项的含义如下。

(1) -k 并不真正关机，而只是发出警告信息给所有用户。

(2) -r 关机后立即重新启动。

(3) -h 关机后不重新启动。

(4) -f 快速关机，重启动时跳过 fsck。

(5) -n 快速关机，不经过 init 程序。

(6) -c 取消一个已经运行的 shutdown。

需要特别说明的是，该命令只能由超级用户使用。

17) cal 命令

cal 命令的功能是显示某年某月的日历。

该命令的一般格式为：

```
cal [选项] [月 [年]]
```

命令中各选项的含义如下。

(1) -j 显示出给定月中的每一天是一年中的第几天(从 1 月 1 日算起)。

(2) -y 显示出整年的日历。

18) clear 命令

clear 命令的功能是清除屏幕上的信息，它类似于 DOS 中的 cls 命令。清屏后，提示符移动到屏幕左上角。

19) 压缩解压：tar 命令

tar:-c 创建包；

-x 释放包；

-v 显示命令过程；

-z 代表压缩包。

使用实例：

```
tar -cvf benet.tar /home/benet 把/home/benet 目录打包
tar -zcvf benet.tar.gz /mnt 把目录打包并压缩
tar -tf benet.tar 看非压缩包的文件列表
tar -tf benet.tar.gz 看压缩包的文件列表
tar -xf benet.tar 非压缩包的文件恢复
tar -zxvf benet.tar.gz 压缩包的文件解压恢复
```

20) 查看系统命令

使用实例：

```
查看内核：uname -a
查看 Ubuntu 版本：cat /etc/issue
查看内核加载的模块：lsmod
查看 PCI 设备：lspci
查看 USB 设备：lsusb
查看网卡状态：sudo ethtool eth0
查看 CPU 信息：cat /proc/cpuinfo
显示当前硬件信息：lshw
查看当前的内存使用情况：free -l
查看硬盘的分区：sudo fdisk -l
查看硬盘剩余空间：df -hdf -H
查看目录占用空间：du -hs 目录名
```

6.2.2　Linux 下的编辑器 Vi

1. Vi 的工作模式

Vi 在初始启动后首先进入编辑模式，这时用户可以利用一些预先定义的按键来移动光标、删除文字、复制或粘贴文字等。这些按键均是普通的字符，例如，1 是向右移动光标，相当于向右箭头键；k 是向下移动光标，相当于向下箭头键。在编辑模式下，用户还可以利用一些特殊按键选定文字，然后再进行删除或复制等操作。当用户在编辑模式下键入 i、a、o 等命令之后，可进入插入模式；键入:可进入命名模式。在插入模式下，用户随后输入的除 Esc 之外的任何字符均将被看成是插入到编辑缓冲区中的字符。按 Esc 键之后，从插入模式切换到编辑模式。在命令模式，Vi 将把光标挪到屏幕的最下方，并在第一个字符的位置显示一个冒号。这时，用户就可以键入一些命令。这些命令可用来保存文件、读取文件内容、执行 shell 命令、设置 Vi 参数、以正则表达式的方式查找字符串或替换字符串等。

2. 编辑模式

1) 移动光标

要对正文内容进行修改，首先必须把光标移动到指定位置。移动光标的最简单的方式是按键盘的上、下、左、右箭头键。除了这种最原始的方法之外，用户还可以利用 Vi 提供的众多字符组合键，在正文中移动光标，从而迅速地到达指定的行或列，实现定位。

使用实例：

```
k、j、h、l              功能分别等同于上、下、左、右箭头键
Ctrl+b                  在文件中向上移动一页(相当于 PageUp 键)
Ctrl+f                  在文件中向下移动一页(相当于 PageDown 键)
H                       将光标移到屏幕的最上行(Highest)
nH                      将光标移到屏幕的第 n 行
2H                      将光标移到屏幕的第 2 行
M                       将光标移到屏幕的中间(Middle)
L                       将光标移到屏幕的最下行(Lowest)
nL                      将光标移到屏幕的倒数第 n 行
3L                      将光标移到屏幕的倒数第 3 行
W                       在指定行内右移光标，到下一个字的开头
e                       在指定行内右移光标，到一个字的末尾
b                       在指定行内左移光标，到前一个字的开头
0                       数字 0，左移光标，到本行的开头
$                       右移光标，到本行的末尾
^                       移动光标，到本行的第一个非空字符
```

2) 替换和删除

将光标定位于文件内指定位置后，可以用其他字符来替换光标所指向的字符，或从当前光标位置删除一个或多个字符。

使用实例：

```
rc                      用 c 替换光标所指向的当前字符
nrc                     用 c 替换光标所指向的前 n 个字符
5rc                     用 c 替换光标所指向的前 5 个字符
x                       删除光标所指向的当前字符
nx                      删除光标所指向的前 n 个字符
3x                      删除光标所指向的前 3 个字符
dw                      删除光标右侧的字
```

```
ndw                                删除光标右侧的 n 个字
3dw                                删除光标右侧的 3 个字
db                                 删除光标左侧的字
ndb                                删除光标左侧的 n 个字
5db                                删除光标左侧的 5 个字
dd                                 删除光标所在行，并去除空隙
ndd                                删除 n 行内容，并去除空隙
3dd                                删除 3 行内容，并去除空隙
```

3) 粘贴和复制

从正文中删除的内容(如字符、字或行)并没有真正丢失，而是被剪切并复制到了一个内存缓冲区中。用户可将其粘贴到正文中的指定位置。完成这一操作的命令是：

小写字母 p 将缓冲区的内容粘贴到光标的后面；

大写字母 P 将缓冲区的内容粘贴到光标的前面。

如果缓冲区的内容是字符或字，直接粘贴在光标的前面或后面；如果缓冲区的内容为整行正文则粘贴在当前光标所在行的上一行或下一行。

注意上述两个命令中字母的大小写。Vi 编辑器经常以一对大、小写字母(如 p 和 P)来提供一对相似的功能。通常，小写命令在光标的后面进行操作，大写命令在光标的前面进行操作。有时需要复制一段正文到新位置，同时保留原有位置的内容。这种情况下，首先应当把指定内容复制(而不是剪切)到内存缓冲区。完成这一操作的命令是：

```
yy                                 复制当前行到内存缓冲区
nyy                                复制 n 行内容到内存缓冲区
5yy                                复制 5 行内容到内存缓冲区
```

4) 搜索字符串

同许多先进的编辑器一样，Vi 提供了强大的字符串搜索功能。要查找文件中指定字或短语出现的位置，可以用 Vi 直接进行搜索，而不必以手工方式进行。搜索方法是键入字符/，后面跟要搜索的字符串，然后按回车键。编辑程序执行正向搜索(即朝文件末尾方向)，并在找到指定字符串后，将光标停到该字符串的开头；键入 n 命令可以继续执行搜索，找出这一字符串下次出现的位置。用字符 ? 取代 / ，可以实现反向搜索(朝文件开头方向)。

使用实例：

```
/str1                              正向搜索字符串 str1
n                                  继续搜索，找出 str1 字符串下次出现的位置
?str2                              反向搜索字符串 str2
```

无论搜索方向如何，当到达文件末尾或开头时，搜索工作会循环到文件的另一端并继续执行。

5) 撤销和重复

在编辑文档的过程中，为消除某个错误的编辑命令造成的后果，可以使用撤销命令。另外，如果用户希望在新的光标位置重复前面执行过的编辑命令，可使用重复命令。

```
u                                  撤销前一条命令的结果；
.                                  重复最后一条修改正文的命令。
```

6) 文本选中

Vi 可进入到一种称为 Visual 的模式，在该模式下，用户可以用光标移动命令可视地选择文本，然后再执行其他编辑操作，如删除、复制等。v 选中字符命令，V 选中行命令。

3. 插入模式

1) 进入插入模式

在编辑模式下正确定位光标之后，可用以下命令切换到插入模式。

```
i        在光标左侧输入正文。
a        在光标右侧输入正文。
o        在光标所在行的下一行增添新行。
O        在光标所在行的上一行增添新行。
I        在光标所在行的开头输入正文。
A        在光标所在行的末尾输入正文。
```

上面介绍了几种切换到插入模式的简单方法。另外还有一些命令，它们允许在进入插入模式之前首先删去一段正文，从而实现正文的替换。这些命令包括如下几种。

```
s        用输入的正文替换光标所指向的字符。
ns       用输入的正文替换光标右侧 n 个字符。
cw       用输入的正文替换光标右侧的字。
ncw      用输入的正文替换光标右侧的 n 个字。
cb       用输入的正文替换光标左侧的字。
ncb      用输入的正文替换光标左侧的 n 个字。
cd       用输入的正文替换光标的所在行。
ncd      用输入的正文替换光标下面的 n 行。
c$       用输入的正文替换从光标开始到本行末尾的所有字符。
c0       用输入的正文替换从本行开头到光标的所有字符。
```

2) 退出插入模式

退出插入模式的方法是按 Esc 键。

4. 命令模式

在 Vi 的命令模式下，可以使用复杂的命令。在编辑模式下键入:，光标就跳到屏幕最后一行，并在那里显示冒号，此时已进入命令模式。命令模式又称为“末行模式”，用户输入的内容均显示在屏幕的最后一行，按回车键，Vi 执行命令。

5. 退出命令

在编辑模式下可以用 ZZ 命令退出 Vi 编辑程序，该命令保存对正文所作的修改，覆盖原始文件。如果只需要退出编辑程序，而不打算保存编辑的内容，可用下面的命令。

```
: q      在未做修改的情况下退出。
: q!     放弃所有修改，退出编辑程序。
```

6. 行号与文件

编辑中的每一行正文都有自己的行号，用下列命令可以移动光标到指定行。

```
: n 将光标移到第 n 行。
```

在命令模式下，可以规定命令操作的行号范围。数值用来指定绝对行号；字符“.”表示光标所在行的行号。

字符$表示正文最后一行的行号；简单的表达式，例如，“.+5”表示当前行往下的第5行。

使用实例：

```
:345                    将光标移到第 345 行
:345w file              将第 345 行写入 file 文件
:3,5w file              将第 3 行至第 5 行写入 file 文件
:1,.w file              将第 1 行至当前行写入 file 文件
:.,$w file              将当前行至最后一行写入 file 文件
:.,.+5w file            从当前行开始将 6 行内容写入 file 文件
:1,$w file              将所有内容写入 file 文件，相当于 :w file 命令
```

在命令模式下，允许从文件中读取正文，或将正文写入文件。例如

```
:w                      将编辑的内容写入原始文件，用来保存编辑的中间结果
:wq                     将编辑的内容写入原始文件并退出编辑程序(相当于 ZZ 命令)
:w file                 将编辑的内容写入 file 文件，保持原有文件的内容不变
:a,bw file              将第 a 行至第 b 行的内容写入 file 文件
:r file                 读取 file 文件的内容，插入当前光标所在行的后面
:e file                 编辑新文件 file 代替原有内容
:f file                 将当前文件重命名为 file
:f                      打印当前文件名称和状态，如文件的行数、光标所在的行号等
```

7. 字符串搜索

给出一个字符串，可以通过搜索该字符串到达指定行。如果希望进行正向搜索，将待搜索的字符串置于两个“/”之间；如果希望反向搜索，则将字符串放在两个“?”之间。

使用实例：

```
:/str/                  正向搜索，将光标移到下一个包含字符串 str 的行
:?str?                  反向搜索，将光标移到上一个包含字符串 str 的行
:/str/w file            正向搜索，并将第一个包含字符串 str 的行写入 file 文件
:/str1/,/str2/w file    正向搜索，并将包含字符串 str1 的行至包含字符串 str2 的
                        行写入 file 文件
```

8. 正文替换

利用 :s 命令可以实现字符串的替换。

使用实例：

```
:s/str1/str2/           用字符串 str2 替换行中首次出现的字符串 str1
:s/str1/str2/g          用字符串 str2 替换行中所有出现的字符串 str1
:.,$ s/str1/str2/g      用字符串 str2 替换正文当前行到末尾所有出现的字符串 str1
:1,$ s/str1/str2/g      用字符串 str2 替换正文中所有出现的字符串 str1
```

从上述替换命令可以看到：g 放在命令末尾，表示对搜索字符串的每次出现进行替换；不加 g，表示只对搜索字符串的首次出现进行替换。

9. 删除正文

在命令模式下，同样可以删除正文中的内容。

使用实例：

```
:d                 删除光标所在行
:3d                删除 3 行
:.,$d              删除当前行至正文的末尾
:/str1/,/str2/d    删除从字符串 str1 到 str2 的所有行
```

10. 恢复文件

Vi 在编辑某个文件时，会另外生成一个临时文件，这个文件的名称通常以 . 开头，并以.swp 结尾。Vi 在正常退出时，该文件被删除，若意外退出，而没有保存文件的最新修改内容，则可以使用恢复命令：

```
:recover           恢复文件
```

也可以在启动 Vi 时利用 -r 选项。

11. 选项设置

为控制不同的编辑功能，Vi 提供了很多内部选项。利用 :set 命令可以设置选项。基本语法为：

```
:set option        设置选项 option
```

常见的功能选项包括如下几种。

```
autoindent         设置该选项，则正文自动缩进
ignorecase         设置该选项，则忽略规则表达式中大小写字母的区别
number             设置该选项，则显示正文行号
ruler              设置该选项，则在屏幕底部显示光标所在行、列的位置
tabstop            设置按 Tab 键跳过的空格数。例如，:set tabstop=n，n 默认值为 8
mk                 将选项保存在当前目录的 .exrc 文件中
```

12. shell 切换

在编辑正文时，利用 Vi 命令模式下提供的 shell 切换命令，无须退出 Vi 即可执行 Linux 命令，十分方便。语法格式为：

```
:! command       执行完 shell 命令 command 后回到 Vi
```

另外，在编辑模式下，键入 K，可命令 Vi 查找光标所在单词的手册页，相当于运行 man 命令。

13. vim 和 gvim 的高级特色

Vim 代表 Vi Improved，如同其名称所暗示的那样，Vim 作为标准 UNIX 系统 Vi 编辑

器的提高版而存在。Vim 除提供和 Vi 编辑器一样强大的功能外，还提供有多级恢复、命令行历史以及命令及文件名补全等功能。

gvim 是 Vi 的 X Window 版本，该版本支持鼠标选中以及一些高级光标移动功能，并且带有菜单和工具按钮。

6.2.3 Linux 下的 shell

1. shell 简介

shell 是一种具备特殊功能的程序，它是介于使用者和 UNIX/Linux 操作系统之核心程序(kernel)间的一个接口。为什么说 shell 是一种介于系统核心程序与使用者间的中介者呢？因为操作系统是一个系统资源的管理者与分配者，当用户存在需求时，用户需向系统提出；从操作系统的角度来看，它也必须防止使用者因为错误的操作而对系统造成伤害。众所周知，对计算机下命令得透过命令(command)或是程序(program)；程序有编译器(compiler)将程序转为二进制代码，可是命令呢？其实 shell 也是一种程序，它由输入设备读取命令，再将其转为计算机可以了解的机械码，然后执行它。

各种操作系统都有它自己的 shell，以 DOS 为例，它的 shell 就是 command.com。如同 DOS 下有 NDOS、4DOS、DRDOS 等不同的命令解译程序可以取代标准的 command.com，UNIX 下除了 Bourne shell(/bin/sh)外还有 C shell(/bin/csh)、Korn shell(/bin/ksh)、Bourne again shell(/bin/bash)、Tenex C shell(tcsh)等其他的 shell。UNIX/Linux 将 shell 独立于核心程序之外，使得它就如同一般的应用程序，可以在不影响操作系统本身的情况下进行修改、更新版本或是添加新的功能。

在系统启动时，核心程序会被加载内存，负责管理系统的工作，直到系统关闭为止。它建立并控制着处理程序，管理内存、档案系统、通信等。而其他的程序，包括 shell 程序，都存放在磁盘中。核心程序将它们加载内存，执行它们，并且在它们中止后清理系统。

刚开始学 UNIX/Linux 系统时，大部分的时间会花在提示符号(prompt)下执行命令。如果经常输入一组相同形式的命令，可能会想要自动执行那些工作。如此，可以将一些命令放入一个档案(称为命令档，script)，然后执行该档。一个 shell 命令档很像是 DOS 下的批次档(如 Autoexec.bat)：它把一连串的 UNIX 命令存入一个档案，然后执行该档。较成熟的命令档还支持若干现代程序语言的控制结构，譬如说能做条件判断、循环、档案测试、传送参数等。学着写命令档，不仅要学习程序设计的结构和技巧，而且要对 UNIX/Linux 公用程序及如何运作需有深入的了解。有些公用程序的功能非常强大(如 grep、sed 和 awk)，它们常被用于命令档来操控命令输出和档案。对那些工具和程序设计结构变得熟悉之后，就可以开始写命令档了。由命令档执行命令时，就已经把 shell 当做程序语言使用了。

2. shell 的发展历史

第一个有重要意义的标准的 UNIX shell 是 V7(AT&T 的第 7 版)UNIX，在 1979 年底被提出，且以它的创造者 Stephen Bourne 来命名。Bourne shell 是以 Algol 语言为基础来设计的，主要被用来做自动化系统管理工作。虽然 Bourne shell 以简单和速度而受欢迎，但它缺少许多交谈性使用的特色，如历程、别名和工作控制。

C shell 在加州大学柏克来分校于 20 世纪 70 年代末期发展而成，而以 2BSD UNIX 的部分发行。这个 shell 主要是由 Bill Joy 编写，提供了一些在标准 Bourne shell 所看不到的额外特色。C shell 是以 C 程序语言作为基础，且它被用来当程序语言时，能共享类似的语法。它还提供在交谈式运用上的改进，如命令列历程、别名和工作控制。因为 C shell 是在大型机器上设计出来的，且增加了一些额外功能，所以 C shell 在小型机器上跑得较慢，即使在大型机器上跟 Bourne shell 比起来也显得缓慢。

有了 Bourne shell 和 C shell 之后，UNIX 使用者就有了选择，争论哪一个 shell 较好。AT&T 的 David Korn 在 20 世纪 80 年代中期发明了 Korn shell，在 1986 年发行且在 1988 年成为正式的部分 SVR4 UNIX。Korn shell 实际上是 Bourne shell 的超集，且不只可在 UNIX 系统上执行，同时也可在 OS/2、VMS、和 DOS 上执行。它提供了和 Bourne shell 向上兼容的能力，且增加了许多在 C shell 上受欢迎的特色，更增加了速度和效率。Korn shell 已历经许多修正版，要找寻当前使用的是哪一个版本可在 ksh 提示符号下按 Ctrl-V 键。

在大部分的 UNIX 系统，3 种著名且广被支持的 shell 是 Bourne shell(AT&T shell，在 Linux 下是 BASH)、C shell(Berkeley shell，在 Linux 下是 TCSH)和 Korn shell(Bourne shell 的超集)。这 3 种 shell 在交谈(interactive)模式下的表现相当类似，但作为命令文件语言时，在语法和执行效率上就有些不同了。

Bourne shell 是标准的 UNIX shell，以前常被用来作为管理系统之用。大部份的系统管理命令文件，例如，rc start、stop 与 shutdown 都是 Bourne shell 的命令档，且在单一使用者模式(singleuser mode)下以 root 签入时它常被系统管理者使用。Bourne shell 是由 AT&T 发展的，以简洁、快速著名。Bourne shell 提示符号的默认值是$。

C shell 是柏克莱大学(Berkeley)开发的，且加入了一些新特性，如命令列历程(history)、别名(alias)、内建算术、档名完成(filename completion)和工作控制(job control)。对于常在交谈模式下执行 shell 的使用者而言，他们较喜爱使用 C shell；但对于系统管理者而言，则较偏好以 Bourne shell 来做命令档，因为 Bourne shell 命令档比 C shell 命令档来的简单及快速。C shell 提示符号的默认值是%。

Korn shell 是 Bourne shell 的超集(superset)，由 AT&T 的 David Korn 开发。它增加了一些特色，比 C shell 更为先进。Korn shell 的特色包括了可编辑的历程、别名、函式、正规表达式万用字符(regular expression wildcard)、内建算术、工作控制(job control)、共作处理(coprocessing)和特殊的除错功能。Bourne shell 几乎和 Korn shell 完全向上兼容(upward_compatible)，所以在 Bourne shell 下开发的程序仍能在 Korn shell 上执行。Korn shell 提示符号的默认值也是$。在 Linux 系统使用的 Korn shell 称为 pdksh(Public Domain Korn Shell)。

除了执行效率稍差外，Korn shell 在许多方面都比 Bourne shell 好；但是若将 Korn shell 与 C shell 相比就很困难，因为二者在许多方面都各有所长，就效率和容易使用上看，Korn shell 优于 C shell，许多使用者对 C Shell 的执行效率都有负面印象。

在 shell 的语法方面，Korn shell 比较接近一般程序语言，而且它具有子程序的功能及提供较多的资料型态。至于 Bourne shell，它所拥有的资料型态是 3 种 shell 中最少的，仅提供字符串变量和布尔型态。在整体考量下 Korn shell 是三者中表现最佳者，其次为 C shell，最后才是 Bourneshell，但是在实际使用中仍有其他应列入考虑的因素，如速度是最

重要的选择时，很可能采用 Bourne shell，因它是最基本的 shell，执行的速度最快。

tcsh 是近几年崛起的一个免费软件(Linux 下的 C shell 其实就是使用 tcsh 执行的)，它虽然不是 UNIX 的标准配备，但是从许多地方都可以下载到它。如果是 C shell 的拥护者，笔者建议不妨试试 tcsh，因为至少可以将它当成是 C shell 来使用。如果愿意花点时间学习，还可以享受许多它新增的优越功能，例如：

(1) tcsh 提供了一个命令行(command line)编辑程序。

(2) 提供了命令行补全功能。

(3) 提供了拼写更正功能。它能够自动检测并更正在命令行拼错的命令或是单字。

(4) 危险命令侦测并提醒的功能，避免用户不小心执行了 rm*这种杀伤力极大的命令。

(5) 提供常用命令的快捷方式(shortcut)。

bash 对 Bourne shell 是向下兼容(backward compatible)的，并融入许多 C shell 与 Korn shell 的功能。这些功能其实 C shell(当然也包括 tcsh)都有，只是过去 Bourne shell 都未支持。以下将介绍 bash 6 点重要的改进。

(1) 工作控制(job contorl)。bash 支持关于工作的讯号与指令，本章稍后会提及。

(2) 别名功能(aliases)。alias 命令是用来为一个命令建立另一个名称，它的运作就像一个宏，展开成为它所代表的命令。别名并不会替代命令的名称，它只是赋予那个命令另一个名字。

(3) 命令历程(command history)。

bash shell 加入了 C shell 所提供的命令历程功能，它用 history 工具程序记录了最近用户执行过的命令。命令是由 1 开始编号，默认最大值为 500。要查看这些命令，可以在命令行键入 history，如此将会显示最近执行过的命令清单，并在前方加上编号。

这些命令在技术上每个都称为一个事件。事件描述的是一个已经采取的行动(已经被执行的命令)。事件是依照执行的顺序而编号，越近的事件其编号越大，这些事件都是以它的编号或命令的开头字符来辨认的。history 工具程序让用户参照一个先前发生过的事件，将它放在命令行上并允许用户执行它。最简单的方法是用上下键一次放一个历程事件在用户的命令列上；用户并不需要先用 history 显示清单。按一次向上键会将最后一个历程事件放在用户的命令列上，再按一次会放入上一个历史事件。按向下键则会将后一个事件放在命令行上。

(4) 命令行编辑程序。

bash shell 命令行编辑能力是内建的，可以让用户在执行之前可以轻松地修改其输入的命令。若用户在输入命令时拼错了字，不需重新输入整个命令，只需在执行命令之前使用编辑功能纠正错误即可。这尤其适合于使用冗长的路径名称当作参数的命令时。命令行编辑作业是 Emacs 编辑命令的一部分，用户可以用 Ctrl+F 或向右键往后移一个字符，Ctrl+b 或向左键往回移一个字符。Ctrl+D 或 DEL 键会删除光标目前所在处的字符。要增加文字的话，用户只需将光标移到要插入文字的地方并键入新字符即可。无论何时，用户都可以按 Enter 键执行命令。

(5) 允许使用者自定按键。

(6) 提供更丰富的变量型态、命令与控制结构至 shell 中。

bash与tcsh一样可以从许多网站上免费下载，它们的性质也十分类似，都是整合其前一代的产品然后增添新的功能，这些新增的功能主要着重在强化 shell 的程序设计能力以及让使用者能够自行定义自己偏好的作业环境。除了上述的5种shell之外，zsh也是一个广为UNIX 程序设计人员与进阶使用者所采用的shell，zsh 基本上也是Bourne shell 功能的扩充。

3. shell 的使用

不论是哪一种 shell，它最主要的功用都是解译使用者在命令行提示符号下输入的指令。shell语法分析命令行，把它分解成以空白区分开的符号(token)，在此空白包括了Tab键、空白和换行(NewLine)。如果这些字包含了 metacharacter，shell 将会评估(evaluate)它们的正确用法。另外，shell还管理档案输入输出及幕后处理(background processing)。在处理命令行之后，shell 会寻找命令并开始执行它们。

shell的另一个重要功用是提供个人化的使用者环境，这通常在 shell 的初始化档案中完成(.profile、.login、.cshrc、.tcshrc等)。这些档案包括了设定终端机键盘和定义窗口的特征，设定变量，定义搜寻路径、权限、提示符号和终端机类型，以及设定特殊应用程序所需要的变量，如窗口、文字处理程序及程序语言的链接库。Korn shell和C shell加强了个别化的能力：增加例程、别名和内建变量集以避免使用者误杀档案、不慎签出，并在当工作完成时通知使用者。

shell也能当解译性的程序语言(interpreted programing language)。shell程序通常称为命令文件，它由列在档案内的命令构成。此程序在编辑器中编辑(虽然也可以直接在命令行下写程序，online scripting)，由 UNIX 命令和基本的程序结构，如变量的指定、测试条件和循环所构成。用户不需要编译 shell 命令档，shell 本身会解译命令档中的每一行，就如同由键盘输入一样。shell 负责解译命令，而使用者则必须了解这些命令能做什么。本书的6.2.1节列出了一些有用的命令和它们的使用方法。

4. shell 的功能

为了确保任何提示符号下输入的命令都能够适当地执行。shell 担任的工作包括以下几种。

(1) 读取输入和语法分析命令列。
(2) 对特殊字符求值。
(3) 设立管线、转向和幕后处理。
(4) 处理讯号。
(5) 设立程序来执行。

6.2.4 Linux 下的编译器 GCC

在为 Linux 开发应用程序时，绝大多数情况下使用的都是 C 语言，因此几乎每一位Linux程序员面临的首要问题都是如何灵活运用C编译器。目前Linux下最常用的C语言编译器是GCC(GNU Compiler Collection)，它是GNU项目中符合ANSI C标准的编译系统，

能够编译用C、C++和Object C等语言编写的程序。GCC不仅功能非常强大，结构也异常灵活。最值得称道的一点就是它可以通过不同的前端模块来支持各种语言，如Java、Fortran、Pascal、Modula-3和Ada等。

开放、自由和灵活是Linux的魅力所在，而这一点在GCC上的体现就是程序员通过它能够更好地控制整个编译过程。在使用GCC编译程序时，编译过程可以被细分为4个阶段：预处理(Pre-Processing)、编译(Compiling)、汇编(Assembling)、链接(Linking)。

Linux程序员可以根据自己的需要让GCC在编译的任何阶段结束，以便检查或使用编译器在该阶段的输出信息，或者对最后生成的二进制文件进行控制，以便通过加入不同数量和种类的调试代码来为今后的调试做好准备。和其他常用的编译器一样，GCC也提供了灵活而强大的代码优化功能，利用它可以生成执行效率更高的代码。

GCC提供了30多条警告信息和3个警告级别，使用它们有助于增强程序的稳定性和可移植性。此外，GCC还对标准的C和C++语言进行了大量的扩展，提高了程序的执行效率，有助于编译器进行代码优化，能够减轻编程的工作量。

1. GCC起步

在学习使用GCC之前，下面的这个例子能够帮助用户迅速理解GCC的工作原理，并将其立即运用到实际的项目开发中去。首先用熟悉的编辑器输入清单1所示的代码。

```
清单 1: hello.c
#include <stdio.h>
int main(void)
{
printf ("Hello world, Linux programming!\n");
return 0;
}
然后执行下面的命令编译和运行这段程序：
$ gcc hello.c -o hello
$ ./hello
Hello world, Linux programming!
```

从程序员的角度看，只需简单地执行一条GCC命令就可以了，但从编译器的角度来看，却需要完成一系列非常繁杂的工作。首先，GCC需要调用预处理程序cpp，由它负责展开在源文件中定义的宏，并向其中插入#include语句所包含的内容；接着，GCC会调用ccl和as将处理后的源代码编译成目标代码；最后，GCC会调用链接程序ld，把生成的目标代码链接成一个可执行程序。

为了更好地理解GCC的工作过程，可以把上述编译过程分成几个步骤单独进行，并观察每步的运行结果。第一步是进行预编译，使用-E参数可以让GCC在预处理结束后停止编译过程：

```
$ gcc -E hello.c -o hello.i
```

此时若查看hello.i文件中的内容，会发现stdio.h的内容确实都插到文件里去了，而其他应当被预处理的宏定义也都做了相应的处理。下一步是将hello.i编译为目标代码，这可

以通过使用 -c 参数来完成：

```
$ gcc -c hello.i -o hello.o
```

GCC 默认将 .i 文件看成是预处理后的 C 语言源代码，因此上述命令将自动跳过预处理步骤而开始执行编译过程，也可以使用 -x 参数让 GCC 从指定的步骤开始编译。最后一步是将生成的目标文件链接成可执行文件：

```
$ gcc hello.o -o hello
```

在采用模块化的设计思想进行软件开发时，通常整个程序是由多个源文件组成的，相应地也就形成了多个编译单元，使用 GCC 能够很好地管理这些编译单元。假设有一个由 foo1.c 和 foo2.c 两个源文件组成的程序，为了对它们进行编译，并最终生成可执行程序 foo，可以使用下面这条命令：

```
$ gcc foo1.c foo2.c -o foo
```

如果同时处理的文件不止一个，GCC 仍然会按照预处理、编译和链接的过程依次进行。如果深究起来，上面这条命令大致相当于依次执行如下 3 条命令：

```
$ gcc -c foo1.c -o foo1.o
$ gcc -c foo2.c -o foo2.o
$ gcc foo1.o foo2.o -o foo
```

在编译一个包含许多源文件的工程时，若只用一条 GCC 命令来完成编译是非常浪费时间的。假设项目中有 100 个源文件需要编译，并且每个源文件中都包含 10000 行代码，如果像上面那样仅用一条 GCC 命令来完成编译工作，那么 GCC 需要将每个源文件都重新编译一遍，然后再全部链接起来。很显然，这样浪费的时间相当多，尤其是当用户只是修改了其中某一个文件的时候，完全没有必要将每个文件都重新编译一遍，因为很多已经生成的目标文件是不会改变的。要解决这个问题，关键是要灵活运用 GCC，同时还要借助像 Make 这样的工具。

2. 警告提示功能

GCC 包含完整的出错检查和警告提示功能，它们可以帮助 Linux 程序员写出更加专业和优美的代码。先来读清单 2 所示的程序，这段代码写得很糟糕，仔细检查一下不难挑出很多毛病。

(1) main 函数的返回值被声明为 void，但实际上应该是 int。

(2) 使用了 GNU 语法扩展，即使用 long long 来声明 64 位整数，也不符合 ANSI/ISO C 语言标准。

(3) main 函数在终止前没有调用 return 语句。

```
清单 2：illcode.c
#include <stdio.h>
void main(void)
{
long long int var = 1;
```

```
    printf("It is not standard C code!\n");
    }
```

下面来看看 GCC 是如何帮助程序员来发现这些错误的。当 GCC 在编译不符合 ANSI/ISO C 语言标准的源代码时，如果加上了 -pedantic 选项，那么使用了扩展语法的地方将产生相应的警告信息：

```
    $ gcc -pedantic illcode.c -o illcode
    illcode.c: In function 'main': illcode.c:9: ISO C89 does not support 'long
long' illcode.c:8: return type
    of 'main' is not 'int'
```

需要注意的是，-pedantic 编译选项并不能保证被编译程序与 ANSI/ISO C 标准的完全兼容，它仅仅只能用来帮助 Linux 程序员离这个目标越来越近。换句话说，-pedantic 选项能够帮助程序员发现一些不符合 ANSI/ISO C 标准的代码，但不是全部，事实上只有 ANSI/ISO C 语言标准中要求进行编译器诊断的那些情况，才有可能被 GCC 发现并提出警告。

除了-pedantic 之外，GCC 还有一些其他编译选项也能产生有用的警告信息。这些选项大多以 -W 开头，其中最有价值的当数 -Wall 了，使用它能够使 GCC 产生尽可能多的警告信息：

```
    $ gcc -Wall illcode.c -o illcode
    illcode.c:8: warning: return type of 'main' is not 'int' illcode.c: In function
'main': illcode.c:9:
    warning: unused variable 'var'
```

GCC 给出的警告信息虽然从严格意义上说不能算是错误，却很可能成为错误的栖身之所。一个优秀的 Linux 程序员应该尽量避免产生警告信息，使自己的代码始终保持简洁、优美和健壮的特性。

在处理警告方面，另一个常用的编译选项是 -Werror，它要求 GCC 将所有的警告当成错误进行处理，这在使用自动编译工具(如 Make 等)时非常有用。如果编译时带上 -Werror 选项，那么 GCC 会在所有产生警告的地方停止编译，迫使程序员对自己的代码进行修改。只有当相应的警告信息消除时，才可能将编译过程继续朝前推进。执行情况如下：

```
    $ gcc -Wall -Werror illcode.c -o illcode
    cc1: warnings being treated as errors illcode.c:8: warning: return type
of 'main' is not 'int' illcode.c:
    In function 'main': illcode.c:9: warning: unused variable 'var'
```

对 Linux 程序员来讲，GCC 给出的警告信息是很有价值的，它们不仅可以帮助程序员写出更加健壮的程序，而且还是跟踪和调试程序的有力工具。建议在用 GCC 编译源代码时始终带上 -Wall 选项，并把它逐渐培养成为一种习惯，这对找出常见的隐式编程错误很有帮助。

3. 库依赖

在 Linux 下开发软件时，完全不使用第三方函数库的情况是比较少见的，通常来讲都需要借助一个或多个函数库的支持才能够完成相应的功能。从程序员的角度看，函数库实际上就是一些头文件(.h)和库文件(.so 或者.a)的集合。虽然 Linux 下的大多数函数都默认将头文件放到 /usr/include/目录下，而库文件则放到/usr/lib/目录下，但并不是所有的情况都是这样。正因如此，GCC 在编译时必须有自己的办法来查找所需要的头文件和库文件。

GCC 采用搜索目录的办法来查找所需要的文件，-I 选项可以向 GCC 的头文件搜索路径中添加新的目录。例如，如果在/home/embest/include/目录下有编译时所需要的头文件，为了让 GCC 能够顺利地找到它们，就可以使用 -I 选项：

```
$ gcc foo.c -I /home/embest/include -o foo
```

同样，如果使用了不在标准位置的库文件，那么可以通过 -L 选项向 GCC 的库文件搜索路径中添加新的目录。例如，如果在/home/embest/lib/目录下有链接时所需要的库文件 libfoo.so，为了让 GCC 能够顺利地找到它，可以使用下面的命令：

```
$ gcc foo.c -L /home/embest/lib -l foo -o foo
```

-l 选项指示 GCC 去链接库文件 libfoo.so。Linux 下的库文件在命名时有一个约定，那就是应该以 lib 3 个字母开头，由于所有的库文件都遵循了同样的规范，因此在用 -l 选项指定链接的库文件名时可以省去 lib 3 个字母，也就是说 GCC 在对 -foo 进行处理时，会自动去链接名为 libfoo.so 的文件。

Linux 下的库文件分为两大类分别是动态链接库(通常以 .so 结尾)和静态链接库(通常以 .a 结尾)，两者的差别仅在程序执行时所需的代码是在运行时动态加载的，还是在编译时静态加载的。默认情况下，GCC 在链接时优先使用动态链接库，只有当动态链接库不存在时才考虑使用静态链接库，如果需要的话可以在编译时加上 -static 选项，强制使用静态链接库。例如，如果在/home/embest/lib/目录下有链接时所需要的库文件 libfoo.so 和 libfoo.a，为了让 GCC 在链接时只用到静态链接库，可以使用下面的命令：

```
$ gcc foo.c -L /home/embest/lib -static -l foo -o foo
```

4. 代码优化

代码优化指的是编译器通过分析源代码，找出其中尚未达到最优的部分，然后对其重新进行组合，目的是改善程序的执行性能。GCC 提供的代码优化功能非常强大，它通过编译选项 -On 来控制优化代码的生成，其中 n 是一个代表优化级别的整数。对于不同版本的 GCC 来讲，n 的取值范围及其对应的优化效果可能并不完全相同，比较典型的范围是从 0 变化到 2 或 3。

编译时使用选项 -O 告诉 GCC 同时减小代码的长度和执行时间，其效果等价于 -O1。在这一级别上能够进行的优化类型虽然取决于目标处理器，但一般都会包括线程跳转(Thread Jump)和延迟退栈(Deferred Stack Pops)两种优化。选项 -O2 告诉 GCC 除了完成所有 -O1 级别的优化之外，同时还要进行一些额外的调整工作，如处理器指令调度等。选项 -O3 则除了完成所有 -O2 级别的优化之外，还包括循环展开和其他一些与处理器特性相关的优化工作。通常来说，数字越大优化的等级越高，同时也就意味着程序的运行速度越快。

许多 Linux 程序员都喜欢使用 -O2 选项，因为它在优化长度、编译时间和代码大小之间，取得了一个比较理想的平衡点。

下面通过具体实例来感受一下 GCC 的代码优化功能，所用程序如清单 3 所示。

```
清单 3：optimize.c
#include <stdio.h>
int main(void)
{
double counter;
double result;
double temp;
for (counter = 0; counter < 2000.0 * 2000.0 * 2000.0 / 20.0 + 2020; counter
+= (5-1) / 4)
{
temp = counter / 1979; result = counter;
}
printf("Result is %lf\n", result); return 0;
}
```

首先不加任何优化选项进行编译：

```
$ gcc -Wall optimize.c -o optimize
```

借助 Linux 提供的 time 命令，可以大致统计出该程序在运行时所需要的时间：

```
$ time ./optimize
Result is 400002019.000000 real 0m14.942s user 0m14.940s sys 0m0.000s
```

接下来使用优化选项来对代码进行优化处理：

```
$ gcc -Wall -O optimize.c -o optimize
```

在同样的条件下再次测试一下运行时间：

```
$ time ./optimize
Result is 400002019.000000 real 0m3.256s user 0m3.240s sys 0m0.000s
```

对比两次执行的输出结果不难看出，程序的性能的确得到了很大幅度的改善，由原来的 14 秒缩短到了 3 秒。这个例子是专门针对 GCC 的优化功能而设计的，因此优化前后程序的执行速度发生了很大的改变。尽管 GCC 的代码优化功能非常强大，但作为一名优秀的 Linux 程序员，首先还是要力求能够手工编写出高质量的代码。如果编写的代码简短，并且逻辑性强，编译器就不会做更多的工作，甚至根本用不着优化。

优化虽然能够给程序带来更好的执行性能，但在如下一些场合中应该避免优化代码。

(1) 程序开发的时候优化等级越高，消耗在编译上的时间就越长，因此在开发时最好不要使用优化选项，只有到软件发行或开发结束时，才考虑对最终生成的代码进行优化。

(2) 资源受限的时候一些优化选项会增加可执行代码的体积，如果程序在运行时能够申请到的内存资源非常紧张(如一些实时嵌入式设备)，那就不要对代码进行优化，因为由这带来的负面影响可能会产生非常严重的后果。

(3) 跟踪调试并在对代码进行优化时，某些代码可能会被删除或改写，或者为了取得更佳的性能而进行重组，从而使跟踪和调试变得异常困难。

5. 调试

一个功能强大的调试器不仅为程序员提供了跟踪程序执行的手段，而且还可以帮助程序员找到解决问题的方法。对于Linux程序员来讲，GDB(GNU Debugger)通过与GCC的配合使用，为基于Linux的软件开发提供了一个完善的调试环境。

默认情况下，GCC在编译时不会将调试符号插入到生成的二进制代码中，因为这样会增加可执行文件的大小。如果需要在编译时生成调试符号信息，可以使用GCC的-g或者-ggdb选项。GCC在产生调试符号时，同样采用了分级的思路，开发人员可以通过在-g选项后附加数字1、2或3来指定在代码中加入调试信息的多少。默认的级别是2(-g2)，此时产生的调试信息包括扩展的符号表、行号、局部或外部变量信息。级别3(-g3)包含级别2中的所有调试信息，以及源代码中定义的宏。级别1(-g1)不包含局部变量和与行号有关的调试信息，因此只能够用于回溯跟踪和堆栈转储之用。回溯跟踪指的是监视程序在运行过程中的函数调用历史，堆栈转储则是一种以原始的十六进制格式保存程序执行环境的方法，两者都是经常用到的调试手段。

GCC产生的调试符号具有普遍的适应性，可以被许多调试器加以利用，但如果使用的是GDB，那么还可以通过-ggdb选项在生成的二进制代码中包含GDB专用的调试信息。这种做法的优点是可以方便GDB的调试工作，但缺点是可能导致其他调试器(如DBX)无法进行正常的调试。选项-ggdb能够接受的调试级别和-g是完全一样的，它们对输出的调试符号有着相同的影响。

需要注意的是，使用任何一个调试选项都会使最终生成的二进制文件的大小急剧增加，同时增加程序在执行时的开销，因此调试选项通常仅在软件的开发和调试阶段使用。调试选项对生成代码大小的影响从下面的对比过程中可以看出来：

```
$ gcc optimize.c -o optimize
$ ls optimize -l
-rwxrwxr-x 1 embest embest 11649 Nov 20 08:53 optimize (未加调试选项)
$ gcc -g optimize.c -o optimize
$ ls optimize -l
-rwxrwxr-x 1 embest embest 15889 Nov 20 08:54 optimize (加入调试选项)
```

虽然调试选项会增加文件的大小，但事实上Linux中的许多软件在测试版本甚至最终发行版本中仍然使用了调试选项来进行编译，这样做的目的是鼓励用户在发现问题时自己动手解决，这是Linux的一个显著特色。

下面通过一个具体的实例来说明如何利用调试符号来分析错误，所用程序见清单4所示。

```
清单 4: crash.c
#include <stdio.h>
int main(void)
{
int input =0;
printf("Input an integer:");
```

```
    scanf("%d", input);
    printf("The integer you input is %d\n", input);
    return 0;
    }
```

编译并运行上述代码，会产生一个严重的段错误(Segmentation fault)如下：

```
$ gcc -g crash.c -o crash
$ ./crash
Input an integer:10 Segmentation fault
```

为了更快速地发现错误所在，可以使用 GDB 进行跟踪调试，方法如下：

```
$ gdb
crash GNU gdb ……
(gdb)
```

当 GDB 提示符出现的时候，表明 GDB 已经做好准备进行调试了，现在可以通过 run 命令让程序开始在 GDB 的监控下运行：

```
    (gdb) run Starting program: /home/embest/thesis/gcc/code/crash
    Input an integer:10 Program received signal SIGSEGV, Segmentation fault.
0x4008576b in
    _IO_vfscanf_internal () from /lib/libc.so.6
```

仔细分析一下 GDB 给出的输出结果不难看出，程序是由于段错误而导致异常中止的，说明内存操作出了问题，具体发生问题的地方是在调用 _IO_vfscanf_internal ( )的时候。为了得到更加有价值的信息，可以使用 GDB 提供的回溯跟踪命令 backtrace，执行结果如下：

```
(gdb) backtrace
#0 0x4008576b in _IO_vfscanf_internal () from /lib/libc.so.6
#1 0xbffff0c0 in ?? ()
#2 0x4008e0ba in scanf () from /lib/libc.so.6
#3 0x08048393 in main () at crash.c:11
#4 0x40042917 in __libc_start_main () from /lib/libc.so.6
```

跳过输出结果中的前面 3 行，从输出结果的第 4 行中不难看出，GDB 已经将错误定位到 crash.c 中的第 11 行了。现在仔细检查一下：

```
(gdb) frame 3
#3 0x08048393 in main () at crash.c:11 11 scanf("%d", input);
```

使用 GDB 提供的 frame 命令可以定位到发生错误的代码段，该命令后面跟着的数值可以在 backtrace 命令输出结果中的行首找到。现在已经发现错误所在了，应该将 scanf("%d", input); 改为 scanf("%d", &input); 完成后就可以退出 GDB 了，命令如下：

```
(gdb) quit
```

GDB 的功能远远不止如此，它还可以单步跟踪程序、检查内存变量和设置断点等。

调试时可能会需要用到编译器产生的中间结果，这时可以使用 -save-temps 选项，让 GCC 将预处理代码、汇编代码和目标代码都作为文件保存起来。如果想检查生成的代码是否能够通过手工调整的办法来提高执行性能，在编译过程中生成的中间文件将会很有帮助，具体情况如下：

```
$ gcc -save-temps foo.c -o foo
$ ls foo*
foo foo.c foo.i foo.s
```

GCC 支持的其他调试选项还包括 -p 和 -pg，它们会将剖析(Profiling)信息加入到最终生成的二进制代码中。剖析信息对于找出程序的性能瓶颈很有帮助，是协助 Linux 程序员开发出高性能程序的有力工具。在编译时加入 -p 选项会在生成的代码中加入通用剖析工具(Prof)能够识别的统计信息，而 -pg 选项则生成只有 GNU 剖析工具(Gprof)才能识别的统计信息。

最后提醒一点，虽然 GCC 允许在优化的同时加入调试符号信息，但优化后的代码对于调试本身而言将是一个很大的挑战。代码经过优化后，在源程序中声明和使用的变量很可能不再使用，控制流也可能会突然跳转到意外的地方，循环语句有可能因为循环展开而变得到处都有，所有这些对调试来讲都将是一场噩梦。建议在调试的时候最好不使用任何优化选项，只有当程序在最终发行的时候才考虑对其进行优化。

6. 加速

在将源代码变成可执行文件的过程中，需要经过许多中间步骤，包含预处理、编译、汇编和链接。这些过程实际上是由不同的程序负责完成的。大多数情况下 GCC 可以为 Linux 程序员完成所有的后台工作，自动调用相应程序进行处理。

这样做有一个很明显的缺点，就是 GCC 在处理每一个源文件时，最终都需要生成好几个临时文件才能完成相应的工作，从而无形中导致处理速度变慢。例如，GCC 在处理一个源文件时，可能需要一个临时文件来保存预处理的输出、一个临时文件来保存编译器的输出、一个临时文件来保存汇编器的输出，而读写这些临时文件显然需要耗费一定的时间。当软件项目变得非常庞大的时候，花费在这上面的代价可能会变得很沉重。

解决的办法是，使用 Linux 提供的一种更加高效的通信方式——管道。它可以用来同时链接两个程序，其中一个程序的输出将被直接作为另一个程序的输入，这样就可以避免使用临时文件，但编译时需要消耗更多的内存。

在编译过程中使用管道是由 GCC 的-pipe 选项决定的。下面的这条命令就是借助 GCC 的管道功能来提高编译速度的：

```
$ gcc -pipe foo.c -o foo
```

在编译小型工程时使用管道，编译时间上的差异可能还不是很明显，但在源代码非常多的大型工程中，差异将变得非常明显。

7. 文件扩展名

在使用 GCC 的过程中，用户对一些常用的扩展名一定要熟悉，并知道其含义。为了方便大家学习使用 GCC，在此将这些扩展名罗列如下。

```
.c      C 原始程序；
```

```
.C      C++原始程序;
.cc     C++原始程序;
.cxx    C++原始程序;
.m      Objective-C 原始程序;
.i      已经预处理过的 C 原始程序;
.ii     已经预处理过的 C++原始程序;
.s      组合语言原始程序;
.S      组合语言原始程序;
.h      预处理文件(标头文件);
.o      目标文件;
.a      存档文件。
```

8. GCC 常用选项

GCC 作为 Linux 下 C/C++重要的编译环境，功能强大，编译选项繁多。为了方便大家日后编译方便，在此将常用的选项及说明罗列出来如下。

```
-c 通知 GCC 取消链接步骤，即编译源码并在最后生成目标文件;
-Dmacro 定义指定的宏，使它能够通过源码中的#ifdef 进行检验;
-E 不经过编译预处理程序的输出而输送至标准输出;
-g3 获得有关调试程序的详细信息，它不能与-o 选项联合使用;
-Idirectory 在包含文件搜索路径的起点处添加指定目录;
-llibrary 提示链接程序在创建最终可执行文件时包含指定的库;
-O、-O2、-O3 将优化状态打开，该选项不能与-g 选项联合使用;
-S 要求编译程序生成来自源代码的汇编程序输出;
-v 启动所有警报;
-Wall 在发生警报时取消编译操作，尽可能找出多的警告信息;
-Werror 在发生警报时取消编译操作，即把报警当作是错误;
-w 禁止所有的报警。
```

9. 小结

GCC 是在 Linux 下开发程序时必须掌握的工具之一。本文对 GCC 做了简要的介绍，主要讲述了如何使用 GCC 编译程序、产生警告信息、调试程序和加快 GCC 的编译速度。对所有希望早日跨入 Linux 开发者行列的人来说，GCC 就是成为一名优秀的 Linux 程序员的起跑线。

6.2.5 认识 Makefile

Make 是 Linux 下的一款程序自动维护工具，配合 Makefile 使用，就能根据程序中模块的修改情况，自动判断应该对哪些模块重新编译，从而保证软件是由最新的模块构成。本文分为上下两部分，此外将紧紧围绕 make 在软件开发中的应用展开详细的介绍。

1. 都是源文件太多惹的祸

在开发的程序中涉及众多源文件时，常常会引起一些问题。首先，如果程序只有两三个源文件，那么修改代码后直接重新编译全部源文件就行了，但是如果程序的源文件较多，这种简单的处理方式就有问题了。

设想一下，如果只修改了一个源文件，却要重新编译所有源文件，那么这显然是在浪费时间。其次，要是只重新编译那些受影响的文件的话，又该如何确定这些文件呢？例如，用户使用了多个头文件，那么它们会被包含在各个源文件中，修改了某些头文件后，哪些源文件受影响，哪些与此无关呢？如果采取拉网式大检查的话，就费劲了。

由此可以看出，源文件多了是件让人头疼的事。幸运的是，实用程序 make 可以解决这两个问题——当程序的源文件改变后，它能保证所有受影响的文件都将重新编译，而不受影响的文件则不予编译。

2. Make 程序的命令行选项和参数

make 程序能够根据程序中各模块的修改情况，自动判断应对哪些模块重新编译，保证软件是由最新的模块构建的。至于检查哪些模块，以及如何构建软件由 Makefile 文件来决定。make 可以在 Makefile 中进行配置，除此之外还可以利用 make 程序的命令行选项对它进行即时配置。make 命令参数的典型序列如下所示：

```
make [-f makefile 文件名][选项][宏定义][目标]
```

这里用[]括起来的表示是可选的。命令行选项由破折号“—”指明，后面跟选项，如：make—e；如果需要多个选项，可以只使用一个破折号，如：make—kr；也可以每个选项使用一个破折号，如：make—k—r；甚至混合使用也行，如：make—e—kr。

make 命令本身的命令行选项较多，这里只介绍在开发程序时最为常用的 3 个。

1) －k

如果使用该选项，即使 make 程序遇到错误也会继续向下运行；如果没有该选项，在遇到第一个错误时 make 程序马上就会停止，那么后面的错误情况就不得而知了。可以利用这个选项来查出所有存在编译问题的源文件。

2) －n

该选项使 make 程序进入非执行模式，也就是说将原来应该执行的命令输出，而不是执行。

3) －f

该选项指定作为 Makefile 文件的名称。如果不用该选项，那么 make 程序首先在当前目录查找名为 Makefile 的文件，如果没有找到，它就会转而查找名为 Makefile 的文件。如果在 Linux 下使用 GNUMake 的话，它会首先查找 GNUmakefile，之后再搜索 makefile 和 Makefile。按照惯例，许多 Linux 程序员使用 Makefile，因为这样能使 Makefile 出现在目录中所有以小写字母命名的文件的前面。最好不要使用 GNUmakefile 这一名称，因为它只适用于 make 程序的 GNU 版本。

当想构建指定目标的时候，如要生成某个可执行文件，那么就可以在 make 命令行中给出该目标的名称；如果命令行中没有给出目标的话，make 命令会设法构建 makefile 中的第一个目标。可以利用这一特点，将 all 作为 makefile 中的第一个目标，然后将让目标作为 all 所依赖的目标，这样当命令行中没有给出目标时，也能确保它会被构建。

3. Makefile 概述

上面提到，make 命令对于构建具有多个源文件的程序有很大的帮助。事实上，只有 make 命令还是不够的，前面说过还必须用 makefile 告诉它要做什么以及怎么做才行，对于程序开发而言，就是告诉 make 命令应用程序的组织情况。

现在对 makefile 的位置和数量简单说一下。一般情况下，makefile 会和项目的源文件放在同一个目录中。另外，系统中可以有多个 makefile，一般来说一个项目使用一个 makefile 就可以了；如果项目很大的话，可以考虑将它分成较小的部分，然后用不同的 makefile 来管理项目的不同部分。

make 命令和 Makefile 配合使用，能给项目管理带来极大的便利，除了用于管理源代码的编译之外，还用于建立手册页，同时还能将应用程序安装到指定的目录下。

因为 Makefile 用于描述系统中模块之间的相互依赖关系，以及产生目标文件所要执行的命令，所以一个 makefile 由依赖关系和规则两部分内容组成，下面分别加以解释。

依赖关系由一个目标和一组该目标所依赖的源文件组成。这里所说的目标就是将要创建或更新的文件，最常见的是可执行文件。规则用来说明怎样使用所依赖的文件来建立目标文件。

当 make 命令运行时，会读取 makefile 来确定要建立的目标文件或其他文件，然后对源文件的日期和时间进行比较，从而决定使用哪些规则来创建目标文件。一般情况下，在建立起最终的目标文件之前，肯定免不了要建立一些中间性质的目标文件。这时，make 命令也是使用 makefile 来确定这些目标文件的创建顺序，以及它们的规则序列。

4. makefile 中的依赖关系

make 程序自动生成和维护通常是可执行模块或应用程序的目标，目标的状态取决于它所依赖的那些模块的状态。make 的思想是为每一块模块都设置一个时间标记，然后根据时间标记和依赖关系来决定哪一些文件需要更新。一旦依赖模块的状态改变了，make 就会根据时间标记的新旧执行预先定义的一组命令来生成新的目标。

依赖关系规定了最终得到的应用程序跟生成它的各个源文件之间的关系。图 6.11 描述了可执行文件 main 对所有的源程序文件及其编译产生的目标文件之间的依赖关系。

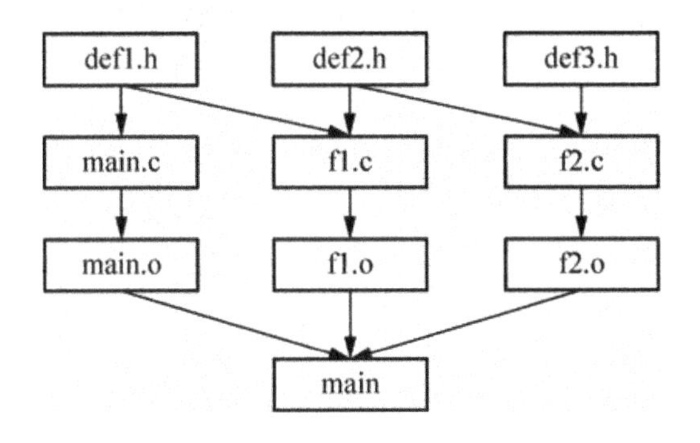

图 6.11　模块间的依赖关系

由图 6.11 可知，可执行程序 main 依赖于 main.o、f1.o 和 f2.o。与此同时，main.o 依赖于 main.c 和 def1.h；f1.o 依赖于 f1.c、def1.h 和 def2.h；而 f2.o 则依赖于 f2.c、def2.h 和 def3.h。在 makefile 中，可以用目标名称加冒号，后跟空格键或 Tab 键，再加上由空格键或 Tab 键分隔的一组用于生产目标模块的文件来描述模块之间的依赖关系。对于上例来说，可以进行以下描述：

```
main: main.o f1.o f2.o
main.o: main.c def1.h
f1.o: f1.c def1.h def2.h
f2.o: f2.c def2.h def3.h
```

不难发现，上面的各个源文件跟各模块之间的关系具有一个明显的层次结构，如果 def2.h 发生了变化，那么就需要更新 f1.o 和 f2.o，而 f1.o 和 f2.o 发生了变化的话，那么 main 也需要随之重新构建。

默认情况下，make 程序只更新 makefile 中的第一个目标，如果希望更新多个目标文件的话，可以使用一个特殊的目标 all，假如想在一个 makefile 中更新 main 和 hello 这两个程序文件的话，可以加入下列语句达到这个目的：

```
all: main hello
```

5. makefile 中的规则

除了指明目标和模块之间的依赖关系之外，makefile 还要规定相应的规则来描述如何生成目标，或者说使用哪些命令来根据依赖模块产生目标。就上例而言，当 make 程序发现需要重新构建 f1.o 的时候，该使用哪些命令来完成呢？很遗憾，到目前为止，虽然 make 知道哪些文件需要更新，但是却不知道如何进行更新，因为还没有告诉它相应的命令。

当然，也可以使用命令 gcc -c f1.c 来完成，不过如果需要规定一个 include 目录，或者为将来的调试准备符号信息的话，该怎么办呢？所有这些，都需要在 makefile 中用相应规则显式地指出。

实际上，makefile 是以相关行为为基本单位的，相关行用来描述目标、模块及规则(即命令行)三者之间的关系。一个相关行格式通常为：冒号左边是目标(模块)名；冒号右边是目标所依赖的模块名；紧跟着的规则(即命令行)是由依赖模块产生目标所使用的命令。相关行的格式为：

```
目标：[依赖模块][;命令]
```

习惯上写成多行形式，如下所示：

```
目标：[依赖模块]
命令
命令
```

需要注意的是，如果相关行写成一行，“命令”之前用分号“ ; ”隔开；如果分成多行书写的话，后续的行务必以 Tab 字符为先导。对于 makefile 而言，空格字符和 Tab 字符是不同的。所有规则所在的行必须以 Tab 键开头，而不是空格键。初学者一定要对此保持

警惕，因为这是新手最容易疏忽的地方，因为几个空格键和一个 Tab 键肉眼是看不出区别的，但 make 命令却能明察秋毫。

此外，如果在 makefile 文件中的行尾加上空格键的话，也会导致 make 命令运行失败。所以，编写时一定要小心，免得耽误许多时间。

6. Makefile 文件举例

根据图 6.11 的依赖关系，这里给出了一个完整的 makefile 文件，这个例子很简单，由 4 个相关行组成，将其命名为 mymakefile1。文件内容如下所示：

```
main: main.o f1.o f2.o
gcc -o main main.o f1.o f2.o
main.o: main.c def1.h
gcc -c main.c
f1.o: f1.c def1.h def2.h
gcc -c f1.c
f2.o: f2.c def2.h def3.h
gcc -c f2.c
```

注意，由于这里没有使用缺省名 makefile 或者 Makefile，所以一定要在 make 命令行中加上 -f 选项。如果在没有任何源码的目录下执行命令 make -f Mymakefile1 的话，将收到下面的消息：

```
make: *** No rule to make target 'main.c', needed by 'main.o'. Stop.
```

Make 命令将 makefile 中的第一个目标即 main 作为要构建的文件，所以它会寻找构建该文件所需要的其他模块，并判断出必须使用一个称为 main.c 的文件。因为迄今尚未建立该文件，而 makefile 又不知道如何建立它，所以只好报告错误。现在建立这个源文件，为简单起见，让头文件为空，创建头文件的具体命令如下：

```
$ touch def1.h
$ touch def2.h
$ touch def3.h
```

将 main 函数放在 main.c 文件中，让它调用 function2 和 function3，但将这两个函数的定义放在另外两个源文件中。由于这些源文件含有#include 命令，所以它们肯定依赖于所包含的头文件。如下所示：

```
/* main.c */
#include
#include "def1.h"
extern void function2();
extern void function3();
int main()
{
function2();
function3();
exit (EXIT_SUCCESS);
}
```

```
/* f1.c */
#include "def1.h"
#include "def2.h"
void function2() {
}
/* f2.c */
#include "def2.h"
#include "def3.h"
void function3(){
}
```

建好源代码后，再次运行 make 程序，看看情况如何：

```
$ make -f Mymakefile1
gcc -c main.c
gcc -c f1.c
gcc -c f2.c
gcc -o main main.o f1.o f2.o
```

这次顺利通过，说明 make 命令已经正确处理了 makefile 描述的依赖关系，并确定出了需要建立哪些文件，以及它们的建立顺序。虽然在 makefile 中首先列出的是如何建立 main，但 make 还是能够正确地判断出这些文件的处理顺序，并按相应的顺序调用规则部分规定的相应命令来创建这些文件。当这些命令执行时，make 程序会按照执行情况来显示这些命令。

现对 def2.h 加以变动，来看看 makefile 能否对此做出相应的回应：

```
$ touch def2.h
$ make -f Mymakefile1
gcc -c f1.c
gcc -c f2.c
gcc -o main main.o f1.o f2.o
```

这说明，当 make 命令读取 makefile 后，只对受 def2.h 变化影响的模块进行了必要的更新，注意它的更新顺序，它先编译了 C 程序，最后链接生成了可执行文件。删除目标文件后会发生什么情况，先执行删除，命令如下：

```
$ rm f1.o
然后运行 make 命令，如下所示：
$ make -f Mymakefile1
gcc -c f1.c
gcc -o main main.o f1.o f2.o
```

7. makefile 中的宏

在 makefile 中可以使用诸如 XLIB、UIL 等类似于 shell 变量的标识符，这些标识符在 makefile 中称为“宏”，它可以代表一些文件名或选项。宏的作用类似于 C 语言中的 define，利用它们来代表某些多处使用而又可能发生变化的内容，可以节省重复修改的工作，还可以避免遗漏。

make 的宏分为两类，一类是用户自己定义的宏，一类是系统内部定义的宏。用户定义的宏必须在 makefile 或命令行中明确定义，系统定义的宏不由用户定义。

下面是一个包含宏的 makefile 文件，将其命名为 mymakefile2，如下所示：

```
all: main
# 使用的编译器
CC = gcc
#包含文件所在目录
INCLUDE = .
# 在开发过程中使用的选项
CFLAGS = -g -Wall -ansi
# 在发行时使用的选项
# CFLAGS = -O -Wall -ansi
main: main.o f1.o f2.o
$(CC) -o main main.o f1.o f2.o
main.o: main.c def1.h
$(CC) -I$(INCLUDE) $(CFLAGS) -c main.c
f1.o: f1.c def1.h def2.h
$(CC) -I$(INCLUDE) $(CFLAGS) -c f1.c
f2.o: f2.c def2.h def3.h
$(CC) -I$(INCLUDE) $(CFLAGS) -c f2.c
```

在 makefile 中，注释以#为开头，至行尾结束。注释可以帮助别人理解 makefile，如果时间久了，有些东西编写者自己也会忘掉，因此它们对 makefile 的编写者来说也是很有必要的。

既可以在 make 命令行中定义宏，也可以在 makefile 中定义宏。在 makefile 中定义宏的基本语法是：

```
宏标识符=值列表
```

其中，宏标识符即宏的名称通常全部大写，但它实际上可以由大、小写字母、阿拉伯数字和下划线构成。等号左右的空白符没有严格要求，因为它们最终将被 make 删除。至于值列表，既可以是零项，也可以是一项或者多项。如：

```
LIST_VALUE = one two three
```

当一个宏定义之后，就可以通过$(宏标识符)或者${宏标识符}来访问这个标识符所代表的值了。

在 makefile 中，宏经常用作编译器的选项。很多时候，处于开发阶段的应用程序在编译时是不用优化的，但是需要调试信息；而正式版本的应用程序却正好相反，没有调试信息的代码不仅所占内存较小，进行过优化的代码运行起来也更快。

对于 mymakefile1 来说，它假定所用的编译器是 gcc，不过在其他的 UNIX 系统上，更常用的编译器是 cc 或者 c89，而非 gcc。如果想让自己的 makefile 适用于不同的 UNIX 操作系统，或者在一个系统上使用其他种类的编译器，这时就不得不对这个 makefile 中的多处进行修改。

但对于 mymakefile2 来说则不存在这个问题，只需修改一处，即宏定义的值就行了。

除了可以在 makefile 中定义宏的值之外，还可以在 make 命令行中加以定义，如：

```
$ make CC=c89
```

当命令行中的宏定义跟 makefile 中的定义有冲突时，以命令行中的定义为准。当在 makefile 文件之外使用时，宏定义必须作为单个参数进行传递，所以要避免使用空格，但是更妥当的方法是使用引号，如：

```
$ make "CC = c89"
```

这样就不必担心空格所引起的问题了。现在把前面的编译结果删掉，来测试一下 mymakefile2 的工作情况。命令如下所示：

```
$ rm *.o main
$ make -f Mymakefile2
gcc -I. -g -Wall -ansi -c main.c
gcc -I. -g -Wall -ansi -c f1.c
gcc -I. -g -Wall -ansi -c f2.c
gcc -o main main.o f1.o f2.o
```

make 程序会用相应的定义来替换宏引用$(CC)、$(CFLAGS)和$(INCLUDE)，这跟 C 语言中的宏的用法比较相似。

上面介绍了用户定义的宏，现在介绍 make 的内部宏。常用的内部宏有以下几种。

(1) $? ：比目标的修改时间更晚的那些依赖模块表。

(2) $@ ：当前目标的全路径名。可用于用户定义的目标名的相关行中。

(3) $< ：比给定的目标文件时间标记更新的依赖文件名。

(4) $* ：去掉后缀的当前目标名。例如，若当前目标是 pro.o，则$*表示 pro。

思考与练习

1．什么是 GCC？试述它的执行过程。

2．编写一个简单的 C 程序，输出 Hello　Linux！，在 Linux 下用 GCC 进行编译。

3．在 Linux 下使用 GCC 编译器和 GDB 调试器编写汉诺塔游戏程序。

第7章

嵌入式Linux系统开发

了解了嵌入式开发的基础后，本章主要学习如何搭建嵌入式Linux开发的环境，通过本章的学习，读者能够掌握以下内容。

(1) 掌握嵌入式交叉编译环境的搭建。

(2) 学会交叉编译工具链的制作。

(3) 掌握Bootloader的原理。

(4) 熟悉Linux内核的编译。

(5) 学会Linux根文件系统的搭建。

(6) 学会嵌入式Linux的内核相关代码的分布情况。

(7) 学会Linux映像固化及运行。

7.1 交叉编译工具

交叉编译是嵌入式开发过程中的一项重要技术，简单地说，就是在一个平台上生成另一个平台上的可执行代码。交叉编译这个概念的出现和流行是和嵌入式系统的广泛发展同步的。常用的计算机软件都需要通过编译的方式，把使用高级计算机语言编写的代码(如C代码)编译(compile)成计算机可以识别和执行的二进制代码。交叉编译的主要特征是某机器中执行的程序代码不是由本机编译生成，而是由另一台机器编译生成的，一般把前者称为目标机，后者称为主机，交叉开发模型如图7.1所示。使用交叉编译是因为目标平台上不允许或不能够安装开发所需要的编译器，而又需要该编译器的某些特征；有时是因为目标平台上的资源贫乏，无法运行开发所需要的编译器；有时

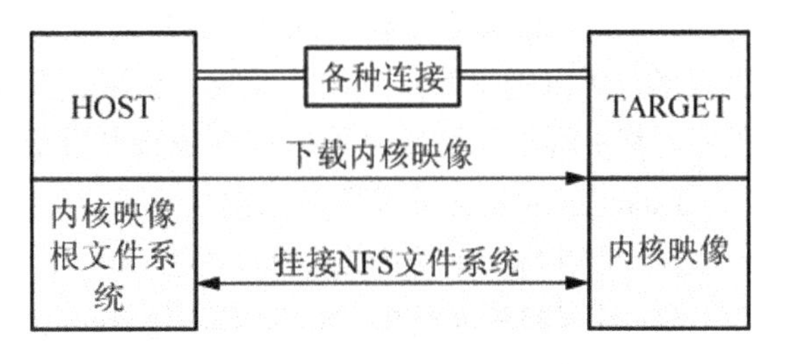

图7.1 交叉开发模型

是因为目标平台还没有建立，连操作系统都没有，根本谈不上运行编译器。

交叉编译的引入主要是由于不同架构的 CPU 的指令集不相同，如在 x86 架构的处理器上编译运行的程序，不能直接在 XScale 构架处理器上运行，不同的 CPU 有不同的编译器；另一方面，编译器本身也是程序，也要在某一个 CPU 平台上运行，而嵌入式目标系统不能提供足够的资源，不能运行编译器。

这里所谓的平台，实际上包含两个概念：体系结构(Architecture)和操作系统(Operating System)。同一个体系结构可以运行不同的操作系统，同样，同一操作系统也可以在不同的体系结构上运行。例如，常说的 x86 Linux 平台实际上是 Intel x86 体系结构和 Linux for x86 操作系统的统称，而 x86 WinNT 平台实际上是 Intel x86 体系结构和 Windows NT for x86 操作系统的统称。

要进行交叉编译，就需要在主机平台上安装对应的交叉编译工具链(cross compilation tool chain)，然后用这个交叉编译工具链编译源代码，最终生成可在目标平台上运行的代码。

运行于宿主机上的交叉开发环境至少必须包含编译调试模块，其编译器为交叉编译器。宿主机一般为基于 x86 体系的台式计算机，而编译出的代码必须在 ARM 体系结构的目标机上运行，这就是所谓的交叉编译。在宿主机上编译好目标代码后，通过宿主机到目标机的调试通道将代码下载到目标机，然后由运行于宿主机的调试软件控制代码在目标机上运行调试。为了方便调试开发，交叉开发环境一般为一个整合编辑、编译汇编链接、调试、工程管理及函数库等功能模块的集成开发环境(Integrated Development Environment，IDE)。

7.1.1 宿主机与交叉编译

1. 交叉编译器及交叉编译环境的组成

交叉编译器不仅仅是指将一种编程语言的代码转换成对象代码的软件，还指以下几种必要的开发工具。

(1) 汇编器：编译器工具链后端的一部分。

(2) 连接器：编译器工具链后端的另一部分。

(3) 用于处理可执行程序和库的一些基本工具，如 Binutils 等。

一般采用装有 Linux 操作系统的 PC 作为开发系统，PC 通常为 x86 体系结构，目标板为 ARM 系列的体系结构。PC 的 CPU 处理速度及系统资源一般要比 ARM 的处理速度要快得多，所以把 PC 作为开发系统，利用交叉编译生成可在 ARM 开发板上运行的二进制程序，然后通过网络或其他方式下载到开发板后运行。

Linux 下的交叉编译环境如图 7.2 所示，主要包括以下几部分。

(1) 针对目标系统的编译器 GCC。

(2) 针对目标系统的二进制工具包 Binutils。

(3) 目标系统的标准 C 库 Glibc。

(4) 目标系统的 Linux 内核头文件。

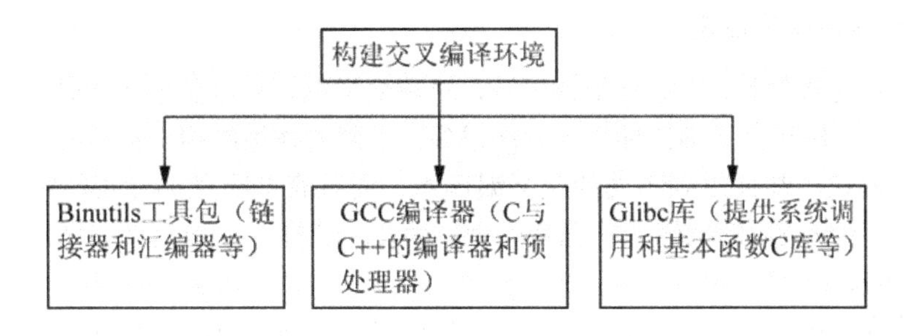

图 7.2　Linux 的交叉编译环境

交叉编译环境的建立最重要的是要有一个交叉编译器。交叉编译器的生成依赖于相应的函数库，而这些函数库又依靠编译器来编译，这里有个“蛋和鸡”的关系，所以最初第一个版本的编译器肯定得用机器码去生成，现在的编译器就不必了。这里主要用到的编译器是 ARM-Linux-GCC，它是 GCC 的 ARM 改版。GCC 是功能强大的 C 语言编译工具，其历史比 Linux 还长。无论编译器的功能有多强大，实质都是一样的，都是把某种以数字和符号为内容的高级编程语言转换成机器语言指令的集合。编译工具的基本结构如图 7.3 所示。

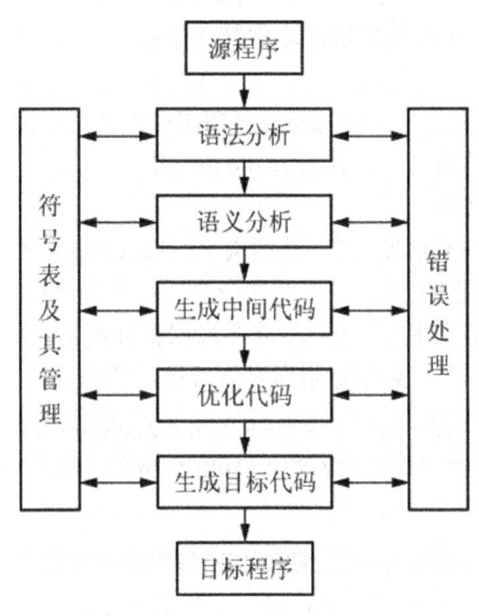

图 7.3　编译工具的基本结构

编译过程中，仅有一个编译器是不行的，还必须和其他的一些辅助工具联合。编译器语言通常用机器语言或汇编语言编写而成，也可以用其他高级语言编写。编译过程中，编译器把源程序的各类信息和编译各阶段的中间信息保存在不同的符号表中。表格管理程序负责构造、查找和更新这些表格。错误处理程序的主要功能是处理各个阶段中出现的错误。

2. 交叉编译环境的搭建

交叉编译的概念在上面已经详细讲述过，搭建交叉编译环境是嵌入式开发的第一步，也是必备的一步。搭建交叉编译环境的方法很多，不同的体系结构、不同的操作内容甚至是不同版本的内核，都会用到不同的交叉编译器，而且有些交叉编译器经常会有部分的Bug，这些都会导致最后的代码无法正常运行。因此，选择合适的交叉编译器对嵌入式开发是非常重要的。

交叉编译器完整的安装一般涉及多个软件的安装，包括Binutils、GCC、Glibc等软件。其中，Binutils主要用于生成一些辅助工具，如objdump、as、ld等；GCC用来生成交叉编译器，主要生成arm-linux-gcc交叉编译工具(应该说，生成此工具后已经搭建起了交叉编译环境，可以编译Linux内核了，但由于没有提供标准用户函数库，用户程序还无法编译)；Glibc主要提供用户程序所使用的一些基本的函数库。这样，交叉编译环境就完全搭建起来了。

建立交叉编译环境主要有常规的6个步骤，比较烦琐，本书仅做简单介绍。

1) 下载源代码

可以到相关网站(ftp://ftp.gnu.org)下载包括Binutils、GCC、Glibc及Linux内核的源代码并设定shell变量PREFIX指定可执行程序的安装路径。(需要注意的是，Glibc和内核源代码的版本必须与目标机上实际使用的版本保持一致)。

2) 编译binutils

首先运行configure文件，并使用--prefix=$PREFIX参数指定安装路径，使用--target=arm-linux参数指定目标机类型，然后执行make install。

3) 配置Linux内核头文件

首先执行make mrproper进行清理工作，然后执行make config ARCH=arm(或makemenuconfig/xconfig ARCH=arm)进行配置(注意，一定要在命令行中使用ARCH=arm指定CPU架构，因为缺省架构为主机的CPU架构)，这一步需要根据目标机的实际情况进行详细配置。

配置完成后，需要将内核头文件复制到安装目录，代码如下：

```
cp -dR include/asm-arm $PREFIX/arm-linux/include/asm
cp -dR include/linux $PREFIX/arm-linux/include/linux
```

4) 第一次编译GCC

首先运行configure文件，使用--prefix=$PREFIX参数指定安装路径，使用--target= arm-linux参数指定目标机类型，并使用--disable-threads、--disable-shared、--enable-languages=c等参数，然后执行make install。这一步将生成一个最简单的GCC。由于编译整个GCC需要目标机的Glibc库，该库现在还不存在，因此需要首先生成一个最简单的GCC，它只需要具备编译目标机Glibc库的能力即可。

5) 交叉编译Glibc

这一步骤生成的代码是针对目标机CPU的，因此它属于一个交叉编译过程。该过程要用到Linux内核头文件，默认路径为$PREFIX/arm-linux/sys-linux，因而需要在$PREFIX/arm-linux中建立一个名为sys-linux的软链接，使其指向内核头文件所在的include目录，

或者也可以在接下来要执行的 configure 命令中，使用--with-headers 参数指定 Linux 内核头文件的实际路径。

configure 的运行参数设置如下(因为是交叉编译，所以要将编译器变量 CC 设为 arm-linux-gcc)：

```
CC=arm-linux-gcc ./configure --prefix=$PREFIX/arm-linux --host=arm-linux
--enable-add-ons
```

最后，按以上配置执行 configure 和 make install，Glibc 的交叉编译过程就算完成了，需要指出的是，Glibc 的安装路径设置为$PREFIXARCH=arm/arm-linux，如果此处设置不当，第二次编译 GCC 时可能找不到 Glibc 的头文件和库。

6) 第二次编译 GCC

Glibc 是供用户程序使用的一些基本的函数库，由于在前面编译 GCC 时避开了与 Glibc 有关的部分，所以在 Glibc 编译完成后必须重新编译 GCC，以便得到完整的 ARM-Linux-GCC 的交叉编译器。

运行 configure，参数设置为：

```
--prefix=$PREFIX --target=arm-linux --enable-languages=c,c++
```

运行 make install。到此为止，就可得到需要的交叉编译工具链。

7.1.2　ARM 交叉编译器制作实例

下面介绍在 Linux 下怎样建立 arm-linux 下的 GCC 交叉编译工具，采用自动配置 crosstool 工具。

文中所用到的源码如下：

```
linux-2.6.12.tar.bz2,crosstool-0.42.tar.gz,binutils-2.16.tar.bz2,linux
-libc-headers-2.6.12.0.tar.bz2,gcc-3.4.5.tar.bz2,gcc-4.0.0.tar.bz2,glibc-2.
3.6.tar.bz2,flex-2.5.4a.tar.gz,glibc-linuxthreads-2.3.6.tar.bz2,perl-5.8.8.
tar.bz2。
```

以上源码均可在互联网上下载。如：

```
http://ftp.gnu.org/gnu/,http://kegel.com/crosstool/,http://ftp.gnu.org
/non-gnu/,http://ftp.funet.fi/pub/CPAN/src/。
```

本文采用的是使用 crosstool 工具编写脚本实现 arm-linux 下 GCC 交叉编译工具。不同的源码版本在实际编译中可能会遇到一些问题，如会存在兼容性问题，这里不做太多说明，可以查看网页：http://kegel.com/crosstool/。

可以尝试在不同环境下编译针对特定环境的交叉编译工具，相信一定会有不同的收获的。

1. 建立开发环境

为了便于介绍，现约定工作目录：

```
WORKDIR = $PWD→工作目录
```

```
SOURCEDIR = $WORKDIR/downloads→源码包
BUILDIR = $WORKDIR/build→编译目录
TMPDIR = $WORKDIR/tmp→缓存目录
RESULTDIR = /usr/crosstool→生成的交叉编译工具目录
```

运行终端，设置环境变量，并按以下方法创建目录：

```
$ mkdir -p $SOURCEDIR $BUILDIR $TMPDIR $RESULTDIR
```

从网上下载编译所需要的所有源码包。将所有源码都放在$SOURCEDIR 目录中。

2. 编写 crosstool 脚本文件

针对下载的源码包定制 crosstool 脚本文件。这里需要建立的文件有 arm.dat，demo-arm.sh，gcc-3.4.5-glibc-2.3.6.dat。可以参照 crosstool-0.42 里面的相应文件进行部分修改，修改如下：

```
arm.dat:
KERNELCONFIG='pwd'/arm.config
TARGET=arm-linux
TARGET_CFLAGS="-O"
demo-arm.sh:
#!/bin/sh
set -ex
TARBALLS_DIR=$SOURCEDIR
RESULT_TOP=$RESULTDIR
export TARBALLS_DIR RESULT_TOP
GCC_LANGUAGES="c,c++"
export GCC_LANGUAGES
# Really, you should do the mkdir before running this,
# and chown /opt/crosstool to yourself so you don't need to run as root.
mkdir -p $RESULT_TOP
# Build the toolchain. Takes a couple hours and a couple gigabytes.
eval `cat arm.dat gcc-3.4.5-glibc-2.3.6.dat` sh all.sh --notest
echo Done.
gcc-3.4.5-glibc-2.3.6.dat:
BINUTILS_DIR=binutils-2.16
GCC_DIR=gcc-3.4.5
GLIBC_DIR=glibc-2.3.6
LINUX_DIR=linux-2.6.12
LINUX_SANITIZED_HEADER_DIR=linux-libc-headers-2.6.12.0
GLIBCTHREADS_FILENAME=glibc-linuxthreads-2.3.6
```

3. 编译

解压 crosstool-0.42.tar.gz，将上面编写的 3 个脚本文件复制到 crosstool-0.42 目录中。

```
$ cd $BUILDIR
$ tar zxvf $SOURCEDIR/crosstool-0.42.tar.gz
$ cd crosstool-0.42
$ sh demo-arm.sh
```

编译成功后将在$RESULTDIR 目录看到编译成功的交叉工具。

7.2 Bootloader

简单地说，Bootloader 就是在操作系统内核运行之前运行的一段小程序。通过这段小程序，可以初始化硬件设备、建立内存空间的映射图，从而将系统的软硬件环境带到一个合适的状态，以便为最终调用操作系统内核准备好正确的环境。

Bootloader(引导加载程序)是系统加电后运行的第一段代码，一般运行的时间非常短，但是对于嵌入式系统来说，这段代码非常重要。在台式计算机中，引导加载程序由 BIOS(固件程序)和位于硬盘 MBR 中的操作系统引导加载程序(如 NTLOADER、GRUB 和 LILO)一起组成。

在嵌入式系统当中没有像 BIOS 这样的固件程序，不过也有一些嵌入式 CPU 会在芯片内部嵌入一小段程序，一般用来将 Bootloader 装进 RAM 中，有点类似于 BIOS，但是功能比 BIOS 弱很多。在一般的典型系统中，整个系统的加载启动任务全由 Bootloader 来完成。在 ARM 中，系统上电或复位通常从地址 0x00000000 处开始执行，而在这个位置，通常安排的就是系统的 Bootloader。

嵌入式 Linux 系统从软件的角度可看成 4 个层次。

(1) 引导加载程序，包括固化在固件中(firmware)中的启动代码(可选)和 Bootloader 两大部分。

(2) 内核。特定于板子的定制内核以及控制内核引导系统的参数。

(3) 文件系统。包括根文件系统和建立与 Flash 内存设备上的文件系统。

(4) 用户应用程序。特定于用户的应用程序，有时还包括一个 GUI。

Bootloader 是严重地依赖于硬件而实现的，特别是在嵌入式世界。因此，在嵌入式世界里建立一个通用的 Bootloader 几乎是不可能的。尽管如此，仍然可以对 Bootloader 归纳出一些通用的概念来，以指导用户特定的 Bootloader 设计与实现。Bootloader 的启动流程大多数分为两个阶段，第一个阶段主要是包含依赖于 CPU 的体系结构的硬件初始化代码，通常都是用汇编语言来实现的。这个阶段的任务有基本的硬件设备初始化(屏蔽所有中断、关闭处理器内部指令/数据 CACHE 等)；为第二阶段准备 RAM 空间；如果是从某个固态存储媒质中，则复制 Bootloader 的第二阶段代码到 RAM；设置堆栈；跳转到第二阶段的 C 程序入口点。

第二阶段通常是由 C 语言实现的，这个阶段的主要任务有初始化本阶段所要用到的硬件设备；检测系统的内存映射；将内核映像和根文件系统映像从 Flash 读到 RAM；为内核设置启动参数；调用内核。

BOOTLOADER 调用 Linux 内核的方法是直接跳转到内核的第一条指令处，即跳转到 MEM_START+0x8000 地址处，在跳转的时候必须满足下面的条件。

(1) CPU 寄存器：R0 为 0，R1 为机器类型 ID；R2 为启动参数，标记列表在 RAM 中的起始基地址。

(2) CPU 模式：必须禁止中断，CPU 设置为 SVC 模式。

(3) Cache 和 MMU 设置：MMU 必须关闭，指令 Cache 可以打开也可以关闭，数据 Cache 必须关闭。

7.2.1 常用 Bootloader 介绍

1．Redboot

Redboot 是 Redhat 公司随 eCos 发布的一个 Boot 方案，是一个开源项目。Redhat 公司将会继续支持该项目，其官方发布网址为：http://sources.redhat.com/redboot/。

Redboot 支持的处理器构架有 ARM、MIPS、MN10300、PowerPC、Renesas SHx、v850、x86 等，是一个完善的嵌入式系统 Bootloader。

Redboot 是在 ECOS 的基础上剥离出来的，继承了 ECOS 的简洁、轻巧、可灵活配置、稳定可靠等品质优点。它可以使用 X-modem 或 Y-modem 协议经由串口下载，也可以经由以太网口通过 BOOTP/DHCP 服务获得 IP 参数，使用 TFTP 方式下载程序映像文件，常用于调试支持和系统初始化(Flash 下载更新和网络启动)。Redboot 可以通过串口和以太网口与 GDB 进行通信，调试应用程序，甚至能中断被 GDB 运行的应用程序。Redboot 为管理 Flash 映像，映像下载，Redboot 配置以及其他如串口、以太网口提供了一个交互式命令行接口，自动启动后，Redboot 用来从 TFTP 服务器或者从 Flash 下载映像文件加载系统的引导脚本文件保存在 Flash 上。当前支持单板机的移植版特性有以下几个。

支持 ECOS，Linux 操作系统引导。

(1) 在线读写 Flash。

(2) 支持串行口 kermit，S-record 下载代码。

(3) 监控(minitor)命令集:读写 I/O，内存，寄存器、内存、外设测试功能等。

(4) Redboot 是标准的嵌入式调试和引导解决方案，支持几乎所有的处理器构架以及大量的外围硬件接口，并且还在不断完善。

2．ARMboot

ARMboot 是一个 ARM 平台的开源固件项目，它特别依赖于 PPCBoot，一个为 PowerPC 平台上的系统提供类似功能的姊妹项目。鉴于对 PPCBoot 的严重依赖性，已经与 PPCBoot 项目合并，新的项目为 U-Boot。ARMboot 发布的最后版本为 ARMboot-1.1.0，2002 年 ARMboot 终止了维护。

ARMboot 支持的处理器构架有 StrongARM、ARM720T、PXA250 等，是为基于 ARM 或者 StrongARM CPU 的嵌入式系统所设计的。

ARMboot 的目标是成为通用的、容易使用和移植的引导程序，非常轻便地运用于新的平台上。ARMboot 是 GPL 下的 ARM 固件项目中唯一个支持 Flash 闪存，BOOTP、DHCP、TFTP 网络下载，PCMCLA 寻线机等多种类型来引导系统的程序。其特性为：支持多种类型的 flash；允许映像文件经由 BOOTP、DHCP、TFTP 从网络传输；支持串行口下载 S-record 或者 binary 文件；允许内存的显示及修改；支持 jffs2 文件系统等。

Armboot 对 S3C44B0 板的移植相对简单，在经过删减完整代码中的一部分后，仅仅需要完成初始化、串口收发数据、启动计数器和 Flash 操作等步骤，就可以下载引导 uClinux

内核完成板上系统的加载。总的来说，ARMboot 介于大、小型 Boot loader 之间，相对轻便，基本功能完备，缺点是缺乏后续支持。

3. U-Boot

U-Boot 是由开源项目 PPCBoot 发展起来的，ARMboot 并入了 PPCBoot 和其他一些 arch 的 Loader 合称为 U-Boot。2002 年 12 月 17 日第一个版本 U-Boot-0.2.0 发布，同时 PPCBoot 和 ARMboot 停止维护。

U-Boot 自发布以后已更新多次，最新版本为 U-Boot-1.3.4，U-Boot 的支持是持续性的。其发布网址为 http://sourceforge.net/projects/u-boot/。

U-Boot 支持的处理器构架包括 PowerPC(MPC5xx、MPC8xx、MPC82xx、MPC7xx、MPC74xx、4xx)，ARM(ARM7、ARM9、StrongARM、Xscale)，MIPS (4Kc、5Kc)，x86 等，U-Boot(Universal Bootloader)从名字就可以看出，它是在 GPL 下资源代码最完整的一个通用 Boot Loader。

U-Boot 提供两种操作模式：启动加载(Boot loading)模式和下载(Downloading)模式，并具有大型 Boot loader 的全部功能。其主要特性有以下几点。

(1) SCC/FEC 以太网支持。

(2) BOOTP/TFTP 引导。

(3) IP，MAC 预置功能。

(4) 在线读写 Flash、DOC、IDE、IIC、EEROM、RTC。

(5) 支持串行口 kermit，S-record 下载代码。

(6) 识别二进制、ELF32、pImage 格式的 Image，对 Linux 引导有特别的支持。

(7) 监控(minitor)命令集：读写 I/O，内存，寄存器、内存、外设测试功能等。

(8) 脚本语言支持(类似 Bash 脚本)。

(9) 支持 WatchDog、LCD logo、状态指示功能等。

U-Boot 的功能是如此之强大，涵盖了绝大部分处理器构架，提供大量外设驱动，支持多个文件系统，附带调试、脚本、引导等工具，特别支持 Linux，为板级移植做了大量的工作。

4. vivi

vivi 是由 Mizi 公司为 ARM 处理器系列设计的一个 Bootloader，因为 vivi 目前只支持使用串口和主机通信，所以必须使用一条串口电缆来连接目标板和主机。其主要功能如下。

(1) 把内核(kernel)从 Flash 复制到 RAM，然后启动它。

(2) 初始化硬件。

(3) 下载程序并写入 Flash(一般通过串口或网口先把内核下载到 RAM 中，然后写入到 Flash)。

(4) 检测目标板(Bootloader 会有一些简单的代码用以测试目标板硬件的好坏)。

7.2.2 vivi 详解

vivi 是由韩国 Mizi 公司开发的一种 Bootloader，适合于 ARM9 处理器，支持 S3C2410 处理器，其源代码可以在 http://www.mizi.com 网站上下载。和所有的 Bootloader 一样，vivi 有两种工作模式，即启动加载模式和下载模式。当 vivi 处于下载模式时， 它为用户提供一个命令行接口，通过该接口能使用 vivi 提供的一些命令集。

vivi 作为一种 Bootloader，其运行过程分成两个阶段。第一阶段在代码 vivi/arch/s3c2410/head.s 中定义，大小不超过 10kB，它包括从系统上电后在 0x00000000 地址开始执行的部分。这部分代码运行在 Flash 中，它包括对 S3C2410 的一些寄存器、时钟等的初始化并跳转到第二阶段执行。第二阶段的代码在 vivi\init\main.c 中，主要进行一些开发板初始化、内存映射和内存管理单元初始化等工作，最后会跳转到 boot_or_vivi()函数中，接收命令并进行处理。需要注意的是，在 Flash 中执行完内存映射后，会将 vivi 代码复制到 SDRAM 中执行。

大多数 Bootloader 都可分为 stage1 和 stage2 两部分，stage2 的代码通常是用 C 语言来实现的，以便于实现更复杂的功能并取得更好的代码可读性和可移植性。但是与普通 C 语言应用程序不同的是，在编译和链接 Bootloader 程序时，不能使用 Glibc 库中的函数。因此，从那里跳转进 main()函数，而把 main()函数的起始地址作为整个 stage2 执行映像的入口点。这也存在两个缺点：无法通过 main()函数传递函数参数且无法处理 main()函数返回的情况。

一种较为巧妙的方法是利用“弹簧床”的概念，也就是用汇编语言写一段 trampoline 小程序，并将这段程序作为 stage2 可执行映象的执行入口点，然后在 trampoline 汇编小程序中用 CPU 跳转指令跳入 main()函数中去执行。当 main()函数返回时，CPU 执行路径再次回到 trampoline 程序。简而言之，这种方法的思想就是用这段 trampoline 小程序来作为 main()函数的外部包裹。

vivi 中的 trampoline 程序代码如下：

```
@ get read to call C functions
ldr sp, DW_STACK_START @ setup stack pointer
mov fp, #0 @ no previous frame, so fp=0
mov a2, #0 @ set argv to NULL
bl main @ call main
mov pc, #FLASH_BASE @ otherwise, reboot
```

正常情况下，程序能够正常执行完毕，但是如果出错了，就回到最后一条语句重新启动系统。

7.2.3 vivi 命令操作

vivi 的启动加载模式可以在一段时间后(这个时间可更改)自行启动 Linux 内核，这是 vivi 的默认模式。在下载模式下，vivi 为用户提供一个命令行接口，通过该接口可以使用 vivi 提供的一些命令。启动 vivi 时，在超级终端界面中键入任意键(除 Enter 外)进入 vivi

命令界面，字符提示为“vivi>”，一个较好的方法是在启动 vivi 前按住 ESC 不放，因为 vivi 启动比较快，按其他键会有字符产生。下面对 vivi 常用命令进行说明：

---

reset 命令

reset 复位 ARM9 系统。

---

help 命令

help 显示开发板上 vivi 支持的所有命令。

param help 显示 param 命令的用法。param 也可换成其他命令。

---

part 命令

part 命令用于对分区进行操作。通过 part help 可以显示系统对 part 系列命令的帮助提示。

part show 显示分区信息。

part add partname part_start_addr part_leng flag 添加分区，参数 flag 为分区类型。

part del partname 删除分区。

part save 保存 part 分区信息。

part reset 恢复为系统默认 part 分区。

---

load 命令

load 命令下载程序到存储器中(Flash 或 RAM 中)。通过 load help 可以显示系统对 load 系列命令的帮助提示。

load flash partname x 使用 xmodom 协议通过串口下载文件并烧写带 partname 分区。

应用实例：

```
    load flash vivi x // 注意，这里的 vivi 是分区名
    load flash kernel x
    load flash root x
    load ram partname or addr x 使用 xmodom 协议通过串口下载文件到内存中
```

---

param 命令

param 命令用于对 Bootloader 的参数进行操作。通过 param help 可以显示系统对 param 系列命令的帮助提示。

```
    param show 命令用于显示 Bootloader 的当前参数值
    param reset 将 Bootloader 参数值复位成系统默认值
    param set paramname value 设置参数值
    param set linux_cmd_line "linux bootparam"设置 linux 启动参数，参数 linux
bootparam 表示要设置的 linux kernel 命令行参数
    param save 保存参数设置
```

---

boot 命令

boot 命令用于引导 linux kernel 启动。通过 boot help 可以显示系统对 boot 命令的帮助提示。

boot 默认方式启动。

boot ram ramaddr lenth 启动 sdram 中 ramaddr 处长度为 lenth 的 linux 内核。

---

bon 命令

bon 命令用于对 bon 分区进行操作。通过 bon help 可以显示系统对 bon 系列命令的帮助提示。

bon 分区是 nand Flash 设备的一种简单的分区管理方式。bon part info 命令用于显示系统中 bon 分区的信息。

bon part 命令用于建立系统的 bon 分区表。bon 分区表被保存到 nand Flash 的最后 0x4000 个字节中。

应用实例：

设分为 3 个区：0～192k、192k～1M、1M～，操作如下。

```
vivi> bon part 0 192k 1M
doing partition
size = 0
size = 196608
size = 1048576
check bad block
part = 0 end = 196608
```

---

go 命令

go 命令用于跳转到指定地址处执行该地址处的代码。

go addr 跳转到指定地址运行该处程序。

以上是整理的一些常用的 vivi 命令，具体语法可通过相应的 help 命令查看。

7.3 Linux 内核移植

7.3.1 内核移植基础

内核是 Linux 操作系统的核心。它管理所有的系统线程、进程、资源和资源分配。与其他操作系统不同的是，Linux 操作系统允许用户对内核进行重新设置。用户可以对内核进行“瘦身”，增加或消除对某些特定设备或子系统的支持。在开发嵌入式系统时，开发人员经常会减少系统对一些无用设备的支持，将节省下来的内存分配给各种应用软件。

Linux 内核对各种硬件和端口的支持要靠各种硬件驱动程序来实现。这些驱动程序可

以被直接写入内核，也可以针对某些特定硬件在需要时自动加载。通常情况下，可以被自动加载进内核的内核编码称为自动加载内核模块。

Linux 内核的设置是通过内核设置编辑器完成的。内核设置编辑器可对每个内核设置变量进行描述，帮助用户决定哪些变量需要被清除，哪些需要写入内核，或者编成一个可加载内核模块在需要时进行加载。

建立新内核的第一步是对内核进行设置。当用户对内核进行设置时，必须先对内核和其他可加载内核模块进行编写和安装。如果用户要对原系统的内核进行构建设置，那么这一步是十分简单的。但如果用户要将原系统内核编译应用于其他目标系统，那么这一步就会变得相对困难一些。例如，当用户修改嵌入式系统的 Linux 内核时，很可能会先在一个桌面系统上对内核进行设置，然后再通过一套编译工具将其移植到嵌入式系统中。此类编译工具被称为交叉编译程序。

交叉编译程序在一类系统运行的同时会生产一系列二进制编码。这些编码是专门为另一类系统而设计的。两种系统有着完全不同的处理器或架构。在对内核或模块的编译过程中，用户必须通过多种多样的环境变量或 Makefile 设置来确定具体的交叉编译程序。用户还可以直接使用一个诸如 TimeSys 之类的集成开发环境来实现这一目标。TimeStorm 可以帮助用户很容易地选择交叉编译程序。同样，当用户对 Linux 的内核和模块进行交叉编译使之应用于嵌入式系统时，如果没有 TimeStorm 之类的软件，那么用户必须通过额外的设置和 Makefile 手工修改，才能确定内核和模块的安装过程和安装位置。

7.3.2　内核配置与裁剪

1. Linux 内核配置

基于 Linux 2.6 内核的设置较以往已经简便多了。Linux 2.6 内核采用新的图形设置编辑器使内核的编译和设置变量的从属关系确定变得更加简单。内核配置的方法很多，make config、make xconfig、make menuconfig、make oldconfig 等，它们的功能都是一样的，区别应该从名字上就能看出来，只有 make oldconfig 是指用系统当前的设置(./.config)作为缺省值。这里用的是 makemenuconfig。

过去基于 Linux 2.x 的内核为用户提供了 4 种基本的内核设置编辑器。

(1) config：服务于内核设置的一个冗长的命令行界面。

(2) oldconfig：一个文本模式的界面，主要包含一个已有设置文件，对用户所发现的内核资源中的设置变量进行排序。

(3) menuconfig：一个基于光标控制库的终端导向编辑器，可提供文本模式的图形用户界面。

(4) xconfig：一个图形内核设置编辑器，需要安装 X-Window 系统。

前三种编辑器在设置 Linux 2.6 内核时仍可使用，在运行 make xconfig 后，原有的界面被两个新的图形设置编辑器所代替。这需要具体的图形库和 X-Window 系统的支持。另外，用户还可以通过 make defconfig 命令，利用所有内核设置变量的缺省值自动建立一个内核设置文件。

下面具体介绍 Linux 内核配置选项。

1) 代码成熟度选项

```
Code maturity level options --→
[*] Prompt for development and/or incomplete code/drivers
[*] Select only drivers expected to compile cleanly
```

在内核中包含了一些不成熟的代码和功能，如果用户想使用这些功能，想打开相关的配置选项，就必须打开这一选项。

2) 通用设置选项

```
General setup --→
() Local version - append to kernel release
[*] Automatically append version information to the version string
[*] Support for paging of anonymous memory (swap)
[*] System V IPC
[*] POSIX Message Queues
[*] BSD Process Accounting
[*] BSD Process Accounting version 3 file format
[*] Sysctl support
[ ] Auditing support
[*] Support for hot-pluggable devices
[*] Kernel Userspace Events
[*] Kernel .config support
[*] Enable access to .config through /proc/config.gz
() Initramfs source file(s)
[*] Configure standard kernel features (for small systems) --→
--- Configure standard kernel features (for small systems)
[ ] Load all symbols for debugging/kksymoops
[ ] Do an extra kallsyms pass
[ ] Enable support for prinlk
[ ] BUG()support
[ ] Enable full-sinzed data structures for core
[*] Enable futex support
[*] Enable eventpoll support
[*] Optimize for size
[*] Use full shmem filesystem
(0) Function alignment
(0) Label alignment
(0) Loop alignment
(0) Jump alignment
```

Local version - append to kernel release：这里填入的是 64 个字符以内的字符串，在这里填上的字符串可以用 uname -a 命令看到。

Support for paging of anonymous memory(swap)：这是使用交换分区或者交换文件作为虚拟内存，当然要选上。

System V IPC：表示系统 5 的 Inter Process Communication，它用于处理器在程序之间同步和交换信息，如果不选这项，很多程序是运行不起来的。

POSIX Message Queues：POSIX 的消息队列，它同样是一种 IPC。建议最好将它选上。

BSD Process Accounting：允许用户进程访问内核将账户信息写入文件中的。这通常被认为是个好主意，建议最好将它选上。

Sysctl support：这个选项能不重新编译内核修改内核的某些参数和变量，如果也选择了支持/proc，将能从/proc/sys 存取可以影响内核的参数或变量。建议最好将它选上。

Auditing support：审记支持，用于和内核的某些子模块同时工作，如 SELinux。只有选择此项及它的子项，才能调用有关审记的系统。

Support for hot-pluggable devices：是否支持热插拔的选项，肯定要选上。不然 USB、PCMCIA 等这些设备都用不了。

Kernel Userspace Events：内核中分为系统区和用户区，这里是系统区和用户区进行通信的一种方式，选上。

Kernel .config support：将 .config 配置信息保存在内核中，选上它及它的子项使其他用户能从/proc 中得到内核的配置。

Configure standard kernel features(for small systems)：这是为了编译某些特殊的内核使用的，通常可以不选择这一选项。

Load all symbols for debugging/kksymoops：是否装载所有的调试符号表信息，如果不需要对内核调试，则不需要选择此项。

Enable futex support：不选这个内核不一定能正确地运行使用 glibc 的程序，当然要选上。

Enable eventpoll support：不选这个内核将不支持事件轮循的系统调用，最好选上。

Optimize for size：这个选项使 GCC 使用 -Os 的参数而不是 -O2 的参数来优化编译，以获得更小尺寸的内核，建议选上。

Use full shmem filesystem：除非在很少的内存且不使用交换内存时，才不要选择这项。

后面的这 4 项都是在编译时内存中的对齐方式，0 表示编译器的默认方式。使用内存对齐能提高程序的运行速度，但是会增加程序对内存的使用量。

3) 可加载模块

```
Loadable module support --→
[*] Enable loadable module support
[*] Module unloading
[ ] Forced module unloading
[*] Module versioning support (EXPERIMENTAL)
[ ] Source checksum for all modules
[*] Automatic kernel module loading
```

Enable loadable module support：很多人喜欢将全部功能、硬件支持一股脑地编进内核，而不是使用模块的方式，这样做非常不好。在针对特定硬件的平台下尽可能将内核编小，将始终是支持模块加载的。例如，防火墙就是作为内核的模块被加载的。使用模块支持，系统能具有更好的可扩充性。还有一个原因就是编写的功能模块、设备驱动模块(假设编写的质量不高)以模块方式工作引起 Kernel Panic 的概率要远远低于不支持模块全部编进内核的方式，此选项要选上。

Module unloading：不选这个功能，加载的模块就不能卸载。建议最好选上。

Forced module unloading：这个选项能强行卸载模块，即使内核认为这样并不安全，也就是说用户可以把正在使用中的模块卸载掉。若非内核开发人员，不要选择这个选项。

Module versioning support(EXPERIMENTAL)：这个功能可以让用户使用其他版本的内核模块，不过建议不要选择这个选项。

Source checksum for all modules：这个功能是为了防止更改了内核模块的代码但忘记更改版本号而造成版本冲突。如果用户不是自己写内核模块，那就不需要这一选项。

Automatic kernel module loading：这个选项能让内核自动地加载部分模块，建议最好选上。

举个例子说明一下，如模块 eth1394 依赖于模块 ieee1394。如果选择了这个选项，可以直接加载模块 eth1394；如果没选这个选项，必须先加载模块 ieee1394，再加载模块 eth1394，否则将出错。

4) 总线支持配置

```
Bus support --→
PCCARD (PCMCIA/CardBus) support --→
[ ] Enable PCCARD debugging
[ ] 16-bit PCMCIA support (NEW)
[ ] Load CIS updates from userspace (EXPERIMENTAL)(NEW)
[ ] PCMCIA control ioctl (obsolete) (NEW)
--- PC-card bridges
```

PCCARD(PCMCIA/CardBus)support：计算机是否支持 PCMCIA 卡。

Enable PCCARD debugging：通常不需要选择调试 PCMCIA 设备，除非是设备驱动的开发人员。

16-bit PCMCIA support：16 位的 PCMCIA 总线支持。

5) 支持的可执行文件格式

```
Userspace binary formats -à
[*] Kernel support for ELF binaries
[*] Kernel support for a.out and ECOFF binaries
[*] Kernel support for MISC binaries
[*] RISC OS personality
```

Kernel support for ELF binaries：ELF 是开放平台下最常用的二进制文件，它支持不同的硬件平台。

Kernel support for a.out and ECOFF binaries：这是早期 UNIX 系统的可执行文件格式，目前已被 ELF 格式取代。

Kernel support for MISC binaries：此选项允许插入二进制的封装层到内核中，当使用 Java、.NET、Python、Lisp 等语言编写的程序时非常有用。

6) 文件系统

```
File systems
<*> Second extended fs support
```

```
[*] Ext2 extended attributes
[*] Ext2 POSIX Access Control Lists
[*] Ext2 Security Labels
<*> Ext3 journalling file system support
[*] Ext3 extended attributes
[*] Ext3 POSIX Access Control Lists
[*] Ext3 Security Labels
[ ] JBD (ext3) debugging support
<*> Reiserfs support
[ ] Enable reiserfs debug mode
[ ] Stats in /proc/fs/reiserfs
[*] ReiserFS extended attributes
[*] ReiserFS Security Labels
JFS filesystem support
[*] JFS POSIX Access Control Lists
[ ] JFS debugging
[ ] JFS statistics
XFS filesystem support
[*] Realtime support (EXPERIMENTAL)
[*] Quota support
[*] Security Label support
[*] POSIX ACL support
< > Minix fs support
< > ROM file system support
[*] Quota support
< > Old quota format support
Quota format v2 support
[*] Dnotify support
< > Kernel automounter support
< > Kernel automounter version 4 support (also supports v3)
CD-ROM/DVD Filesystems --→
DOS/FAT/NT Filesystems --→
Pseudo filesystems --→
Miscellaneous filesystems --→
Network File Systems --→
Partition Types --→
Native Language Support --→
```

Second extended fs support：标准的 Linux 文件系统，建议将这种文件系统编译进内核。

Ext2 extended attributes：Ext2 文件系统的结点名称、属性的扩展支持。Ext2 POSIX Access Control Lists：POSIX 系统的访问权限列表支持。也就是 Owner/Group/Others 的 Read/Write/Execute 权限。

Ext2 Security Labels：扩展的安全标签，例如，SElinux 之类的安全系统会使用到这样的扩展安全属性。

Ext3 journalling file system support：如果熟悉 Redhat Linux，则一定会习惯 Ext3 文件系统。

Ext3 extended attributes：Ext3 文件系统的结点名称、属性的扩展支持。

Ext3 POSIX Access Control Lists：POSIX 系统的访问权限列表支持。

Ext3 Security Labels：扩展的安全标签支持。

JBD (ext3) debugging support：Ext3 的调试，除非是文件系统的开发者，否则不要选上这一项。

Reiserfs support：如果熟悉 Suse Linux，一定会习惯 Reiserfs 文件系统。

Enable reiserfs debug mode：Reiserfs 的调试，除非是文件系统的开发者，否则不要选上这一项。

Stats in /proc/fs/reiserfs：在/proc/fs/reiserfs 文件中显示 Reiserfs 文件系统的状态，一般来说不需要选择这一项。

ReiserFS extended attributes：Reiserfs，文件系统的结点名称、属性的扩展支持。

ReiserFS POSIX Access Control Lists：POSIX 系统的访问权限列表支持。

ReiserFS Security Labels：扩展的安全标签支持。

JFS filesystem support：JFS 是 IBM 公司设计用于 AIX 系统上的文件系统，后来这一文件系统也能应用于 Linux 系统。

JFS POSIX Access Control Lists：POSIX 系统的访问权限列表支持。

JFS debugging：JFS 的调试，除非是文件系统的开发者，否则不要选上这一项。

JFS statistics：在/proc/fs/jfs 文件中显示 Reiserfs 文件系统的状态，一般来说不需要选择这一项。

XFS filesystem support：XFS 是 SGI 公司为其图形工作站设计的一种文件系统，后来这一文件系统也能应用于 Linux 系统。

Realtime support (EXPERIMENTAL)：实时卷的支持，能大幅提高大文件的读写速度。不过并不太安全，建议暂时不要选择这一选项。

Quota support：XFS 文件系统的配额支持。

Security Label support：扩展的安全标签支持。

POSIX ACL support：POSIX 系统的访问权限列表支持。

Minix fs support：Minix 可能是最早的 Linux 系统所使用的文件系统，后来被 Ext2 文件系统所取代。

ROM file system support：内存文件系统的支持。除非是嵌入式系统的开发者，明确知道自己要干什么，否则不要选这一项。

Quota support：配额支持，也就是说限制某个用户或者某组用户的磁盘占用空间。

Old quota format support：旧版本的配额支持。

Quota format v2 support：新版本(第二版)的配额支持。

Dnotify support：基于目录文件变化的通知机制。

Kernel automounter support：内核自动加载远程文件系统的支持。

Kernel automounter version 4 support (also supports v3)：新的内核自动加载远程文件系统的支持，也支持第 3 版。

2. Linux内核裁剪

嵌入式LINUX内核裁剪主要有以下3种方法。

(1) 使用LINUX自身的配置工具，编译定制内核。LINUX内核能够很好地支持模块化，内核有许多可以独立增加删除的功能模块可以设置为内核配置选项。嵌入式LINUX内核支持很多的硬件，如果在编译的时候把这些选上，编译出来的内核会很大，编译时应根据系统平台特点和应用需求配置内核，添加需要的功能、删除不必要的功能，这样可以显著减小内核的大小。这种裁剪方法的缺点是内核裁剪的粒度较大，精度较小。

(2) 修改内核源代码进行系统裁剪。通过分析系统平台和应用需求，结合对内核代码的理解，在内核源代码的适当位置加入一些条件编译语句，使用CML(菜单定制语言)定制内核选项。基于内核源码的方法裁剪粒度更小，裁剪出来的内核体积更小，更适合嵌入式系统的需求。

(3) 基于系统调用关系进行内核裁剪。内核是操作系统运行的核心，内核函数在系统调用、异常产生和中断发生时被调用。

7.3.3　Kconfig与Makefile

Linux 2.6版本内核源码树的目录下都有两个文档Kconfig(Linux 2.4版本是Config.in)和Makefile。分布到各目录的Kconfig构成了一个分布式的内核配置数据库，每个Kconfig分别描述了所属目录源文档相关的内核配置菜单。在内核配置make menuconfig(或xconfig等)时，从Kconfig中读出菜单，用户选择后保存到.config的内核配置文档中。在内核编译时，主Makefile调用这个.config，就知道了用户的选择。

上面的内容说明了Kconfig对应着内核的配置菜单。假如想添加新的驱动到内核的源码中，能够修改Kconfig,这样就能选择这个驱动；假如想使这个驱动被编译，就要修改Makefile。因此添加新的驱动时需要修改的文档有两种：Kconfig、Makefile。

若想知道怎么修改这两种文档，就要先知道两种文档的语法结构。

1. Kconfig

每个菜单都有一个关键字标识，最常见的是config。

语法：

config

symbol是个新标记的菜单项，options是在这个新的菜单项下的属性和选项。

其中options部分有：

1) 类型定义

每个config菜单项都要有类型定义，bool(布尔类型)、tristate(三态：内建、模块、移除)、string(字符串)、hex(十六进制)、integer(整型)。

例如config HELLO_MODULE

```
bool "hello test module"
```

bool 类型的只能选中或不选中；tristate 类型的菜单项多了编译成内核模块的选项，假如选择编译成内核模块，则会在 .config 中生成一个 CONFIG_HELLO_MODULE=m 的配置，假如选择内建，就是直接编译成内核映像，就会在 .config 中生成一个 CONFIG_HELLO_MODULE=y 的配置。

2) 依赖型定义 depends on 或 requires

依赖型定义指此菜单的出现是否依赖于另一个定义。

```
config HELLO_MODULE
bool "hello test module"
depends on ARCH_PXA
```

这个例子表明 HELLO_MODULE 这个菜单项只对 XScale 处理器有效。

3) 帮助性定义

只是增加帮助用关键字 help 或---help---。

2. 内核的 Makefile

在 Linux2.6.x/Documentation/kbuild 目录下有周详地介绍有关 kernel makefile 的知识。内核的 Makefile 分为 5 个组成部分，见表 7-1。

表 7-1 Makefile 的 5 个组成部分

组成部分	用　　途
Makefile	最顶层的 Makefile
config	内核的当前配置文档，编译时成为定层 Makefile 的一部分
arch/$(ARCH)/Makefile	和体系结构相关的 Makefile
s/ Makefile.*	一些 Makefile 的通用规则
kbuild Makefile	各级目录下的大概约 500 个文档，编译时根据上层 Makefile 传下来的宏定义和其他编译规则，将源代码编译成模块或编入内核

顶层的 Makefile 文档读取 .config 文档的内容，并总体上负责 build 内核和模块。Arch Makefile 则提供补充体系结构相关的信息。s 目录下的 Makefile 文档包含了任何用来根据 kbuild Makefile 构建内核所需的定义和规则(其中 .config 的内容在 make menuconfig 时，通过 Kconfig 文档配置的结果)。

应用实例：

假设想把自己写的一个 flash 的驱动程序加载到工程中，而且能够通过 menuconfig 配置内核时选择该驱动该如何做呢？分三步。

(1) 将编写的 flashtest.c 文档添加到/driver/mtd/maps/目录下。

(2) 修改/driver/mtd/maps 目录下的 kconfig 文档。

```
config MTD_flashtest
tristate "ap71 flash"
```

这样当 make menuconfig 时，将会出现 ap71 flash 选项。

(3) 修改该目录下 makefile 文档。添加如下内容：obj-$(CONFIG_MTD_flashtest)

+=flashtest.o。这样，运行 make menuconfig 时，将会发现 ap71 flash 选项，假如选择了此项，该选择就会保存在.config 文档中。当编译内核时，将会读取 .config 文档，当发现 ap71 flash 选项为 yes 时，系统在调用/driver/mtd/maps/下的 makefile 时，将会把 flashtest.o 加入到内核中，即可达到目的。

7.4 文 件 系 统

文件系统是一个操作系统的重要组成部分，是操作系统在计算机硬盘存储和检索数据的逻辑方法。Linux 通过 VFS(虚拟文件系统)支持多种文件格式。Linux 支持的各种常用的文件系统见表 7-2。

表 7-2　Linux 支持的文件系统

文件系统	类型名称	用　　途
Second Extended filesystem	ext2	最常用的 Linux 文件系统
Three Extended filesystem	ext3	ext2 的升级版，带日志功能
Minix filesystem	minix	Minix 文件系统，很少用
RAM filesystem	ramfs	内存文件系统，速度超快
Network File System(NFS)	NFS	网络文件系统，由 SUN 发明，主要用于远程文件共享
DOS-FAT filesystem	msdos	ms-dos 文件系统
VFAT filesystem	vfat	Windows 95/98 采用的文件系统
NT filesystem	ntfs	Windows NT 采用的文件系统
HPFS filesystem	hpfs	OS/2 采用的文件系统
/proc filesystem	proc	虚拟的进程文件系统
ISO 9660 filesystem	iso9660	大部分光盘所用的文件系统
UFS filesystem	ufs	Sun OS 所用的文件系统
Apple Mac filesystem	hfs	Macintosh 机采用的文件系统
Novell filesystem	ncpfs	Novell 服务器所采用的文件系统
SMB filesystem	smbfs	Samba 的共享文件系统
XFS filesystem	xfs	由 SGI 开发的先进的日志文件系统，支持超大容量文件
JFS filesystem	jfs	IBM 的 AIX 使用的日志文件系统
ReiserFS filesystem	reiserfs	基于平衡树结构的文件系统

7.4.1 Linux 的文件系统

Linux 文件系统结构如图 7.4 所示。

用户空间包含一些应用程序(如文件系统的使用者)和 GNU C 库(Glibc)，它们为文件系统调用(打开、读取、写和关闭)提供用户接口。系统调用接口的作用就像交换器，它将系统调用从用户空间发送到内核空间中的适当端点。

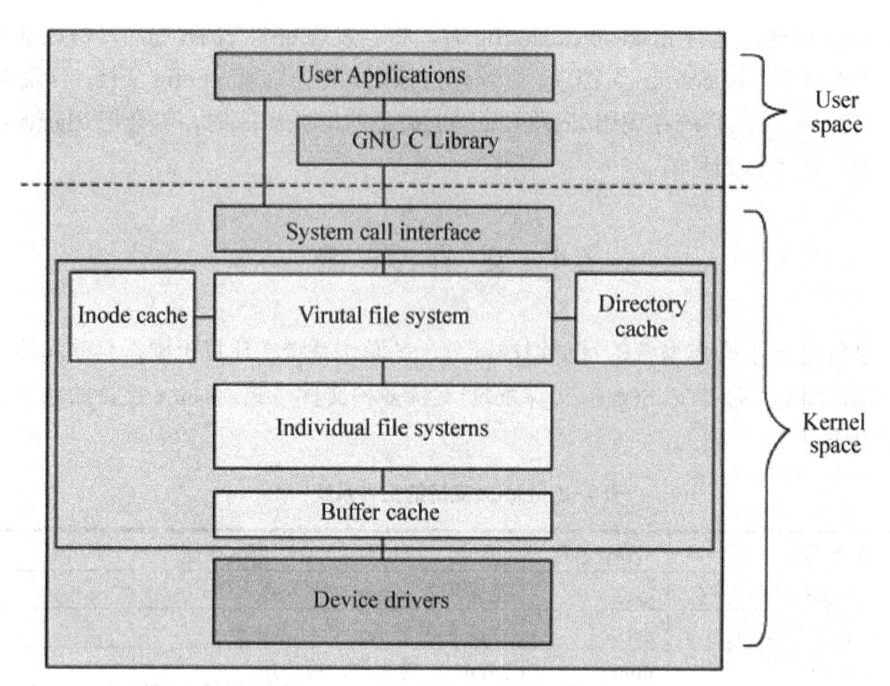

图 7.4　Linux 文件系统组件的体系结构

VFS 是底层文件系统的主要接口。这个组件导出一组接口，然后将它们抽象到各个文件系统，各个文件系统的行为可能差异很大。有两个针对文件系统对象的缓存(inode 和 dentry)，它们缓存最近使用过的文件系统对象。

每个文件系统实现(如 ext2、JFS 等)导出一组通用接口，供 VFS 使用。缓冲区缓存会缓存文件系统和相关块设备之间的请求。例如，对底层设备驱动程序的读写请求会通过缓冲区缓存来传递。这就允许在其中缓存请求，减少访问物理设备的次数，加快访问速度。以最近使用(LRU)列表的形式管理缓冲区缓存。注意，可以使用 sync 命令将缓冲区缓存中的请求发送到存储媒体(迫使所有未写的数据发送到设备驱动程序，进而发送到存储设备)。这就是 VFS 和文件系统组件的高层情况。现在介绍实现这个子系统的主要结构。

Linux 以一组通用对象的角度看待所有文件系统。这些对象是超级块(superblock)、inode、dentry 和文件。超级块在每个文件系统的根上，超级块描述和维护文件系统的状态。文件系统中管理的每个对象(文件或目录)在 Linux 中表示为一个 inode。inode 包含管理文件系统中的对象所需的所有元数据(包括可以在对象上执行的操作)。另一组结构称为 dentry，它们用来实现名称和 inode 之间的映射，有一个目录缓存用来保存最近使用的 dentry。dentry 还维护目录和文件之间的关系，从而支持在文件系统中移动。最后，VFS 文件表示一个打开的文件(保存打开文件的状态，写偏移量等)。

VFS 作为文件系统接口的根层。VFS 记录当前支持的文件系统以及当前挂装的文件系统。可以使用一组注册函数在 Linux 中动态地添加或删除文件系统。内核保存当前支持的文件系统的列表，可以通过 /proc 文件系统在用户空间中查看这个列表。这个虚拟文件还显示当前与这些文件系统相关联的设备。在 Linux 中添加新文件系统的方法是调用

register_filesystem。这个函数的参数定义一个文件系统结构(file_system_type)的引用，这个结构定义文件系统的名称、一组属性和两个超级块函数，也可以注销文件系统。

下面主要介绍常见的几种 Linux 文件系统：

1) JFFS 文件系统

JFFS(The Journalling Flash File System，日志闪存文件系统)最初由瑞典的 Axis Communications 研发，Red Hat 的 David Woodhouse 对它进行了改进，它作为用于微型嵌入式设备原始闪存芯片的实际文件系统而出现。JFFS 文件系统是日志结构化的，这意味着它基本上是一长列节点。每个节点包含有关文件的部分信息，这些信息可能是文件的名称，也许是一些数据。相对于 Ext2fs，JFFS 因为有以下这些优点而在无盘嵌入式设备中越来越受欢迎：

(1) JFFS 在扇区级别上执行闪存擦除/写/读操作要比 Ext2 文件系统好。

(2) JFFS 提供了比 Ext2 更好的崩溃/掉电安全保护。当需要更改少量数据时，Ext2 文件系统将整个扇区复制到内存(DRAM)中，在内存中合并新数据，并写回整个扇区。这意味着为了更改单个字，必须对整个扇区(64 KB)执行读/擦除/写操作，这样做的效率非常低。要是运气差，当正在 DRAM 中合并数据时，发生了电源故障或其他事故，那么将丢失整个数据集合，因为在将数据读入 DRAM 后就擦除了闪存扇区。JFFS 附加文件而不是重写整个扇区，并且具有崩溃/掉电安全保护功能。

(3) 最重要的一点：JFFS 是专门为象闪存芯片那样的嵌入式设备创建的，所以它的整个设计提供了更好的闪存管理。

2) YAFFS/YAFFS2 文件系统

YAFFS(Yet Another Flash File System)是一种类似于 JFFS/JFFS2 且专门为 Flash 设计的嵌入式文件系统。和 JFFS 相比，它减少了一些功能，因此速度更快、占用内存更少。此外，YAFFS 自带 NAND 芯片驱动，并为嵌入式系统提供了直接访问文件系统的 API，用户可以不使用 Linux 中的 MTD 与 VFS，直接对文件系统进行操作。YAFFS2 支持大页面的 NAND 设备，并对大页面的 NAND 设备做了优化。JFFS2 在 NAND 闪存上表现并不稳定，更适合于 NOR 闪存，所以相对大容量的 NAND 闪存，YAFFS 是更好的选择。

YAFFS 和 JFFS 都提供了写均衡、垃圾收集等底层操作。它们的不同之处有以下几点。

(1) JFFS 是一种日志文件系统，通过日志机制确保文件系统的稳定性。YAFFS 仅仅借鉴了日志系统的思想，不提供日志机能，所以稳定性不如 JFFS，不过资源占用少。

(2) JFFS 中使用多级链表管理需要回收的脏块，并且使用系统生成伪随机变量决定要回收的块，通过这种方法能提供较好的写均衡，YAFFS 则是从头到尾对块搜索，所以在垃圾收集上 JFFS 的速度慢，不过能延长 NAND 的寿命。

(3) JFFS 支持文件压缩，适合存储容量较小的系统；YAFFS 不支持压缩，所以更适合存储容量大的系统。

NAND Flash 大多采用 MTD+YAFFS 的模式。MTD(Memory Technology Devices，内存技术设备)是对 Flash 操作的接口，提供了一系列的标准函数，将硬件驱动设计和系统程式设计分开。

3) Ext2/Ext3 文件系统

Linux Ext2/Ext3 文件系统使用索引节点来记录文件信息，作用像 Windows 的文件分配表。索引节点是一个结构，它包含了一个文件的长度、创建及修改时间、权限、所属关系、磁盘中的位置等信息。

一个文件系统维护了一个索引节点的数组，每个文件或目录都与索引节点数组中的唯一的一个元素对应。系统给每个索引节点分配了一个号码，也就是该节点在数组中的索引号，称为索引节点号。Linux 文件系统将文件索引节点号和文件名同时保存在目录中，所以目录只是将文件的名称和它的索引节点号结合在一起的一张表，目录中每一对文件名称和索引节点号称为一个链接。对于一个文件来说有唯一的索引节点号与之对应，一个索引节点号却可以有多个文件名与之对应，因此在磁盘上的同一个文件可以通过不同的路径去访问它。

Linux 缺省情况下使用的文件系统为 Ext2，Ext2 文件系统高效稳定，但是随着 Linux 系统在关键业务中的应用，Linux 文件系统的弱点也渐渐显露出来了：系统缺省使用的 Ext2 文件系统是非日志文件系统。这在关键行业的应用中是一个致命的弱点。

Ext3 文件系统是直接从 Ext2 文件系统发展而来，目前 Ext3 文件系统已经非常稳定可靠。它完全兼容 Ext2 文件系统，用户可以平滑地过渡到一个日志功能健全的文件系统中来。这实际上也是 Ext3 日志文件系统初始设计的初衷。

4) RAMDisk 文件系统

RAM Disk 就是将内存中的一块区域作为物理磁盘来使用的一种技术。对于用户来说，可以把 RAM disk 与通常的硬盘分区(如/dev/hda1)同等对待。RAM Disk 不适合作为长期保存文件的介质，掉电后 RAMDisk 的内容会随内存内容的消失而消失。RAM Disk 的其中一个优势是它的读写速度高，内存盘的存取速度要远快于目前的物理硬盘，可以被用作需要高速读写的文件。

内存盘对于保存加密数据来说是一个福音，因为如果将加密的文件解密到普通磁盘的话，即使用户随后删除了解密文件，数据仍会留在磁盘上，但这样是非常不安全的。而对于 RAMDisk 来说，没有这样的问题。假设有几个文件要频繁使用，如果将它们加到内存当中，程序运行速度会大副提高，因为内存的读写速度远高于硬盘。

5) Romfs 文件系统

传统型的 Romfs 文件系统是最常使用的一种文件系统，它是一种简单的、紧凑的、只读的文件系统，不支持动态擦写保存；它按顺序存放所有的文件数据，所以这种文件系统格式支持应用程序以 XIP 方式运行，在系统运行时，可以获得可观的 RAM 节省空间。uClinux 系统通常采用 Romfs 文件系统。

6) NFS 文件系统

NFS 文件系统是指网络文件系统，这种文件系统也是 Linux 的独到之处。它可以很方便地在局域网上实现文件共享，并且使多台主机共享同一主机上的文件系统，而且 NFS 文件系统访问速度快、稳定性高，已经得到了广泛的应用，尤其是在嵌入式领域。使用 NFS 文件系统可以很方便地实现文件本地修改，而免去了一次次读写 Flash 的忧虑。对 NFS 文件系统的介绍参见后面章节。

在具体的嵌入式系统设计中可根据不同目录存放内容的不同以及存放的文件属性，确定使用何种文件系统。

7.4.2　嵌入式 Linux 文件系统内容

构建适用于嵌入式系统的 Linux 文件系统，必然会涉及两个关键点，一是文件系统类型的选择，它关系到文件系统的读写性能、尺寸大小；另一个就是根文件系统内容的选择，它关系到根文件系统所能提供的功能及尺寸大小。

嵌入式设备中使用的存储器是像 Flash 闪存芯片、小型闪存卡等专为嵌入式系统设计的存储装置。Flash 是目前嵌入式系统中广泛采用的主流存储器，它的主要特点是按整体/扇区擦除和按字节编程，具有低功耗、高密度、小体积等优点。目前，Flash 分为 NOR 和 NAND 两种类型。

NOR 型闪存可以直接读取芯片内储存的数据，因而速度比较快，但是价格较高。NOR 型芯片地址线与数据线分开，所以 NOR 型芯片可以像 SRAM 一样连在数据线上。对 NOR 芯片可以以“字”为基本单位进行操作，因此传输效率很高，应用程序可以直接在 Flash 内运行，不必再把代码读到系统 RAM 中运行。它与 SRAM 的最大不同在于写操作需要经过擦除和写入两个过程。

NAND 型闪存芯片共用地址线与数据线，内部数据以块为单位进行存储，直接将 NAND 芯片做启动芯片比较难。NAND 闪存是连续存储介质，适合放大文件。擦除 NOR 器件时是以 64～128KB 的块进行的，执行一个写入/擦除操作的时间为 5s；擦除 NAND 器件是以 8～32KB 的块进行的，执行相同的操作最多只需 4ms。NAND Flash 的单元尺寸几乎是 NOR 器件的一半，由于生产过程更为简单，NAND 结构可以在给定的模具尺寸内提供更高的容量，也就相应地降低了价格。NOR Flash 占据了容量为 1～16MB 闪存市场的大部分，而 NAND Flash 只是用在 8～128MB 的产品当中，这也说明 NOR 主要应用在代码存储介质中，NAND 适合于数据存储。在 NAND 闪存中每个块的最大擦写次数是一百万次，而 NOR 的擦写次数是十万次。NAND 存储器除了具有 10 比 1 的块擦除周期优势外，典型的 NAND 块尺寸要比 NOR 器件小 8 倍，每个 NAND 存储器块在给定的时间内的删除次数要少一些。

所有嵌入式系统的启动都至少需要使用某种形式的永久性存储设备，它们需要合适的驱动程序，当前在嵌入式 Linux 中有 3 种常用的块驱动程序可以选择。

1) Blkmem 驱动层

Blkmem 驱动是为 uclinux 专门设计的，也是最早的一种块驱动程序之一，现在仍然有很多嵌入式 Linux 操作系统选用它作为块驱动程，尤其是在 uClinux 中。它相对来说是最简单的，但只支持建立在 NOR 型 Flash 和 RAM 中的根文件系统。使用 Blkmem 驱动，建立 Flash 分区配置比较困难，这种驱动程序为 Flash 提供了一些基本擦除/写操作。

2) RAMDisk 驱动层

RAMDisk 驱动层通常用于在标准 Linux 中无盘工作站的启动，对 Flash 存储器并不提供任何的直接支持，RAM Disk 就是在开机时把一部分的内存虚拟成块设备，并把之前准备好的档案系统映像解压到该 RAM Disk 环境中。当在 Flash 中放置一个压缩的文件系统

时，可以将文件系统解压到RAM，使用RAM Disk驱动层支持一个保持在RAM中的文件系统。

3) MTD驱动层

为了尽可能避免针对不同的技术使用不同的工具，以及为不同的技术提供共同的能力，Linux内核纳入了MTD子系统(Memory Technology Device)。它提供了一致且统一的接口，让底层的MTD芯片驱动程序与较高层接口无缝地组合在一起。JFFS2、Cramfs、YAFFS等文件系统都可以被安装成MTD块设备。MTD驱动也可以为那些支持CFI接口的NOR型Flash提供支持。虽然MTD可以建立在RAM上，但它是专为基于Flash的设备而设计的。MTD包含特定Flash芯片的驱动程序，开发者要选择适合自己系统的Flash芯片驱动。Flash芯片驱动向上层提供读、写、擦除等基本的操作，MTD对这些操作进行封装后向用户层提供MTD char和MTD block类型的设备。MTD char类型的设备包括/dev/mtd0、/dev/mtdl等，它们提供对Flash原始字符的访问。MTD block类型的设备包括/dev/mtdblock0、/dev/mtdblock1等，MTD block设备将Flash模拟成块设备，这样可以在这些模拟的块设备上创建像Cramfs、JFFS2等格式的文件系统。

MTD驱动层也支持在一块Flash上建立多个Flash分区，每一个分区作为一个MTD block设备，可以把系统软件和数据等分配到不同的分区上，同时可以在不同的分区采用不用的文件系统格式。这一点非常重要，正是由于这一点才为嵌入式系统多文件系统的建立提供了灵活性。

下面以Ubuntu8.04为例，详细列出Linux文件系统中各主要目录的存放内容，如表7-3所示。

表7-3　Linux文件系统中各主要目录的存放内容

目　　录	目录内容
/bin	bin是binary的缩写。这个目录沿袭了UNIX系统的结构，存放着使用者最经常使用的命令，如cp、ls、cat等。这个目录中的文件都是可执行的、普通用户都可以使用的命令。作为基础系统所需要的最基础的命令就放在这里
/boot	Linux的内核及引导系统程序所需要的文件目录，如vmlinuz initrd.img文件等都位于这个目录中。一般情况下，GRUB或LILO系统引导管理器也位于这个目录
/dev	dev是device(设备)的缩写。这个目录下是所有Linux的外部设备，其功能类似DOS下的.sys和Win下的.vxd。在Linux中设备和文件是用同种方法访问的，例如，/dev/hda代表第一个物理IDE硬盘
/etc	用来存放系统管理所需要的配置文件和子目录
/home	用户的主目录。例如，有个用户叫wang，那它的主目录就是/home/wang，也可以用~wang表示
/lib	存放着系统最基本的动态链接共享库，其作用类似于Windows里的.dll文件。几乎所有的应用程序都要用到这些共享库
/lost+found	在Ext2或Ext3文件系统中，当系统意外崩溃或机器意外关机，而产生一些文件碎片放在这里。系统启动的过程中fsck工具会检查这里，并修复已经损坏的文件系统。有时系统发生问题，有很多的文件被移到这个目录中，可能会用手工的方式来修复或移到文件原来的位置上

续表

目　录	目录内容
/mnt	这个目录是空的，一般用于存放挂载储存设备的挂载目录，如 cdrom 等目录。有时可以把让系统开机自动挂载文件系统，把挂载点放在这里也是可以的，主要看在/etc/fstab 中怎么定义了，如光驱可以挂载到/mnt/cdrom
/proc	这个目录是一个虚拟的目录，它是系统内存的映射，可以通过直接访问这个目录的方式来获取系统信息。也就是说，这个目录的内容不在硬盘上而是在内存里。
/root	系统管理员(也叫超级用户)的主目录。作为系统的拥有者，总要有些特权，如单独拥有一个目录
/sbin	s 就是 Super User 的意思，也就是说这里存放的是系统管理员使用的管理程序。大多是涉及系统管理的命令的存放，是超级权限用户 root 的可执行命令存放地，普通用户无权限执行这个目录下的命令
/tmp	tmp 临时文件目录，有时用户运行程序的时候，会产生临时文件，/tmp 就用来存放临时文件的。/var/tmp 目录和这个目录相似
/usr	这个是系统存放程序的目录，如命令、帮助文件等。这个目录下有很多的文件和目录。安装一个 Linux 发行版官方提供的软件包时，大多安装在这里。如果有涉及服务器配置文件的，会把配置文件安装在/etc 目录中
/srv	存放一些服务启动之后需要提取的数据
/sys	这是 Linux 2.6 内核的一个很大的变化。该目录下安装了 Linux 2.6 内核中新出现的一个文件系统 sysfs。sysfs 文件系统集成了下面 3 种文件系统的信息：针对进程信息的 proc 文件系统、针对设备的 devfs 文件系统以及针对伪终端的 devpts 文件系统。该文件系统是内核设备树的一个直观反映。当一个内核对象被创建的时候，对应的文件和目录也在内核对象子系统中被创建
/var	存放那些不断在扩充着的东西，为了保持/usr 的相对稳定，那些经常被修改的目录可以放在这个目录下，实际上许多系统管理员都是这样干的。系统的日志文件在/var/log 目录中

7.5　Linux 映像固化与运行实例

嵌入式 Linux 在宿主机上编译后会生成映像文件，这个映像文件一般来说需要固化到 Flash 中，如 NorFlash 或 NandFlash。一般的 Bootloader 具有擦除 Flash 的功能，也具有从宿主机接收映像文件的功能，因此一般通过 Bootloader 来完成映像的固化和更新。本节利用英贝特 EduKit-IV 作为目标机，介绍 Linux 映像固化与运行的过程，其他运行平台也可以参照类似的方法进行映像的固化与运行。

7.5.1　Linux 基本映像的固化

Linux 的基本映像包含 3 个部分：Bootloader、内核、根文件系统，其中 Bootloader 采用专门的硬件仿真器进行固化，内核和根文件系统一般是通过 Bootloader 来固化的。在 EduKit-IV 嵌入式实验平台中，基于 S3C2410 的 Linux 映像都是固化到板载的 Nand Flash 中的。

为了提供 Linux 的更多特性，设置 Linux 的 MTD 分区如下。

```
static struct mtd_partition partition_info[] ={
[0] = {
.name = "bootloader",
.offset = 0x0,
.size = 0x00030000,
},
[1] = {
.name = "kernel",
.offset = 0x00030000,
.size = 0x001d0000,
},
[2] = {
.name = "ramdisk",
.offset = 0x00200000,
.size = 0x00200000,
},
[3] = {
.name = "yaffs",
.offset = 0x00400000,
.size = 0x03800000,
},
[4] = {
.name = "jffs2",
.offset = 0x03c00000,
.size = 0x00100000,
},
[5] = {
.name = "data",
.offset = 0x03d00000,
.size = 0x002f0000,
}
};
```

其中 RAMDisk 根文件系统是作为后面实验用，并提供更快更好的 YAFFS 根文件系统的固化方式，所以必须在实验前固化好 RAMDisk 根文件系统。

下面将完整地介绍实验系统 Linux 映像的固化过程(在实验系统出厂前已经固化好出厂 Linux 映像，下面的内容仅供参考，用户如果并不需要更新全部映像，可以单独更新单个映像)。

1) 准备工作

(1) 准备好实验平台一套，Mini2410-IV 核心子板一套，5V/2A 电源适配器一个，EasyICE 烧写器一个，交叉串口线一个，并口线 1 个，U 盘一个(空闲空间大于 32MB)。

(2) 在测试台摆放好实验平台，小心打开 EduKit-IV 实验平台上盖，注意防止箱体向后倾倒(最好箱体上盖后面靠着其他物品)。

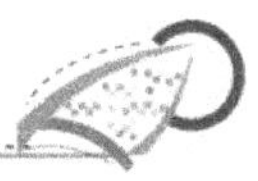

(3) 检查 EduKit-IV 实验平台出厂跳线，注意 Mini2410-IV 核心子板上的跳线为闭合状态，电源拨动开关拨向向下端的断开状态。

(4) 连接 5V/2A 电源适配器到 EduKit-IV 实验平台的电源接口(电源插座供电为 220V 市电)。

(5) 连接 EasyICE 烧写器：JTAG 线连接到实验平台的 Area1 区的 ARM JTAG 接口，并口端通过并口线连接 PC 机与 EasyICE 烧写器(用于固化 Bootloader)。

(6) 连接交叉串口线于 PC 机的串口端和实验平台的 COM2 端。

(7) 将 Mini2410-IV 核心子板插入实验平台的 CPU PACK 接口，注意用力均匀且确保插槽连接紧密(一般可用力先插紧上面的槽，然后再插紧下面的槽，插好后，再均匀用力固定确保连接紧密，槽插进去的时候可以听到卡进去的声音)。

(8) 将 EduKit-IV 实验平台的电源的拨动开关拨向向上端的加电状态，给实验平台上电。可以看到 POWER 区的 3 个红色电源指示灯会亮：1V8_LED、3V3_LED、5V0_LED。如果有任意电源指示灯不亮，请立刻关闭电源，检查电路故障。

2) 固化启动映像 Bootloader

(1) 运行软件 Embest Online Flash Programmer for ARM，如图 7.5 所示，在菜单栏选择 Setting→Configure 选项，在弹出的对话框中按图 7.6 所示设置仿真器参数，设置完成后，单击 OK 按钮关闭对话框，然后继续选择菜单栏 Tools→Option，在弹出的对话框中按图 7.7 所示设置软件参数，设置完成后，单击 OK 按钮关闭对话框。

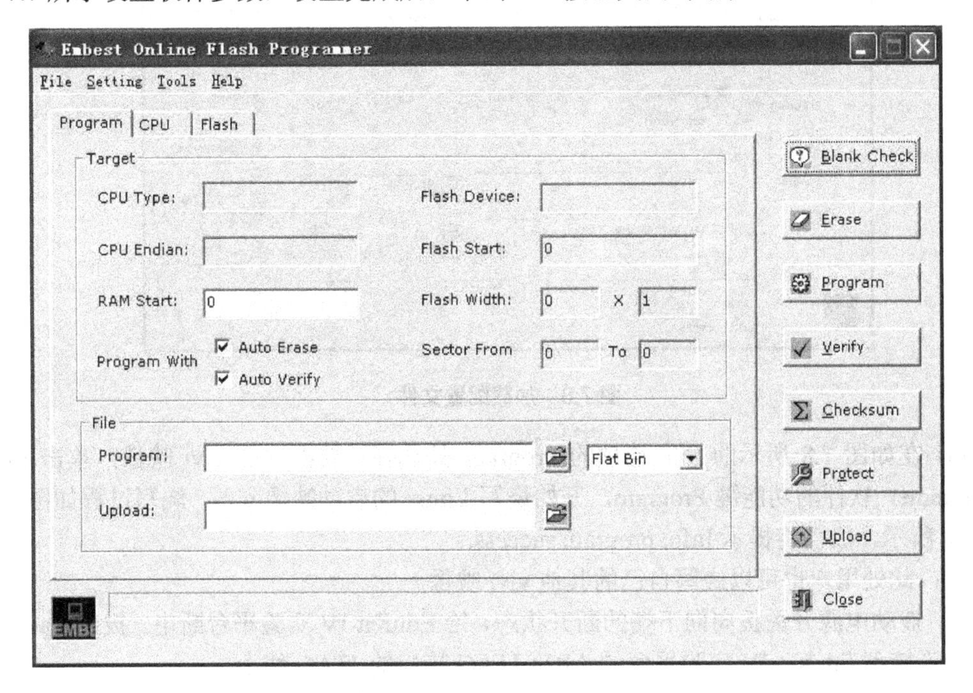

图 7.5　运行 Flash Programmer

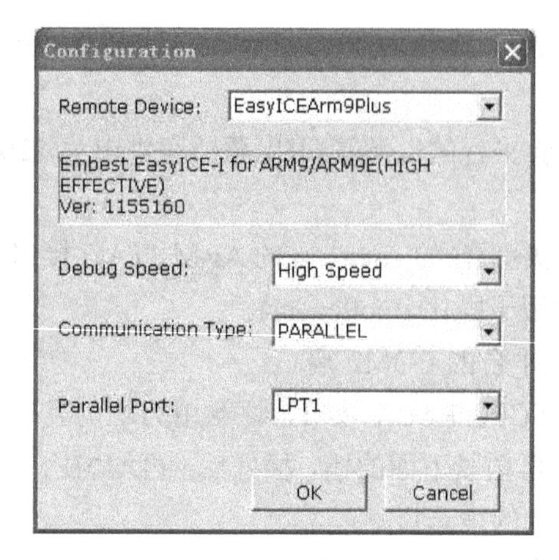

图 7.6　配置仿真器类型

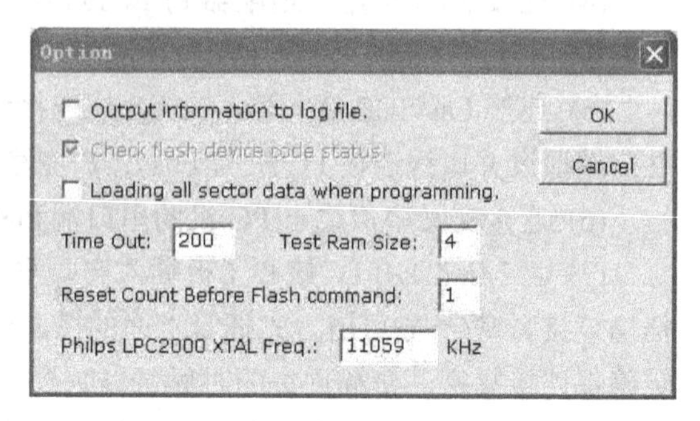

图 7.7　设置软件参数

(2) 完成软件设置后，选择 Flash Programmer 软件的菜单栏 File→Open 选项，在弹出的对话框中选择烧写配置文件 vivi.cfg，软件将自动加载烧写参数，如图 7.8 所示。

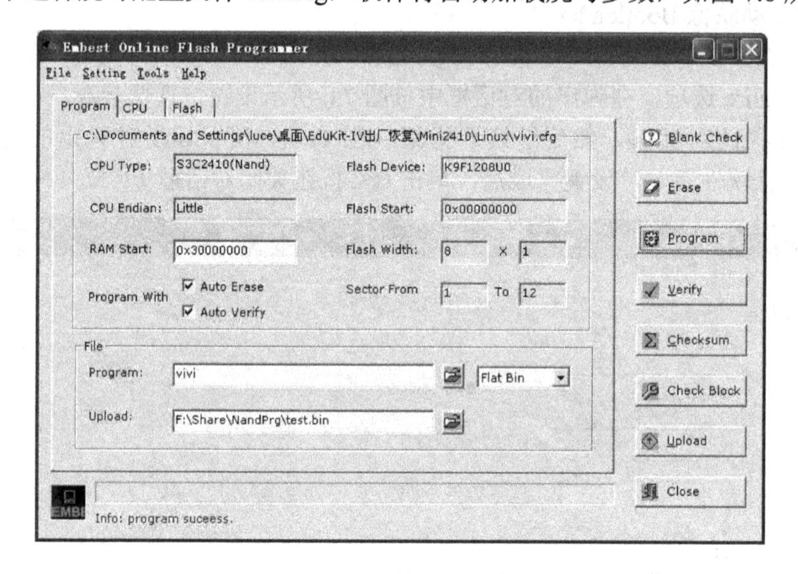

图 7.8　加载配置文件

(3) 在如图 7.8 所示的 File 选项的 Program 处选择需要固化的 vivi 映像，单击 Flash Programmer 软件的功能键 Program，开始烧写 Linux 的启动映像 vivi，烧写过程如图 7.9、图 7.10 所示，成功将提示 Info: program suceess.。

附：此处用户也可以烧写自己的其他 vivi 映像。

(4) 拨动电源开关拨向向下端的断开状态，给 EduKit-IV 实验平台断电。拔出 EasyICE 烧写器连接到 EduKit-IV 实验平台的 ARM JTAG 接口的 JTAG 线上。

(5) 运行 PC 机上 Windows XP 系统自带的超级终端软件，“开始”→“所有程序”→“附件”→“通讯”→“超级终端”，按照图 7.11 所示设置每秒位数为 115200、数据位为 8、奇/偶校验为无、停止位为 1、数据流控制为无。

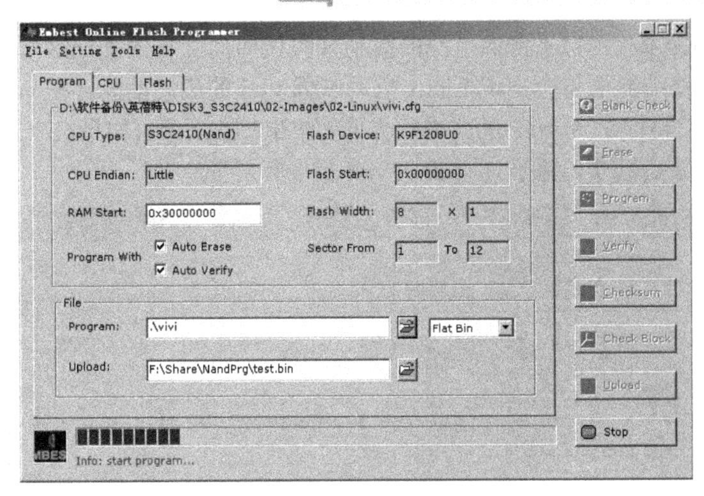

图 7.9　烧写 vivi 映像

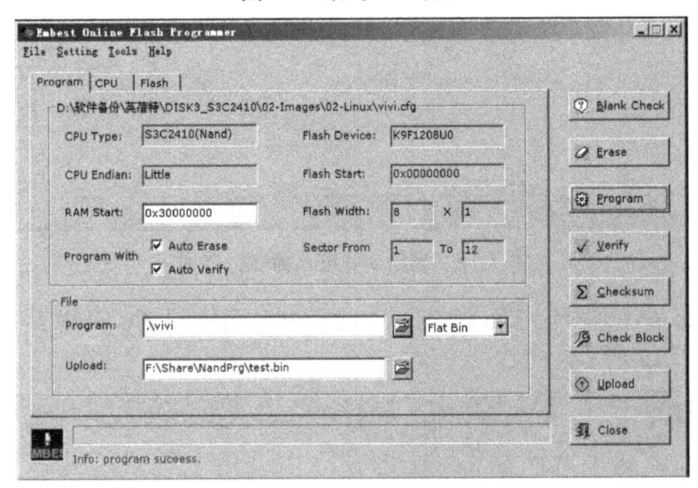

图 7.10　烧写成功界面

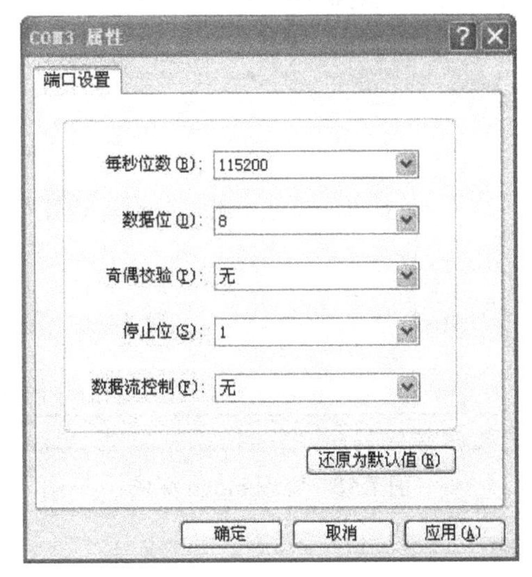

图 7.11　超级终端设置

(6) 将 EduKit-IV 实验平台的电源的拨动开关拨向向上端的加电状态，重新给实验平台上电，在超级终端界面将会出现 Linux 启动映像 vivi 的启动信息，在 vivi 启动的同时迅速按下 PC 机的空格键进入 vivi 的命令行界面，如图 7.12 所示。(如果没有及时进入 vivi 的命令行界面则重新启动实验系统，再进入 vivi 命令行界面)

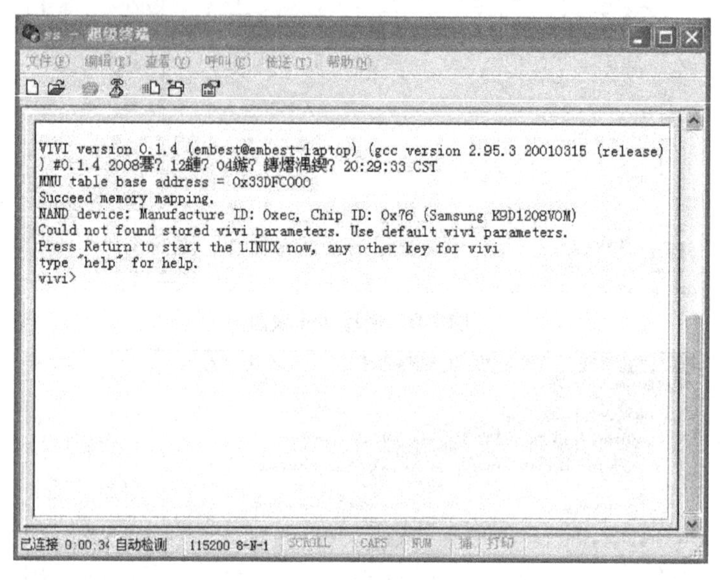

图 7.12 启动 vivi 进入命令行界面

(7) 接下来在 vivi 的命令行输入命令 bon part 0 格式化 Flash，并检查 Flash 坏块，屏蔽坏块分区，如图 7.13 所示。

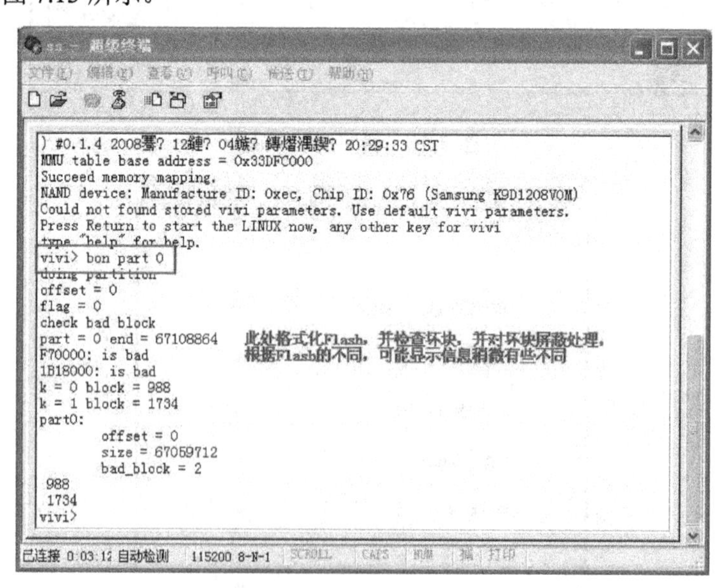

图 7.13 整理 Flash 坏块

3) 固化内核映像 zImage

参照 vivi 的固化方法，仅需在步骤(2)、(3)处修改为完成软件设置后，选择 Flash

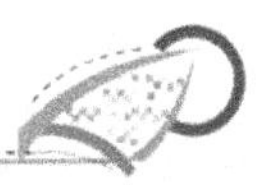

Programmer 软件的菜单栏 File→Open 选项，在弹出的对话框中选择烧写配置文件 kernel.cfg，软件将自动加载烧写参数，另外 File 选项的 Program 处选择需要固化的内核映像，单击 Flash Programmer 软件的功能键 Program，开始烧写 Linux 的内核映像 zImage，成功将提示 Info: program suceess.。

4) 固化 RAMDisk 根文件系统映像

参照 vivi 的固化方法，仅需在步骤(2)、(3)处修改为完成软件设置后，选择 Flash Programmer 软件的菜单栏 File→Open 选项，在弹出的对话框中选择烧写配置文件 rootfs.cfg，软件将自动加载烧写参数，另外 File 选项的 Program 处选择需要固化的内核映像，单击 Flash Programmer 软件的功能键 Program，开始烧写 Linux 的 RAMDisk 根文件系统映像 ramdisk.gz，成功将提示 Info: program suceess.。

这样一个最基本的 Linux 系统就固化成功了，可以修改 vivi 的启动参数来设置启动方式(出厂默认是采用 YAFFS 根文件系统启动方式)：

启动 RAMDisk 根文件系统：

```
vivi> param ramdisk
vivi> param save
```

启动 YAFFS 根文件系统：

```
vivi> param reset
vivi> param save
```

启动 nfs 根文件系统：(根据本地局域网的不同，需要自己重新设置 IP，下面的命令仅供参考)

```
    vivi> param set linux_cmd_line "root=/dev/nfs
    nfsroot=192.192.192.190:/home/example/nfs
    ip=192.192.192.200:192.192.192.190:192.192.192.1:255.255.255.0:EDUK4:e
th1:off
    console=ttySAC1,115200 mem=64M init=/linuxrc noinitrd"
    vivi> param save
```

根据不同的 vivi 启动参数可以引导不同的根文件系统。

7.5.2　根文件系统的更新

在前面的基础上，可以进行根文件系统的固化与更新。

1) 在 EduKit-IV 实验平台中，Mini2410-IV 核心子板中运行的 Linux 采用了“双根文件系统”的技术，MTD2 分区存放 RAMDisk 根文件系统，MTD3 分区存放 YAFFS 根文件系统。对于正常使用的用户而言，可见的文件系统是 YAFFS 根文件系统，只有在该文件系统崩溃的时候，才通过修改 vivi 参数启动 RAMDisk 根文件系统，来恢复更新 YAFFS 根文件系统。同时在 Linux 映像固化时，YAFFS 根文件系统也是通过 RAMDisk 文件系统更新的。下面的步骤将介绍如何通过 RAMDisk 根文件系统来固化更新 YAFFS 根文件系统。

(1) 运行 PC 机上 Windows XP 系统自带的超级终端软件，“开始”→“所有程序”→“附件”→“通讯”→“超级终端”，设置每秒位数为 115200、数据位为 8、奇/偶校验为

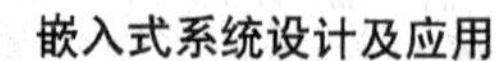

无、停止位为 1、数据流控制为无(确认已经关闭其他超级终端工具)。

(2) 将实验平台的电源的拨动开关拨向向上端的加电状态，重新给实验平台上电，在超级终端的界面将会出现 Linux 启动映像 vivi 的启动信息，在 vivi 启动的同时迅速按下 PC 机的空格键进入 vivi 的命令行界面(如果没有及时进入 vivi 的命令行界面则重新启动实验系统，再进入 vivi 命令行界面)。

(3) 在超级终端界面的 vivi 命令行输入命令修改传递给内核的启动参数 param RAMDisk (如图 7.14 所示)，输入完成后按回车键。

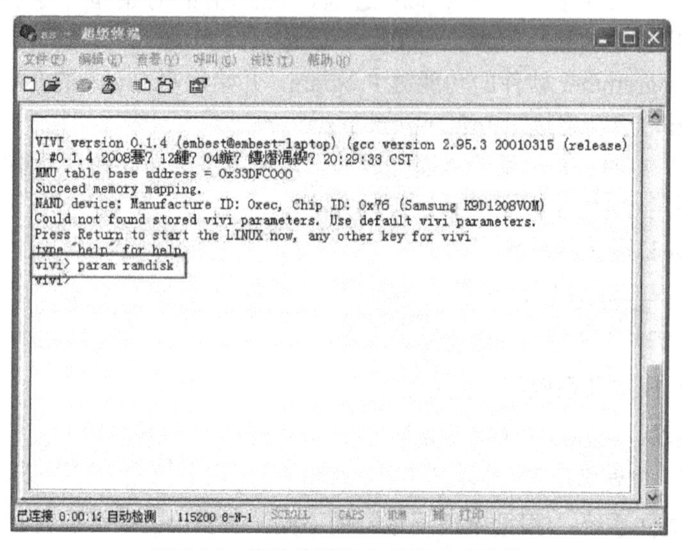

图 7.14　修改传递给内核的启动参数

(4) 参数修改成功后，在 vivi 的命令行输入 boot，启动 Linux 内核，在超级终端中可以看到 Linux 的启动信息，如图 7.15 所示，同时也可以在 LCD 屏上看到 Linux 的启动画面，如图 7.16 所示。

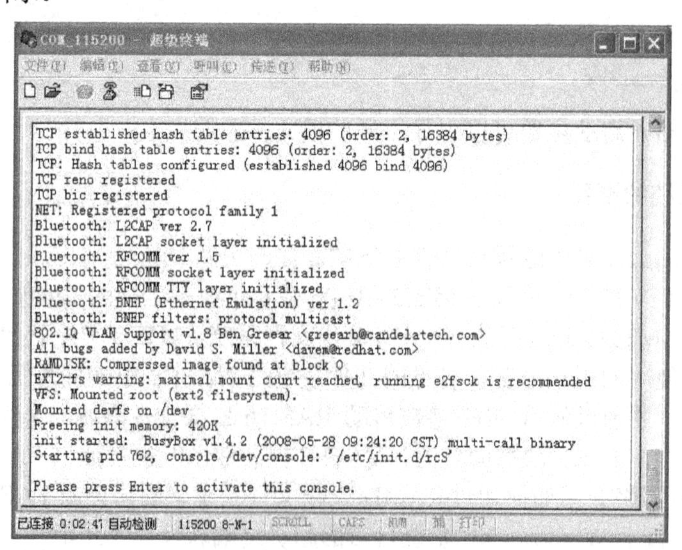

图 7.15　Linux 启动信息

图 7.16　Linux 启动界面

(5) Linux 启动完成后，输入回车即可进入 Linux 的命令行界面。复制支持触摸屏的 QT YAFFS 文件系统映像更新包 rootfs-eduk4-tsp-ys.tgz 到 U 盘。

附：此处也可以通过其他途径传送 rootfs-eduk4-tsp-ys.tgz 到系统。

(6) 在超级终端的 Linux 命令行执行命令：

```
$ flash_eraseall /dev/mtd3
```

擦除 MTD3 的 YAFFS 分区，如图 7.17 所示。

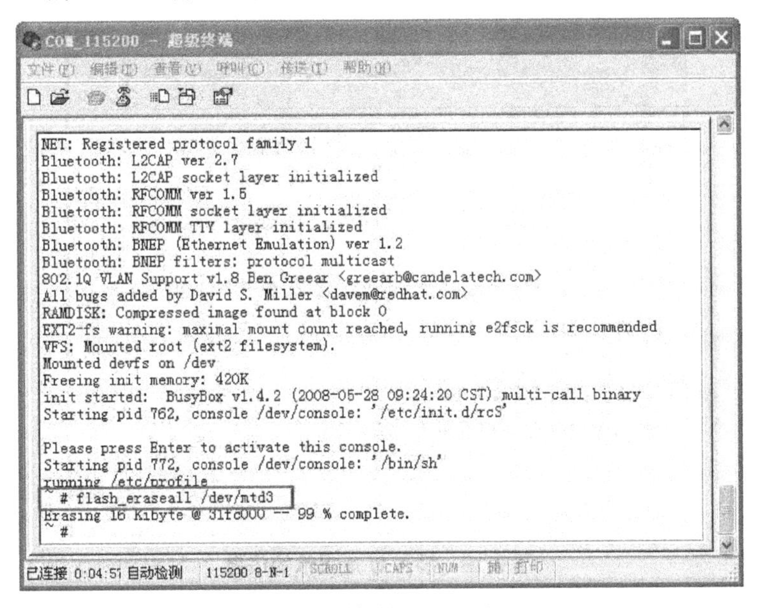

图 7.17　擦除 MTD3 分区

(7) 在超级终端的 Linux 命令行执行命令：

```
$ mount -t yaffs /dev/mtdblock/3 /mnt
```

将 MTD3 分区映射到/mnt 目录，如图 7.18 所示。

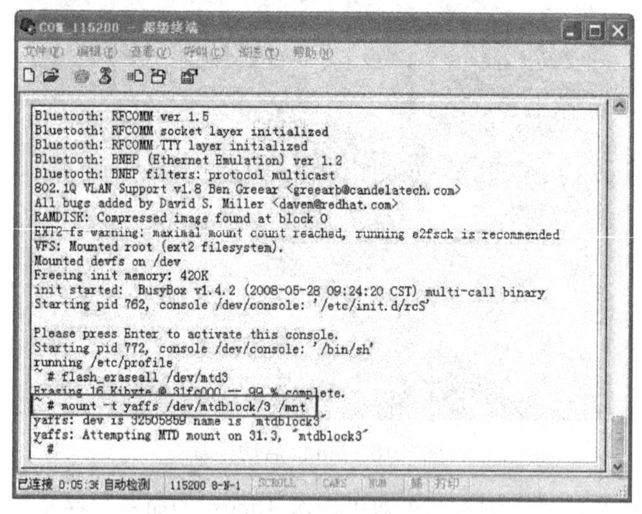

图 7.18 映射 MTD3 分区到/mnt 目录

(8) 将复制有 rootfs-eduk4-tsp-ys.tgz 文件的 U 盘插入实验平台的 USB 接口的上面 U 口，在超级终端中可以看到提示 U 盘插入的信息，如图 7.19 所示。

注意：此处也可以不必使用 U 盘作为传送映像的媒介，也可以使用 SD 卡或网络等传送。

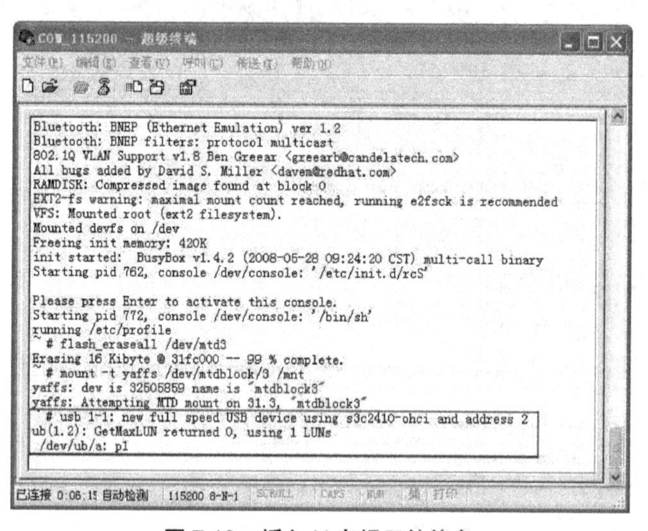

图 7.19 插入 U 盘提示的信息

(9) 在超级终端的 Linux 命令行执行命令：

```
$ mount -t vfat /dev/ub/a/part1 /media
```

将 U 盘映射到/media 目录，如图 7.20 所示。

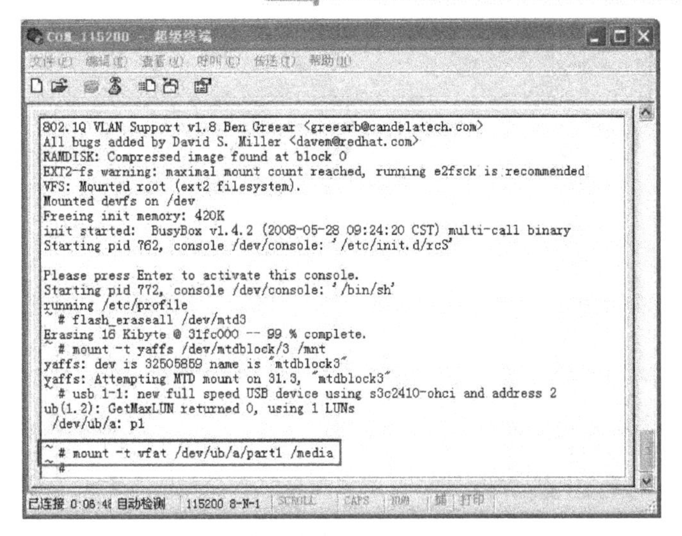

图 7.20　映射 U 盘到/media 目录

(10) 在超级终端的 Linux 命令行执行命令：

```
$ tar zxvf /media/rootfs-eduk4-tsp-ys.tgz -C /mnt
```

解压 rootfs-eduk4-tsp-ys.tgz 文件到 MTD3 所映射的目录，如图 7.21 所示。

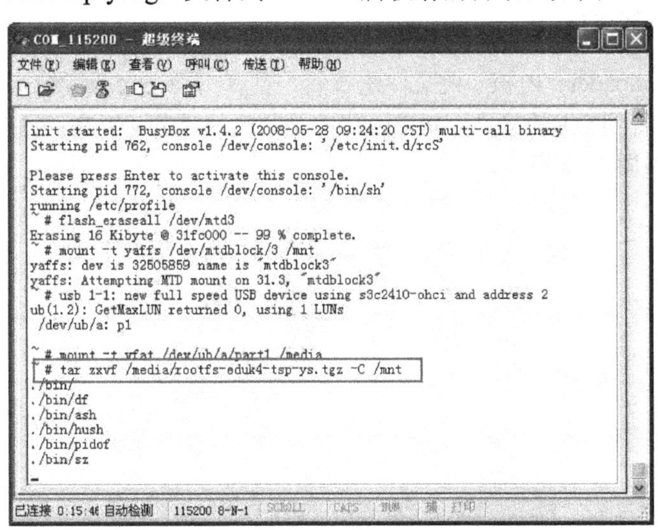

图 7.21　解压 root-ts.tgz 文件

(11) 解压完成后，输入命令：

```
$ umount /mnt
$ umount /media
```

卸载 U 盘及 MTD3 设备，如图 7.22 所示。

(12) 拔出 U 盘，给实验平台重新上电，在超级终端的界面将会出现最终的 Linux 启动信息，同时 LCD 屏上也会显示 Linux 的启动画面。

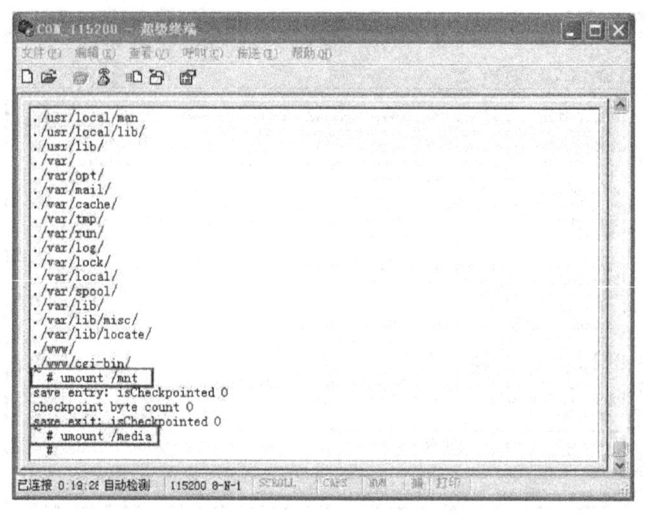

图 7.22　卸载设备

附：Linux 操作系统下想更新启动映像、内核映像和根文件系统映像可以使用 Minicom 软件，由于 Linux 下没有 vivi 支持的 USB 驱动，所以不能使用 load flash vivi u 命令，但是可以使用 xmodem 方式来下载，命令为 load flash vivi x。

7.5.3　Linux 映像的运行

固化好了 Bootloader、内核、根文件系统后，重启实验平台或者给实验平台重新加电，在 LCD 屏上可以看到 QT 的界面，如果固化的是带触摸屏的 QT 文件系统，则可以使用触摸笔操作界面，如图 7.23 所示。

图 7.23　启动的 QT 界面

思考与练习

1．更改 Linux 内核配置，再进行编译下载查看结果。
2．配制 NFS 服务。
3．自己动手完成对嵌入式开发板的系统烧写实验。

第 3 篇

嵌入式Linux应用开发篇

嵌入式 Linux 设备驱动开发
嵌入式应用程序开发
嵌入式 GUI 设计

第 8 章

嵌入式 Linux 设备驱动程序开发

本章将进入到 Linux 的内核空间，初步了解嵌入式 Linux 设备驱动的开发。驱动的开发流程相对于应用程序的开发是全新的，与读者以前的编程习惯完全不同。通过本章的学习，读者将会掌握以下内容。

(1) 嵌入式 Linux 设备驱动的基本概念。

(2) 嵌入式 Linux 设备驱动的基本功能及运作过程。

(3) 字符设备驱动程序编写步骤。

(4) USB 设备驱动编写步骤。

(5) LCD 设备驱动编写步骤。

(6) 触摸屏设备驱动编写步骤。

(7) IIS 设备驱动编写步骤。

8.1 设备驱动基础

驱动程序是连接硬件设备和设备文件的纽带，是操作系统内核和硬件设备之间的接口。设备驱动程序为应用程序屏蔽了硬件的细节，使应用程序可以像操作普通文件一样操作硬件设备。图 8.1 所示更加直观地表述了驱动程序的地位和功能。

8.1.1 用户态与内核态

在单内核模式系统中，操作系统提供服务的流程为(即用户应用程序调用系统内核功能)：应用主程序使用指定的参数执行系统调用指令(int x80)，使 CPU 从用户态(User Mode)切换到核心态(Kernel Mode)，然后系统根据参数值调用特定的系统调用服务程序，而这些服务程序则根据需要调用底层的支持函数以完成特定的功能。在完成了应用程序要求的服务后，操作系统又从核心态切换回用户态，回到应用程序中继续执行后续指令。因此，单内核模式的内核也可粗略的分为 3 层：调用服务的主程序层、执行系统调用的服务层和支持系统调用的底层函数。

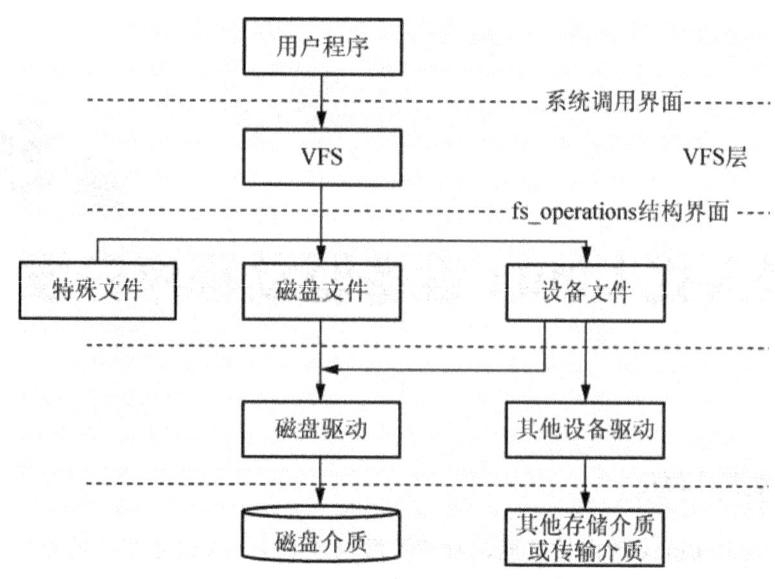

图 8.1　驱动程序在嵌入式 Linux 系统中的作用

简单来讲，一个进程由于执行系统调用而开始执行内核代码，则称该进程处于内核态中。一个进程执行应用程序自身代码则称该进程处于用户态。

intel x86 架构的 CPU 分为好几个运行级别，从 0～3，0 为最高级别，3 为最低级别。针对不同的级别有很多的限制，如传统的 in、out 指令，就是端口的输入输出指令，在 0 级下是可以用的，但在 3 级下就不能用，使用就会产生陷阱，提示出错。当然限制还有很多，不只是这一点。操作系统就是利用这个特点，当操作系统的代码运行时，CPU 就切换成 0 级，当用户的程序运行时就只让它在 3 级运行，这样如果用户的程序想做什么破坏系统的事情的话，也没法做到。

当然，低级别的程序是没法升到高级别的，也就是说用户程序运行在 3 级，若想把自己变成 0 级自己是做不到的，除非是操作系统帮忙，利用这个特性，操作系统就可以控制所有的程序的运行，确保系统的安全了。把操作系统运行时的级别叫内核态(因为是操作系统内核运行时的状态)，而普通用户程序运行时的那个级别叫用户态。

当操作系统刚引导时，CPU 处于实模式，这时就相当于是 0 级，于是操作系统就自动得到最高权限，然后切到保护模式时就是 3 级，这时操作系统就占了先机，成为了最高级别的运行者，由于程序都是由操作系统来加载的，所以当它把用户的程序加载上来后，就把用户的程序运行状态设为 3 级，即最低级，然后才让用户的程序运行，没办法把用户的程序从低级上升到高级，这就是操作系统在内核态可以管理用户程序，杀死用户程序的原因。

8.1.2　Linux 驱动程序结构

以 Linux 的方式看待设备可区分为 3 种基本设备类型。每个模块常常实现 3 种类型中的一种，因此可分类成字符模块、块模块或网络模块。这种将模块分成不同类型或类别的方法并非是固定不变的，程序员可以选择建立在一个大块代码中实现了不同驱动的巨大模

块。但是，好的程序员常常创建一个不同的模块给每个它们实现的新功能，因为分解是可伸缩性和可扩张性的关键因素。

3 类驱动介绍如下。

1) 字符设备

一个字符(char)设备是一种可以当作一个字节流来存取的设备(如同一个文件)，一个字符驱动负责实现这种行为。这样的驱动常常至少实现 open、close、read 和 write 系统调用。文本控制台(/dev/console)和串口(/dev/ttyS0 及其他)是字符设备的例子，因为它们很好地展现了流的抽象。字符设备通过文件系统结点来存取，如/dev/tty1 和/dev/lp0。在一个字符设备和一个普通文件之间唯一的不同就是，用户经常可以在普通文件中移来移去，但是大部分字符设备仅仅是数据通道，用户只能顺序存取。然而，存在看起来像数据区的字符设备，可以在里面移来移去。例如，framegrabber 经常这样，应用程序可以使用 mmap 或者 lseek 存取整个要求的图像。

2) 块设备

如同字符设备，块设备通过位于/dev 目录的文件系统结点来存取。一个块设备(如一个磁盘)应该是可以驻有一个文件系统的。在大部分的 UNIX 系统，一个块设备只能处理这样的 I/O 操作，传送一个或多个长度经常是 512 字节(或一个更大的 2 的幂的数)的整块。Linux 则相反，允许应用程序读写一个块设备像一个字符设备一样——它允许一次传送任意数目的字节。块和字符设备的区别仅仅在于内核在内部管理数据的方式上以及在内核/驱动的软件接口上不同，如同一个字符设备，每个块设备都通过一个文件系统结点被存取，它们之间的区别对用户是透明的。块驱动和字符驱动相比，与内核的接口完全不同。

3) 网络接口

任何网络事务都通过一个接口来进行，就是说这个接口是一个能够与其他主机交换数据的设备。通常，一个接口是一个硬件设备，但是它也可能是一个纯粹的软件设备，如环回接口。一个网络接口负责发送和接收数据报文，在内核网络子系统的驱动下，不必知道单个事务是如何映射到实际的被发送的报文上的。很多网络连接(特别那些使用 TCP 的)是面向流的，但是网络设备却常常设计成处理报文的发送和接收。一个网络驱动只处理报文。

8.1.3 设备文件与设备文件系统

设备管理是 Linux 中比较基础的东西，但是由于 Linux 智能程度越来越高，Udev 的使用越来越广泛，使得越来越多的 Linux 新用户对/dev 目录下的东西变得不再熟悉。

Linux 中的设备有两种类型：字符设备(无缓冲且只能顺序存取)、块设备(有缓冲且可以随机存取)。每个字符设备和块设备都必须有主、次设备号，主设备号相同的设备是同类设备(使用同一个驱动程序)。这些设备中，有些设备是实际存在的物理硬件的抽象，而有些设备则是内核自身提供的功能(不依赖于特定的物理硬件，又称为“虚拟设备”)。每个设备在/dev 目录下都有一个对应的文件(节点)。可以通过 cat/proc/devices 命令查看当前已经加载的设备驱动程序的主设备号。内核能够识别的所有设备都记录在原码树下的 Documentation/devices.txt 文件中。

1) 设备文件

Linux 内核所能识别的所有设备都记录在 http://www.lanana.org/docs/device-list/，而内核原码树中的 Documentation/devices.txt 可能不是最新版本。

了解这些设备的最基本要求就是对每个设备文件的含义了如指掌。

2) 设备文件系统

过去的 Linux 系统中提供了一个抽象化的设备目录/dev。在该目录中用户可以找到设备节点，这些特殊的文件直接指向了系统中的硬件设备。例如，/dev/hda 指向了系统中的第一个 IDE 设备。利用这些提供给用户的设备文件，用户可以编写应用程序像访问普通文件一样来访问硬件，而不需要通过特殊的 API。

(1) 查看设备树。如果用户查看一个设备文件时，将会看到类似下面的内容：查看设备文件信息。

```
Embest@Ubuntu:/dev# ls -l
brw-rw--- 1 root disk 3,0 2008-10-06 18:52 hda
……
crw-rw-rw- 1 root tty 3, 209 2008-10-06 18:52 ttyc1
crw-rw-rw- 1 root tty 3, 210 2008-10-06 18:52 ttyc2
crw-rw-rw- 1 root tty 3, 211 2008-10-06 18:52 ttyc3
crw-rw-rw- 1 root tty 3, 212 2008-10-06 18:52 ttyc4
crw-rw-rw- 1 root tty 3, 213 2008-10-06 18:52 ttyc5
crw-rw-rw- 1 root tty 3, 214 2008-10-06 18:52 ttyc6
crw-rw-rw- 1 root tty 3, 215 2008-10-06 18:52 ttyc7
crw-rw-rw- 1 root tty 3, 216 2008-10-06 18:52 ttyc8
crw-rw-rw- 1 root tty 3, 217 2008-10-06 18:52 ttyc9
crw-rw-rw- 1 root tty 3, 218 2008-10-06 18:52 ttyca
crw-rw-rw- 1 root tty 3, 219 2008-10-06 18:52 ttycb
……
```

在上一个范例中，/dev/hda 是一个块设备。但是，更重要的是，它链接了两个特殊的号码：3、0。这对号码称为主-次对，它用于核心将该设备文件映射到真实设备上。主编号指向了该设备，而次编号指向了子设备，这看起来冲突吗？不会的。

这里有两个范例为/dev/hda4 和/dev/tty5。第一个设备文件指向了第一个 IDE 设备的第 4 个分区，它的主次对为 3、4，在这里次编号指向了分区而主编号指向了设备。第二个范例中，主次对为 3、4，在这里，主编号指向到终端设备，次编号指向终端编号(在这里是第 5 个终端)。

① 相关问题。如果快速扫描一次/dev 中的文件，将会发现其中不仅仅有机器上的所有设备，或者说在机器上所有用户可以看到的设备，而且还有许多用户并没有指向该设备的设备文件。至于如何管理这大量的设备组将会在后面提到。可以先想象一下改变机器上所有设备所对应的设备文件的权限，然后将它们恢复过来。

添加一个新设备到系统中，但是这个设备之前并没有对应的设备文件时，用户应该自己创建一个，高级用户可以很熟练地通过/dev 中的 ./MAKEDEV 来做这件事情。

当用户有了一个通过设备文件来访问硬件的程序时，不能将根目录以只读属性加载，

没有其他办法时必须以可读写模式加载，并且不能将/dev 加载于任何一个单独的分区上，因为 mount 命令需要/dev 来加载分区。

② 实际问题。其实，内核开发者们已经遇到了前面所提到的种种问题。不管怎样，其中大多数问题能在这里得到更详细地描述 http://www.atnf.csiro.au/people/rgooch/Linux/docs/devfs.html#faq-why。注意这些问题将直接关系到稳定版内核 devfs。

devfs 就是解决方案，devfs 处理了所有的问题。它只是提供给用户管理这些已有设备的功能，当新硬件添加时自动添加新的节点，使将根目录以只读属性加载成为可能，以及解决了其他我们之前还没有发现的问题。

举个例子，通过 devfs 用户将可以逃离主次设备对管理的痛苦。它始终支持着(为了向后兼容)，但是不必要。它使 Linux 自动支持更多的设备成为可能，直到没有任何资源可以分配(数字总是有限的)。

(2) 浏览设备树。首先要注意的是 devs 通过设备组目录树来组织设备文件。这种方式提高了可读性，同时所有相关设备都将放在其标准的目录里。

举个例子，所有的 IDE 相关设备都在/dev/ide/设备目录里，而 SCSI 相关设备在/dev/scsi/。SCSI 和 IDE 磁盘在某种程度上有些相同点，这意味着它们可能在同一个子目录结构里。

IDE 和 SCSI 磁盘通过其控制卡进行控制(可以是内置与主板上的，也可以是单独的控制卡)，叫做控制器，每个控制卡可以有很多个通道。一个通道总线。在每一个总线里，还能有许多编号。假设某个编号控制着一个磁盘，该编号成为目标。许多 SCSI 设备还可以有多个逻辑单元号(LogicalUnitNumbers)，举个例子，某个设备链接到多个媒体(如高端的磁带设备)时，通常只有一个逻辑单元号 lun0/。

所以，如果/dev/hda4 已经被使用过了，用户会拥有一个/dev/ide/host0/bus0/target0/lun0/part4，这将使管理容易很多。

注释：同样能使用类似 UNIX 的磁盘命名方式来管理磁盘，如 c0b0t0u0p2，它们能在/dev/ide/hd 或/dev/scsi/hd 类似的路径中找到。

8.1.4　Linux 模块

Linux 是单内核结构，也就是说，它是一个大程序，其中任一函数都可以访问公共数据结构和其他函数调用。单核结构在添加新模块时，一种方法是重新调整设置，所以非常费时。例如，想在内核中加一个 NCR 810 SCSI 的驱动程序，必须重新设置，重建内核。也有另外一个办法，Linux 允许动态装载和卸掉模块。Linux 模块是一段可以在机器启动后任意时间被动态链接的代码，在不需要时，它们可以被从内核中卸掉。大多数 Linux 模块是设备驱动程序或伪设备驱动程序，如网络驱动程序、文件系统等。

可以使用 insmod 和 rmmod 命令来装载和卸掉 Linux 模块，内核自己也可以调用内核驻留程序(Kerneld)来按需要装载和卸掉模块。

按需动态装载模块可以使内核保持最小，并更具灵活性。例如，很少用到 VFAT 文件系统，可以让 Linux 内核只在装载 VFAT 分区时，才自动上载 VFAT 文件系统，当卸掉 VFAT 分区时，内核会检测到并自动卸掉 VFAT 文件系统。测试新程序时，如果不想每次都重建内核，动态装载模块是非常有用的。但是，动态模块会多消耗一些内存，并对速度有一定影响，而且模块装载程序是一段代码，它的数据将占用一部分内存。这样还会造成不能直接访问内核资源，效率不高的问题。一旦 Linux 模块被装载后，它就和一般内核代码一样，对其他内核代码享受同样的访问权限。换句话说，Linux 内核模块可以像其他内核代码或驱动程序一样使系统崩溃。模块可以使用内核资源，但首先它需知道怎样调用。例如，一个模块要调用 Kmalloc()(内核内存分配程序)。但在模块建立时，它并不知道到哪儿去找 Kmalloc()，所以在它被装载时，内核必须先设定模块中所有 Kmalloc()调用的函数指针。内核有一张所有资源调用的列表，在模块被装载时，内核重设所有资源调用的函数指针。Linux 允许栈式模块，即一个模块调用另一个模块的函数。例如，由于 VFAT 文件系统可以看成是 FAT 文件系统的超集，所以 VFAT 文件系统模块需要调用 FAT 文件系统提供的服务。一个模块调用另一模块的资源与调用内核资源很相似，唯一不同的是被调用的模块需被先载入。一个模块被载入后，内核将修改它的内核符号表(KERAELSYMOBOLTABLE)，加入新载入模块提供的所有资源和符号。所以另一个模块被载入时，它就可以调用所有已载入模块提供的服务。

当卸掉一模块时，内核先确定该模块不会再被调用，然后通过某种方式通知它。在该模块被内核卸掉以前，该模块须释放所有占用的系统资源，如内存或中断。当模块被卸掉后，内核从内核符号表中删除所有该模块提供的资源。

如果模块代码不严谨，它将使整个操作系统崩溃。另一个问题，如果载入的是为其他版本服务的模块，该怎么办？例如，一个模块调用一个内函数，但提供了错误的输入参数，这将导致运行错误。但内核可以在模块被载入时选择性地通过严格版本检查来杜绝这种现象。

载入模块有两种方法。第一种是通过 INSTALL 命令来载入；另一种更聪明的方法是在模块被调用时自动载入，称为所需载入(DEMANDLOADING)。例如，当用户在装一个不在内核中的文件系统时，内核会自动调用内核驻留程序(KERNELD)来载入对应的处理模块。

内核驻留程序是一个具有超级用户权限的普通用户程序。当它被启动时(通常在系统启动时)，它将打开一个和内核之间的进程间通信管道(IPC CHANNEL)，内核将利用这条管道来通知进程驻留程序去完成各种任务。内核驻留程序的主要任务是载入和卸掉模块，它也能完成一些其他任务，例如，按需打开和关掉一条通过串口的 DDD LINK。KERNELD 自己并不完成这些任务，它将调用如 INSMOD 这样的命令来完成，KERNELD 只是一个内核的代理，协调完成各项任务。

1) 载入模块

载入模块时，INSMODE 命令必须先找到要被载入的模块。所需载入的模块通常被放在/LIB/MODULES/KERNEL-VERSION 下，这些模块与一般系统程序都是已链接好的目标代码，不同处在于模块是可重定位的映像文件，也就是说，模块并不是从一个固定的地址开始执行的，模块可以是 a.out，也可以是 ELF 格式的目标代码。INSMODE 通过一个有系统权限的调用来找到内核中可被调用的资源。

系统(资源)符号由名和值两部分组成。内核用 MODULE_LIST 指针指向其管理的所有

模块所串成的链表。内核的输出符号表在第一个 MODULE 数据结构中，并不是内核所有的符号都能被模块调用，可调用符号必须被加入输出符号表中，而输出符号表是与内核一起编译链接的。例如，当一驱动程序想控制某一系统中断时，需调用 REQUEST_IRQ 这样一个系统函数，可以查看/PROC/KSYMS 文件或用 KSYMS 来查询。KSYMS 命令可以显示所有内核输出符号的值，也可以显示载入模块输出符号的值。当 INSMOD 载入模块时，它先将模块载入虚存，根据内核输出符号，重设所有内核资源函数调用的指针，即在模块的函数调用处写入对应符号的物理地址。

当 INSMOD 重设完内核输出符号的地址后，它将调用一个系统函数，要求内核分配足够的空间。内存就会分配一个新的 MODULE 数据结构和足够的内存来装载这个新模块，并把这个 MODULE 数据结构放在模块链表的最后，置成未初始化(UNINITALIZED)。

显示的是内核载入 FAT 和 VFAT 两模块后的模块链表。链表的第一模块并没有显示出来，那是一个伪模块，只是用来记录内核的输出符号表，可以用 ISMOD 命令来列出所有载入模块及它们之间的关系。ISMOD 只是格式化的输出记录内核链表的/PROC/MODULES 文件。INSMOD 可以访问内核分配给新载入模块的内存，它先将模块写入这块内存，然后对它进行重定位处理，使模块可以从这个地址开始执行。由于每次模块被载入时，无论在不在同一台机器上，都不大可能分配到相同的内存地址，所以重定位(即重设它的函数指针)是必须的。

新载入模块也可以输出符号，INSMOD 会为这些符号建一个表。另外，每一个模块必须有自己的初始和清理(即析构)函数。这两个函数不能被输出，但它的地址将在初始化时由 INSMOD 传给内核。

当一个新模块被载入内核时，它要更新系统符号表及被它调用的模块。内核中被调用模块都需在其符号表的最后保留一列指向调用模块的指针。显示 VFAT 文件系统依赖于 FAT 文件系统，所以在 FAT 模块中有一个指向 VFAT 的指针，这个指针是在 VFAT 被载入时加入的。内核将调用模块的初始化函数，如果成功，它将继续完成安装新模块的任务。模块的清理函数的地址将被存在它的 MODULE 数据结构中。当模块被卸掉时，它将被调用，到这个时候模块的状态被置为“运行”(RUNNING)。

2) 卸掉模块

用 RMMOD 命令可以卸掉一个指定模块，但按需载入模块没用时，它会被内核自动卸掉，KERNELD 每次被激活时，它会调用一个系统函数将所有没用的模块从内核中卸掉。例如，若装了一个 ISO9660 的 CDROM，并且它的文件系统是一个按需载入模块，那么当卸掉 CDROM 后不久，ISO9660 文件系统也会被从内核中卸掉。可以在启动 KERNELD 时，设置其被激活的时间间隔，如何设置 KERNELD 每 180 秒被激活一次。

当模块还在被其他模块调用时，模块是不能被卸掉的。例如，当用户还在用 VFAT 文件系统时，VFAT 模块不会被卸掉。当看 ISMOD 命令的输出时，会发现每个模块都带有一个计数器。这个计数器记录依赖于该模块的模块数。在上面的例子中，VFAT 和 MSDOS 都依赖于 FAT 模块，所以 FAT 模块的计数器为 2，VFAT 和 MODOS 的都为 1 表示只有文件系统依赖于它们。如果再装入一个 VFAT 文件系统，VFAT 模块的计数器将变成 2。模块的计数器是它映像的第一个长字(LONGWORD)。这个长字同时也记录了 AUTOCLEAN

和 VISITED 两个标志，只有按需载入模块才用到这两个标志。AUTOCLEAN 用来使系统识别哪一个模块需被自动卸掉。VISITED 标志表示该模块是否还在被其他模块调用。每次 KERNELD 试图卸掉已没用的按需载入模块时，系统将检查所有模块。它只注意标为 AUTOCLEAN 并正在运行的模块，如果这个模块没有设置 VISTIED 标志，它将被卸掉。否则，系统就清掉 VISTIED 标志，并继续检查下一模块。

当一个模块可以被卸掉时，系统会调用它的清理函数来释放它所占用的所有系统资源。该模块的 MODULE 数据结构将被标为 DELEDTED，并从模块链表中去除，所有它依赖的模块会修改它们的指针，表示该模块已不再依赖它们了，所有该模块占用的内存将被释放掉。

注册设备编号仅仅是驱动代码必须进行的诸多任务中的第一个。首先需要涉及一些驱动操作，大部分的基础性的驱动操作包括 3 个重要的内核数据结构，称为 file_operations、file 和 inode，需要对这些结构进行基本了解才能做大量感兴趣的事情。

struct file_operations 是一个字符设备把驱动的操作和设备号联系在一起的纽带，是一系列指针的集合，每个被打开的文件都对应于一系列的操作，这就是 file_operations，用来执行一系列的系统调用。

struct file 代表一个打开的文件，在执行 file_operation 中的 open 操作时被创建，这里需要注意的是与用户空间 inode 指针的区别，inode 指针在内核，而 file 指针在用户空间，由 c 库来定义。

struct inode 被内核用来代表一个文件，注意和 struct file 的区别，struct inode 是代表文件，structfile 是代表打开的文件。

struct inode 包括两个很重要的成员：①dev_t i_rdev，设备文件的设备号；②struct cdev *i_cdev，代表字符设备的数据结构。

struct inode 结构是用来在内核内部表示文件的。同一个文件可以被打开好多次，所以可以对应很多 struct file，但是只能对应一个 struct inode。

8.1.5 file_operations 结构

结构体 file_operations 在头文件 Linux/fs.h 中定义，用来存储驱动内核模块提供的对设备进行各种操作的函数的指针。该结构体的每个域都对应着驱动内核模块用来处理某个被请求事务的函数的地址。举个例子，每个字符设备需要定义一个用来读取设备数据的函数。结构体 file_operations 中存储着内核模块中执行这项操作的函数的地址。

```
struct file_operations {
    struct module *owner;
    loff_t (*llseek) (struct file *, loff_t, int);
    ssize_t (*read) (struct file *, char __user *, size_t, loff_t *);
    ssize_t (*aio_read) (struct kiocb *, char __user *, size_t, loff_t);
    ssize_t (*write) (struct file *, const char __user *, size_t, loff_t *);
    ssize_t (*aio_write) (struct kiocb *, const char __user *, size_t, loff_t);
    int (*readdir) (struct file *, void *, filldir_t);
    unsigned int (*poll) (struct file *, struct poll_table_struct *);
    int (*ioctl) (struct inode *, struct file *, unsigned int, unsigned long);
```

```
    int (*mmap) (struct file *, struct vm_area_struct *);
    int (*open) (struct inode *, struct file *);
    int (*flush) (struct file *);
    int (*release) (struct inode *, struct file *);
    int (*fsync) (struct file *, struct dentry *, int datasync);
    int (*aio_fsync) (struct kiocb *, int datasync);
    int (*fasync) (int, struct file *, int);
    int (*lock) (struct file *, int, struct file_lock *);
    ssize_t (*readv) (struct file *, const struct iovec *, unsigned long,loff_t *);
    ssize_t (*writev) (struct file *, const struct iovec *, unsigned long, loff_t *);
    ssize_t (*sendfile) (struct file *, loff_t *, size_t, read_actor_t,void __user *);
    ssize_t (*sendpage) (struct file *, struct page *, int, size_t,loff_t *, int);
    unsigned long (*get_unmapped_area) (struct file *, unsigned long,
    unsigned long,
    unsigned long, unsigned long);
};
```

驱动内核模块是不需要实现每个函数的。像视频卡的驱动就不需要从目录的结构中读取数据。那么，相对应的 file_operations 中的项就为 NULL。

(1) struct module *owner;

第一个 file_operations 成员根本不是一个操作，它是一个指向拥有这个结构的模块的指针。这个成员用来在它的操作还在被使用时阻止模块被卸载。几乎所有时间中，它被简单初始化为 THIS_MODULE，THIS_MODULE 为一个在<Linux/module.h>中定义的宏。

(2) loff_t (*llseek) (struct file *, loff_t, int);

llseek 方法用作改变文件中当前的读/写位置，并且新位置作为(正的)返回值。loff_t 参数是一个 long offset，并且就算在 32 位平台上也至少 64 位宽，错误由一个负返回值指示。如果这个函数指针是 NULL，seek 调用会以潜在的无法预知的方式修改 file 结构中的位置计数器。

(3) ssize_t (*read) (struct file *, char __user *, size_t, loff_t *);

用来从设备中获取数据。在这个位置的一个空指针导致 read 系统调用以 –EINVAL ("Invalid argument")失败。一个非负返回值代表了成功读取的字节数(返回值是一个 signed size 类型，常常是目标平台本地的整数类型)。

(4) ssize_t (*aio_read)(struct kiocb *, char __user *, size_t, loff_t);

初始化一个异步读——可能在函数返回前不结束的读操作。如果这个方法是 NULL，所有的操作会由 read 代替进行(同步的)。

(5) ssize_t (*write) (struct file *, const char __user *, size_t, loff_t *);

发送数据给设备。如果为 NULL，-EINVAL 返回给调用 write 系统调用的程序。如果非负，返回值代表成功写的字节数。

(6) ssize_t (*aio_write)(struct kiocb *, const char __user *, size_t, loff_t *);

初始化设备上的一个异步写。

(7) int (*readdir) (struct file *, void *, filldir_t);

对于设备文件这个成员应当为 NULL，它用来读取目录，并且仅对文件系统有用。

(8) unsigned int (*poll) (struct file *，struct poll_table_struct *);

poll 方法是 3 个系统调用的后端：poll、epoll 和 select，都用作查询对一个或多个文件描述符的读或写是否会阻塞。poll 方法应当返回一个位掩码指示是否非阻塞的读或写是可能的，并且可能提供给内核信息用来使调用进程睡眠直到 I/O 变为可能。如果一个驱动的 poll 方法为 NULL，设备假定为不阻塞的可读可写。

(9) int (*ioctl) (struct inode *, struct file *, unsigned int, unsigned long);

ioctl 系统调用提供了发出设备特定命令的方法(例如，格式化软盘的一个磁道，既不是读也不是写)。另外，几个 ioctl 命令被内核识别而不必引用 fops 表。如果设备不提供 ioctl 方法，对于任何未事先定义的请求(-ENOTTY，设备无这样的 ioctl)，系统调用返回一个错误。

(10) int (*mmap) (struct file *, struct vm_area_struct *);

mmap 用来请求将设备内存映射到进程的地址空间。如果这个方法是 NULL，mmap 系统调用返回–ENODEV。

(11) int (*open) (struct inode *, struct file *);

尽管这常常是对设备文件进行的第一个操作，不要求驱动声明一个对应的方法。如果这个项是 NULL，设备打开一直成功，但是驱动不会得到通知。

(12) int (*flush) (struct file *);

flush 操作在进程关闭它的设备文件描述符的复制时调用；它应当执行(并等待)设备的任何未完成的操作，不要和用户查询请求的 fsync 操作混淆了。当前，flush 在很少驱动中使用；SCSI 磁带驱动使用它，例如，为确保所有写的数据在设备关闭前写到磁带上。如果 flush 为 NULL，内核简单地忽略用户应用程序的请求。

(13) int (*release) (struct inode *, struct file *);

在文件结构被释放时引用这个操作。如同 open，release 可以为 NULL。

(14) int (*fsync) (struct file *, struct dentry *, int);

这个方法是 fsync 系统调用的后端，用户调用来刷新任何挂着的数据。如果这个指针是 NULL，系统调用返回–EINVAL。

(15) int (*aio_fsync)(struct kiocb *, int);

这是 fsync 方法的异步版本。

(16) int (*fasync) (int, struct file *, int);

这个操作用来通知设备它的 fasync 标志的改变。如果驱动不支持异步通知则这个成员可以是 NULL。

(17) int (*lock) (struct file *, int, struct file_lock *);

lock 方法用来实现文件加锁；加锁对常规文件是必不可少的特性，但是设备驱动几乎从不实现它。

(18) ssize_t (*readv) (struct file *, const struct iovec *, unsigned long, loff_t *);

(19) ssize_t (*writev) (struct file *, const struct iovec *, unsigned long, loff_t *);

这些方法实现发散/汇聚读和写操作。应用程序偶尔需要做一个包含多个内存区的单个读或写操作；这些系统调用允许它们这样做而不必对数据进行额外复制。如果这些函数指针为 NULL，read 和 write 方法被调用(可能多于一次)。

(20) ssize_t (*sendfile)(struct file *, loff_t *, size_t, read_actor_t, void *);

这个方法实现 sendfile 系统调用的读，使用最少的复制从一个文件描述符搬移数据到另一个。例如，它被一个需要发送文件内容到一个网络连接的 web 服务器使用。设备驱动常常使 sendfile 为 NULL。

(21) ssize_t (*sendpage) (struct file *, struct page *, int, size_t, loff_t *, int);

sendpage 是 sendfile 的另一半；它由内核调用来发送数据，一次一页发送到对应的文件。设备驱动实际上不实现 sendpage。

(22) unsigned long (*get_unmapped_area)(struct file *, unsigned long, unsigned long, unsigned long, unsigned long);

这个方法的目的是在进程的地址空间找一个合适的位置来映射在底层设备上的内存段。这个任务通常由内存管理代码进行，这个方法存在是为了使驱动能强制执行特殊设备可能有的任何对齐请求。大部分驱动可以置这个方法为 NULL。

(23) int (*check_flags)(int);

这个方法允许模块检查传递给 fnctl(F_SETFL...)调用的标志。

(24) int (*dir_notify)(struct file *, unsigned long)。

这个方法在应用程序使用 fcntl 来请求目录改变通知时调用。它只对文件系统有用，驱动不需要实现 dir_notify。

GCC 还有一个方便使用这种结构体的扩展，可以在较现代的驱动内核模块中见到。新的使用这种结构体的方式如下：

```
struct file_operations fops = {
    read: device_read,
    write: device_write,
    open: device_open,
    release: device_release
};
```

同样也有 C99 语法的使用该结构体的方法，并且它比 GNU 扩展更受推荐。为了方便那些想移植你的代码的人，最好使用这种语法。它将提高代码的兼容性：

```
struct file_operations fops = {
    .read = device_read,
    .write = device_write,
    .open = device_open,
    .release = device_release
};
```

这种语法很清晰，也必须清楚地意识到没有显示声明的结构体成员都被 GCC 初始化为 NULL。指向结构体 struct file_operations 的指针通常命名为 fops。

8.1.6 inode 结构

inode 在 Linux 里算是一个很大的结构，基本上跟 super_block 结构一样。同样可以把 inode 结构分成几部分来看：链表管理域，基本资料，用来做 inode synchronization 的资料，跟结构体管理有关的资料；Quota 管理域，跟 file lock 有关的域以及一组用来操作 inode 的函数。

8.1.7 file 结构

在 Linux 里，每一个文件都有一个 file 结构和 inode 结构，inode 结构是用来让 Kernel 做管理的，而 file 结构则是平常对文件读写或开启、关闭所使用的。在 Linux 里，文件的观念应用得很广泛，甚至是写一个 driver 也只要提供一组的 fileoperations 就可以完成了。现在来介绍 file 结构的内容。

```
struct file {
    struct file *f_next, **f_pprev;
    struct dentry *f_dentry;
    struct file_operations *f_op;
    mode_t f_mode;
    loff_t f_pos;
    unsigned int f_count, f_flags;
    unsigned long f_reada, f_ramax, f_raend, f_ralen, f_rawin;
    struct fown_struct f_owner;
    unsigned long f_version;
    void *private_data;
};
```

比起 inode 结构，file 结构就显得小多了，file 结构也是用链表来管理，f_next 会指到下一个 file 结构，而 f_pprev 则是会指到上一个 file 结构地址的地址，不过这个域的用法跟一般指到前一个 file 结构的用法不太一样，f_dentry 会记录其 inode 的 dentry 地址；f_mode 为文件调用的种类；f_pos 则是目前文件的 offset，每次读写都从 offset 记录的位置开始读写；f_count 是此 file 结构的 referencecout；f_flags 则是开启此文件的模式；f_reada、f_ramax、f_raend、f_ralen、f_rawin 则是控制 readahead 的参数；f_owner 记录了要接收 SIGIO 和 SIGURG 的进程 ID 或进程群组 ID，private_data 则是 tty driver 所使用的域；f_op 域记录了一组专用来使用文件的函数。

(1) llseek(file, offset, where);

写程序时会调用 llseek()系统调用设定从文件哪个位置开始读写。这个函数用户可以不用提供，因为系统已经有一个写好的，但是系统提供的 llseek()没有办法让用户将 where 设为 SEEK_END，因为系统不知道用户的文件长度是多少，所以没办法提供这样的服务。如果用户不提供 llseek()的话，那系统会直接使用它已经有的 llseek()。llseek()必须要将 file→offset 的值更新。

(2) read(file, buf, buflen, poffset);

当读取一个文件时，最终就会调用 read()这个函数来读取文件内容。这些参数 VFS 会

准备好，至于 poffset 则是 offset 的指标，这是要告诉 read()从哪里开始读，读完之后必须更新 poffset 的内容。请注意，在这里 buf 是一个地址，而且是一个位于 user space 的地址。

(3) write(file, buf, buflen, poffset);

write()的动作跟 read()是相反的，参数也都一样，buf 依然是位于 user space 的地址。

(4) readdir(file, dirent, filldir);

这是用来读取目录的下一个 direntry 的，其中 file 是 file 结构地址；dirent 则是一个 readdir_callback 结构，这个结构里包含了使用者调用 readdir()系统调用时所传过去的 dirent 结构地址；filldir 则是一个函数指标，这个函数在 VFS 已经提供，这个函数其实是增加了 kernel 在读取 dirent 方面的弹性。当文件系统的 readdir()被调用时，在它把下一个 dirent 取出来之后，应该要调用 filldir()，让它把所需的资料写到 user space 的 dirent 结构里，也许还会多做些处理。可以参考 filldir()函数。

(5) poll(file, poll_table);

之前的 Kernel 版本本来是在 file_operations 结构里有 select()函数而不是 poll()函数的。但是，这并不代表 Linux 不提供 select()系统调用，相反的，Linux 仍然提供 select()系统调用，只不过 select()系统调用 implement 的方式是使用 poll()函数。

(6) ioctl(inode, file, cmd, arg);

ioctl()这个函数其实是有很大的用途的，尤其是它可以作为 user space 的程序对 Kernel 的一个沟通管道。那 ioctl()是什么时候被调用呢？平常写程序时偶而会用到 ioctl()系统调用来直接控制文件或 device，ioctl()系统调用的最后就是把命令交给文件的 f_op→ioctl()来执行。f_op→ioctl()要做的事很简单，只要根据 cmd 的值，做出适当的行为，并传回值即可。但是，ioctl()系统调用其实是分几个步骤的：第一，系统有几个内定的 command 它自己可以处理，在这种情形下，它不会调用 f_op→ioctl()来处理。如果 user 指定的 command 是以下的一种，那 VFS 会自己处理。

① FIONCLEX：清除文件的 close-on-exec 位。

② FIOCLEX：设定文件的 close-on-exec 位。

③ FIONBIO：如果 arg 传过来的值为 0，就将文件的 O_NONBLOCK 属性去掉，如果不等于 0，就将 O_NONBLOCK 属性设起来。

④ FIOASYNC：如果 arg 传过来的值为 0，就将文件的 O_SYNC 属性去掉，如不等于 0 的话，就将 O_SYNC 属性设起来。只是在 Kernel 2.2.1 时，这个属性的功能还没完成。

如果 cmd 的值不是以上数种，而且如果 file 所代表的不是普通的文件，而是像 device 之类的特殊文件，VFS 会直接调用 f_op→ioctl()去处理。但是如果 file 代表普通文件，那 VFS 会调用 file_ioctl()做另外的处理。何谓另外的处理呢？file_ioctl()会再取一次 cmd 的值，如果是以下数种，它会先做些处理，然后再调用 f_op→ioctl()，不管怎么样，file_ioctl()最后都会再调用 f_op→ioctl()去处理。

① FIBMAP：先将 arg 指到的文件 block number 取出来，并调用 f_op→bmap()计算出其 disk 上的 block number，最后再将计算出来的 block number 放到 arg 参数里。

② FIGETBSZ：取得文件系统 block 的大小并放入 arg 的参数里。

③ FIONREAD：将文件剩下尚未读取的长度写到 arg 里。比方说文件大小是 1000，

而 f_op→offset 的值是 300，表示还有 700 个字节尚未读取，所以将 700 写到 arg 参数里。

(7) mmap(file, vmarea);

这个函数是用来将文件的部分内容映像到结构体中，file 是指要被映像的文件，而 vmarea 则是用来描述映像到结构体的哪里。

(8) open(inode, file);

当调用 open()系统来开启文件时，open()会把所有的事都做好，最后则会调用 f_op→open()看文件系统要做些什么事。一般来讲，VFS 已经把事做好了，所以很多系统事实上根本不提供这个函数。用户要提供也可以，例如，可以在这个函数里计算这个文件系统的文件被使用过多少次等。

(9) flush(file);

这个函数也是新增加的，这个函数是在调用 close()系统调用来关闭文件时所调用的。只要用户调用 close()系统调用，那 close()就会调用 flush()，不管那个时候 f_count 的值是否为 0。事实上，在 ext2 里也没有提供这么一个函数，也许是在关闭文件之前，VFS 允许文件系统先做些 backup 的动作。

(10) release(inode, file);

这个函数也是在 close()系统调用中使用的，当然，不尽在 close()中使用，在别的地方也有用到。基本上，这个函数的定位跟 open()很像，不过，当对一个文件调用 close()时，只有当 f_count 的值归 0 时，VFS 才会调用这个函数做处理。一般来讲，如果在 open()时配置了一些东西，那应该在 release()时将配置的东西释放掉。至于 f_count 的值则是不用在 open()和 release()中控制，VFS 已经在 fget()和 fput()中增减 f_count 了。

(11) fsync(file, dentry);

fsync()这个函数主要是由 buffer cache 所使用，它是用来把 file 这个文件的资料写到 disk 上。事实上，Linux 里有两个系统调用，fsync()和 fdatasync()，都是调用 f_op→fsync()。它们几乎是一模一样的，差别在于 fsync()调用 f_op→fsync()之前会使用 semaphore 将 f_op→fsync()设成 critical section，而 fdatasync()则是直接调用 f_op→fsync()而不设 semaphore。

(12) fasync(fd, file, on);

调用 fcntl()系统调用，并使用 F_SETFL 命令来设定文件的参数时，VFS 就会调用 fasync()这个函数，而当读写文件的动作完成时，进程会收到 SIGIO 的信息。

(13) check_media_change(dev);

这个函数只对可以使用可移动的 disk 的 block device 有效，如 MO、CDROM、floopy disk 等。为什么对这些可以把 disk 随时抽取的需要提供这么一个函数呢？其实，从字面上可知，这是用来检查 disk 是否换过了。以 CDROM 为例，每一个光盘片都代表一个文件系统，如果今天把光盘片换掉了，那表示这个文件系统不存在了，如果 user 此时去读取这个文件系统的资料，很有可能系统就这么崩溃了。所以，对于这种的 device，每当在 mount 时，就必须检查其中的 disk 是否换过了，如何检查呢？当然只有文件系统本身才知道，所以文件系统必须提供此函数。

(14) revalidate(dev);

这个函数跟上面的 check_media_change()有着相当大的关系。当 user 执行 mount 要挂

上一个文件系统时，mount 会先调用 check_disk_change()，如果文件系统所属的 device 提供了这个函数，那 check_disk_change()会先调用 f_op→check_media_change()来检查是否其中的 disk 有换过，如果有则调用 invalidate_inodes()和 invalidate_buffers()，将跟原本 disk 有关的 buffer 或 inode 都设为无效，如果文件系统所属的 device 还有提供 revalidate()，那就再调用 revalidate()将此 device 的资料记录好。

(15) lock(file, cmd, file_lock).

这个函数也是新增的，在 Linux 里，可在一个文件调用 fcntl()时对它使用 lock。如果调用 fcntl()时，cmd 的参数给 F_GETLK、F_SETLK 或 F_SETLKW，那么系统会间接调用 f_op→lock。当然，如果文件系统不想提供 lock 的功能，用户可以不用提供这个函数。

8.2　字符设备驱动

字符设备驱动是嵌入式 Linux 最基本也是最常用的驱动程序。它的功能非常强大，几乎可以描述不涉及挂载文件系统的所有设备。图 8.2 所示为驱动程序在应用程序和硬件设备之间接口功能的流程图。

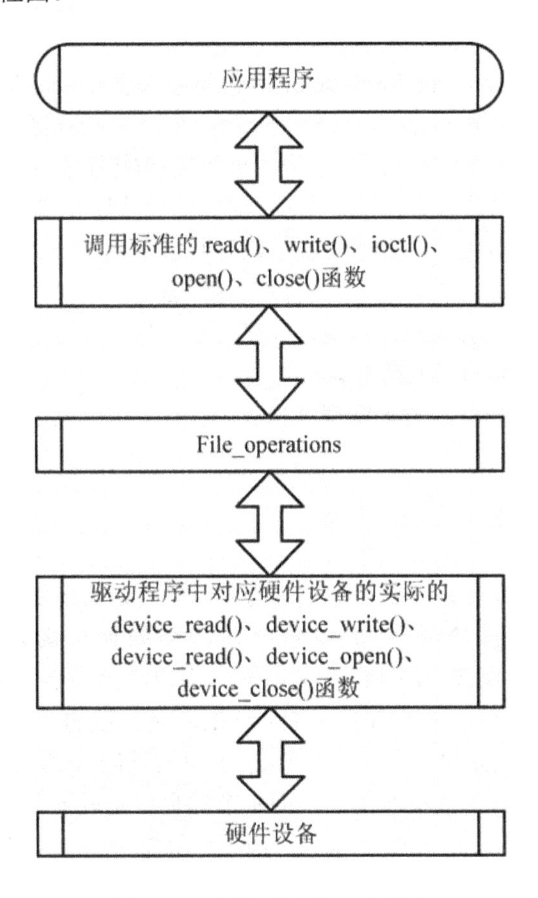

图 8.2　驱动程序的接口流程图

8.2.1 scull 的设计和内存使用

编写驱动的第一步是定义驱动将要提供给用户程序的能力(机制)。因为“设备”是计算机内存的一部分，用户可自由地做其想做的事情。它可以是一个顺序的或者随机存取的设备，一个或多个设备，等等。

为使 scull 作为一个模板来编写真实设备的真实驱动，下面将展示如何在计算机内存上实现几个设备抽象，每个有不同的特性。

scul 源码实现下面的设备，模块实现的每种设备都被引用做一种类型。

(1) 从 scull0 到 scull3 这 4 个设备，每个由一个全局永久的内存区组成。全局意味着如果设备被多次打开，设备中含有的数据由所有打开它的文件描述符共享。永久意味着如果设备关闭又重新打开，数据不会丢失。这个设备可以用惯常的命令来存取和测试，如 cp、cat 以及 I/O 重定向。

(2) scullpipe0 到 scullpipe3 这 4 个 FIFO(先入先出)设备，它们的行为像管道。一个进程读的内容来自另一个进程所写的。如果多个进程同时读同一个设备，它们竞争数据。scullpipe 的内部将展示阻塞读写和非阻塞读写如何实现，而不必采取中断。尽管真实的驱动使用硬件中断来同步它们的设备，阻塞和非阻塞操作的主题是重要的并且与中断处理是分开的。

(3) scullsingle、scullpriv、sculluid、scullwuid 这些设备与 scull0 相似，但是在什么时候允许打开上有一些限制。snullsingle 只允许一次一个进程使用驱动，而 scullpriv 对每个虚拟终端(或者 X 终端会话)是私有的，因为每个控制台/终端上的进程有不同的内存区。sculluid 和 scullwuid 可以多次打开，但是一次只能是一个用户，前者返回一个“设备忙”错误；如果另一个用户锁着设备，而后者实现阻塞打开。这些 scull 的变体可能看来混淆了策略和机制，但是它们值得看看，因为一些实际设备需要这类管理。

scull 使用的内存区，也称为一个设备，长度可变。用户写得越多，它增长得越多；通过使用一个短文件覆盖设备来进行修整。

scull 驱动引入 2 个核心函数来管理 Linux 内核中的内存。这些函数定义在<Linux/slab.h>中：

```
void *kmalloc(size_t size, int flags);
void kfree(void *ptr);
```

对 kmalloc 的调用试图分配 size 字节的内存，返回值是指向那个内存的指针或者如果分配失败为 NULL。flags 参数用来描述内存应当如何分配。我们现在一直使用 GFP_KERNEL。分配的内存应当用 kfree 来释放。用户应当从不传递任何不是从 kmalloc 获得的东西给 kfree，但传递一个 NULL 指针给 kfree 是合法的。

kmalloc 不是最有效地分配大内存区的方法，所以挑选给 scull 的实现不是一个特别巧妙的。一个巧妙的源码实现可能更难阅读，而本节的目标是展示读和写，不是内存管理。这就是为什么代码只是使用 kmalloc 和 kfree 而不依靠整页的分配的原因，尽管这个方法会更有效。

在 flip 一边，不想限制“设备”区的大小，是由于理论上的和实践上的理由。理论上，

给在被管理的数据项施加武断的限制总是个坏想法。实践上，scull 可用来暂时地吃光系统中的内存，以便运行在低内存条件下的测试。运行这样的测试可能会帮助用户理解系统的内部。可以使用命令 cp /dev/zero/dev/scull0 来用 scull 吃掉所有的真实 RAM，并且可以使用 dd 工具来选择复制多少数据给 scull 设备。

在 scull 中，每个设备是一个指针链表，每个都指向一个 scull_dev 结构。每个这样的结构，缺省的时候最多指向 4MB 字节，通过一个中间指针数组来进行。发行代码使用一个 1000 个指针的数组指向每个 4000B 的区域。称每个内存区域为一个量子，数组(或者它的长度)为一个量子集。一个 scull 设备和它的内存区如图 8.3 所示。

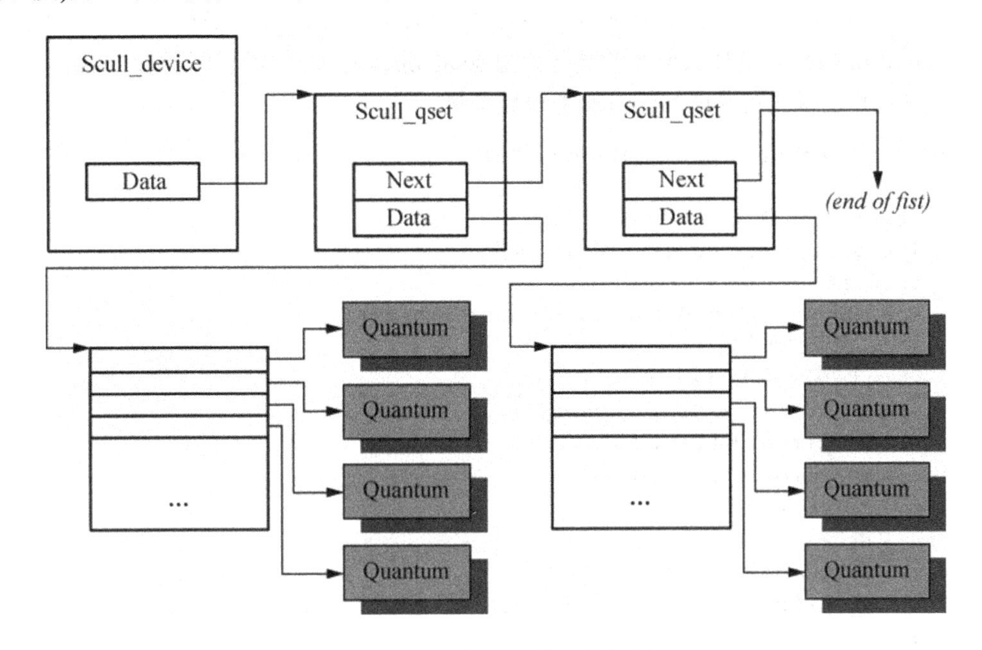

图 8.3　一个 scull 设备的布局

选定的数字是这样，在 scull 中写一个字节消耗 8000KB 或 12 000KB 内存：4000 是量子，4000 或者 8000 是量子集(根据指针在目标平台上是用 32 位还是 64 位表示)。相反，如果用户写入大量数据，链表的开销不是太坏。每 4MB 数据只有一个链表元素，设备的最大尺寸受限于计算机的内存大小。

为量子和量子集选择合适的值是一个策略问题，而不是机制，并且优化的值依赖于设备如何使用。因此，scull 驱动不应当强制给量子和量子集使用任何特别的值。在 scull 中，用户可以掌管改变这些值，有几个途径：编译时间通过改变 scull.h 中的宏 SCULL_QUANTUM 和 SCULL_QSET，在模块加载时设定整数值 scull_quantum 和 scull_qset，或者使用 ioctl 在运行时改变当前值和缺省值。

使用宏定义和一个整数值来进行编译时和加载时的配置，是对于如何选择主编号的回忆。可以在驱动中任何与策略相关或专断的值上运用这个技术。

余下的唯一问题是如果选择缺省值。在这个特殊情况下，问题是找到最好的平衡，由填充了一半的量子和量子集导致内存浪费，如果量子和量子集小的情况下分配释放和指针链接引起开销。另外，kmalloc 的内部设计应当考虑进去。缺省值的选择来自假设测试时可能有大量数据写进 scull，尽管设备的正常使用最有可能只传送几 KB 数据。

设备 scull_dev 结构的结构体的 quantum 和 qset 分别代表设备的量子和量子集大小的实际数据，但是，它是一个不同的结构跟踪，称为 struct scull_qset。

```
struct scull_qset {
    void **data;
    struct scull_qset *next;
};
```

下一个代码片段展示了实际中 struct scull_dev 和 struct scull_qset 是如何被用来持有数据的。sucll_trim 函数负责释放整个数据区，由 scull_open 在文件为写而打开时调用。它简单地遍历列表并且释放它发现的任何量子和量子集。

```
int scull_trim(struct scull_dev *dev)
{
    struct scull_qset *next, *dptr;
    int qset = dev→qset; // dev 非空
    int i;
    for (dptr = dev→data; dptr; dptr = next)
    { // 所有的列表项
        if (dptr→data) {
            for (i = 0; i < qset; i++)
            kfree(dptr→data[i]);
            kfree(dptr→data);
            dptr→data = NULL;
        }
        next = dptr→next;
        kfree(dptr);
    }
    dev→size = 0;
    dev→quantum = scull_quantum;
    dev→qset = scull_qset;
    dev→data = NULL;
    return 0;
}
```

scull_trim 也用在模块清理函数中，用来归还 scull 使用的内存给系统。

8.2.2 字符设备注册

内核在内部使用类型 struct cdev 的结构来代表字符设备。在内核调用用户的设备操作前，用户编写分配并注册一个或几个这些结构。为此，用户的代码应当包含<Linux/cdev.h>，这个结构和它的关联帮助函数定义在这里。

有两种方法可用来分配和初始化这些结构。如果想在运行时获得一个独立的 cdev 结构，可以使用以下代码：

```
struct cdev *my_cdev = cdev_alloc();
my_cdev->ops = &my_fops;
```

若想将 cdev 结构嵌入一个用户自己的设备特定的结构，scull 这样做了。在这种情况下，用户应当初始化其已经分配的结构，使用以下代码：

```
void cdev_init(struct cdev *cdev, struct file_operations *fops);
```

任意一种方法，有一个其他的 struct cdev 成员需要初始化。像 file_operations 结构，struct cdev 有一个拥有者成员，应当设置为 THIS_MODULE。一旦 cdev 结构建立，最后的步骤是把它告诉内核，调用：

```
int cdev_add(struct cdev *dev, dev_t num, unsigned int count);
```

这里，dev 是 cdev 结构，num 是这个设备响应的第一个设备号，count 是应当关联到设备的设备号数目。常常 count 是 1，但是有多个设备号对应于一个特定的设备的情形。例如，设想 SCSI 磁带驱动，它允许用户空间来选择操作模式(如密度)，通过安排多个次编号给每一个物理设备。

在使用 cdev_add 时应注意以下几点：①这个调用可能失败。如果它返回一个负的错误码，说明设备没有增加到系统中。②它几乎会一直成功，但是带起了其他的点，cdev_add 一返回，设备就是“活的”并且内核可以调用它的操作。除非驱动完全准备好处理设备上的操作，不应当调用 cdev_add。

从系统去除一个字符设备，调用：

```
void cdev_del(struct cdev *dev);
```

显然，用户不应当在传递给 cdev_del 后存取 cdev 结构。

1) scull 中的设备注册

在内部，scull 使用一个 struct scull_dev 类型的结构表示每个设备。这个结构定义为：

```
struct scull_dev {
    struct scull_qset *data;        // 指向第一个量子
    int quantum;                    // 当前量子大小
    int qset;                       // 当前数组大小
    unsigned long size;             // 存放的数据大小
    unsigned int access_key;        // 供 sculluid 和 scullpriv 使用
    struct semaphore sem;           // 互斥信号量
    struct cdev cdev;               // 字符设备结构
};
```

在遇到它们时讨论结构中的各个成员，但是现在只关注于 cdev，设备与内核接口的 struct cdev。这个结构必须初始化并如上所述添加到系统中，处理这个任务的 scull 代码是：

```
static void scull_setup_cdev(struct scull_dev *dev, int index)
{
    int err, devno = MKDEV(scull_major, scull_minor + index);
    cdev_init(&dev->cdev, &scull_fops);
```

```
    dev→cdev.owner = THIS_MODULE;
    dev→cdev.ops = &scull_fops;
    err = cdev_add (&dev→cdev, devno, 1);
    // 出错处理
    if (err)
    printk(KERN_NOTICE "Error %d adding scull%d", err, index);
}
```

因为 cdev 结构嵌在 struct scull_dev 里面，cdev_init 必须调用来进行那个结构的初始化。

2) 老方法

如果深入浏览 Linux 2.6 内核的大量驱动代码，可能会注意到有许多字符驱动不使用 cdev 接口，此时见到的是还没有更新到 Linux 2.6 内核接口的老代码。因为那个代码实际上能用，这个更新可能很长时间不会发生。人们描述老的字符设备注册接口，但是新代码不应当使用它；这个机制在将来内核中可能会消失。

注册一个字符设备的经典方法是使用如下代码：

```
int register_chrdev(unsigned int major, const char *name, struct file_
operations *fops);
```

这里，major 是感兴趣的主编号，name 是驱动的名称(出现在 /proc/devices)，fops 是缺省的 file_operations 结构。一个对 register_chrdev 的调用为给定的主编号注册 0～255 的次编号，并且为每一个建立一个缺省的 cdev 结构。使用这个接口的驱动必须准备好处理对所有 256 个次编号的 open 调用(不管它们是否对应真实设备)，它们不能使用大于 255 的主或次编号。

如果使用 register_chrdev，从系统中去除设备的正确的函数是：

```
int unregister_chrdev(unsigned int major, const char *name);
```

major 和 name 必须和传递给 register_chrdev 的相同，否则调用会失败。

8.2.3 open 和 release

1) open 方法

open 方法提供给驱动来做任何的初始化以准备后续的操作。在大部分驱动中，open 应当进行下面的工作。

(1) 检查设备特定的错误(如设备没准备好，或者类似的硬件错误)。

(2) 如果它第一次打开，初始化设备。

(3) 如果需要，更新 f_op 指针。

(4) 分配并填充要放进 filp→private_data 的任何数据结构。

但是，事情的第一步常常是确定打开哪个设备。记住 open 方法的原型是：

```
int (*open)(struct inode *inode, struct file *filp);
```

inode 参数有用户需要的信息，以它的 i_cdev 成员的形式，里面包含用户之前建立的 cdev 结构。唯一的问题是通常不想要 cdev 结构本身，用户需要的是包含 cdev 结构的 scull_dev 结构。C 语言使程序员可以利用各种技巧来做这种转换；但是，这种技巧编程是易出错的，并且容易导致别人难以阅读和理解代码。幸运的是，在这种情况下，内核 hacker 已经为用户实现了这个技巧，以 container_of 宏的形式，在 <Linux/kernel.h> 中定义：

```
container_of(pointer, container_type, container_field);
```

这个宏使用一个指向 container_field 类型的成员的指针，它在一个 container_type 类型的结构中，并且返回一个指针指向包含结构。在 scull_open，这个宏用来找到适当的设备结构：

```
struct scull_dev *dev; // 设备信息
dev = container_of(inode→i_cdev, struct scull_dev, cdev);
filp→private_data = dev; // 供其他方法
```

一旦它找到 scull_dev 结构，scull 在文件结构的 private_data 成员中存储一个它的指针，为以后更易存取。

识别打开设备另外的方法是查看存储在 inode 结构的次编号。如果用户使用 register_chrdev 注册设备，则必须使用这个技术。确认使用 iminor 从 inode 结构中获取次编号，并确定它对应一个用户的驱动真正准备好处理的设备。

scull_open 的代码(稍微简化过)是：

```
int scull_open(struct inode *inode, struct file *filp)
{
    struct scull_dev *dev;          // 设备信息
    dev = container_of(inode→i_cdev, struct scull_dev, cdev);
    filp→private_data = dev;        // 供其他方法
    // 如果设备以只读方式打开，则截取为 0
    if ( (filp→f_flags & O_ACCMODE) == O_WRONLY)
    {
        scull_trim(dev);            // 忽视错误
    }
    return 0;                       // 成功
}
```

代码看来相当稀疏，因为在调用 open 时它没有做任何特别的设备处理。它不需要，因为 scull 设备设计为全局的和永久的。特别地，没有如“在第一次打开时初始化设备”等动作，因为用户不为 scull 保持打开计数。

唯一在设备上的真实操作是当设备为写而打开时将它截取为长度为 0。这样做是因为，在设计上，用一个短的文件覆盖一个 scull 设备导致一个短的设备数据区。这类似于为写而打开一个常规文件，将其截短为 0。如果设备为读而打开，这个操作什么都不做。

在用户查看其他 scull 特性的代码时将看到一个真实的初始化如何起作用的。

2) release 方法

release 方法的角色是 open 的反面。有时发现方法的实现称为 device_close，而不是

device_release。任一方式，设备方法应当进行下面的任务。

(1) 释放 open 分配在 filp→private_data 中的任何东西。

(2) 最后的 close 关闭设备。

scull 的基本形式没有硬件去关闭，因此需要的代码是最少的：

```
int scull_release(struct inode *inode, struct file *filp)
{
    return 0;
}
```

当一个设备文件关闭次数超过它被打开的次数时会发生什么？dup 和 fork 系统调用并不调用 open 来创建打开文件的复制；每个复制接着在程序终止时被关闭。例如，大部分程序不打开它们的 stdin 文件(或设备)，但是它们都以关闭它结束。当一个打开的设备文件已经真正被关闭时驱动如何知道？答案简单：不是每个 close 系统调用都引起调用 release 方法。只有真正释放设备数据结构的调用会调用这个方法。内核维持一个文件结构被使用多少次的计数。fork 和 dup 都不创建新文件(只有 open 这样)；它们只递增正存在的结构中的计数。close 系统调用仅在文件结构计数掉到 0 时执行 release 方法，这在结构被销毁时发生。release 方法和 close 系统调用之间的这种关系保证了驱动一次 open 只看到一次 release。

注意，flush 方法在每次应用程序调用 close 时都被调用。但是，很少驱动实现 flush，因为常常在 close 时没有什么要做，除非调用 release。即便是应用程序没有明显地关闭它打开的文件也适用：内核在进程 Exit 时自动关闭了任何文件，通过在内部使用 close 系统调用。

8.2.4 读写操作

读和写方法都进行类似的任务，就是从内核的应用程序代码复制数据。因此，它们的原型相当类似，可以同时介绍它们。

```
    ssize_t read(struct file *filp, char __user *buff, size_t count, loff_t
*offp);
    ssize_t write(struct file *filp, const char __user *buff, size_t count,
loff_t *offp);
```

对于两个方法，filp 是文件指针，buff 参数指向持有被写入数据的缓存，或者放入新数据的空缓存，count 是请求的传输数据大小。offp 是一个指针指向一个 long offset type 对象，它指出用户正在存取的文件位置，返回值是一个 signed size type，它的使用在后面讨论。

read 和 write 方法的 buff 参数是用户空间指针。因此，它不能被内核代码直接引用。这个限制有如下几个理由。

依赖于驱动运行的体系，以及内核被如何配置的，用户空间指针在运行于内核模式时可能根本是无效的。可能没有那个地址的映射，或者它可能指向一些其他的随机数据。

就算这个指针在内核空间是同样的东西，用户空间内存是分页的，在做系统调用时这个内存可能没有在 RAM 中。试图直接引用用户空间内存可能产生一个页面错，这是内核

代码不允许做的事情，结果可能是一个 oops，导致进行系统调用的进程死亡。

置疑中的指针由一个用户程序提供，它可能是错误的或者恶意的。如果用户的驱动盲目地直接引用一个用户提供的指针，它提供了一个打开的门路使用户空间程序存取或覆盖系统任何地方的内存。如果不想用户系统有安全危险，就不能直接引用用户空间指针。

显然，驱动必须能够存取用户空间缓存以完成它的工作。但是，为了安全起见，这个存取必须使用特殊的内核提供的函数。它们使用一些特殊的依赖体系的技巧来确保内核和用户空间的数据传输安全和正确。

scull 中的读写代码需要复制一整段数据到或者从用户地址空间。这个能力由下列内核函数提供，它们复制一个任意的字节数组，并且位于大部分读写实现的核心中。

```
    unsigned long copy_to_user(void __user *to,const void *from,unsigned long
count);
    unsigned long copy_from_user(void *to,const void __user *from,unsigned
long count);
```

尽管这些函数表现像正常的 memcpy 函数，在从内核代码中存取用户空间时必须略加小心。寻址的用户当前也可能不在内存，虚拟内存子系统会使进程睡眠在这个页被传送到位时。例如，这发生在必须从交换空间获取页的时候。对于驱动编写者来说，最终结果是任何存取用户空间的函数必须是可重入的，必须能够和其他驱动函数并行执行，并且，特别的，必须在一个它能够合法的睡眠的位置。

这两个函数的角色不限于复制数据到和从用户空间：它们还检查用户空间指针是否有效。如果指针无效，不进行复制；如果在复制中遇到一个无效地址，另一方面，只复制部分数据。在这 2 种情况下，返回值是还要复制的数据量。scull 代码查看这个错误返回，并且如果它不是 0 就返回 -EFAULT 给用户。

然而，值得注意的是如果不需要检查用户空间指针，可以调用__copy_to_user 和__copy_from_user 来代替，这是有用处的。例如，如果知道已经检查了这些参数，但是要小心，事实上，如果不检查传递给这些函数的用户空间指针，那么可能造会成内核崩溃或安全漏洞。

至于实际的设备方法，read 方法的任务是从设备复制数据到用户空间(使用 copy_to_user)，而 write 方法必须从用户空间复制数据到设备(使用 copy_from_user)。每个 read 或 write 系统调用请求一个特定数目字节的传送，但是驱动可自由传送较少数据—对读和写这确切的规则稍微不同。

不管这些方法传送多少数据，它们通常应当更新*offp 中的文件位置来表示在系统调用成功完成后当前的文件位置。内核接着在适当时候传播文件位置的改变到文件结构。pread 和 pwrite 系统调用有不同的语义，它们从一个给定的文件偏移操作，并且不改变其他的系统调用看到的文件位置。这些调用传递一个指向用户提供的位置的指针，并且放弃驱动所做的改变。

图 8.4 给 read 的参数表示了一个典型读实现是如何使用它的参数的。

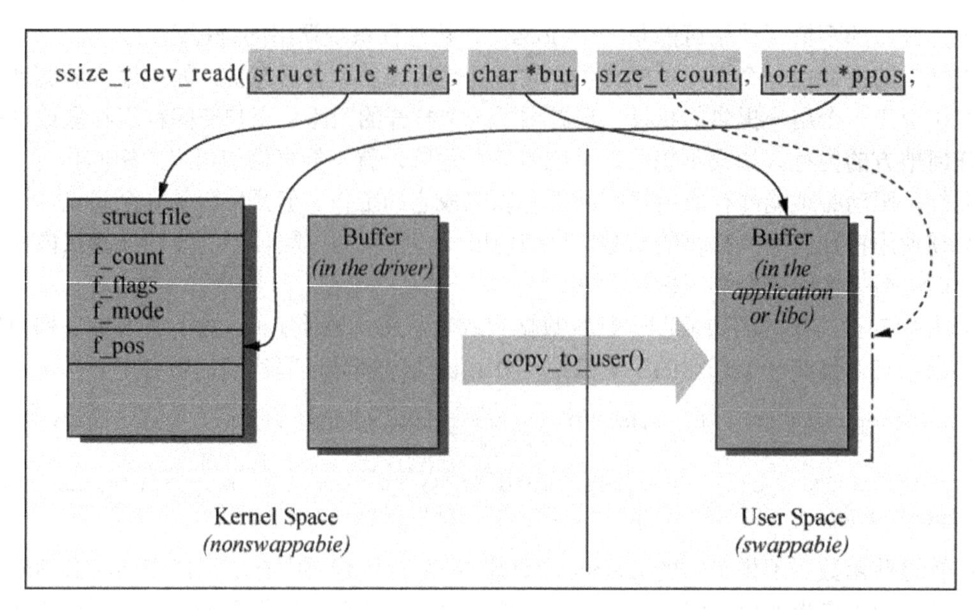

图 8.4 给 read 的参数

read 和 write 方法都在发生错误时返回一个负值。相反，大于或等于 0 的返回值告知调用程序有多少字节已经成功传送。如果一些数据成功传送接着发生错误，返回值必须是成功传送的字节数，错误直到函数下一次调用时才报告。实现这个传统必须要求驱动记住错误已经发生，以便它们以后返回错误状态。

尽管内核函数返回一个负数指示一个错误，这个数的值指出所发生的错误类型，用户空间运行的程序常常看到 -1 作为错误返回值。它们需要存取 errno 变量来找出发生了什么。用户空间的行为由 POSIX 标准来规定，但是这个标准没有规定内核内部如何操作。

1) read 方法

read 的返回值由调用的应用程序解释。

(1) 如果这个值等于传递给 read 系统调用的 count 参数，请求的字节数已经被传送。这是最好的情况。

(2) 如果是正数，但是小于 count，只有部分数据被传送。这可能由于几个原因依赖于设备。应用程序常常重新试着读取。例如，如果使用 fread 函数来读取，库函数重新发出系统调用直到请求的数据传送完成。

(3) 如果值为 0，到达了文件末尾(没有读取数据)。

(4) 一个负值表示有一个错误。根据<Linux/errno.h>这个值指出了什么错误。出错的典型返回值包括-EINTR(被打断的系统调用)或者-EFAULT(坏地址)。

前面漏掉的是“没有数据，但是可能后来到达”的情况。在这种情况下，read 系统调用应当阻塞。

scull 代码利用了这些规则，特别地，它利用了部分读规则。每个 scull_read 调用只处理单个数据量子，不实现一个循环来收集所有的数据，这使得代码更短更易读。如果读程序确实需要更多数据，它重新调用。如果标准 I/O 库(如 fread)用来读取设备，应用程序甚

至不会注意到数据传送的量子化。

如果当前读取位置大于设备大小，scull 的 read 方法返回 0 来表示没有可用的数据(换句话说，即在文件尾)。这个情况发生在如果进程 A 在读设备，同时进程 B 打开写，这样将设备截短为 0。进程 A 突然发现自己过了文件尾，下一个读调用返回 0。

这是 read 的代码(忽略对 down_interruptible 的调用并且现在为 up)。

```
ssize_t scull_read(struct file *filp,char __user *buf,size_t count,loff_t
*f_pos)
{
    struct scull_dev *dev = filp→private_data;
    struct scull_qset *dptr;                    // 第一个列表项目
    int quantum = dev→quantum, qset = dev→qset;
    int itemsize = quantum * qset;              // 列表项目中的字节数
    int item, s_pos, q_pos, rest;
    ssize_t retval = 0;
    if (down_interruptible(&dev→sem))
    return -ERESTARTSYS;
    if (*f_pos >= dev→size)
    goto out;
    if (*f_pos + count > dev→size)
    count = dev→size - *f_pos;
    // 找到列表，qset 索引以及偏移
    item = (long)*f_pos / itemsize;
    rest = (long)*f_pos % itemsize;
    s_pos = rest / quantum;
    q_pos = rest % quantum;
    // 将 dev 插到列表的正确位置
    dptr = scull_follow(dev, item);
    if (dptr == NULL || !dptr→data || ! dptr→data[s_pos])
    goto out;
    // 只读
    if (count > quantum - q_pos)
    count = quantum - q_pos;
    if (copy_to_user(buf, dptr→data[s_pos] + q_pos, count))
    {
    retval = -EFAULT;
    goto out;
    }
    *f_pos += count;
    retval = count;
    out:
    up(&dev→sem);
    return retval;
}
```

2) write 方法

write 像 read 一样可以传送少于要求的数据，根据返回值有下列规则：

(1) 如果值等于 count，要求的字节数已被传送。

(2) 如果正值，但是小于 count，只有部分数据被传送。程序最可能重试写入剩下的数据。

(3) 如果值为 0，什么也没有写。这个结果不是一个错误，没有理由返回一个错误码。再一次，标准库重试写调用。

(4) 一个负值表示发生一个错误；如同对于读，有效的错误值是定义于<Linux/errno.h>中。不幸的是，仍然可能有发出错误消息的不当行为程序，它在进行了部分传送时终止。这是因为一些程序员习惯看写调用要么完全失败要么完全成功，大多数情况下如此，应当也被设备支持。scull 实现的这个限制可以修改，但是用户可能不想使代码不太过复杂。

3) readv 和 writev

UNIX 系统已经长时间支持名为 readv 和 writev 的两个系统调用。这些 read 和 write 的“矢量”版本使用一个结构数组，其中每个包含一个缓存的指针和一个长度值。一个 readv 调用被期望来轮流读取指示的数量到每个缓存。相反，writev 要收集每个缓存的内容到一起并且作为单个写操作送出它们。

如果驱动不提供方法来处理矢量操作，readv 和 writev 由多次调用 read 和 write 方法来实现。在许多情况，直接实现 readv 和 writev 能获得更大的效率。

矢量操作的原型是：

```
    ssize_t (*readv) (struct file *filp, const struct iovec *iov, unsigned long
count, loff_t *ppos);
    ssize_t (*writev) (struct file *filp, const struct iovec *iov, unsigned long
count, loff_t *ppos);
```

这里，filp 和 ppos 参数与 read 和 write 的相同。iovec 结构定义于<Linux/uio.h>，如同：

```
    struct iovec
    {
    void __user *iov_base; __kernel_size_t iov_len;
    };
```

每个 iovec 描述了一块要传送的数据，它开始于 iov_base(在用户空间)并且有 iov_len 字节长。count 参数告诉有多少 iovec 结构。这些结构由应用程序创建，但是内核在调用驱动之前复制它们到内核空间。

矢量操作的最简单实现是一个直接的循环，只是传递出去每个 iovec 的地址和长度给驱动的 read 和 write 函数。然而，有效的和正确的行为常常需要驱动更智能。例如，一个磁带驱动上的 writev 应当将全部 iovec 结构中的内容作为磁带上的单个记录。

很多驱动，没有从自己实现这些方法中获益，因此 scull 省略它们。内核使用 read 和 write 来模拟它们，最终结果是相同的。

8.2.5 ioctl 接口

大部分驱动需要读写设备的能力，通过设备驱动进行各种硬件控制的能力。大部分设备可进行超出简单的数据传输之外的操作，用户空间必须常常能够请求，例如，设备锁上它的门，弹出它的介质，报告错误信息，改变波特率，或者自我销毁。这些操作常常通过

ioctl 方法来支持，它通过相同名字的系统调用来实现。

在用户空间，ioctl 系统调用下面的原型：

```
int ioctl(int fd, unsigned long cmd,…);
```

这个原型由于这些点而凸现于 UNIX 系统调用列表，这些点常常表示函数有数目不定的参数。在实际系统中，一个系统调用不能真正有可变数目的参数。系统调用必须有一个很好定义的原型，因为用户程序可存取它们只能通过硬件的“门”。因此，原型中的点不表示一个可变数目的参数，而是一个单个可选的参数，传统上标识为 char *argp。这些点在那里只是为了阻止在编译时的类型检查。第 3 个参数的实际特点依赖所发出的特定的控制命令(第 2 个参数)。一些命令不用参数，一些用一个整数值，以及一些使用指向其他数据的指针。使用一个指针是传递任意数据到 ioctl 调用的方法；设备接着可与用户空间交换任何数量的数据。

ioctl 调用的非结构化特性使它在内核开发者中失宠。每个 ioctl 命令基本上是一个单独的常常无文档的系统调用，并且没有方法以任何类型的全面的方式核查这些调用。也难于使非结构化的 ioctl 参数在所有系统上一致工作，例如，考虑运行在 32-位模式的一个用户进程的 64-位系统。结果，有很大的压力来实现混杂的控制操作，只能通过任何其他的方法。可能的选择包括嵌入命令到数据流或者使用虚拟文件系统，要么是 sysfs，要么是设备特定的文件系统。但是，事实上对于真正的设备操作，ioctl 常常是最容易和最直接的选择。

ioctl 驱动方法有和用户空间版本不同的原型：

```
int (*ioctl) (struct inode *inode, struct file *filp, unsigned int cmd,
unsigned long arg);
```

inode 和 filp 指针是对应应用程序传递的文件描述符 fd 的值，和传递给 open 方法的相同参数。cmd 参数从用户那里不改变地传下来，并且可选的 arg 参数以一个 unsigned long 的形式传递，不管它是否由用户给定为一个整数或一个指针。如果调用程序不传递第 3 个参数，被驱动操作收到的 arg 值是无定义的。因为类型检查在这个额外参数上被关闭，编译器不能警告用户是否一个无效的参数被传递给 ioctl，并且任何关联的错误将难以查找。

可能会想到，大部分 ioctl 实现包括一个大的 switch 语句来根据 cmd 参数选择正确的做法。不同的命令有不同的数值，它们常常被给予符号名来简化编码。符号名通过一个预处理定义来安排。定制的驱动常常在它们的头文件中声明这样的符号，scull.h 为 scull 声明它们。用户程序必须包含那个头文件来存取这些符号。

1) 选择 ioctl 命令

在为 ioctl 编写代码之前，需要选择对应命令的数字。许多程序员的第一个本能的反应是选择一组小数从 0 或 1 开始，并且从此开始向上。但是，有充分的理由不这样做。ioctl 命令数字应当在这个系统是唯一的，为了阻止向错误的设备发出正确的命令而引起的错误。这样的不匹配有可能发生，并且一个程序可能发现它自己试图改变一个非串口输入系统的波特率，如一个 FIFO 或者一个音频设备。如果这样的 ioctl 号是唯一的，这个应用程序将得到一个 EINVAL 错误而不是继续做不应当做的事情。

为帮助程序员创建唯一的 ioctl 命令代码，这些编码已被划分为几个位段。Linux 的第

一个版本使用 16 位数：高 8 位是关联这个设备的“模”数，低 8 位是一个顺序号，在设备内唯一。这样做是因为 Linus 是“无能”的(他自己的话)，一个更好的位段划分仅在后来被设想。不幸的是，许多驱动仍然使用老传统，它们不得不改变命令编码，这样会破坏大量的二进制程序，这不是内核开发者愿意见到的。

根据 Linux 内核惯例来为驱动选择 ioctl 号，应当首先检查 include/asm/ioctl.h 和 Documentation/ioctl-number.txt。这个头文件定义将使用的位段：type(模数)、序号、传输方向和参数大小。ioctl-number.txt 文件列举了在内核中使用的模数，因此将可选择用户自己的模数并且避免交叠。这个文本文件也列举了使用惯例的原因。

定义 ioctl 命令号的正确方法使用 4 个位段，它们有下列的含义。这个列表中介绍的新符号定义在<Linux/ioctl.h>。

(1) type：模数。选择一个数(在参考了 ioctl-number.txt 之后)并且使用它在整个驱动中，这个成员是 8 位宽(_IOC_TYPEBITS)。

(2) number：序(顺序)号。它是 8 位(_IOC_NRBITS)宽。

(3) direction：数据传送的方向，如果这个特殊的命令涉及数据传送。可能的值是_IOC_NONE(没有数据传输)、_IOC_READ、_IOC_WRITE 和_IOC_READ|_IOC_WRITE(数据在两个方向被传送)。数据传送是从应用程序的观点来看待的，_IOC_READ 意思是从设备读，设备必须写到用户空间。注意，这个成员是一个位掩码，因此_IOC_READ 和_IOC_WRITE 可使用一个逻辑 AND 操作来抽取。

(4) size：涉及的用户数据的大小。这个成员的宽度是依赖于体系的，但常常是 13 或 14 位。用户可为特定体系在宏_IOC_SIZEBITS 中找到它的值。使用这个 size 成员不是强制的(内核不检查它)但是它是一个好主意。如果曾需要改变相关数据项的大小，正确使用这个成员可帮助检测用户空间程序的错误并使用户实现向后兼容。如果用户需要更大的数据结构，可忽略这个 size 成员。

头文件<asm/ioctl.h> 包含在<Linux/ioctl.h> 中，定义宏来帮助建立命令号，如下：_IO(type,nr)(给没有参数的命令)，_IOR(type，nre，datatype)(给从驱动中读数据的)，_IOW(type,nr,datatype)(给写数据)和_IOWR(type,nr,datatype)(给双向传送)。type 和 number 成员作为参数被传递，并且 size 成员通过应用 sizeof 从 datatype 参数而得到。

这个头文件还定义宏，可被用在驱动中来解码这个号：_IOC_DIR(nr)、_IOC_TYPE(nr)、_IOC_NR(nr)和_IOC_SIZE(nr)。用户不进入任何这些宏的细节，因为头文件是清楚的，并且在本节稍后有例子代码展示。

这里是一些 ioctl 命令如何在 scull 被定义的。特别地，这些命令设置和获得驱动的可配置参数。

```
// 使用'K'为模数
#define SCULL_IOC_MAGIC 'k'
// 请在自己的代码中使用一个不同的 8 位数
#define SCULL_IOCRESET _IO(SCULL_IOC_MAGIC,0)
#define SCULL_IOCSQUANTUM _IOW(SCULL_IOC_MAGIC,1,int)
#define SCULL_IOCSQSET _IOW(SCULL_IOC_MAGIC,2,int)
#define SCULL_IOCTQUANTUM _IO(SCULL_IOC_MAGIC,3)
```

```
#define SCULL_IOCTQSET _IO(SCULL_IOC_MAGIC,4)
#define SCULL_IOCGQUANTUM _IOR(SCULL_IOC_MAGIC,5,int)
#define SCULL_IOCGQSET _IOR(SCULL_IOC_MAGIC,6,int)
#define SCULL_IOCQQUANTUM _IO(SCULL_IOC_MAGIC,7)
#define SCULL_IOCQQSET _IO(SCULL_IOC_MAGIC,8)
#define SCULL_IOCXQUANTUM _IOWR(SCULL_IOC_MAGIC,9,int)
#define SCULL_IOCXQSET _IOWR(SCULL_IOC_MAGIC,10,int)
#define SCULL_IOCHQUANTUM _IO(SCULL_IOC_MAGIC,11)
#define SCULL_IOCHQSET _IO(SCULL_IOC_MAGIC, 12)
#define SCULL_IOC_MAXNR 14
```

真正的源文件定义几个这里没有出现的额外的命令。

选择实现两种方法传递整数参数：通过指针和通过明确的值(尽管，由于一个已存在的惯例，ioclt 应当通过指针交换值)。类似地，两种方法被用来返回一个整数值：通过指针和通过设置返回值。只要返回值是一个正整数就有效，如同现在所知道的，在从任何系统调用返回时，一个正值被保留(如同在 read 和 write 中见到的)，而一个负值被看成是一个错误而被用来在用户空间设置 errno。exchange 和 shift 操作对 scull 没有特别的用处，实现 exchange 来显示驱动如何结合独立的操作到单个原子的操作，并且 shift 来链接 tell 和 query。有时需要像这样的原子的测试和设置操作，特别是当应用程序需要设置和释放锁。

命令的明确的序号没有特别的含义，它只用来区分命令。实际上，用户甚至可使用相同的序号给一个读命令和一个写命令，因为实际的 ioctl 号在“方向”位是不同的。选择在除了声明外的任何地方不使用命令的序号，因此用户不分配一个返回值给它。这就是为什么明确的序号出现在之前给定的定义中。这个例子展示了一个使用命令号的方法，但是用户有自由不这样做。

除了少数几个预定义的命令，ioctl 的 cmd 参数的值当前不被内核使用，并且在将来也不太可能。因此，如果用户想偷懒，可以避免前面展示的复杂的声明并明确声明一组调整数字。另一方面，如果用户做了，用户不会从使用这些位段中获益，并且如果曾提交用户的代码来包含在主线内核中会遇到困难。头文件<Linux/kd.h>是这个老式方法的例子，使用 16-位的调整值来定义 ioctl 命令。这个源代码依靠调整数，这是由于使用那个时候遵循的惯例，现在改变它可能导致不兼容。

2) 返回值

ioctl 的实现常常是一个基于命令号的 switch 语句。但是当命令号没有匹配一个有效的操作时缺省的选择应当是什么？这个问题是有争议的。几个内核函数返回-ENIVAL("Invalid argument")，它有意义是因为命令参数确实不是一个有效的 POSIX 标准，但是如果一个不合适的 ioctl 命令被发出，那么-ENOTTY 应当被返回。这个错误码被 C 库解释为“设备的不适当的 ioctl”，这常常正是程序员需要听到的。然而，它对于响应一个无效的 ioctl 命令，仍然是返回-EINVAL。

3) 预定义的命令

尽管 ioctl 系统调用最常用来作用于设备，让内核能识别几个命令。注意这些命令，当用到设备时，在用户自己的文件操作被调用之前被解码。因此，如果用户选择相同的号给一个 ioctl 命令，不会看到任何的给那个命令的请求，并且应用程序将获得某些不期望的东

西，这是因为在 ioctl 号之间存在冲突。

预定义命令分为 3 类：

(1) 可对任何文件(常规、设备、FIFO 或者 socket)发出命令。

(2) 只对常规文件发出的命令。

(3) 对文件系统类型特殊的命令。

最后一类的命令由宿主文件系统的实现来执行(这是 chattr 命令如何工作的)。设备驱动编写者只对第一类命令感兴趣，它们的模数是“T”。查看其他类的工作留给读者作为练习。ext2_ioctl 是最有趣的函数(并且比预期的要容易理解)，因为它实现 append-only 标志和 immutable 标志。

下列 ioctl 命令是预定义给任何文件，包括设备特殊的文件。

(1) FIOCLEX：设置 close-on-exec 标志(FileIOctlCloseonEXec)。当调用进程执行一个新程序时，设置这个标志使文件描述符被关闭。

(2) FIONCLEX：清除 close-no-exec 标志(FileIOctlNot CLose on EXec)。这个命令恢复普通文件的行为，复原上面 FIOCLEX 所做的。FIOASYNC 为这个文件设置或者复位异步通知，直到 Linux2.2.4 版本的内核不正确地使用这个命令来修改 O_SYNC 标志。因为两个动作都可通过 fcntl 来完成，没有人真正使用过 FIOASYNC 命令，它在这里出现只是为了完整性。

(3) FIOQSIZE：这个命令返回一个文件或者目录的大小，当作一个设备文件，但是它返回一个 ENOTTY 错误。

(4) FIONBIO："File IOctl Non-Blocking I/O"，这个调用修改在 filp→f_flags 中的 O_NONBLOCK 标志。给这个系统调用的第 3 个参数用作是否这个标志被置位或者清除的指示。注意常用的改变这个标志的方法是使用 fcntl 系统调用，使用 F_SETFL 命令。

列表中的最后一项介绍了一个新的系统调用，fcntl。它看来像 ioctl，事实上 fcntl 调用非常类似 ioctl，它也是获得一个命令参数和一个额外的(可选的)参数。它保持和 ioctl 独立主要是由于历史原因：当 UNIX 开发者面对控制 I/O 操作的问题时，他们决定文件和设备是不同的。那时，有 ioctl 实现的唯一设备是 ttys，它解释了为什么 -ENOTTY 是对不正确 ioctl 命令的回答。情况到现在已经改变，但是 fcntl 仍保留为一个独立的系统调用。

4) 使用 ioctl 参数

在看 scull 驱动的 ioctl 代码之前，需要涉及的另一点是如何使用这个额外的参数。如果它是一个整数，它可以直接使用。如果它是一个指针，必须小心点。

当用一个指针引用用户空间，必须确保用户地址是有效的。试图存取一个没验证过的用户提供的指针可能会导致不正确的行为，如一个内核 oops 系统崩溃，或者安全问题。它是驱动的任务，要求对每个它使用的用户空间地址进行正确的检查，如果它是无效的则返回一个错误。

copy_from_user 和 copy_to_user 函数，它们可用来安全地移动数据到和从用户空间。这些函数也可用在 ioctl 方法中，但是 ioctl 调用常常包含小数据项，可通过其他方法更有效地操作。开始，地址校验(不传送数据)由函数 access_ok 实现，它定义在<asm/uaccess.h>：

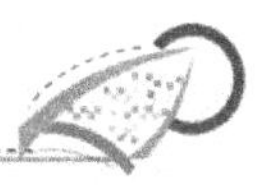

```
int access_ok(int type, const void *addr, unsigned long size);
```

第一个参数应当是 VERIFY_READ 或者 VERIFY_WRITE，依据这个要进行的动作是否是读用户空间内存区或者写它。addr 参数持有一个用户空间地址，size 是一个字节量。例如，如果 ioctl 需要从用户空间读一个整数，size 是 size of (int)。如果用户需要读和写给定地址，使用 VERIFY_WRITE，因为它是 VERIRY_READ 的超集。

不像大部分的内核函数，access_ok 返回一个布尔值：1 是成功(存取没问题)和 0 是失败(存取有问题)。如果它返回假，驱动应当返回 -EFAULT 给调用者。

关于 access_ok 要注意以下几点。首先，它不做校验内存存取的完整工作，它只检查这个内存引用是否在这个进程有合理权限的内存范围中。特别地，access_ok 确保这个地址不指向内核空间内存。其次，大部分驱动代码不需要真正调用 access_ok，后面描述的内存存取函数将负责这个。

scull 源码利用了 ioclt 号中的位段来检查参数，在 switch 之前：

```
int err = 0,tmp;
int retval = 0;
if (_IOC_TYPE(cmd) != SCULL_IOC_MAGIC)
return -ENOTTY;
if (_IOC_NR(cmd) > SCULL_IOC_MAXNR)
return -ENOTTY;
if (_IOC_DIR(cmd) & _IOC_READ)
err = !access_ok(VERIFY_WRITE,(void __user *)arg,_IOC_SIZE(cmd));
else if (_IOC_DIR(cmd) & _IOC_WRITE)
err = !access_ok(VERIFY_READ,(void __user *)arg,_IOC_SIZE(cmd));
if (err)
return -EFAULT;
```

在调用 access_ok 之后，驱动可安全地进行真正的传输。加上 copy_from_user 和 copy_to_user_函数，程序员可利用一组为被最多使用的数据大小(1、2、4 和 8 字节)而优化过的函数。这些函数在下面列表中描述，它们定义在<asm/uaccess.h>。

```
put_user(datum,ptr)
__put_user(datum,ptr)
```

这些宏定义写 datum 到用户空间，它们速度很快，并且无论何时要传送单个值，都应当被调用来代替 copy_to_user。这些宏已被编写来允许传递任何类型的指针到 put_user，只要该指针是一个用户空间地址。传送的数据大小依赖 prt 参数的类型，并且在编译时使用 size of 和 type of 等编译器内建宏，结果是，如果 prt 是一个 char 指针，传送一个字节，以及对于 2、4 和可能的 8 字节。

put_user 检查来确保这个进程能够写入给定的内存地址。它在成功时返回 0，并且在错误时返回-EFAULT。__put_user 进行更少的检查(它不调用 access_ok)，但是如果被指向的内存对用户是不可写时仍然能够导致失败。因此，__put_user 应当只用在内存区已经用 access_ok 检查过的时候。

作为一个通用的规则，当你实现一个 read 方法时，调用__put_user 来节省几个周期，或者当复制几个项时也可以这样。因此，在第一次数据传送之前调用 access_ok 一次，如同上面 ioctl 所示。

```
get_user(local, ptr)
__get_user(local, ptr)
```

这些宏定义用来从用户空间接收单个数据。它们像 put_user 和__put_user，但是在相反方向传递数据。获取的值存储于本地变量 local，返回值指出这个操作是否成功。再次，__get_user 应当只用在已经使用 access_ok 校验过的地址。

如果尝试使用一个列出的函数来传送一个不适合特定大小的值，结果常常是一个来自编译器的奇怪消息，如 coversion tonon-scalartype requested。在这些情况中，必须使用 copy_to_user 或 copy_from_user。

5) 兼容性和受限操作

存取一个设备是由设备文件上的许可权进行控制，并且驱动一般不涉及许可权的检查。但是，有些情形，在保证给任何用户对设备的读写许可的地方，一些控制操作仍然应当被拒绝。例如，不是所有的磁带驱动器的用户都应当能够设置它的缺省块大小，并且一个已经被给予了对一个磁盘设备读写权限的用户应当仍然可能被拒绝来格式化它。在这样的情况下，驱动必须进行额外的检查来确保用户能够进行被请求的操作。

传统的 UNIX 系统对超级用户账户限制了特权操作。这意味着特权是一个全有或全无的东西，超级用户可能任意做任何事情，但是所有其他的用户被高度限制了。Linux 内核提供了一个更加灵活的系统，称为能力。一个基于能力的系统丢弃了全有或全无模式，并且打破特权操作为独立的子类。这种方式，一个特殊的用户(或者是程序)可被授权来进行一个特定的特权操作而不必泄漏进行其他的、无关的操作的能力。内核在许可权管理上排他地使用能力，并且输出两个系统调用 capget 和 capset 来允许它们被从用户空间管理。

全部能力可在<Linux/capability.h>中找到。这些是对系统唯一可用的能力；对于驱动作者或者系统管理员，不可能不修改内核源码而来定义新的设备驱动。设备驱动编写者可能感兴趣的是这些能力的一个子集，包括下面几种。

(1) CAP_DAC_OVERRIDE：这个能力用来推翻在文件和目录上的存取的限制(数据存取控制或 DAC)。

(2) CAP_NET_ADMIN：进行网络管理任务的能力，包括那些能够影响网络接口的。

(3) CAP_SYS_MODULE：加载或去除内核模块的能力。

(4) CAP_SYS_RAWIO：进行“raw” I/O 操作的能力。例子包括存取设备端口或者直接和 USB 设备通信。

(5) CAP_SYS_ADMIN：一个捕获全部的能力，提供对许多系统管理操作的存取。

(6) CAP_SYS_TTY_CONFIG：进行 tty 配置任务的能力。

在进行一个特权操作之前，一个设备驱动应当检查调用进程是否有合适的能力，不这样做可能会导致用户进程进行非法的操作，对系统的稳定和安全有不好的后果。能力检查是通过 capable 函数来进行的(定义在<Linux/sched.h>)：

```
int capable(int capability);
```

在 scull 例子驱动中，任何用户都被许可来查询 quantum 和 quantum 集的大小。但是只有特权用户可改变这些值，因为不适当的值可能会对系统性能产生很坏的影响。当需要时，ioctl 的 scull 实现检查用户的特权级别，如下：

```
if (! capable (CAP_SYS_ADMIN))
return -EPERM;
```

在这个任务缺乏一个更加特定的能力时，CAP_SYS_ADMIN 被选择来做这个测试。

6) ioctl 命令的实现

ioctl 的 scull 实现只传递设备的配置参数，并且像下面这样容易：

```
switch(cmd)
{
    case SCULL_IOCRESET:
    scull_quantum = SCULL_QUANTUM;
    scull_qset = SCULL_QSET;
    break;
    case SCULL_IOCSQUANTUM:         // Set：参数为指向值的指针
    if (! capable (CAP_SYS_ADMIN))
    return -EPERM;
    retval = __get_user(scull_quantum, (int __user *)arg);
    break;
    case SCULL_IOCTQUANTUM:         // Tell：参数为数值
    if (! capable (CAP_SYS_ADMIN))
    return -EPERM;
    scull_quantum = arg;
    break;
    case SCULL_IOCGQUANTUM:         // Get：参数为指向结构的指针
    retval = __put_user(scull_quantum, (int __user *)arg);
    break;
    case SCULL_IOCQQUANTUM:         // Query：返回 scull_quantum
    return scull_quantum;
    case SCULL_IOCXQUANTUM:         // eXchange：将参数作为指针
    if (! capable (CAP_SYS_ADMIN))
    return -EPERM;
    tmp = scull_quantum;
    retval = __get_user(scull_quantum, (int __user *)arg);
    if (retval == 0)
    retval = __put_user(tmp, (int __user *)arg);
    break;
    case SCULL_IOCHQUANTUM:         // sHift：如同 Tell + Query
    if (! capable (CAP_SYS_ADMIN))
    return -EPERM;
    tmp = scull_quantum;
    scull_quantum = arg;
    return tmp;
    default:
    return -ENOTTY;
}
return retval;
```

scull 还包含 6 个入口项作用于 scull_qset。这些入口项和给 scull_quantum 的是一致的，并且不值得展示出来。

从调用者的观点看(即从用户空间)，这 6 种传递和接收参数的方法看来如下：

```
int quantum;
ioctl(fd,SCULL_IOCSQUANTUM, &quantum);            // 通过指针设置
ioctl(fd,SCULL_IOCTQUANTUM, quantum);             // 通过值设置
ioctl(fd,SCULL_IOCGQUANTUM, &quantum);            // 通过指针获取
quantum = ioctl(fd,SCULL_IOCQQUANTUM);            // 通过返回值获取
ioctl(fd,SCULL_IOCXQUANTUM, &quantum);            // 通过指针交换
quantum = ioctl(fd,SCULL_IOCHQUANTUM, quantum);   // 通过数值交换
```

当然，一个正常的驱动不可能实现这样一个调用模式的混合体。但是，正常的数据交换将通过指针或者通过值一致地进行，并且要避免混合这两种技术。

7) 不用 ioctl 的设备控制

有时控制设备最好是通过写控制序列到设备自身来实现。例如，这个技术用在控制台驱动中，这里所谓的 escape 序列被用来移动光标，改变缺省的颜色或者进行其他的配置任务。这样实现设备控制的好处是用户可仅仅通过写数据控制设备，不必使用(或者有时候写)只为配置设备而建立程序。当设备可这样来控制时，发出命令的程序甚至常常不需要运行在和它要控制的设备的同一个系统上。

例如，setterm 程序作用于控制台(或者其他终端)配置，通过打印 escape 序列。控制程序可位于和被控制的设备不同的一台计算机上，因为一个简单的数据流重定向可完成这个配置工作。这是每次用户运行一个远程 tty 会话时所发生的事情：escape 序列在远端被打印但是会影响到本地的 tty，然而这个技术不局限于 ttys。

通过打印来控制的缺点是它给设备增加了策略限制，例如，它仅仅当用户确信在正常操作时控制序列不会出现在正被写入设备的数据中。这对于 ttys 只是部分正确的。尽管一个文本显示意味着只显示 ASCII 字符，有时控制字符可插入正被写入的数据中，因此影响控制台的配置。例如，这可能发生在显示一个二进制文件到屏幕时，产生的乱码可能包含任何东西，最后常常在控制台上出现错误的字体。

对于不用传送数据而只是响应命令的设备，当然的使用方法是通过写来控制，如遥控设备。例如，编写一个好玩的驱动，移动一个 2 轴上的摄像机。在这个驱动里，这个“设备”是一对老式步进电机，它们不能真正读或写，给一个步进电机“发送数据流”的概念没有任何意义。在这个情况下，驱动解释正被写入的数据作为 ASCII 命令并转换这个请求为脉冲序列，从而操纵步进电机。这个概念类似于发给 Modem AT 命令来建立通信，主要的不同在于和 Modem 通信的串口必须也传送真正的数据。直接设备控制的好处是用户可以使用 cat 来移动摄像机，而不必写和编译特殊的代码来发出 ioctl 调用。

当编写面向命令的驱动，没有理由实现 ioctl 命令，一个解释器中的额外命令更容易实现和使用。有时，可能选择使用其他的方法：不必转变 write 方法为一个解释器和避免 ioctl，可能选择完全避免写专门使用的 ioctl 命令，而实现驱动为使用一个特殊的命令行工具来发送这些命令到驱动。这个方法把复杂性从内核空间转移到用户空间，并且帮助保持驱动小，而拒绝使用简单的 cat 或者 echo 命令。

8.2.6 模块实例

本处涉及的是内核模块而不是程序，下面的代码是一个完整的 hello world 模块：

```
#include <Linux/init.h>
#include <Linux/module.h>
MODULE_LICENSE("Dual BSD/GPL");
static int hello_init(void)
{
printk(KERN_ALERT "Hello, world\n");
return 0;
}
static void hello_exit(void)
{
printk(KERN_ALERT "Goodbye, cruel world\n");
}
module_init(hello_init);
module_exit(hello_exit);
```

这个模块定义了两个函数，一个在模块加载到内核时被调用(hello_init)以及一个在模块被去除时被调用(hello_exit)。moudle_init 和 module_exit 这几行使用了特别的内核宏来指出这两个函数的角色。另一个特别的宏(MODULE_LICENSE)是用来告知内核，该模块带有一个自由的许可证；没有这样的说明，在模块加载时内核会有点问题。

printk 函数在 Linux 内核中定义并且对模块可用，它与标准 C 库函数 printf 的行为相似。内核需要它自己的打印函数，因为它靠自己运行，没有 C 库的帮助。模块能够调用 printk 是因为，在 insmod 加载了它之后，模块被连接到内核并且可存取内核的公用符号。字串 KERN_ALERT 是消息的优先级。

在此模块中指定了一个高优先级，因为使用缺省优先级的消息可能不会在任何有用的地方显示，这依赖于运行的内核版本，klogd 守护进程的版本以及配置，可以忽略这个因素。

可以用 insmod 和 rmmod 工具来测试这个模块。注意只有超级用户可以加载和卸载模块。

```
$ make
make[1]: Entering directory '/usr/src/Linux-2.6.14'
CC [M] /home/ldd3/src/misc-modules/hello.o
Building modules, stage 2.
MODPOST
CC /home/ldd3/src/misc-modules/hello.mod.o
LD [M] /home/ldd3/src/misc-modules/hello.ko
make[1]: Leaving directory '/usr/src/Linux-2.6.14'
$ insmod ./hello.ko
Hello, world
$ rmmod hello
Goodbye cruel world
```

为使上面的操作命令顺序工作，必须在某个地方有正确配置和建立的内核树，在那里可以找到 makefile(本书配套例子在/usr/src/Linux-2.6.10 目录下)。

依据用户的系统用来递交消息行的机制，输出可能不同。特别地，前面的屏幕输出来自一个字符控制台，如果用户从一个终端模拟器或者在窗口系统中运行 insmod 和 rmmod，不会在屏幕上看到任何东西。消息进入了其中一个系统日志文件中，如/var/log/messages(实际文件名字随 Linux 的发布而变化)。

编写一个模块不是非常困难——至少在模块没有要求做任何有用的事情时，困难的部分是理解设备以及如何获得最高性能。

8.3　CAN 总线驱动开发实例

8.3.1　CAN 总线简介

CAN 是控制局域网络(Control Area Network)的简称，最早由德国 BOSCH 公司推出，用于汽车内部测量与执行部件之间的数据通信。其总线规范已被 ISO 国际标准组织制订为国际标准。由于得到了 Motorola、Intel、Philip、NEC 等公司的支持，它广泛应用在离散控制领域。CAN 协议也是建立在国际标准组织的开放系统互连模型基础上的，不过其模型结构只有 3 层，即只取 OSI 底层的物理层、数据链路层和顶层的应用层。其信号传输介质为双绞线，通信速率最高可达 1Mbps/40m，直接传输距离最远可达 10km/5kbps，可挂接设备数最多可达 110 个。CAN 的信号传输采用短帧结构，每一帧的有效字节数为 8 个，因而传输时间短，受干扰的概率低。当节点严重错误时，具有自动关闭的功能，以切断该节点与总线的联系，使总线上的其他节点及其通信不受影响，具有较强的抗干扰能力。

现场总线是当今自动化领域技术发展的热点之一，被誉为自动化领域的计算机局域网。它的出现为分布式控制系统实现各节点之间实时、可靠的数据通信提供了强有力的技术支持。CAN(Controller Area Network)属于现场总线的范畴，它是一种有效支持分布式控制或实时控制的串行通信网络。较之目前许多 RS-485 基于 R 线构建的分布式控制系统而言，基于 CAN 总线的分布式控制系统在以下方面具有明显的优越性。

首先，CAN 控制器工作于多主方式，网络中的各节点都可根据总线访问优先权(取决于报文标识符)采用无损结构的逐位仲裁的方式竞争向总线发送数据，且 CAN 协议废除了站地址编码，而代之以对通信数据进行编码，这可使不同的节点同时接收到相同的数据，这些特点使得 CAN 总线构成的网络各节点之间的数据通信实时性强，并且容易构成冗余结构，提高系统的可靠性和系统的灵活性。而利用 RS-485 只能构成主从式结构系统，通信方式也只能以主站轮询的方式进行，　系统的实时性、可靠性较差。

其次，CAN 总线通过 CAN 控制器接口芯片 82C250 的两个输出端 CANH 和 CANL 与物理总线相连，而 CANH 端的状态只能是高电平或悬浮状态，CANL 端只能是低电平或悬浮状态。这就保证不会出现像在 RS-485 网络中，当系统有错误，出现多节点同时向总线发送数据时，导致总线呈现短路，从而损坏某些节点的现象。而且 CAN 节点在错误严重的情况下具有自动关闭输出功能，以使总线上其他节点的操作不受影响，从而保证不会出现像在 RS-485 网络中，因个别节点出现问题，使得总线处于“死锁”状态的情况。

CAN 具有的完善的通信协议可由 CAN 控制器芯片及其接口芯片来实现，从而大大降低系统开发难度，缩短了开发周期，这些是仅仅有电气协议的 RS-485 所无法比拟的。另

外，与其他现场总线比较而言，CAN 总线是具有通信速率高、容易实现且性价比高等诸多特点的一种已形成国际标准的现场总线。这些也是目前 CAN 总线应用于众多领域，具有强劲的市场竞争力的重要原因。

CAN(Controller Area Network)即控制器局域网络，属于工业现场总线的范畴。与一般的通信总线相比，CAN 总线的数据通信具有突出的可靠性、实时性和灵活性。由于其良好的性能及独特的设计，CAN 总线越来越受到人们的重视。它在汽车领域上的应用是最广泛的，世界上一些著名的汽车制造厂商，如 BENZ(奔驰)、BMW(宝马)、PORSCHE(保时捷)、ROLLS-ROYCE(劳斯莱斯)和 JAGUAR(美洲豹)等都采用了 CAN 总线来实现汽车内部控制系统与各检测和执行机构间的数据通信。同时，由于 CAN 总线本身的特点，其应用范围目前已不再局限于汽车行业，而向自动控制、航空航天、航海、过程工业、机械工业、纺织机械、农用机械、机器人、数控机床、医疗器械及传感器等领域发展。CAN 已经形成国际标准，并已被公认为几种最有前途的现场总线之一。其典型的应用协议有 SAE J1939/ISO11783、CANOpen、CANaerospace、DeviceNet、NMEA 2000 等。CAN 总线具有下列主要特性。

(1) 多主站依据优先权进行总线访问。
(2) 非破坏性的基于优先权的总线仲裁。
(3) 借助接收滤波的多地址帧传送。
(4) 远程数据请求。
(5) 配置灵活。
(6) 全系统的数据相容性。
(7) 错误检测和出错信令。
(8) 发送期间若丢失仲裁或由于出错而遭破坏的帧可自动重发送。

8.3.2　SJ A1000

PHILIPS 公司的 PCA82C200 是符合 CAN 2.0A 协议的总线控制器，SJ A1000 是它的替代产品，它是应用于汽车和一般工业环境的独立 CAN 总线控制器，具有完成 CAN 通信协议所要求的全部特性。经过简单总线连接的 SJ A1000 可完成 CAN 总线的物理层和数据链路层的所有功能。SJ A1000 的主要特性如下。

(1) 管脚及电气特性与独立 CAN 总线控制器 PCA82C200 兼容。
(2) 软件与 PCA82C200 兼容(默认为基本 CAN 模式)。
(3) 扩展接收缓冲器(64 字节 FIFO)。
(4) 支持 CAN 2.0B 协议。
(5) 同时支持 11 位和 29 位标识符。
(6) 位通信速率为 1Mb/s。
(7) 增强 CAN 模式(PeliCAN)。
(8) 采用 24MHz 时钟频率。
(9) 支持多种微处理器接口。
(10) 可编程 CAN 输出驱动配置。
(11) 工作温度范围为-40℃～+125℃。

1．SJA1000 内部功能及引脚说明

SJA1000 的功能框图如图 8.5 所示，图 8.6 是其引脚图。从图 8.5 可以看出，SJA1000 型独立 CAN 总线控制器由以下几部分构成。

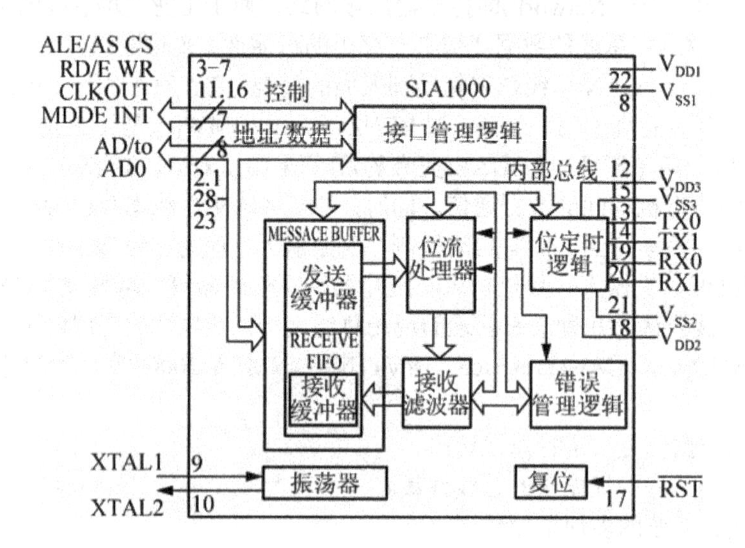

图 8.5　SJA1000 的功能框图

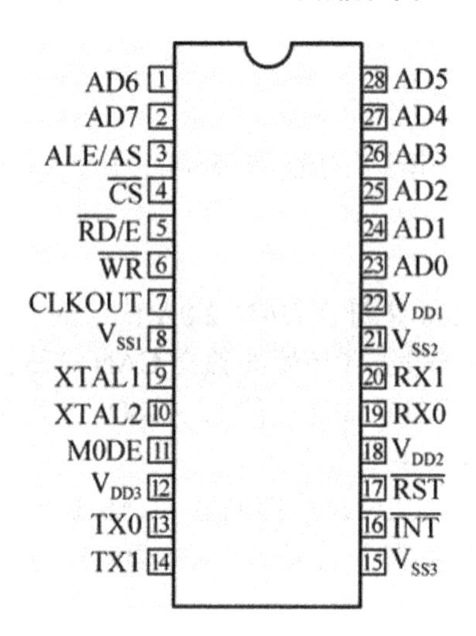

图 8.6　SJA1000 的引脚图

(1) 接口管理逻辑：它接收来自微处理器的命令，控制 CAN 寄存器的地址，并为微处理器提供中断和状态信息。

(2) 发送缓冲器：有 13 字节长。它位于 CPU 和位流处理器(BSP)之间，能存储一条将在 CAN 总线上发送的完整的报文，报文由 CPU 写入，由 BSP 读出。

(3) 接收缓冲器(RXB、RXFIFO)：它是 CPU 和接收滤波器之间的接口，用来存储从 CAN 总线接收并通过了滤波的报文。接收缓冲器 RXB 是提供给 CPU 可访问的 13 字节的

窗口，这个窗口是属于接收 FIFO(RXFIFO)的一部分，共有 64 字节长。有了这个 FIFO，可以在 CPU 处理一个报文的同时继续接收其他到来的报文。

(4) 接收滤波器：它把报文头中的标识符和接收滤波寄存器中的内容进行比较，以判断该报文是否被接收。如果被接收，报文存入 RXFIFO。

(5) 位流处理器：它是一个控制发送缓冲器、RXFIFO 并行数据和 CAN 总线(串行数据)之间数据的序列发生器，同时它也执行错误检测、仲裁、位填充和 CAN 总线错误处理功能。

(6) 位定时逻辑：它将 SJA1000 同步于 CAN 总线上的位流。

(7) 错误管理逻辑：它按照 CAN 协议完成错误界定。

2. 寄存器

由于 SJA1000 与 PCA82C2000 兼容，因此 SJA1000 的缺省工作方式即基本 CAN 模式与 PCA82C200 相同。下面介绍 SJA1000 工作在增强 CAN 模式(PeliCAN)下的寄存器配置。在工作期间的运行模式(OPERATING MODE)下，部分寄存器的定义将有所更改，具体见表 8-1。

表 8-1 运行模式下的寄存器

名称	地址	7	6	5	4	3	2	1	0
RX/TX帧信息	16								
TX 帧(写)		FF	RTR	X	X	DLC.3	DLC.2	DLC.1	DLC.0
RX 帧(读)		FF	RTR	0	0	DLC.3	DLC.2	DLC.1	DLC.0
RX/TX 报文缓冲	17-28								

8.3.3 CAN 总线电路设计

EduKit-IV 开发平台上采用的 CAN 总线控制器是 SJA1000 CAN 控制器，其电路原理如图 8.7 所示。

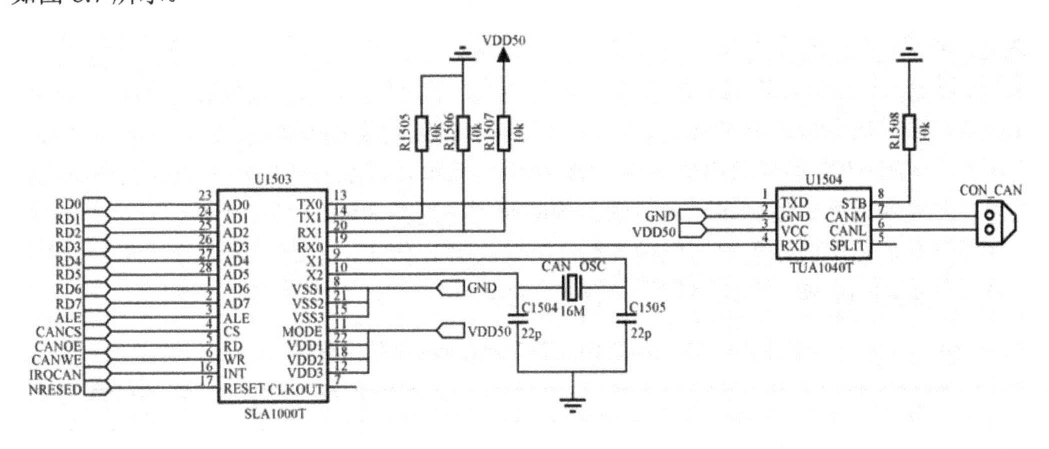

图 8.7 CAN 总线电路原理图

8.3.4 CAN 总线驱动设计

本书的 CAN 总线驱动程序包含两个文件：eduk4-can.c 和 eduk4-can.h。其中 eduk4-can.h 文件定义了与 CAN 总线有关的宏定义和数据结构，eduk4-can.c 文件中定义了一些系统资源、相关的宏以及 CAN 总线驱动程序相关函数的实现代码。

8.4 LCD 驱动开发实例

8.4.1 LCD 工作原理

1. 液晶显示屏

液晶显示屏(Liquid Crystal Display，LCD)主要用于显示文本及图形信息，它具有轻薄、体积小、低耗电量、无辐射危险、平面直角显示以及影像稳定不闪烁等特点，因此在许多电子应用系统中，常使用液晶屏作为人机界面。

1) 主要类型及性能参数

液晶显示屏按显示原理分为 STN 和 TFT 两种。STN(Super Twisted Nematic，超扭曲向列)液晶屏。

STN 液晶显示器与液晶材料、光线的干涉现象有关，因此显示的色调以淡绿色与橘色为主。STN 液晶显示器中，使用 X、Y 轴交叉的单纯电极驱动方式，即 X、Y 轴由垂直与水平方向的驱动电极构成，水平方向驱动电压控制显示部分为亮或暗，垂直方向的电极则负责驱动液晶分子的显示。STN 液晶显示屏加上彩色滤光片，并将单色显示矩阵中的每一像素分成 3 个子像素，分别通过彩色滤光片显示红、绿、蓝三原色，也可以显示出色彩。单色液晶屏及灰度液晶屏都是 STN 液晶屏。

TFT(Thin Film Transistor，薄膜晶体管)彩色液晶屏。随着液晶显示技术的不断发展和进步，TFT 液晶显示屏被广泛用于制作成计算机中的液晶显示设备。TFT 液晶显示屏既在笔记本计算机上应用(现在大多数笔记本计算机都使用 TFT 显示屏)，也常用于主流台式显示器，分 65536 色、26 万色及 1600 万色 3 种，其显示效果非常出色。TFT 的显示采用“背透式”照射方式——假想的光源路径不是像 STN 液晶那样从上至下，而是从下向上。这样的做法是在液晶的背部设置特殊光管，光源照射时通过下偏光板向上透出。由于上下夹层的电极改成 FET 电极和共通电极，在 FET 电极导通时，液晶分子的表现也会发生改变，可以通过遮光和透光来达到显示的目的，响应时间提高到 80ms 左右。

使用液晶显示屏时，主要考虑的参数有外形尺寸、像素、点距、色彩等。表 8-2 所示为 Embest EduKit-IV 实验板所选用的液晶屏(LQ080V3DG01 TFT)的主要参数。

表 8-2 LQ080V3DG01 TFT 液晶屏主要技术参数

型号	LQ080V3DG01	外形尺寸	183mm×141mm×14mm	重量	390g
像素	640×480	点距	0.2535mm×0.2535mm	色彩	262144
电压	5V(25℃)	对比度	250	附加	带驱动逻辑

LQ080V3DG01 TFT 液晶屏外形如图 8.8 所示。

2) 驱动与显示

液晶屏的显示要求设计专门的驱动与显示控制电路。驱动电路包括提供液晶屏的驱动电源和液晶分子偏置电压，以及液晶显示屏的驱动逻辑；显示控制部分可由专门的硬件电路组成，也可以采用集成电路(IC)模块，如 EPSON 的视频驱动器等，还可以使用处理器外围 LCD 控制模块。实验板的驱动与显示系统包括 S3C2410 片内外设 LCD 控制器、液晶显示屏的驱动逻辑以及外围驱动电路。

图 8.8 LQ080V3DG01 TFT 液晶屏外形

2. S3C2410 LCD 控制器

1) LCD 控制器特点

S3C2410 处理器集成了 LCD 控制器，S3C2410 LCD 控制器主要功能是用于传输显示数据和产生控制信号，并且它支持屏幕水平和垂直滚动显示。数据的传送采用 DMA(直接内存访问)方式，以达到最小的延迟。它可以支持多种液晶屏。

(1) STN LCD：①支持 3 种类型的扫描方式：4 位单扫描、4 位双扫描和 8 位单扫描；②支持单色、4 级灰度和 16 级灰度显示；③支持 256 色和 4096 色彩色 STN LCD；④支持多种屏幕大小。

典型的实际屏幕大小是 640×480、320×240、160×160 和其他；最大虚拟屏幕占内存大小为 4M 字节。256 色模式下最大虚拟屏幕大小是 4096×1024、2048×2048、1024×4096 和其他。

(2) TFT LCD：①支持 1、2、4 或 8bpp 彩色调色显示；②支持 16bpp 和 24bpp 非调色真彩显示；③在 24bpp 模式下，最多支持 16M 种颜色；④支持多种屏幕大小。

典型的实际屏幕大小是 640×480、320×240、160×160 和其他；最大虚拟屏幕占内存大小为 4MB。

64k 色模式下最大虚拟屏幕大小：2048×1024 和其他。

2) LCD 控制器内部结构

LCD 控制器主要提供液晶屏显示数据的传送，时钟和各种信号的产生与控制功能。S3C2410 处理器的 LCD 控制器主要部分框图如图 8.9 所示。

S3C2410 LCD 控制器用于传输显示数据和产生控制信号，例如，VFRAME、VLINE、VCLK、VM 等。除了控制信号之外，S3C2410 还提供数据端口供显示数据传输，也就是 VD[23:0]，如图 8.9 所示。LCD 控制器包含 REGBANK、LCDCDMA、VIDPRCS、TIMEGEN 和 LPC3600 等控制模块。REGBANK 中有 17 个可编程的寄存器组和 256X16 调色板内存用于配置 LCD 控制器。LCDCDMA 是一个专用的 DMA，它负责自动地将帧缓冲区中的显示数据发往 LCD 驱动器。通过特定的 DMA，显示数据可以不需要 CPU 的干涉，自动的发送到屏幕上。VIDPRCS 将 LCDCDMA 发送过来的数据变换为合适的格式(如 4/8 位单扫描或 4 位双扫描显示模式)，之后通过 VD[23:0]发送到 LCD 驱动器。TMIEGEN 包含可编程逻辑用于支持不同 LCD 驱动器对时序以及速率的需求。VFRAME、VLINE、

VCLK、VM 等控制信号由 TIMEGEN 产生。在 LCD 控制器的 33 个输出接口中有 24 个用户数据输出，9 个用于控制，见表 8-3 和表 8-4。

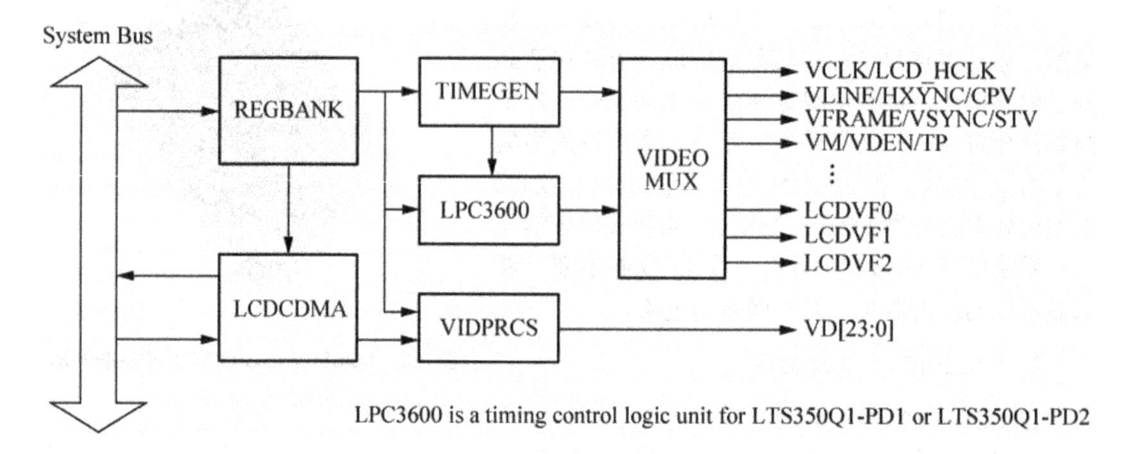

图 8.9　LCD 控制器框图

表 8-3　S3C2410 LCD 控制器输出接口说明

输出接口信号	描　述
VFRAME/VSYNC/STV	帧同步信号(STN)/垂直同步信号(TFT)/SEC TFT 信号
VLINE/HSYNC/CPV	行同步信号(STN)/水平同步信号(TFT)/ SEC TFT 信号
VCLK/LCD_HCLK	时钟信号(STN/TFT)/SEC TFT 信号
VD[23:0]	LCD 显示数据输出端口(STN/TFT/SEC TFT)
VM/VDEN/TP	交流控制信号(STN)/数据使能信号(TFT)/SEC TFT 信号
LEND/STH	行结束信号(TFT)/SEC TFT 信号
LCD_PWREN	LCD 电源使能
LCDVF0	SEC TFT 信号 OE
LCDVF1	SEC TFT 信号 REV
LCDVF2	SEC TFT 信号 REVB

表 8-4　LCD 控制器寄存器列表

寄存器名	内存地址	读写	说　明	复位值
LCDCON1	0X4D000000	R/W	LCD 控制寄存器 1	0x00000000
LCDCON2	0X4D000004	R/W	LCD 控制寄存器 2	0x00000000
LCDCON3	0X4D000008	R/W	LCD 控制寄存器 3	0x00000000
LCDCON4	0X4D00000C	R/W	LCD 控制寄存器 4	0x00000000
LCDCON5	0X4D000010	R/W	LCD 控制寄存器 5	0x00000000
LCDSADDR1	0X4D000014	R/W	STN/TFT:高位帧缓存地址寄存器 1	0x00000000
LCDSADDR2	0X4D000018	R/W	STN/TFT:低位帧缓存地址寄存器 2	0x00000000
LCDSADDR3	0X4D00001C	R/W	STN/TFT:虚屏地址寄存器 0x00000000	0x00000000
REDLUT	0X4D000020	R/W	STN:红色定义寄存器 0x00000000	0x00000000
GREENLUT	0X4D000024	R/W	STN:绿色定义寄存器 0x00000000	0x00000000
BLUELUT	0X4D000028	R/W	STN:蓝色定义寄存器 0x0000	0x0000
DITHMODE	0X4D00004C	R/W	STN:抖动模式寄存器 0x00000	0x00000

续表

寄存器名	内存地址	读写	说　　明	复位值
TPAL	0X4D000050	R/W	TFT:临时调色板寄存器 0x00000000	0x00000000
LCDINTPND	0X4D000054	R/W	指示 LCD 中断 pending 寄存器	0x0
LCDSRCPND	0X4D000058	R/W	指示 LCD 中断源 pending 寄存器	0x0
LCDINTMSK	0X4D00005C	R/W	中断屏蔽寄存器(屏蔽哪个中断源)	0x3
LPCSEL	0X4D000060	R/W	LPC3600 模式控制寄存器	0x4

注意：

(1) 表中说明只是简单地介绍控制寄存器的含义，详细使用参考 S3C2410 处理器数据手册。

(2) 地址从 0x14A0002C～0x14A00048 禁止使用，因为这个区域用作测试用保留地址。

S3C2410 能够支持 STN LCD 和 TFT LCD，这两种 LCD 屏在显示的时候有很大的差别，而且所涉及的寄存器也会不同。Embest EduKit-IV 实验平台采用的是 TFT LCD，下面对 TFT LCD 的显示过程进行详细的介绍。

3) TFT LCD 显示

(1) LCD 控制器时间相关参数设定。

TIMEGEN 产生 LCD 驱动器所需要的控制信号，例如，VSYNC、HSYNC、VCLK、VDEN 和 LEND。这些控制信号又和 REGBANK 中的寄存器 LCDCON 1/2/3/4/5 的设置密切相关，可以对 REGBANK 中的这些寄存器进行设置以产生适合于不同种类 LCD 驱动器的控制信号。

VSYNC 是帧同步信号，VSYNC 每发出 1 个脉冲，都意味着新的 1 屏视频资料开始发送，而 HSYNC 为行同步信号，每个 HSYNC 脉冲都表明新的 1 行视频资料开始发送。VSYNC 和 HSYNC 脉冲的产生依赖于 LCDCON 2/3 寄存器的 HOZVAL 域和 LINEVAL 域的配置。HOZVAL 和 LNEVAL 的值由 LCD 屏的尺寸决定：

HOZVAL=水平显示尺寸-1

LINEVAL=垂直显示尺寸-1

VCLK 信号的频率取决于 LCDCON1 寄存器中的 CLKVAL 域。VCLK 和 CLKVAL 的关系如下(其中 CLKVAL 的最小值是 0)：

VCLK(Hz)=HCLK/[(CLKVAL+1)x2]

一般情况下，帧频率就是 VSYNC 信号的频率，它与 LCDCON 1 和 LCDCON 2/3/4 寄存器的 VSYNC、VB2PD、VFPD、LINEVAL、HSYNC、HBPD、HFPD、HOZVAL 和 CLKVAL 都有关系。大多数 LCD 驱动器都需要与显示器相匹配的帧频率，帧频率计算公式如下：

Frame Rate = 1/ [{ (VSPW+1) + (VBPD+1) + (LIINEVAL + 1) + (VFPD+1) }×{(HSPW+1) +(HBPD +1)+ (HFPD+1) + (HOZVAL + 1) } × { 2×(CLKVAL+1) / (HCLK) }]

针对 16 位 TFT 屏 BSWP、HWSWP 这两位用来控制字节交换和半字交换，主要用于大小头的问题，如果输出到屏上的汉字左右互换了，或者输出到屏上的图花屏了，可以更改这个选项。图 8.10 是 LCD 屏幕上点的像素在内存中表示的示意图。

图 8.11 说明了 16 位 TFT 如何表示 RGB。

(BSWP=0，HWSWP=0)

	D[31:16]	D[15:0]
000H	P1	P2
004H	P3	P4
008H	P5	P6
…		

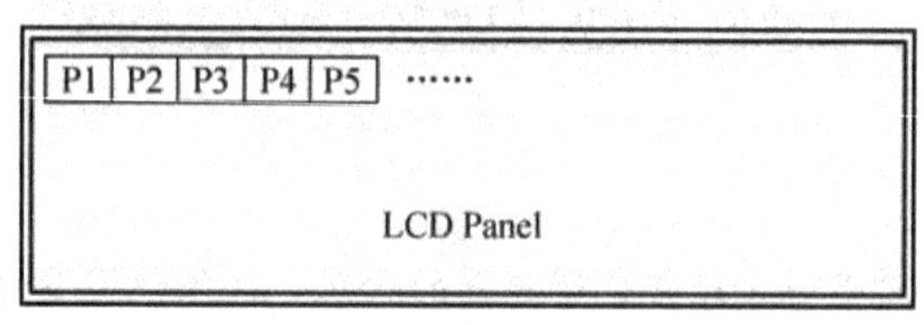

图 8.10　像素在内存中表示的示意图

VD Pin Connections at 16BPP
(5;6;5)

VD	23	22	21	20	19	18	17	16	15	14	13	12	11	10	9	8	7	6	5	4	3	2	1	0
RED	4	3	2	1	0	NC									NC							NC		
GREEN									5	4	3	2	1	0										
BLUE																	4	3	2	1	0			

图 8.11　16 位 TFT 表示 RGB 示意图

写一个 16 位数据的颜色数据(为了分析的方便，把它写成二进制)：

RGB = 10101101 10111001；

根据上面的结构可以分析一下 RGB 各是多少。

① blue：{offset：0，length：5}偏移量为 0，长度为 5，从 RGB 中提取出来便是 11001；

② green：{offset：5，length：6}偏移量为 5，长度为 6，从 RGB 中提取出来便是 101101；

③ red：{offset：11，length：5}偏移量为 11，长度为 5，从 RGB 中提取出来便是 10101。

图 8.12 是表示了对应 16 位 TFT，一个像素点的 RGB 示意图，屏幕上 1 个像素用 16 位表示。

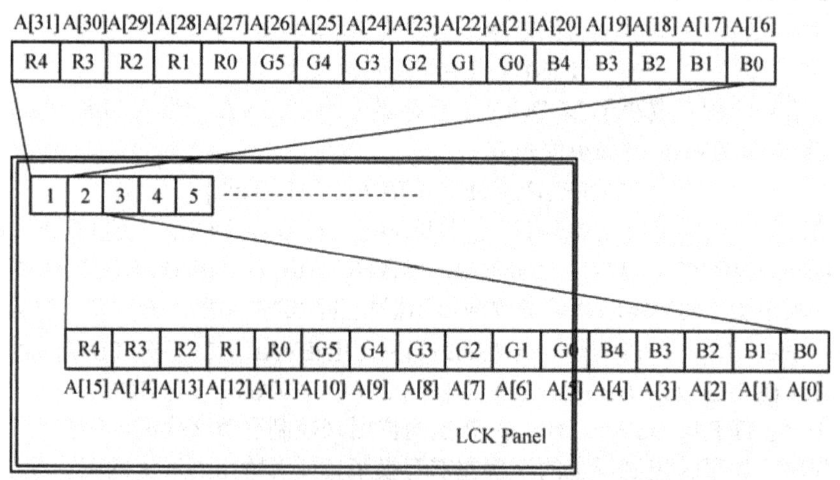

图 8.12　像素点 RGB 示意图

(2) TFT LCD 控制器信号时序

TFT 屏的典型时序如图 8.13 所示。VDEN 用来标明视频资料的有效，VCLK 是用来锁存视频资料的像素时钟。在帧同步以及行同步的头尾都必须留有回扫时间，例如，对于 VSYNC 来说，前回扫时间就是(VSPW+1)+(VBPD+1)，后回扫时间就是(VFPD+1)；HSYNC 亦类同。这样的时序要求是由于当初 CRT 显示器的电子枪偏转需要时间所形成的，但后来成了实际上的工业标准，乃至于后来出现的 TFT 屏为了在时序上与 CRT 兼容，也采用了这样的控制时序。

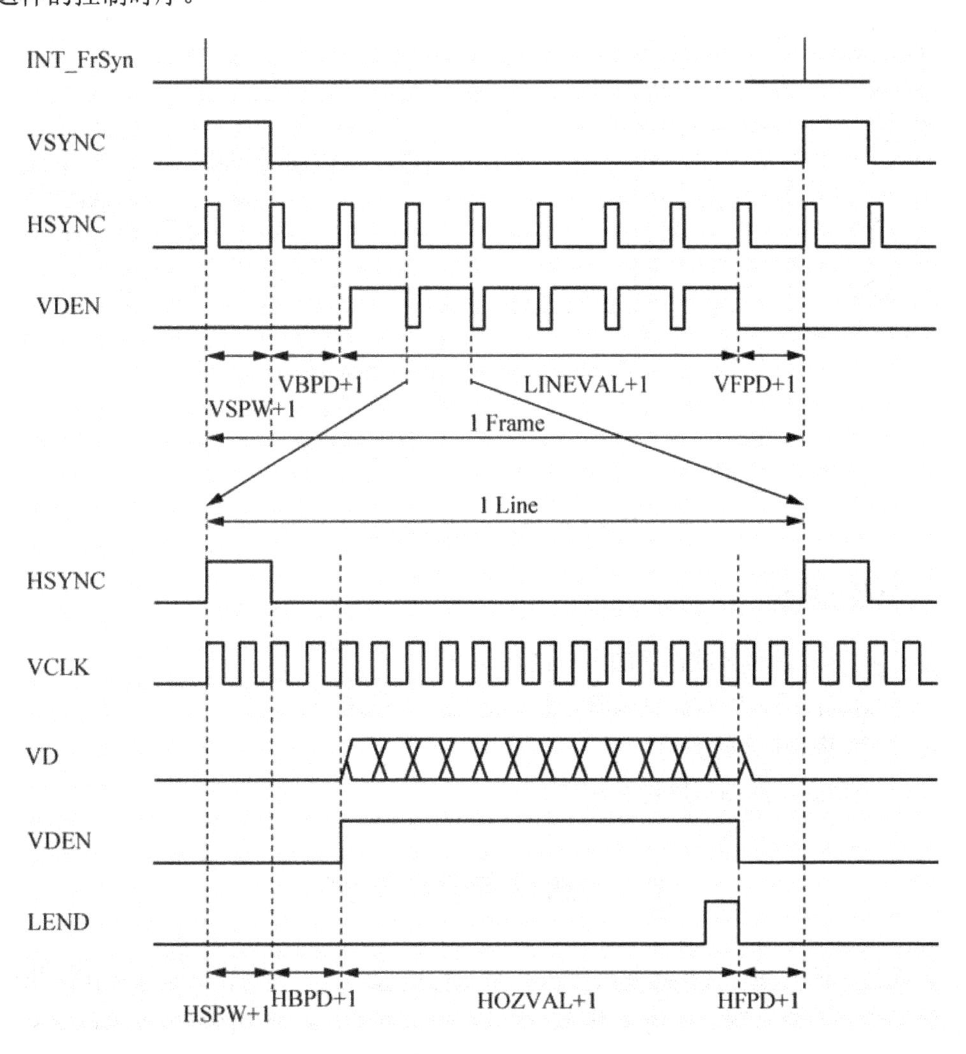

图 8.13　LCD 时序图

3. LCD 电路连接图

LCD 电路连接图如图 8.14 所示。

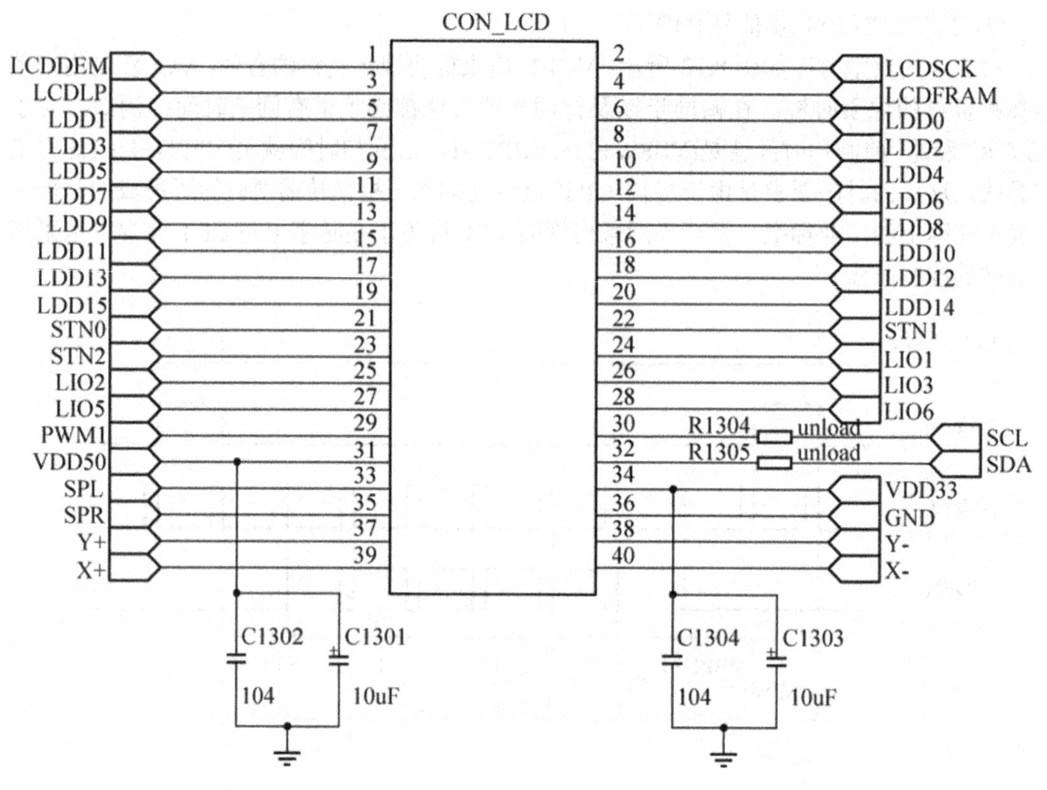

图 8.14　LCD 电路连接图

8.4.2　LCD 驱动实例

LCD 驱动详细代码测试程序的主体结构如下。

lcd.c 为测试代码，同时又夹杂着一些初始化，关闭函数。

glib.c 为图形库函数的实现。

lcdlib.c 为最底层的图形库函数实现。

8.5　触摸屏驱动实例

为了操作上的方便，人们用触摸屏来代替鼠标或键盘。工作时，必须首先用手指或其他物体触摸安装在显示器前端的触摸屏，然后系统根据手指触摸的图标或菜单位置来定位选择信息输入。触摸屏由触摸检测部件和触摸屏控制器组成；触摸检测部件安装在显示器屏幕前面，用于检测用户触摸位置，接受后送触摸屏控制器；触摸屏控制器的主要作用是从触摸点检测装置上接收触摸信息，并将它转换成触点坐标，再送给 CPU，它同时能接收 CPU 发来的命令并加以执行。在手机、PDA 等手持产品及公共服务设备中大量采用触摸屏。本节将学习 Linux 操作系统下的触摸屏驱动程序原理及实现方法。

8.5.1　触摸屏

触摸屏(Touch Screen Panel，TSP)按其技术原理可分为 5 类：矢量压力传感式、电阻式、电容式、红外线式和表面声波式。每一类触摸屏都有其各自的优缺点，要了解哪种触摸屏适用于哪种场合，关键就在于要懂得每一类触摸屏技术的工作原理和特点。其中电阻式触摸屏在嵌入式系统中用的较多。

电阻式触摸屏利用压力感应进行控制。它的主要部分是一块与显示器表面非常配合的电阻薄膜屏，这是一种多层的复合薄膜，它以一层玻璃或硬塑料平板作为基层，表面涂有一层透明氧化金属(透明的导电电阻)导电层，上面再盖有一层外表面硬化处理、光滑防擦的塑料层，它的内表面也涂有一层涂层，在它们之间有许多细小的(小于 1/1000 英寸)透明隔离点把两层导电层隔开绝缘。当手指触摸屏幕时，平常绝缘的两层导电层在触摸点位置就有了一个接触，控制器检测到这个接通后，其中一面导电层接通 *Y* 轴方向的 5V 均匀电压场，另一导电层将接触点的电压引至控制电路进行 A/D 转换，得到电压值后与 5V 相比即可得触摸点的 *Y* 轴坐标，同理得出 *X* 轴的坐标。这是所有电阻技术触摸屏共同的基本原理。电阻式触摸屏根据信号线数又分为四线、五线、六线……电阻触摸屏等类型。信号线数越多，技术越复杂，坐标定位也越精确。由电阻值的变化而得到触摸的 *X*、*Y* 坐标，再根据模拟鼠标的方式运作。这就是电阻技术触摸屏最基本的原理。

实验平台采用四线式电阻式触摸屏，点数为 640×480，实验系统由触摸屏、触摸屏控制电路和数据采集处理 3 部分组成。

四线电阻屏在表面保护涂层和基层之间覆着两层透明电导层 ITO(氧化铟，弱导电体，特性是当厚度降到 1800 个埃(埃＝10^{-10}米)以下时会突然变得透明，再薄下去透光率反而下降，到 300 埃厚度时透光率又上升，它是所有电阻屏及电容屏的主要材料)。两层分别对应 *X*、*Y* 轴，它们之间用细微透明绝缘颗粒绝缘，当触摸时产生的压力使两导电层接通。4 线电阻模拟量技术的两层透明金属层工作时每层均增加 5V 恒定电压：一个竖直方向，一个水平方向。总共需 4 根电缆。此触摸屏特点：高解析度，高速传输反应；表面硬度处理，减少擦伤、刮伤及防化学处理；具有光面及雾面处理；一次校正，稳定性高，永不漂移。

四线电阻触摸屏采用国际上评价很高的电阻专利技术：大规模成型的玻璃屏和一层透明的防刮塑料，或经过硬化、清晰或抗眩光处理的尼龙，内层是透明的导体层。表层和底层之间夹着拥有专利技术的分离点(Separator Dots)。这类触摸屏适合于需要相对固定人员触摸的高精度触摸屏的应用场合，精度超过 4096×4096，有良好的清晰度和极微小的视差。它的主要优点还表现在不漂移、精度高、响应快，可以用手指或其他物体触摸，防尘防油污等，主要用于专业工程师或工业现场。

8.5.2　硬件原理

电阻式触摸屏利用压力感应进行控制，包含上下叠合的两个透明层，通常还要用一种弹性材料来将两层隔开。在触摸某点时，两层会在此点接通。四线和八线触摸屏由两层具有相同表面电阻的透明阻性材料组成，五线和七线触摸屏由一个阻性层和一个导电层组成。

所有的电阻式触摸屏都采用分压器原理来产生代表X坐标和Y坐标的电压。如图8.15所示，分压器是通过将两个电阻进行串联来实现的。电阻 R_1 连接正参考电压 V_{REF}，电阻 R_2 接地。两个电阻连接点处的电压测量值与 R_2 的阻值成正比。

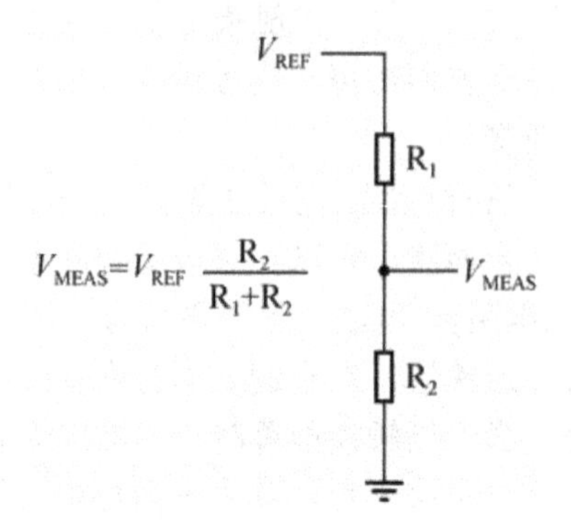

图 8.15 电阻触摸屏分压

为了在电阻式触摸屏上的特定方向测量一个坐标，需要对一个阻性层进行偏置：将它的一边接 V_{REF}，另一边接地。同时，将未偏置的那一层连接到一个ADC的高阻抗输入端。当触摸屏上的压力足够大，两层之间发生接触时，电阻性表面被分隔为两个电阻，它们的阻值与触摸点到偏置边缘的距离成正比。因为触摸点与接地边之间的电阻相当于分压器中下面的那个电阻。

四线触摸屏包含两个阻性层。其中一层在屏幕的左右边缘各有一条垂直总线，另一层在屏幕的底部和顶部各有一条水平总线，如图8.16所示。为了在 X 轴方向进行测量，将左侧总线偏置为0V，右侧总线偏置为 V_{REF}。将顶部或底部总线连接到ADC，当顶层和底层相接触时即可作一次测量。为了在 Y 轴方向进行测量，将顶部总线偏置为 V_{REF}，底部总线偏置为0V。将ADC 输入端接左侧总线或右侧总线，当顶层与底层相接触时即可对电压进行测量。

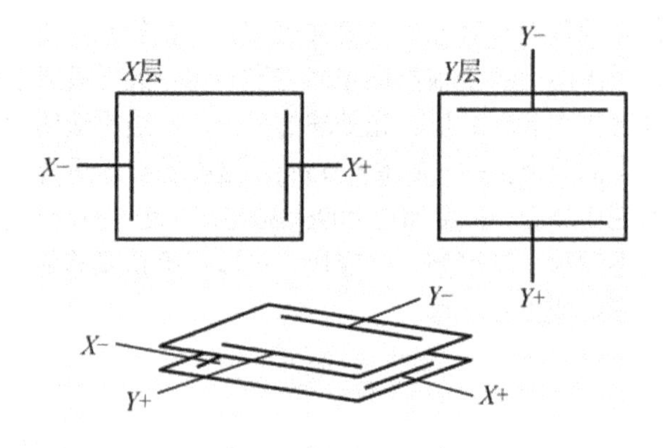

图 8.16 四线电阻式触摸屏

S3C2410 接四线电阻式触摸屏的电路原理如图8.17所示。S3C2410提供了nYMON、YMON、nXPON和XMON直接作为触摸屏的控制信号，它通过连接FDC6321场效应管

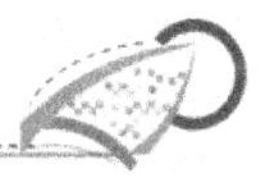

触摸屏驱动器控制触摸屏。输入信号在经过阻容式低通滤器滤除坐标信号噪声后被接入 S3C2410 内集成的 ADC(模数转换器)的模拟信号输入通道 AIN5、AIN7。

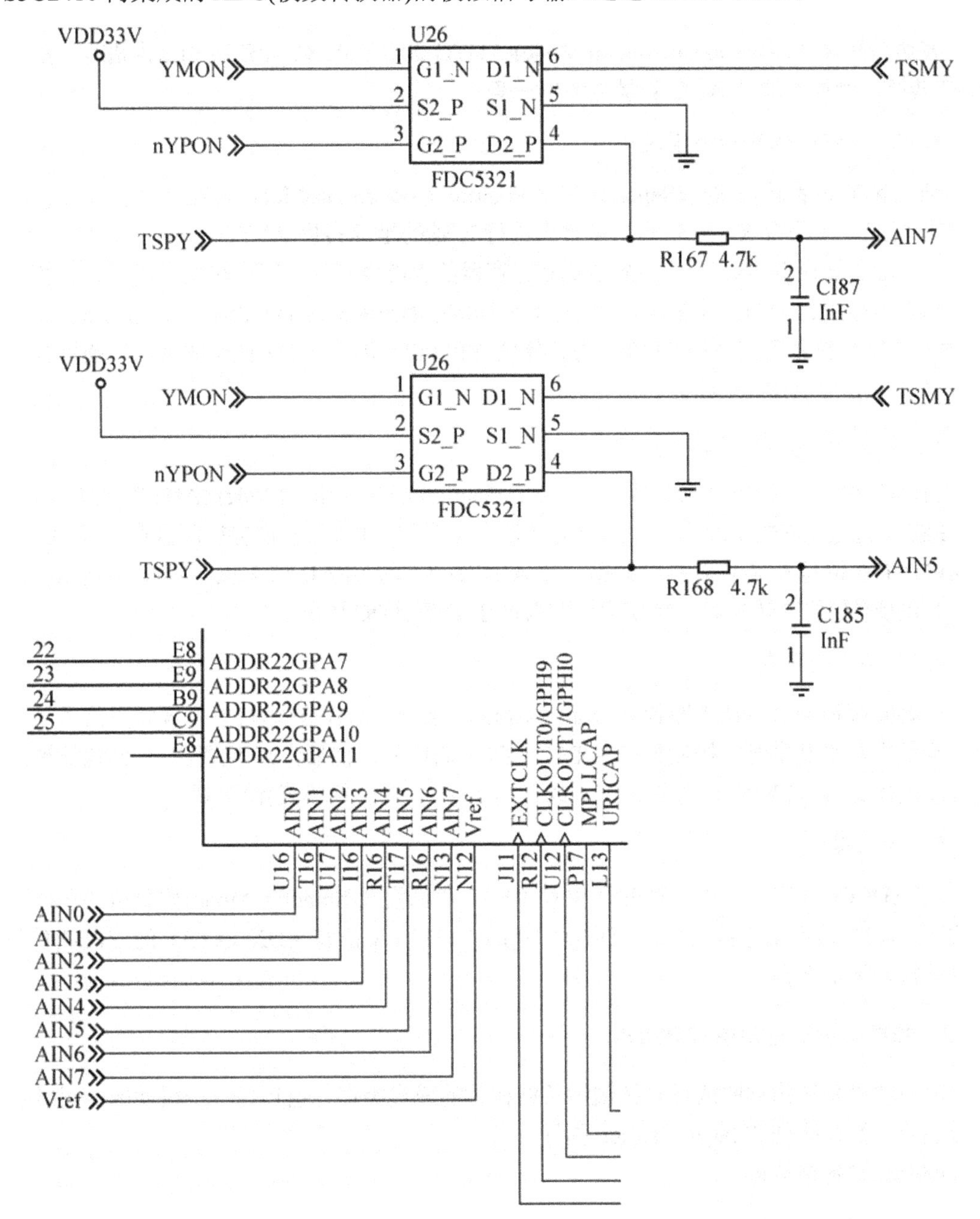

图 8.17　S3C2410 连接四线电阻式触摸屏

S3C2410 内置了一个 8 信道的 10 位 ADC，该 ADC 能以 500 ks/s 的采样速率将外部的模拟信号转换为 10 位分辨率的数字量。因此，ADC 能与触摸屏控制器协同工作，完成对触摸屏绝对地址的测量。

S3C2410 的 ADC 和触摸屏接口可工作于 5 种模式，分别如下。

1. 普通转换模式

普通转换模式(Normal Converson Mode)(AUTO_PST = 0，XY_PST = 0)用来进行一般的 ADC 转换，例如，通过 ADC 测量电池电压等。

2. 独立 X/Y 位置转换模式

独立 X/Y 位置转换模式(Separate X/Y Position Conversion Mode)其实包含了 X 轴模式和 Y 轴模式。为获得 X、Y 坐标，需首先进行 X 轴的坐标转换(AUTO_PST = 0，XY_PST = 1)，X 轴的转换资料会写到 ADCDAT0 寄存器的 XPDAT 中，等待转换完成后，触摸屏控制器会产生 INT_ADC 中断。然后，进行 Y 轴的坐标转换(AUTO_PST= 0，XY_PST = 2)，Y 轴的转换资料会写到 ADCDAT1 寄存器的 YPDAT 中，等待转换完成后，触摸屏控制器也会产生 INT_ADC 中断。

3. 自动(连续)X/Y 位置转换模式

自动(连续)X/Y 位置转换模式(Auto X/Y Position Conversion Mode) (AUTO_PST = 1，XY_PST = 0)运行方式是触摸屏控制自动转换 X 位置和 Y 位置。触摸屏控制器在 ADCDAT0 的 XPDATA 位写入 X 位置测定数据，在 ADCDAT1 的 YPADATA 位写入 Y 位置测定数据。自动(连续)位置转换后，触摸屏控制器产生 INT_ADC 中断。

4. 等待中断模式

当触摸屏控制器等待中断模式(Wait for Interrupt Mode)时，它等待触摸屏触点信号的到来。当触点信号到来时，控制器产生 INT_TC 中断信号。然后，X 位置和 Y 位置能被适当地转换模式(独立 X/Y 位置转换模式或自动 X/Y 位置转换模式)读取到。

5. 待机模式

当 ADCCON 寄存器的 STDBM 位置 1 时，待机模式(Standby Mode)被激活。在这种模式下，A/D 转换动作被禁止，ADCDAT0 的 XPDATA 位和 ADXDATA1 的 YPDAT 保留以前被转换的数据。

8.5.3 触摸屏设备驱动中数据结构

触摸屏设备结构体的成员与按键设备结构体的成员类似，也包含一个缓冲区，同时包括自旋锁、等待队列和 fasync_struct 指针。

触摸屏设备结构体

```
1 typedef struct
2 {
3  unsigned int penStatus;       /* PEN_UP, PEN_DOWN, PEN_SAMPLE */
4  TS_RET buf[MAX_TS_BUF];       /* 缓冲区 */
5  unsigned int head, tail;      /* 缓冲区头和尾 */
6  wait_queue_head_t wq;         /*等待队列*/
7  spinlock_t lock;
```

```
8  #ifdef USE_ASYNC
9  struct fasync_struct *aq;
10 #endif
11 struct cdev cdev;
12 } TS_DEV;
```

触摸屏结构体中包含的 TS_RET 值的类型定义如下面代码清单所示，包含 X、Y 坐标和状态(PEN_DOWN、PEN_UP)等信息，这个信息会在用户读取触摸信息时复制到用户空间中。

TS_RET 结构体：

```
1 typedef struct
2 {
3  unsigned short pressure;       // PEN_DOWN、PEN_UP
4  unsigned short x;              // x 坐标
5  unsigned short y;              // y 坐标
6  unsigned short pad;
7 } TS_RET;
```

在触摸屏设备驱动中，将实现 open()、release()、read()、fasync()和 poll()函数，因此，其文件操作结构体定义如下。

触摸屏驱动文件操作结构体：

```
1 static struct file_operations s3c2410_fops =
2 {
3  owner: THIS_MODULE,
4  open: s3c2410_ts_open,         // 打开
5  read: s3c2410_ts_read,         // 读坐标
6  release:
7  s3c2410_ts_release,
8  #ifdef USE_ASYNC
9  fasync: s3c2410_ts_fasync,     // fasync()函数
10  #endif
11  poll: s3c2410_ts_poll,        // 轮询
12 };
```

8.5.4　触摸屏驱动中的硬件控制

下面代码清单中的一组宏用于控制触摸屏和 ADC 进入不同的工作模式，如等待中断、X/Y 位置转换等。

触摸屏和 ADC 硬件控制：

```
1 #define wait_down_int(){ ADCTSC = DOWN_INT | XP_PULL_UP_EN |\
2 XP_AIN | XM_HIZ | YP_AIN | YM_GND | \
3 XP_PST(WAIT_INT_MODE); }
4 #define wait_up_int(){ ADCTSC = UP_INT | XP_PULL_UP_EN | XP_AIN |\
5 XM_HIZ |YP_AIN | YM_GND | XP_PST(WAIT_INT_MODE); }
6 #define mode_x_axis(){ ADCTSC = XP_EXTVLT | XM_GND | YP_AIN \
```

```
7 | YM_HIZ |XP_PULL_UP_DIS | XP_PST(X_AXIS_MODE); }
8 #define mode_x_axis_n(){ ADCTSC = XP_EXTVLT | XM_GND | YP_AIN | \
9 YM_HIZ |XP_PULL_UP_DIS | XP_PST(NOP_MODE); }
10 #define mode_y_axis(){ ADCTSC = XP_AIN | XM_HIZ | YP_EXTVLT \
11 | YM_GND |XP_PULL_UP_DIS | XP_PST(Y_AXIS_MODE); }
12 #define start_adc_x(){ ADCCON = PRESCALE_EN | PRSCVL(49) | \
13 ADC_INPUT(ADC_IN5) | ADC_START_BY_RD_EN | \
14 ADC_NORMAL_MODE; \
15 ADCDAT0; }
16 #define start_adc_y(){ ADCCON = PRESCALE_EN | PRSCVL(49) | \
17 ADC_INPUT(ADC_IN7) | ADC_START_BY_RD_EN | \
18 ADC_NORMAL_MODE; \
19 ADCDAT1; }
20 #define disable_ts_adc(){ ADCCON &= ~(ADCCON_READ_START); }
```

8.5.5 触摸屏驱动模块加载和卸载函数

在触摸屏设备驱动的模块加载函数中，要完成申请设备号、添加cdev、申请中断、设置触摸屏控制引脚(YPON、YMON、XPON、XMON)等多项工作。

触摸屏设备驱动的模块加载函数：

```
1 static int __init s3c2410_ts_init(void)
2 {
3  int ret;
4  tsEvent = tsEvent_dummy;
5  ...// 申请设备号，添加 cdev
6
7  /* 设置 XP、YM、YP 和 YM 对应引脚 */
8  set_gpio_ctrl(GPIO_YPON);
9  set_gpio_ctrl(GPIO_YMON);
10  set_gpio_ctrl(GPIO_XPON);
11  set_gpio_ctrl(GPIO_XMON);
12
13  /* 使能触摸屏中断 */
14  ret = request_irq(IRQ_ADC_DONE, s3c2410_isr_adc,
15  SA_INTERRUPT, DEVICE_NAME,s3c2410_isr_adc);
16  if (ret)
17  goto adc_failed;
18  ret = request_irq(IRQ_TC, s3c2410_isr_tc, SA_INTERRUPT,
19  DEVICE_NAME,s3c2410_isr_tc);
20  if (ret)
21  goto tc_failed;
22
23  /*置于等待触点中断模式*/
24  wait_down_int();
25
26  printk(DEVICE_NAME " initialized\n");
27
28  return 0;
```

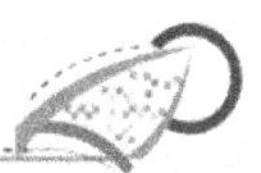

```
29  tc_failed:
30  free_irq(IRQ_ADC_DONE, s3c2410_isr_adc);
31  adc_failed:
32  return ret;
33 }
```

触摸屏设备驱动模块卸载函数：

```
1 static void __exit s3c2410_ts_exit(void)
2 {
3   ...// 释放设备号，删除 cdev
4   free_irq(IRQ_ADC_DONE, s3c2410_isr_adc);
5   free_irq(IRQ_TC, s3c2410_isr_tc);
6 }
```

8.5.6　触摸屏驱动中断、定时器处理程序

触摸屏驱动中会产生两类中断，一类是触点中断(INT-TC)，一类是 X/Y 位置转换中断(INT-ADC)。在前一类中断发生后，若之前处于 PEN_UP 状态，则应启动 X/Y 位置转换。另外，将抬起中断也放在 INT-TC 处理程序中，它会调用 tsEvent()完成等待队列和信号的释放。

触摸屏设备驱动的触点/抬起中断处理程序：

```
1 static void s3c2410_isr_tc(int irq, void *dev_id, struct pt_regs *reg)
2 {
3   spin_lock_irq(&(tsdev.lock));
4   if (tsdev.penStatus == PEN_UP)
5   {
6     start_ts_adc();                   // 开始 X/Y 位置转换
7   }
8   else
9   {
10    tsdev.penStatus = PEN_UP;
11    DPRINTK("PEN UP: x: %08d, y: %08d\n", x, y);
12    wait_down_int();                  // 置于等待触点中断模式
13   tsEvent();
14  }
15  spin_unlock_irq(&(tsdev.lock));
16 }
```

当 X/Y 位置转换中断发生后，应读取 X、Y 的坐标值，填入缓冲区。

触摸屏设备驱动 X/Y 位置转换中断处理程序：

```
1 static void s3c2410_isr_adc(int irq, void *dev_id, struct pt_regs *reg)
2 {
3   spin_lock_irq(&(tsdev.lock));
4   if (tsdev.penStatus == PEN_UP)
5   s3c2410_get_XY();                   // 读取坐标
6   #ifdef HOOK_FOR_DRAG
```

```
7   else
8   s3c2410_get_XY();
9   #endif
10  spin_unlock_irq(&(tsdev.lock));
11 }
```

上述程序中调用的 s3c2410_get_XY()用于获得 X、Y 坐标。

触摸屏设备驱动中获得 X、Y 坐标：

```
1 static inline void s3c2410_get_XY(void)
2 {
3   if (adc_state == 0)
4   {
5     adc_state = 1;
6     disable_ts_adc();                  // 禁止 INT-ADC
7     y = (ADCDAT0 &0x3ff);              // 读取坐标值
8     mode_y_axis();
9     start_adc_y();                     // 开始 y 位置转换
10  }
11   else if (adc_state == 1)
12   {
13     adc_state = 0;
14     disable_ts_adc();                 // 禁止 INT-ADC
15     x = (ADCDAT1 &0x3ff);             // 读取坐标值
16     tsdev.penStatus = PEN_DOWN;
17     DPRINTK("PEN DOWN: x: %08d, y: %08d\n", x, y);
18     wait_up_int();                    // 置于等待抬起中断模式
19     tsEvent();
20   }
21 }
```

代码中调用的 tsEvent 最终为 tsEvent_raw()，这个函数很关键，当处于 PEN_DOWN 状态时调用该函数，它会完成缓冲区的填充、等待队列的唤醒以及异步通知信号的释放；处于 PEN_UP 状态时调用该函数，它将缓冲区头清 0，也唤醒等待队列并释放信号。

触摸屏设备驱动的 tsEvent_raw()函数：

```
1 static void tsEvent_raw(void)
2 {
3   if (tsdev.penStatus == PEN_DOWN)
4   {
5     /*填充缓冲区*/
6     BUF_HEAD.x = x;
7     BUF_HEAD.y = y;
8     BUF_HEAD.pressure = PEN_DOWN;
9
10     #ifdef HOOK_FOR_DRAG
11     ts_timer.expires = jiffies + TS_TIMER_DELAY;
12     add_timer(&ts_timer);            // 启动定时器
13     #endif
```

```
14   }
15   else
16   {
17     #ifdef HOOK_FOR_DRAG
18     del_timer(&ts_timer);
19     #endif
20
21     /*填充缓冲区*/
22     BUF_HEAD.x = 0;
23     BUF_HEAD.y = 0;
24     BUF_HEAD.pressure = PEN_UP;
25   }
26
27   tsdev.head = INCBUF(tsdev.head, MAX_TS_BUF);
28   wake_up_interruptible(&(tsdev.wq));              // 唤醒等待队列
29
30   #ifdef USE_ASYNC
31   If (tsdev.aq)
32   kill_fasync(&(tsdev.aq), SIGIO, POLL_IN);      // 异步通知
33   #endif
34   }
```

在包含了对拖动轨迹支持的情况下，定时器会被启用，周期为 10 ms，在每次定时器处理函数被引发时，调用 start_ts_adc()开始 X/Y 位置转换过程。

触摸屏设备驱动的定时器处理函数：

```
1 #ifdef HOOK_FOR_DRAG
2 static void ts_timer_handler(unsigned long data)
3 {
4    spin_lock_irq(&(tsdev.lock));
5    if (tsdev.penStatus == PEN_DOWN)
6    {
7    start_ts_adc();                                  // 开始 X/Y 位置转换
8    }
9    spin_unlock_irq(&(tsdev.lock));
10 }
11 #endif
```

8.5.7　触摸屏设备驱动的打开、释放函数

在触摸屏设备驱动的打开函数中，应初始化缓冲区、penStatus 和定期器、等待队列及 tsEvent 时间处理函数指针。

触摸屏设备驱动的打开函数：

```
1 static int s3c2410_ts_open(struct inode *inode, struct file *filp)
2 {
3   tsdev.head = tsdev.tail = 0;
4   tsdev.penStatus = PEN_UP;          // 初始化触摸屏状态为 PEN_UP
5   #ifdef HOOK_FOR_DRAG               // 如果定义了拖动钩子函数
```

```
6   init_timer(&ts_timer);          // 初始化定时器
7   ts_timer.function = ts_timer_handler;
8   #endif
9   tsEvent = tsEvent_raw;
10  init_waitqueue_head(&(tsdev.wq)); // 初始化等待队列
11
12  return 0;
13 }
```

触摸屏设备驱动的释放函数非常简单，删除为用于拖动轨迹所使用的定时器即可。

触摸屏设备驱动的释放函数：

```
1 static int s3c2410_ts_release(struct inode *inode, struct file *filp)
2 {
3   #ifdef HOOK_FOR_DRAG
4   del_timer(&ts_timer);            // 删除定时器
5   #endif
6   return 0;
7 }
```

8.5.8 触摸屏设备驱动的读函数

触摸屏设备驱动的读函数实现缓冲区中信息向用户空间的复制，当缓冲区有内容时，直接复制；否则如果用户阻塞访问触摸屏，则进程在等待队列上睡眠，否则，立即返回-EAGAIN。

触摸屏设备驱动的读函数：

```
1 static ssize_t s3c2410_ts_read(struct file *filp, char *buffer, size_t count,
2 loff_t *ppos)
3 {
4   TS_RET ts_ret;
5
6   retry:
7   if (tsdev.head != tsdev.tail) // 缓冲区有信息
8   {
9     int count;
10    count = tsRead(&ts_ret);
11    if (count)
12    copy_to_user(buffer, (char*) &ts_ret, count);    // 复制到用户空间
13    return count;
14   }
15   else
16   {
17   if (filp→f_flags &O_NONBLOCK)     // 非阻塞读
18   return - EAGAIN;
19   interruptible_sleep_on(&(tsdev.wq));// 在等待队列上睡眠
20   if (signal_pending(current))
21   return - ERESTARTSYS;
22   goto retry;
23   }
```

```
    24
    25   return sizeof(TS_RET);
    26 }
```

8.5.9　触摸屏设备驱动的轮询与异步通知

在触摸屏设备驱动中，通过 s3c2410_ts_poll()函数实现了轮询接口，这个函数的实现非常简单。它将等待队列添加到 poll_table，当缓冲区有数据时，返回资源可读取标志，否则返回 0。

触摸屏设备驱动的 poll()函数：

```
    1  static  unsigned  int  s3c2410_ts_poll(struct  file  *filp,  struct
poll_table_struct *wait)
    2 {
    3   poll_wait(filp, &(tsdev.wq), wait);    // 添加等待队列到poll_table
    4   return (tsdev.head == tsdev.tail) ? 0 : (POLLIN | POLLRDNORM);
    5 }
```

而为了实现触摸屏设备驱动对应用程序的异步通知，设备驱动中要实现 s3c2410_ts_fasync()函数。

触摸屏设备驱动的 fasync()函数：

```
    1 #ifdef USE_ASYNC
    2 static int s3c2410_ts_fasync(int fd, struct file *filp, int mode)
    3 {
    4   return fasync_helper(fd, filp, mode, &(tsdev.aq));
    5 }
    6 #endif
```

8.6　IIS 音频驱动实例

8.6.1　数字音频基础

1. *采样频率和采样精度*

在数字音频系统中，通过将声波波形转换成一连串的二进制数据再现原始声音，这个过程中使用的设备是模拟/数字转换器(Analog to Digital Converter，ADC)，ADC 以每秒上万次的速率对声波进行采样，每次采样都记录下了原始声波在某一时刻的状态，称为样本。

每秒采样的数目称为采样频率，单位为 Hz(赫兹)。采样频率越高所能描述的声波频率就越高。系统对于每个样本均会分配一定存储位(bit 数)来表达声波的声波振幅状态，称之为采样精度。采样频率和精度共同保证了声音还原的质量。

人耳的听觉范围通常是 20Hz～20kHz，根据奈魁斯特(NYQUIST)采样定理，用两倍于一个正弦波的频率进行采样能够真实地还原该波形，因此当采样频率高于 40kHz 时可以保证不产生失真。CD 音频的采样规格为 16b，44kHz，就是根据以上原理制定。

2. 音频编码

脉冲编码调制(Pulse Code Modulation，PCM)编码的方法是对语音信号进行采样，然后对每个样值进行量化编码，在“采样频率和采样精度”中对语音量化和编码就是一个 PCM 编码过程。ITU-T 的 64Kb/s 语音编码标准 G.711 采用 PCM 编码方式，采样速率为 8kHz，每个样值用 8b 非线性的 μ 律或 A 律进行编码，总速率为 64K/s。

CD 音频即是使用 PCM 编码格式，采样频率 44kHz，采样值使用 16b 编码。

使用 PCM 编码的文件在 Windows 系统中保存的文件格式一般为 wav 格式，实验中用到的就是一个采样 44.100kHz，16 位立体声文件 t.wav。

在 PCM 基础上发展起来的还有自适应差分脉冲编码调制 ADPCM(Adaptive Differential PulseCode Modulation)。ADPCM 编码的方法是对输入样值进行自适应预测，然后对预测误差进行量化编码。CCITT 的 32Kb/s 语音编码标准 G.721 采用 ADPCM 编码方式，每个语音采样值相当于使用 4b 进行编码。

其他编码方式还有线性预测编码(Linear Predictive Coding，LPC)，低时延码激励线性预测编码 LD-CELP(Low Delay-Code Excited Linear Prediction)等。

目前流行的一些音频编码格式还有 MP3(MPEG Audio Layer-3)、WMA(Windows Media Audio)、RA(RealAudio)，它们有一个共同特点就是压缩比高，主要针对网络传输，支持边读边放。

8.6.2 IIS 音频接口

IIS(Inter-IC Sound)是一种串行总线设计技术，是 SONY、PHILIPS 等电子巨头共同推出的接口标准，主要针对数字音频处理技术和设备如便携 CD 机、数字音频处理器等。IIS 将音频数据和时钟信号分离，避免由时钟带来的抖动问题，因此系统中不再需要消除抖动的器件。

IIS 总线仅处理音频数据，其他信号如控制信号等单独传送，基于减少引脚数目和布线简单的目的，IIS 总线只由 3 根串行线组成：时分复用的数据通道线(serial data，SD)，字选择线(word select，WS)和时钟线(continuous serial clock，SCK)。

使用 IIS 技术设计的系统的连接配置如图 8.18 所示。

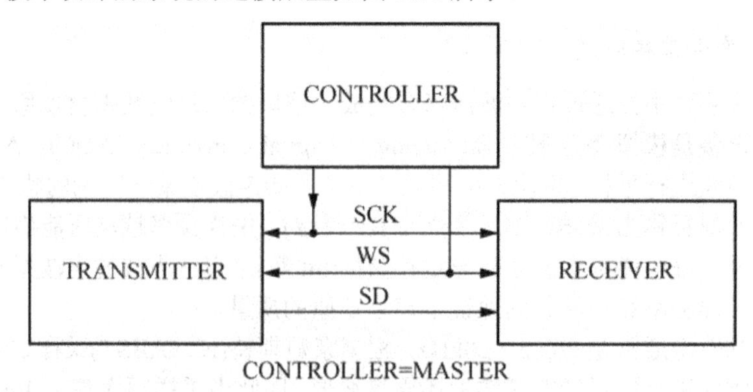

图 8.18 IIS 系统连接简单配置图

IIS 总线接口的基本时序如图 8.19 所示。

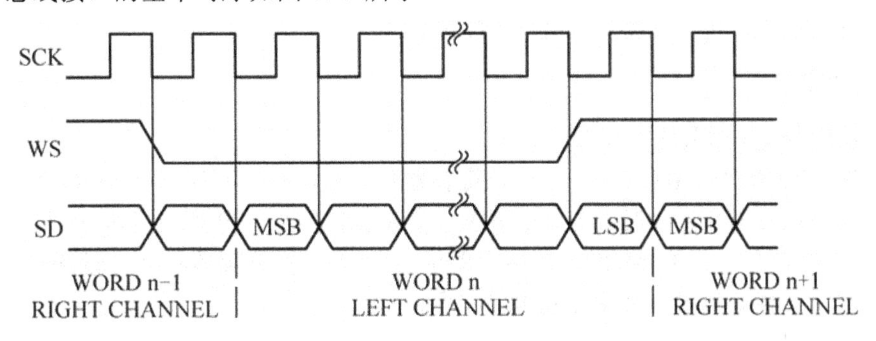

图 8.19　IIS 接口基本时序图

WS 信号线指示左通道或右通道的数据将被传输，SD 信号线按高有效位 MSB 到低有效位 LSB 的顺序传送字长的音频数据，MSB 总在 WS 切换后的第一个时钟发送，如果数据长度不匹配，接收器和发送器将自动截取或填充。关于 IIS 总线的其他细节可参见《I2S bus specification》。

IIS 总线接口由处理器 S3C2410 的 IIS 模块和音频芯片 UDA1341 硬件实现，用户需要关注的是正确的配置 IIS 模块和 UDA1341 芯片，音频数据的传输反而比较简单。

8.6.3　电路设计原理

对 S3C2410 外围模块 IIS 说明如下。

1. 信号线

处理器中与 IIS 相关的信号线有 5 根。

(1) 串行数据输入 IISDI，对应 IIS 总线接口中的 SD 信号，方向为输入。

(2) 串行数据输出 IISDO，对应 IIS 总线接口中的 SD 信号，方向为输出。

(3) 左右通道选择 IISLRCK，对应 IIS 总线接口中的 WS 信号，即采样时钟。

(4) 串行位时钟 IISCLK，对应 IIS 总线接口中的 SCK 信号。

(5) 音频系统主时钟 CODECLK，一般为采样频率的 256 倍或 384 倍，符号为 256fs 或 384fs，其中 fs 为采样频率。CODECLK 通过处理器主时钟分频获得，可以通过在程序中设定分频寄存器获取，分频因子可以设为 1～32。CODECLK 与采样频率的对应表格见表 8-5，实验中需要正确的选择 IISLRCK 和 CODECLK。

表 8-5　音频主时钟和采样频率的对应表

IISLRCK (fs)	8.000 kHz	11.025 kHz	16.000 kHz	22.050 kHz	32.000 kHz	44.100 kHz	48.000 kHz	64.000 kHz	88.200 kHz	96.000 kHz
CODECLK (MHX)	256fs									
	2.0480	2.8224	4.0960	5.6448	8.1920	11.2896	12.2880	16.3840	22.5792	24.5760
	384fs									
	3.0720	4.2336	6.1440	8.4672	12.2880	16.9304	18.4320	24.5760	33.8688	36.8640

需要注意的是，处理器主时钟可以通过配置锁相环寄存器进行调整，结合 CODECLK 的分频寄存器设置，可以获得所需要的 CODECLK。

2. 寄存器

处理器中与 IIS 相关的寄存器有 3 个。

(1) IIS 控制寄存器 IISCON，通过该寄存器可以获取数据高速缓存 FIFO 的准备好状态，启动或停止发送和接收时的 DMA 请求，使能 IISLRCK、分频功能和 IIS 接口。

(2) IIS 模式寄存器 IISMOD，该寄存器选择主/从、发送/接收模式，设置有效电平、通道数据位，选择 CODECLK 和 IISLRCK 频率。

(3) IIS 分频寄存器 IISPSR。

3. 数据传送

数据传送可以选择普通模式或者 DMA 模式，在普通模式下，处理器根据 FIFO 的准备状态传送数据到 FIFO，处理器自动完成数据从 FIFO 到 IIS 总线的发送，FIFO 的准备状态通过 IIS 的 FIFO 控制寄存器 IISFCON 获取，数据直接写入 FIFO 寄存器 IISFIF。在 DMA 模式下，对 FIFO 的访问和控制完全由 DMA 控制器完成，DMA 控制器自动根据 FIFO 的状态发送或接收数据。

DMA 方式下数据的传送细节可参考处理器手册中 DMA 章节。

4. 音频芯片 UDA1341TS 说明

电路中使用的音频芯片是 PHILIPS 的 UDA1341TS 音频数字信号编译码器，UDA1341TS 可将立体声模拟信号转化为数字信号，同样也能把数字信号转换成模拟信号，并可用 PGA(可编程增益控制)、AGC(自动增益控制)对模拟信号进行处理；对于数字信号，该芯片提供了 DSP(数字音频处理)功能。实际使用中，UDA1341TS 广泛应用于 MD、CD、notebook、PC 和数码摄像机等。

UDA1341TS 提供两组音频输入信号线，一组音频信号输出线，一组 IIS 总线接口信号，一组 L3 总线。

IIS 总线接口信号线包括位时钟输入 BCK、字选择输入 WS、数据输入 DATAI、数据输出 DATAO 和音频系统时钟 SYSCLK 信号线。

UDA1341TS 的 L3 总线包括微处理器接口数据 L3DATA、微处理器接口模式 L3MODE、微处理器接口时钟 L3CLOCK 共 3 根信号线，当该芯片工作于微控制器输入模式使用的，微处理器通过 L3 总线对 UDA1341TS 中的数字音频处理参数和系统控制参数进行配置。处理器 S3C2410 中没有 L3 总线专用接口，电路中使用 I/O 口连接 L3 总线。L3 总线的接口时序和控制方式参见 UDA1341TS 手册。

5. 电路连接

IIS 接口电路如图 8.20 所示。

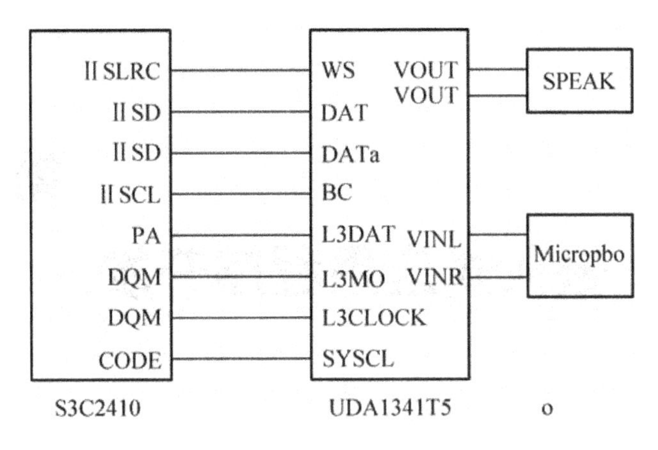

图 8.20　IIS 接口电路

8.6.4　IIS 音频驱动实例

IIS 驱动驱动程序的相关函数的实现代码参见本书配套程序。

思考与练习

1．什么是内核空间？什么是用户空间？设备驱动程序运行在什么空间？

2．设备驱动程序的作用是什么？如何创建设备入口点？

3．根据 SJA1000 的文档，如何加载和卸载设备驱动程序？

4．设置 CAN 的验收过滤器，由此来灵活选择发送端，如只接收 ID 为 200 的帧。将本章所述的设备驱动程序进行编译，并通过模块加载在开发平台上测试。

5．试着根据 SJA1000 的文档计算并设置 CAN 总线的波特率为 800Kb/s 或为其他。

6．理解触摸屏驱动的原理，试想，怎样能让触摸屏识别用户在其上所输入的字符。

第 9 章

嵌入式应用程序开发

本章进入嵌入式 Linux 的应用程序开发的介绍。通过本章的学习，读者将掌握以下内容。

(1) 嵌入式 Linux 文件操作的基本过程。

(2) 嵌入式 Linux 进程的基本概念。

(3) 嵌入式 Linux 下进程的基本编程方法。

(4) 嵌入式 Linux 线程的基本概念。

(5) 嵌入式 Linux 下线程的基本编程方法。

(6) 嵌入式 Linux 计时器操作。

9.1 Linux 文件操作

9.1.1 文件操作概述

标准 I/O 库以及其他的头文件提供了一个到底层 I/O 系统调用的万能接口，这个库并不是 ANSI 标准 C 的一部分，但是这个库却提供了许多复杂的函数用来处理格式化输出以及描述输入，同时也会小心地处理设备所要求的缓冲区。

在许多方式上，可以用使用低层文件描述符的方式来使用这个库。当需要打开文件建立访问路径时，会返回一个值，并会作为一个调用其他 I/O 库函数的参数。这个与低层文件描述符等同的被称之类流(stream)，并且是作为一个指向结构的指针 FILE*来实现的。

当一个程序启动时会自动打开 3 个文件流：stdin、stdout、stderr。这些是在 stdio.h 中定义的，分别代表标准输入、标准输出和标准错误输出。相对的，它们分别与低层的文件描述符 0、1、2 相对应

1. fopen

fopen 库函数是低层的 open 系统调用的模拟，主要将它用于文件或是终端输入与输出。然而在需要显示的控制设备的地方，最好是使用低层的系统调用，因为它们可以消除由库所造成的潜在的不良因素，如输入/输出缓冲区。

其语法格式如下：

```
#include <stdio.h>
FILE *fopen(const char *filename, const char *mode);
```

fopen 打开由 filename 参数所指定的文件，并建立一个与其相关的流。mode 参数指出如何来打开这个文件，它可以是下列字符串中的一个。

r 或 rb：以只读方式打开。

w 或 wb：以只写方式打开。

a 或 ab：以读方式打开，添加到文件的结尾处。

r+或 rb+或 r+b：打开更新(读和写)。

w+或 wb+或 w+b：打开更新，将其长度变为零。

a+或 ab+或 a+b：打开更新，添加到文件结尾处。

b 表明这个文件是二进制文件而不是文本文件。

注意与 MS-DOS 不同，UNIX 和 Linux 并不会在文本文件与二进制文件之间进行区别。UNIX 与 Linux 将所有文件看成是一样的，尤其是二进制文件。另外要注意的一点就是，mode 参数必须是一个字符串，而不是一个字符。我们要总是使用"r"，而绝不可以是'r'。

如果函数调用成功，fopen 会返回一个非空的文件指针。如果失败，它会返回 NULL，这是在 stdio.h 中定义的。

2. fread

fread 库函数可以用来从一个文件流中读取数据。由 stream 流中读取的数据将会放在由 prt 所指定的数据缓冲区中。fread 和 fwrite 都处理数据记录。这些是由块的尺寸 size，读取的次数 nitems 来指定要传送的记录块的。如果成功则返回值为实际读入到数据缓冲区中的块数，而不是字节数。

在文件的结尾处，也许会返回少于 nitems 的值，包括零。

其语法格式如下：

```
#include <stdio.h>
size_t fread(void *ptr, size_t size, size_t nitems, FILE *stream);
```

与所有要写入到缓冲区中的标准 I/O 函数一样，程序员要负责分配数据空间以及检查错误。

3. fwrite

fwrite 调用一个与 fread 类似的函数接口，它将会从指定的数据区读取数据记录并写入到输出流中。它的返回值为成功写入的记录数。

其语法格式如下：

```
#include <stdio.h>
size_t fwrite (const void *ptr, size_t size, size_t nitems, FILE *stream);
```

注意，并不推荐在使用结构数据时使用 fread 与 fwrite。一部分的原因就是因为用

fwrite 写入的文件潜在地存在着在不同的机器间不兼容的问题。

4. fclose

fclose 库函数关闭指定的文件流，并将所有未写入的数据写入文件中。使用 fclose 是相当重要的，因为 stdio 库会缓存数据。如果程序需要确定已经完整地写入了所有的数据，这时就应调用 fclose。

然而，当一个程序正常结束时，fclose 就自动调用，从而关闭所有仍然打开的文件流。当然，在这样的情况下，用户就没有机会检查由 fclose 报告的错误。与文件描述符所有的限制一样，可用的流数目也是有限制的。实际的限制是 FOPEN_MAX，这是在 stdio.h 中定义的，而且至少为 8 个。

其语法格式如下：

```
#include <stdio.h>
int fclose(FILE *stream);
```

5. mkdir

可以使用 mkdir 和 rmdir 来创建和移除目录。

其语法如下：

```
#include <sys/stat.h>
int mkdir(const char *path, mode_t mode);
```

mkdir 系统调用可以用来创建目录，这是与 mkdir 程序相等同的。mkdir 以 path 为名字创建一个新的目录。目录的权限是由参数 mode 来指定的，这也与 open 系统调用中的 O_CREAT 的选项是一样的，而且这也要受到 umask 的影响。

9.1.2 文件操作实例

本实例利用 Linux 文件操作的相关功能，在临时目录下创建一个文本文件并将字符串中的内容写到该文件内。程序代码如下所示：

```
#include <stdio.h>
#include <fcntl.h>
int main(void)
{
FILE *fp;
int num;
int folder;
char a[] = "Hello ARM Linux!";
fp = fopen("/tmp/Linux.txt","w+");  // 打开文件/tmp/Linux.txt
if(fp == NULL)
{
printf("\nFail to open Linux.txt!\n");
exit(-1);
}
num = fwrite(a, sizeof(a), 1, fp);  // 将字符串"Hello ARM Linux!"写入到文件中
```

```
    printf("%d byte data has written to Linux.txt\n", num*sizeof(a));
    folder = mkdir("/tmp/Linux", 1);   // 创建目录"/tmp/Linux"
    if(folder == -1)
    {
    printf("\n Fail to create folder Linux!\nIt has existed or the path is
error!\n");
    exit(-1);
    }
    printf("Folder Linux created success!\n");
    close(fp); // 关闭文件
    return 0;
    }
```

9.2　Linux 进程控制

9.2.1　Linux 进程基础

进程作为构成系统的基本细胞，不仅是系统内部独立运行的实体，而且是独立竞争资源的基本实体。了解进程的本质对于理解、描述和设计操作系统有着极为重要的意义。了解进程的活动、状态，也有利于编制复杂程序。

进程是一个具有独立功能的程序关于某个数据集合的一次可以并发执行的运行活动，是处于活动状态的计算机程序。

1. 进程状态和状态转换

现在介绍进程在生存周期中的各种状态及状态的转换。下面是 Linux 系统的进程状态模型的各种状态。

(1) 用户状态：进程在用户状态下运行的状态。

(2) 内核状态：进程在内核状态下运行的状态。

(3) 内存中就绪：进程没有执行，但处于就绪状态，只要内核调度它，就可以执行。

(4) 内存中睡眠：进程正在睡眠并且进程存储在内存中，没有被交换到 SWAP 设备。

(5) 就绪且换出：进程处于就绪状态，但是必须把它换入内存，内核才能再次调度它进行运行。

(6) 睡眠且换出：进程正在睡眠，且被换出内存。

(7) 被抢先：进程从内核状态返回用户状态时，内核抢先于它，做了上下文切换，调度了另一个进程，原先这个进程就处于被抢先状态。

(8) 创建状态：进程刚被创建。该进程存在，但既不是就绪状态，也不是睡眠状态。这个状态是除了进程 0 以外的所有进程的最初状态。

(9) 僵死状态(zombie)：进程调用 exit 结束，进程不再存在，但在进程表项中仍有纪录，该纪录可由父进程收集。

现在从进程的创建到退出来看进程的状态转化。需要说明的是，进程在它的生命周期里并不一定要经历所有的状态。

首先父进程通过系统调用 fork()来创建子进程，调用 fork()时，子进程首先处于创建态，fork()调用为子进程配置好内核数据结构和子进程私有数据结构后，子进程就要进入就绪态 3 或 5，即在内存中就绪，或者因为内存不够，而导致在 SWAP 设备中就绪。

假设进程在内存中就绪，这时子进程就可以被内核调度程序调度上 CPU 运行。内核调度该进程进入内核状态，再由内核状态返回用户状态执行。该进程在用户状态运行一定时间后，又会被调度程序所调度而进入内核状态，由此转入就绪态。有时进程在用户状态运行时，也会因为需要内核服务，使用系统调用而进入内核状态，服务完毕，会由内核状态转回用户状态。要注意的是，进程在从内核状态向用户状态返回时可能被抢占，进入状态 7，这是由于有优先级更高的进程急需使用 CPU，不能等到下一次调度时机，从而造成抢占。

进程还会因为请求的资源不能得到满足，进入睡眠状态，直到它请求的资源被释放，才会被内核唤醒而进入就绪态。如果进程在内存中睡眠时，内存不足，当进程睡眠时间达到一个阀值，进程会被 SWAP 出内存，使得进程在 SWAP 设备上睡眠。这种状况同样可能发生在就绪的进程上。

进程调用 exit 系统调用，将使得进程进入内核状态，执行 exit 调用，进入僵死状态而结束。以上就是进程状态转换的简单描述。

进程的上下文是由用户级上下文、寄存器上下文以及系统级上下文组成的。它的主要内容是该进程用户空间内容、寄存器内容以及与该进程有关的内核数据结构。当系统收到一个中断，执行系统调用或内核做上下文切换时，就会保存进程的上下文。一个进程是在它的上下文中运行的，若要调度进程，就要进行上下文切换。内核在以下 4 种情况下允许发生上下文切换。

(1) 当进程自己进入睡眠时。

(2) 当进程执行完系统调用要返回用户状态，但发现该进程不是最有资格运行的进程时。

(3) 当内核完成中断处理后要返回用户状态，但发现该进程不是最有资格运行的进程时。

(4) 当进程退出(执行系统调用 exit 后)时。

有时内核要求必须终止当前的执行，立即从先前保存的上下文处执行。这可由 setjmp 和 longjmp 实现，setjmp 将保存的上下文存入进程自身的数据空间(u 区)中，并继续在当前的上下文中执行，一旦碰到了 longjmp，内核就从该进程的 u 区取出先前保存的上下文，并恢复该进程的上下文为原先保存的。这时内核将使得进程从 setjmp 处执行，并把 setjmp 返回 1。

进程因等待资源或其他原因，进入睡眠态是通过内核的 sleep 算法。该算法与 sleep 函数是两个概念。算法 sleep 记录进程原先的处理机优先级，置进程为睡眠态，将进程放入睡眠队列，记录睡眠的原因，给该进程进行上下文切换。内核通过算法 wakeup 来唤醒进程，如某资源被释放，则唤醒所有因等待该资源而进入睡眠的进程。如果进程睡眠在一个可以接收软中断信号(signal)的级别上，则进程的睡眠可由软中断信号的到来而被唤醒。

2. 进程控制

现在开始讲述进程的控制，此处主要介绍内核对 fork、exec、wait、exit 的处理过程，

为学习这些调用打下概念上的基础，并介绍系统启动(boot)的过程以及进程 init 的作用。

在 Linux 系统中，用户创建一个进程的唯一方法就是使用系统调用 fork。内核为完成系统调用 fork 要进行几步操作。第 1 步，为新进程在进程表中分配一个表项。系统对一个用户可以同时运行的进程数是有限制的，对超级用户没有该限制，但也不能超过进程表最大表项的数目。第 2 步，给子进程一个唯一的进程标识号(PID)。该进程标识号其实就是该表项在进程表中的索引号。第 3 步，复制一个父进程的进程表项的副本给子进程。内核初始化子进程的进程表项时，是从父进程处复制的，所以子进程拥有与父进程一样的 uid、euid、gid、用于计算优先权的 nice 值、当前目录、当前根、用户文件描述符表等。第 4 步，把与父进程相连的文件表和索引节点表的引用数加 1。这些文件自动地与该子进程相连。第 5 步，内核为子进程创建用户级上下文。内核为子进程的 u 区及辅助页表分配内存，并复制父进程的区内容。这样生成的是进程的静态部分。第 6 步，生成进程的动态部分，内核复制父进程上下文的第一层，即寄存器上下文和内核栈，内核再为子进程虚设一个上下文层，这是为了子进程能“恢复”它的上下文。这时，该调用会对父进程返回子进程的 pid，对子进程返回 0。

Linux 系统的系统调用 exit，是进程用来终止执行时调用的。进程发出该调用，内核就会释放该进程所占的资源，释放进程上下文所占的内存空间，保留进程表项，将进程表项中纪录进程状态的字段设为僵死状态。内核在进程收到不可捕捉的信号时，会从内核内部调用 exit，使得进程退出。父进程通过 wait 得到其子进程的进程表项中纪录的计时数据，并释放进程表项。最后，内核使得进程 1(init 进程)接收终止执行的进程的所有子进程。如果有子进程僵死，就向 init 进程发出一个 SIGCHLD 的软中断信号。

一个进程通过调用 wait 来与它的子进程同步，如果发出调用的进程没有子进程则返回一个错误，如果找到一个僵死的子进程就取子进程的 PID 及退出时提供给父进程的参数。如果有子进程，但没有僵死的子进程，发出调用的进程就睡眠在一个可中断的级别上，直到收到一个子进程僵死(SIGCLD)的信号或其他信号。

进程控制的另一个主要内容就是对其他程序的引用。该功能是通过系统调用 exec 来实现的，该调用将一个可执行的程序文件读入，代替发出调用的进程执行。内核读入程序文件的正文，清除原先进程的数据区，清除原先用户软中断信号处理函数的地址，当 exec 调用返回时，进程执行新的正文。

一个系统启动的过程，也称为自举的过程。该过程因机器的不同而有所差异，但该过程的目的对所有机器都相同：将操作系统装入内存并开始执行。计算机先由硬件将引导块的内容读到内存并执行，自举块的程序将内核从文件系统中装入内存，并将控制转入内核的入口，内核开始运行。内核首先初始化它的数据结构，并将根文件系统安装到根“/”，为进程 0 形成执行环境。设置好进程 0 的环境后，内核便作为进程 0 开始执行，并调用系统调用 fork。因为这时进程 0 运行在内核状态，所以新的进程也运行在内核状态。新的进程(进程 1)创建自己的用户级上下文，设置并保存好用户寄存器上下文。这时，进程 1 就从内核状态返回用户状态执行从内核复制的代码(exec)，并调用 exec 执行/sbin/init 程序。进程 1 通常称为初始化进程，它负责初始化新的进程。

进程 init 除了产生新的进程外，还负责一些使用户在系统上注册的进程。例如，进程

init一般要产生一些getty的子进程来监视终端。如果一个终端被打开，getty子进程就要求在这个终端上执行一个注册的过程，当成功注册后，执行一个 shell 程序，来使得用户与系统交互。同时，进程init执行系统调用wait来监视子进程的死亡，以及由于父进程的退出而产生的孤儿进程的移交。以上是系统启动和进程init的一个粗略的模型。

3. 进程调度的概念

Linux 系统是一个分时系统，内核给每个进程分一个时间片，该进程的时间片用完就会调度另一个进程执行。Linux系统上的调度程序属于多级反馈循环调度。该调度方法是，给一个进程分一个时间片，抢先一个运行超过时间片的进程，并把进程反馈到若干优先级队列中的一个队列。进程在执行完之前，要经过多次这样的反馈循环。

进程调度分成两个部分，一个是调度的时机，即什么时候调度；一个是调度的算法，即如何调度和调度哪个进程。调度的算法是假设目前内核要求进行调度，如果有若干优先调度程序从“在内存中就绪”和“被抢先”状态的进程中选择一个优先权最高的进程。

4. 多进程编程

在传统的UNIX环境下，有两个基本的操作用于创建和修改进程：函数fork()用来创建一个新的进程，该进程几乎是当前进程的一个完全复制；函数族exec()用来启动另外的进程以取代当前运行的进程。Linux的进程控制和传统的UNIX进程控制基本一致，只在一些细节的地方有些区别，例如，在Linux系统中调用vfork和fork完全相同，而在有些版本的UNIX系统中，vfork调用有不同的功能。由于这些差别几乎不影响大多数的编程，这里不予考虑。

fork在英文中是“分叉”的意思。为什么取这个名字呢？因为一个进程在运行中，如果使用了fork，就产生了另一个进程，于是进程就“分叉”了。下面就看看如何具体使用fork，这段程序演示了使用fork的基本框架：

```
void main()
{
    int i;
    if ( fork() == 0 )
    {
      // 子进程程序
      for ( i = 1; i <1000; i ++ ) printf("This is child process\n");
    }
    else
    {
      // 父进程程序
      for ( i = 1; i <1000; i ++ ) printf("This is process process\n");
    }
}
```

程序运行后，就能看到屏幕上交替出现子进程与父进程各打印出的一千条信息了。如果程序还在运行中，用ps命令就能看到系统中有两个在运行了。

那么调用这个fork函数时发生了什么呢？fork 函数启动一个新的进程，这个进程几乎

是当前进程的一个复制：子进程和父进程使用相同的代码段；子进程复制父进程的堆栈段和数据段。这样，父进程的所有数据都可以留给子进程。但是，子进程一旦开始运行，虽然它继承了父进程的一切数据，但实际上数据却已经分开，相互之间不再有影响了，也就是说，它们之间不再共享任何数据了。它们再要交互信息时，只有通过进程间通信来实现。既然它们如此相像，系统如何来区分它们呢？这是由函数的返回值来决定的。对于父进程，fork 函数返回了子程序的进程号，而对于子程序，fork 函数则返回零。在操作系统中，用 ps 函数就可以看到不同的进程号，对父进程而言，它的进程号是由比它更低层的系统调用赋予的，而对于子进程而言，它的进程号即是 fork 函数对父进程的返回值。在程序设计中，父进程和子进程都要调用函数 fork()下面的代码，而用户就是利用 fork()函数对父子进程的不同返回值用 if...else...语句来实现让父子进程完成不同的功能，正如上面举的例子一样。可以看到，上面例子执行时两条信息是交互无规则地打印出来的，这是父子进程独立执行的结果，虽然代码似乎和串行的代码没有什么区别。

如果一个大程序在运行中，它的数据段和堆栈都很大，一次 fork 就要复制一次，那么 fork 的系统开销不是很大吗？其实 UNIX 自有其解决的办法，一般 CPU 都是以“页”为单位来分配内存空间的，每一个页都是实际物理内存的一个映像，像 Intel 的 CPU，其一页在通常情况下是 4086 字节大小，而无论是数据段还是堆栈段都是由许多“页”构成的，fork 函数复制这两个段，只是“逻辑”上的，并非“物理”上的，也就是说，实际执行 fork 时，物理空间上两个进程的数据段和堆栈段都还是共享着的，当有一个进程写了某个数据时，这时两个进程之间的数据才有了区别，系统就将有区别的“页”从物理上也分开。系统在空间上的开销就可以达到最小。

下面演示一个足以“搞死” Linux 的小程序，其源代码非常简单。

```
void main()
{
   for( ; ; ) fork();
}
```

这个程序什么也不做，就是死循环地 fork，其结果是程序不断产生进程，而这些进程又不断产生新的进程，很快系统的进程就满了，系统就被这么多不断产生的进程“撑死了”。当然只要系统管理员预先给每个用户设置可运行的最大进程数，这个恶意的程序就完成不了企图了。

5. 进程间通信

首先，进程间通信至少可以通过传送打开文件来实现，不同的进程通过一个或多个文件来传递信息。事实上，在很多应用系统里，都使用了这种方法。但一般说来，进程间通信(IPC，Inter Process Communication)不包括这种似乎比较低级的通信方法。UNIX 系统中实现进程间通信的方法很多，而不幸的是，极少方法能在所有的 UNIX 系统中进行移植(唯一一种是半双工的管道，这也是最原始的一种通信方式)。而 LINUX 作为一种新兴的操作系统，几乎支持所有的 Unix 下常用的进程间通信方法：管道、消息队列、共享内存、信号量、套接口等。

1) 管道

管道是进程间通信中最古老的方式，它包括无名管道和有名管道两种，前者用于父进程和子进程间的通信，后者用于运行于同一台机器上的任意两个进程间的通信。

无名管道由 pipe()函数创建：

```
#include <unistd.h>
int pipe(int filedes[2]);
```

参数 filedes 返回两个文件描述符：filedes[0]为读而打开，filedes[1]为写而打开。filedes[1]的输出是 filedes[0]的输入。下面的例子示范了如何在父进程和子进程间实现通信。

```
#define INPUT 0
#define OUTPUT 1
void main()
{
    int file_descriptors[2];
    // 定义子进程号
    pid_t pid;
    char buf[256];
    int returned_count;
    // 创建无名管道
    pipe(file_descriptors);
    // 创建子进程
    if((pid = fork()) == -1)
    {
        printf("Error in fork\n");
        exit(1);
    }
    // 执行子进程
    if(pid == 0)
        {
        printf("in the spawned (child) process...\n");
        // 子进程向父进程写数据，关闭管道的读端
        close(file_descriptors[INPUT]);
        write(file_descriptors[OUTPUT], "test data", strlen("test data"));
        exit(0);
    }
    else
    {
        // 执行父进程
        printf("in the spawning (parent) process...\n");
        // 父进程从管道读取子进程写的数据，关闭管道的写端
        close(file_descriptors[OUTPUT]);
        returned_count = read(file_descriptors[INPUT], buf, sizeof(buf));
        printf("%d bytes of data received from spawned process: %s\n",
        returned_count, buf);
    }
}
```

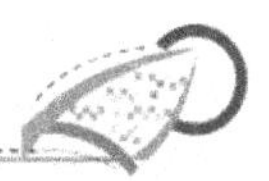

在 Linux 系统下，有名管道可由两种方式创建：命令行方式 mknod 系统调用和函数 mkfifo。下面的两种途径都在当前目录下生成了一个名为 myfifo 的有名管道。

```
方式一：mkfifo("myfifo","rw")。
方式二：mknod myfifo p。
```

生成了有名管道后，就可以使用一般的文件 I/O 函数如 open、close、read、write 等来对它进行操作。

2) 消息队列

消息队列用于运行于同一台机器上的进程间通信，它和管道很相似。事实上，它是一种正逐渐被淘汰的通信方式，可以用流管道或者套接口的方式来取代它。建议读者忽略这种方式。

3) 共享内存

共享内存是运行在同一台机器上的进程间通信最快的方式，因为数据不需要在不同的进程间复制。通常由一个进程创建一块共享内存区，其余进程对这块内存区进行读写。得到共享内存有两种方式：映射/dev/mem 设备和内存映像文件。前一种方式不给系统带来额外的开销，但在现实中并不常用，因为它控制存取的将是实际的物理内存，在 Linux 系统下，这只有通过限制 Linux 系统存取的内存才可以做到，这当然不太实际。常用的方式是通过 shmXXX 函数族来实现利用共享内存进行存储的。

首先要用的函数是 shmget，它获得一个共享存储标识符。

```
#include <sys/types.h>
#include <sys/ipc.h>
#include <sys/shm.h>
int shmget(key_t key, int size, int flag);
```

这个函数有点类似 malloc 函数，系统按照请求分配 size 大小的内存用作共享内存。Linux 系统内核中每个 IPC 结构都有一个非负整数的标识符，这样对一个消息队列发送消息时只要引用标识符就可以了。这个标识符是内核由 IPC 结构的关键字得到的，这个关键字就是上面第一个函数的 key。数据类型 key_t 是在头文件 sys/types.h 中定义的，它是一个长整形的数据。

当共享内存创建后，其余进程可以调用 shmat()将其连接到自身的地址空间中。

```
void *shmat(int shmid, void *addr, int flag);
```

shmid 为 shmget 函数返回的共享存储标识符，addr 和 flag 参数决定了以什么方式来确定连接的地址，函数的返回值即是该进程数据段所连接的实际地址，进程可以对此进程进行读写操作。

使用共享存储来实现进程间通信要注意的是对数据存取的同步，必须确保当一个进程去读取数据时，它所想要的数据已经写好了。通常，信号量被要来实现对共享存储数据存取的同步，另外，可以通过使用 shmctl 函数设置共享存储内存的某些标志位如 SHM_LOCK、SHM_UNLOCK 等来实现。

4) 信号量

信号量又称为信号灯，它是用来协调不同进程间的数据对象的，而最主要的应用是共享内存方式的进程间通信。本质上，信号量是一个计数器，它用来记录对某个资源(如共享内存)的存取状况。一般说来，为了获得共享资源，进程需要执行下列操作。

(1) 测试控制该资源的信号量。

(2) 若此信号量的值为正，则允许进行使用该资源，进程将进号量减 1。

(3) 若此信号量为 0，则该资源目前不可用，进程进入睡眠状态，直至信号量值大于 0，进程被唤醒，转入步骤(1)。

(4) 当进程不再使用一个信号量控制的资源时，信号量值加 1。如果此时有进程正在睡眠等待此信号量，则唤醒此进程。

维护信号量状态的是 Linux 内核操作系统而不是用户进程。可以从头文件/usr/src/Linux/include/Linux/sem.h 中看到内核用来维护信号量状态的各个结构的定义。信号量是一个数据集合，用户可以单独使用这一集合的每个元素。要调用的第一个函数是 semget，用以获得一个信号量 ID。

```
#include <sys/types.h>
#include <sys/ipc.h>
#include <sys/sem.h>
int semget(key_t key, int nsems, int flag);
```

key 是 IPC 结构的关键字，它将来决定是创建新的信号量集合，还是引用一个现有的信号量集合。nsems 是该集合中的信号量数。如果是创建新集合(一般在服务器中)，则必须指定 nsems；如果是引用一个现有的信号量集合(一般在客户机中)则将 nsems 指定为 0。

semctl 函数用来对信号量进行操作。

```
int semctl(int semid, int semnum, int cmd, union semun arg);
```

不同的操作是通过 cmd 参数来实现的，在头文件 sem.h 中定义了 7 种不同的操作，实际编程时可以参照使用。

semop 函数自动执行信号量集合上的操作数组。

```
int semop(int semid, struct sembuf semoparray[], size_t nops);
```

semoparray 是一个指针，它指向一个信号量操作数组。nops 规定该数组中操作的数量。

下面来看一个具体的例子，它创建一个特定的 IPC 结构的关键字和一个信号量，建立此信号量的索引，修改索引指向的信号量的值，最后清除信号量。在下面的代码中，函数 ftok 生成唯一的 IPC 关键字。

```
#include <stdio.h>
#include <sys/types.h>
#include <sys/sem.h>
#include <sys/ipc.h>
void main()
{
    key_t unique_key;                    // 定义一个 IPC 关键字
```

```
    int id;
    struct sembuf lock_it;
    union semun options;
    int i;
    unique_key = ftok(".", 'a');          // 生成关键字，字符'a'是一个随机种子
    // 创建一个新的信号量集合
    id = semget(unique_key, 1, IPC_CREAT | IPC_EXCL | 0666);
    printf("semaphore id=%d\n", id);
    options.val = 1;                      // 设置变量值
    semctl(id, 0, SETVAL, options);       // 设置索引 0 的信号量
    // 打印出信号量的值
    i = semctl(id, 0, GETVAL, 0);
    printf("value of semaphore at index 0 is %d\n", i);
    // 下面重新设置信号量
    lock_it.sem_num = 0;                  // 设置哪个信号量
    lock_it.sem_op = -1;                  // 定义操作
    lock_it.sem_flg = IPC_NOWAIT;         //操作方式
    if (semop(id, &lock_it, 1) == -1)
    {
    printf("can not lock semaphore.\n");
    exit(1);
    }
    i = semctl(id, 0, GETVAL, 0);
    printf("value of semaphore at index 0 is %d\n", i);
    // 清除信号量
    semctl(id, 0, IPC_RMID, 0);
}
```

5) 套接口

套接口(socket)编程是实现Linux系统和其他大多数操作系统中进程间通信的主要方式之一。WWW 服务、FTP 服务、TELNET 服务等都是基于套接口编程来实现的。除了在异地的计算机进程间以外，套接口同样适用于本地同一台计算机内部的进程间通信。

9.2.2　Linux 的进程和 Win32 的进程/线程比较

熟悉 Win32 编程的人一定知道，Win32 的进程管理方式与 Linux 有很大的区别，那么 Linux 和 Win32 在这里究竟有什么区别呢？

Win32 里的进程/线程是继承自 OS/2 的。在 Win32 里，进程是指一个程序，而线程是一个进程里的一个执行线索。从核心上讲，Win32 的多进程与 Linux 并无多大的区别，在 Win32 里的线程相当于 Linux 的进程，是一个实际正在执行的代码。但是，Win32 里同一个进程里各个线程之间是共享数据段的，这才是与 Linux 的进程最大的不同。

在 Win32 下，使用 CreateThread 函数创建线程，与 Linux 下创建进程不同，Win32 线程不是从创建处开始运行的，而是由 CreateThread 指定一个函数，线程从那个函数处开始运行。此程序同前面的 UNIX 程序一样，由两个线程各打印 1000 条信息。threadID 是子线程的线程号，另外，全局变量 g 是子线程与父线程共享的，这是与 Linux 最大的不同之处。Win32 的进程/线程要比 Linux 复杂，在 Linux 要实现类似 Win32 的线程并不难，只要 fork 以后，让子进程调用 ThreadProc 函数并为全局变量开设共享数据区就行了，但在 Win32 下就无法实现类似 fork 的功能了。所以现在 Win32 下的 C 语言编译器所提供的库函数虽然已经能兼容大多数 Linux/UNIX 的库函数，却仍无法实现 fork。

对于多任务系统，共享数据区是必要的，但也是一个容易引起混乱的问题，在 Win32 下，一个程序员很容易忘记线程之间的数据是共享的这一情况，一个线程修改过一个变量后，另一个线程却又修改了它，结果会引起程序出问题。但在 Linux 下，由于变量本来并不共享，而由程序员来显式地指定要共享的数据，使程序变得更清晰与安全。

至于 Win32 的进程概念，其含义则是应用程序，也就是相当于 UNIX 下的 exec。

Linux 也有自己的多线程函数 pthread，它既不同于 Linux 的进程，也不同于 Win32 下的进程，关于 pthread 的介绍可查看其线程相关分析与介绍。

9.2.3 关键函数分析

```
child = fork();
```

创建新进程，如果返回为 0 表示子进程，否则为父进程。

```
printf("\tchild pid is %d\n", getpid());
printf("\tchild ppid is %d\n", getppid());
```

getpid 返回当前进程标识，getppid 返回父进程标识。

waitpid 函数原型：

```
#include<sys/types.h>
#include<sys/wait.h>
pid_t waitpid(pid_t pid,int *status,int options);
```

从本质上讲，系统调用 waitpid 和 wait 的作用是完全相同的，但 waitpid 多出了两个可由用户控制的参数 pid 和 options，从而为用户编程提供了另一种更灵活的方式。

1. pid

从参数的名字 pid 和类型 pid_t 中就可以看出，这里需要的是一个进程 ID，但当 pid 取不同的值时，在这里有不同的意义。

(1) pid>0 时，只等待进程 ID 等于 pid 的子进程，不管其他已经有多少子进程运行结束退出了，只要指定的子进程还没有结束，waitpid 就会一直等下去。

(2) pid=-1 时，等待任何一个子进程退出，没有任何限制，此时 waitpid 和 wait 的作用一模一样。

(3) pid=0 时，等待同一个进程组中的任何子进程，如果子进程已经加入了别的进程组，waitpid 不会对它做任何理睬。

(4) pid<-1 时，等待一个指定进程组中的任何子进程，这个进程组的 ID 等于 pid 的绝对值。

2. options

options 提供了一些额外的选项来控制 waitpid，目前在 Linux 中只支持 WNOHANG 和 WUNTRACED 两个选项，这是两个常数，可以用“|”运算符把它们连接起来使用，如：

```
ret=waitpid(-1,NULL,WNOHANG|WUNTRACED);
```

如果不想使用它们，也可以把 options 设为 0，如：

```
ret=waitpid(-1,NULL,0);
```

如果使用了 WNOHANG 参数调用 waitpid，即使没有子进程退出，它也会立即返回，不会像 wait 那样永远等下去。

waitpid 的返回值比 wait 稍微复杂一些，一共有以下 3 种情况。

(1) 当正常返回的时候，waitpid 返回收集到的子进程的进程 ID。

(2) 如果设置了选项 WNOHANG，而调用中 waitpid 发现没有已退出的子进程可收集，返回 0。

(3) 如果调用中出错，则返回-1，这时 errno 会被设置成相应的值以指示错误所在。

当 pid 所指示的子进程不存在，或此进程存在但不是调用进程的子进程，waitpid 就会出错返回，这时 errno 被设置为 ECHILD。

9.2.4 进程控制实例

本实例编写一个简单进程控制程序，父进程创建子进程，并得到相关信息并打印之后退出。通过本实例，读者可以理解 Linux 下进程的概念，进而掌握进程的编程方法。

```
#include <stdio.h>
#include <fcntl.h>
#include <unistd.h>
#include <stdlib.h>
#include <sys/types.h>
#include <sys/wait.h>
int main(int argc, char **argv)
{
    int val, stat;
    pid_t child;
    printf("\nTry to create new process.\n");
    child = fork();
    switch(child)
    {
        case -1:            // 出错
            perror("fork.\n");
            exit(EXIT_FAILURE);
        case 0:             // 子进程
            printf("This is child.\n");
            printf("\tchild pid is %d\n", getpid());
            printf("\tchild ppid is %d\n", getppid());
            exit(EXIT_SUCCESS);
```

```
        default:            // 父进程
            waitpid(child, &stat, 0);
            printf("This is parent.\n");
            printf("\tparent pid is %d\n", getpid());
            printf("\tparent ppid is %d\n", getppid());
            printf("\tchild exited with %d\n", stat);
    }
    exit(EXIT_SUCCESS);
}
```

9.3 Linux 线程控制

9.3.1 Linux 线程基础

线程(Thread)技术早在 20 世纪 60 年代就被提出，但真正应用多线程到操作系统中去，是在 20 世纪 80 年代中期，solaris 是这方面的佼佼者。传统的 UNIX 也支持线程的概念，但是在一个进程(process)中只允许有一个线程，这样多线程就意味着多进程。现在，多线程技术已经被许多操作系统所支持，包括 Windows/NT，当然也包括 Linux。

使用多线程的理由之一是和进程相比，它是一种非常“节俭”的多任务操作方式。在 Linux 系统下，启动一个新的进程必须分配给它独立的地址空间，建立众多的数据表来维护它的代码段、堆栈段和数据段，这是一种“昂贵”的多任务工作方式。而运行于一个进程中的多个线程，它们彼此之间使用相同的地址空间，共享大部分数据，启动一个线程所花费的空间远远小于启动一个进程所花费的空间，而且线程间彼此切换所需的时间也远远小于进程间切换所需要的时间。据统计，总体说来，一个进程的开销大约是一个线程开销的 30 倍，当然，在具体的系统上，这个数据可能会有较大的区别。

使用多线程的理由之二是线程间方便的通信机制。对不同进程来说，它们具有独立的数据空间，要进行数据的传递只能通过通信的方式进行，这种方式不仅费时，而且很不方便。线程则不然，由于同一进程下的线程之间共享数据空间，所以一个线程的数据可以直接为其他线程所用，这不仅快捷，而且方便。当然，数据的共享也带来一些其他问题，有的变量不能同时被两个线程所修改，有的子程序中声明为 static 的数据更有可能给多线程程序带来灾难性的打击，这些正是编写多线程程序时最需要注意的地方。

除了以上所说的优点外，多线程程序作为一种多任务、并发的工作方式，有以下的优点。

(1) 提高应用程序响应。这对图形界面的程序尤其有意义，当一个操作耗时很长时，整个系统都会等待这个操作，此时程序不会响应键盘、鼠标、菜单的操作，而使用多线程技术，将耗时长的操作(Time consuming)置于一个新的线程，可以避免这种尴尬的情况。

(2) 使多 CPU 系统更加有效。操作系统会保证当线程数不大于 CPU 数目时，不同的线程运行于不同的 CPU 上。

(3) 改善程序结构。一个既长又复杂的进程可以考虑分为多个线程，成为几个独立或

半独立的运行部分，这样的程序会利于理解和修改。

Linux 系统下的多线程遵循 POSIX 线程接口，称为 pthread。编写 Linux 下的多线程程序，需要使用头文件 pthread.h，连接时需要使用库 libpthread.a。Linux 下 pthread 的实现是通过系统调用 clone()来实现的。clone()是 Linux 所特有的系统调用，它的使用方式类似于 fork。下面展示一个最简单的多线程程序 example.c。

```
#include <stdio.h>
#include <pthread.h>
void thread(void)
{
    int i;
    for(i=0;i<3;i++)
    printf("This is a pthread.\n");
}
int main(void)
{
    pthread_t id;
    int i,ret;
    ret=pthread_create(&id,NULL,(void *) thread,NULL);
    if(ret!=0)
    {
        printf ("Create pthread error!\n");
        exit (1);
    }
    for(i=0;i<3;i++)
    printf("This is the main process.\n");
    pthread_join(id,NULL);
    return (0);
}
```

编译此程序：

```
gcc example.c -lpthread -o example
```

运行 example，得到如下结果：

```
This is the main process.
This is a pthread.
This is the main process.
This is the main process.
This is a pthread.
This is a pthread.
```

再次运行，可能得到如下结果：

```
This is a pthread.
This is the main process.
This is a pthread.
This is the main process.
This is a pthread.
```

```
This is the main process.
```

前后两次结果不一样，这是两个线程争夺 CPU 资源的结果。上面的示例中，使用到了函数 pthread_create 和 pthread_join，并声明了一个 pthread_t 型的变量。

```
pthread_t 在头文件/usr/include/bits/pthreadtypes.h 中定义：
typedef unsigned long int pthread_t;
```

它是一个线程的标识符。函数 pthread_create 用来创建一个线程，它的原型为：

```
extern int pthread_create __P ((pthread_t *__thread, __const pthread_attr_t *__attr,
void *(*__start_routine) (void *), void *__arg));
```

第 1 个参数为指向线程标识符的指针，第 2 个参数用来设置线程属性，第 3 个参数是线程运行函数的起始地址，最后一个参数是运行函数的参数。这里函数 thread 不需要参数，所以最后一个参数设为空指针。第 2 个参数也设为空指针，这样将生成默认属性的线程。当创建线程成功时，函数返回 0，若不为 0 则说明创建线程失败，常见的错误返回代码为 EAGAIN 和 EINVAL，前者表示系统限制创建新的线程，如线程数目过多了；后者表示第 2 个参数代表的线程属性值非法。创建线程成功后，新创建的线程则运行参数 3 和参数 4 确定的函数，原来的线程则继续运行下一行代码。

下面介绍线程创建属性。

pthread_create()中的 attr 参数是一个结构指针，结构中的元素分别对应着新线程的运行属性。如果创建线程时使用该参数，则必须先初始化该参数 pthread_attr_init(&attr)；然后再设置参数中各元素。该结构中定义在/usr/include/bits/pthreadtypes.h 中。

```
typedef struct __pthread_attr_s
{
    int __detachstate;
    int __schedpolicy;
    struct __sched_param __schedparam;
    int __inheritsched;
    int __scope;
    size_t __guardsize;
    int __stackaddr_set;
    void *__stackaddr;
    size_t __stacksize;
} pthread_attr_t;
```

其中各元素含义如下：

__detachstate 表示新线程是否与进程中其他线程脱离同步，如果置位则新线程不能用 pthread_join()来同步，且在退出时自行释放所占用的资源，缺省值为 PTHREAD_CREATE_JOINABLE 状态。这个属性也可以在线程创建并运行以后用 pthread_detach()来设置，而一旦设置为 PTHREAD_CREATE_DETACH 状态(不论是创建时设置还是运行时设置)则不能再恢复到 PTHREAD_CREATE_JOINABLE 状态。该参数涉及以下函数。

```
int pthread_attr_setdetachstate (pthread_attr_t *__attr,int __detachstate);
```

```
    int pthread_attr_getdetachstate (__const pthread_attr_t *__attr,int
*__detachstate);
    __detachstate 可取值：PTHREAD_CREATE_JOINABLE, PTHREAD_CREATE_DETACH。
```

__schedpolicy 表示新线程的调度策略，主要包括 SCHED_OTHER(正常、非实时)、SCHED_RR(实时、轮转法)和 SCHED_FIFO(实时、先入先出)3 种，缺省值为 SCHED_OTHER，后两种调度策略仅对超级用户有效。运行时可以用过 pthread_setschedparam()来改变。该参数涉及以下函数。

```
    int pthread_attr_setschedpolicy (pthread_attr_t *__attr, int __policy);
    int pthread_attr_getschedpolicy (__const pthread_attr_t *__restrict__
attr, int *__restrict __policy);
```

__schedparam，一个 struct sched_param 结构，其中有一个 sched_priority 整型变量表示线程的运行优先级。这个参数仅当调度策略为实时(即 SCHED_RR 或 SCHED_FIFO)时才有效，并可以在运行时通过 pthread_setschedparam()函数来改变，缺省值为 0。该参数涉及以下函数：

```
    nt pthread_attr_setschedparam (pthread_attr_t *__restrict __attr,__const
struct sched_param *__restrict __param);
    int pthread_attr_getschedparam (__const pthread_attr_t *__restrict__attr,
struct sched_param *__restrict __param);
```

__inheritsched，有两种值可供选择：PTHREAD_EXPLICIT_SCHED 和 PTHREAD_INHERIT_SCHED，前者表示新线程使用显式指定调度策略和调度参数(即 attr 中的值)，而后者表示继承调用者线程的值。缺省值为 PTHREAD_EXPLICIT_SCHED。该参数涉及如下函数：

```
    int pthread_attr_setinheritsched (pthread_attr_t *__attr,int __inherit);
    int pthread_attr_getinheritsched (__const pthread_attr_t *__restrict__attr,
int *__restrict __inherit);
```

__scope 表示线程间竞争 CPU 的范围，也就是说线程优先级的有效范围。POSIX 的标准中定义了两个值：PTHREAD_SCOPE_SYSTEM 和 PTHREAD_SCOPE_PROCESS，前者表示与系统中所有线程一起竞争 CPU 时间，后者表示仅与同进程中的线程竞争 CPU。该参数涉及如下函数：

```
    int pthread_attr_setscope (pthread_attr_t *__attr, int __scope);
    int pthread_attr_getscope (__const pthread_attr_t *__restrict __attr,int
*__restrict __scope);
```

pthread_attr_t 结构中还有一些值，但不使用 pthread_create()来设置。

函数 pthread_join 用来等待一个线程的结束。函数原型为：

```
    extern int pthread_join __P ((pthread_t __th, void **__thread_return));
```

第 1 个参数为被等待的线程标识符，第 2 个参数为一个用户定义的指针，它可以用来存储被等待线程的返回值。这个函数是一个线程阻塞的函数，调用它的函数将一直等待到被等待的线程结束为止，当函数返回时，被等待线程的资源被收回。一个线程的结束有两种途径：一种是函数结束了，调用它的线程也就结束了；另一种方式是通过函数 pthread_exit 来实现。

pthread_exit 的函数原型为：

```
extern void pthread_exit __P ((void *__retval)) __attribute__ ((__noreturn__));
```

唯一的参数是函数的返回代码，只要 pthread_join 中的第 2 个参数 thread_return 不是 NULL，这个值将被传递给 thread_return。最后要说明的是，一个线程不能被多个线程等待，否则第一个接收到信号的线程成功返回，其余调用 pthread_join 的线程则返回错误代码 ESRCH。

9.3.2 关键函数分析

```
result = pthread_create(&thread1, PTHREAD_CREATE_JOINABLE, (void *)task1,
(void *)&t1);
```

创建新线程，其中参数 thread1 为线程标识号，PTHREAD_CREATE_JOINABLE 为线程属性，task1 为函数名，t1 传递参数。

```
pthread_join(thread1, (void *)&rt1);
```

函数 pthread_join 用来等待一个线程的结束，参数 thread1 为线程标识，表示等待这个线程结束，rt1 用来保存被等待线程的返回值。

9.3.3 线程控制实例

本实例通过编写一个程序，程序里创建两个线程，并且实时输出两个线程的运行状态。通过本实例，读者可以加深对 Linux 下线程概念的理解，进而掌握线程的编程方法。

```
#include <stdio.h>
#include <stdlib.h>
#include <unistd.h>
#include <sys/ioctl.h>
#include <pthread.h>
int task1(int *cnt)
{
    while(*cnt < 5)
    {
        sleep(1);
        (*cnt)++;
        printf("task1 cnt = %d.\n", *cnt);
    }
    return (*cnt);
}
int task2(int *cnt)
{
    while(*cnt < 5)
```

```
    {
        sleep(2);
         (*cnt)++;
        printf("task2 cnt = %d.\n", *cnt);
    }
    return (*cnt);
}
int main(int argc, char **argv)
{
    int result;
    int t1 = 0;
    int t2 = 0;
    int rt1, rt2;
    pthread_t thread1, thread2;
    // 创建第一个线程
    result = pthread_create(&thread1, PTHREAD_CREATE_JOINABLE, (void *)
    task1, (void *)&t1);
    if(result)
    {
    perror("pthread_create: task1.\n");
    exit(EXIT_FAILURE);
    }
    // 创建第二个线程
    result = pthread_create(&thread2, PTHREAD_CREATE_JOINABLE, (void *)
    task2, (void *)&t2);
    if(result)
    {
        perror("pthread_create: task2.\n");
        exit(EXIT_FAILURE);
    }
    pthread_join(thread1, (void *)&rt1);
    pthread_join(thread2, (void *)&rt2);
    printf("total %d times.\n", t1+t2);
    printf("return value of task1: %d.\n", rt1);
    printf("return value of task2: %d.\n", rt2);
    exit(EXIT_SUCCESS);
}
```

9.4　计时器设计实例

9.4.1　计时器概述

在程序当中，经常要输出系统当前的时间，如使用 date 命令的输出结果。这个时候可以使用下面两个函数：

```
#include
time_t time(time_t *tloc);
char *ctime(const time_t *clock);
```

time 函数返回从 1970 年 1 月 1 日 0 点以来的秒数，存储在 time_t 结构之中。不过这个函数的返回值对于用户来说没有什么实际意义。这个时候使用第二个函数将秒数转化为字符串，这个函数的返回类型是固定的：一个可能值为 Thu Dec 7 14:58:59 2000，这个字符串的长度是固定的，为 26。

有时候用户要计算程序执行的时间，如要对算法进行时间分析。这个时候可以使用下面这些函数。

1) void init_time(void)

该函数设定间歇计时器的值。系统为进程提供 3 种类型的计时器，每一类以不同的时间域递减其值。当计时器超时时，信号被发送到进程，之后计时器重新启动。

```
// 初始化定时器
void init_time(void)
{
    struct itimerval val;
    val.it_value.tv_sec = 1;
    val.it_value.tv_usec = 0;
    val.it_interval = val.it_value;
    setitimer(ITIMER_PROF, &val, NULL);
}
```

2) itimerval 结构体

```
struct itimerval {
struct timeval it_interval;          // 计时器重启动的间歇值
struct timeval it_value;             // 计时器安装后首先启动的初始值
};
    struct timeval {
    time_t tv_sec;                   // 秒
    suseconds_t tv_usec;             // 微秒
};
```

3) nt setitimer(int which, const struct itimerval *value, struct itimerval *ovalue);

which：间歇计时器类型，有 3 种选择。

(1) ITIMER_REAL：数值为 0，计时器的值实时递减，发送的信号是 SIGALRM。

(2) ITIMER_VIRTUAL：数值为 1，进程执行时递减计时器的值，发送的信号是 SIGVTALRM。

(3) ITIMER_PROF：数值为 2，进程和系统执行时都递减计时器的值，发送的信号是 SIGPROF。

value：指向的结构体设为计时器的当前值。

ovalue：如果不是 NULL，将返回计时器的原有值。

4) void init_sigaction(void)

该函数用作检查/修改与指定信号相关联的处理动作。

```
// 初始化 sigaction
void init_sigaction(void)
```

```
{
    struct sigaction act;
    act.sa_handler = timeout_info;
    act.sa_flags = 0;
    sigemptyset(&act.sa_mask);      // 将信号集合设置为空
    sigaction(SIGPROF, &act, NULL); // 检查/修改与指定信号相关联的处理动作
}
```

5) sigaction 结构体

```
struct sigaction {
__sighandler_t sa_handler;          // 一个带有 int 参数的函数指针，或者 SIG_IGN
                                      (忽略)，或者 SIG_DFL(默认)
unsigned long sa_flags;             // 信号操作
sigset_t sa_mask;                   // 信号屏蔽字(集). 当该信号处理函数返回时，
                                       屏蔽字恢复
};
int sigemptyset (sigset_t *set);
```

函数初始化信号集合 set，将 set 设置为空。

```
    int sigaction(int signo, const struct sigaction *restrict act, struct
sigaction *restrict oact);
```

函数原型：

```
    #include <signal.h>
    int sigaction(int signo, const struct sigaction *restrict act, struct
sigaction *restrict oact);
```

成功则返回 0，出错则返回-1。

6) void timeout_info(int signo)

```
void timeout_info(int signo)
{
    if(limit == 0)
    {
        printf("Sorry, time limit reached.\n");
        exit(0);
    }
    printf("only %d senconds left.\n", limit--);
}
```

用于处理计时器到时的操作。通过结构体&act 被调用。

9.4.2　计时器设计实例

下面代码设计了一个 Linux 计时器应用程序，通过该实例读者能够更好地掌握 Linux 计时器实现机制。

```
#include <stdio.h>
#include <signal.h>
```

```
#include <sys/time.h>
int limit = 10;
void timeout_info(int signo)          // 信号操作
{
    if(limit == 0)
    {
        printf("Sorry, time limit reached.\n");
        exit(0);
    }
    printf("only %d senconds left.\n", limit--);
}
void init_sigaction(void)             // 初始化sigaction
{
    struct sigaction act;
    act.sa_handler = timeout_info;
    act.sa_flags = 0;
    sigemptyset(&act.sa_mask);
    sigaction(SIGPROF, &act, NULL);
}
void init_time(void)                  // 初始化计时器
{
    struct itimerval val;
    val.it_value.tv_sec = 1;
    val.it_value.tv_usec = 0;
    val.it_interval = val.it_value;
    setitimer(ITIMER_PROF, &val, NULL);
}
int main(void)
{
    char *str;
    char c;
    init_sigaction();
    init_time();
    printf("You have only 10 seconds for thinking.\n");
    while(1);
    exit(0);
}
```

思考与练习

1．利用所学的知识自己建立一个目录，在该目录中创建一个文本文件，并对该文本文件进行读写操作。

2．编写一个程序，实现一个父进程创建多个子进程，并与之进行数据通信。

3．编写一个多线程运行程序，并在线程的运行中查看内存值的变化。

4．参考定时器示例程序，修改定时时间间隔，并重新编译后下载到开发平台 Linux 中运行，观察显示结果。

5．掌握 TCP 传输数据原理，尝试使用 TCP 进行文件传输。

第10章 嵌入式GUI设计

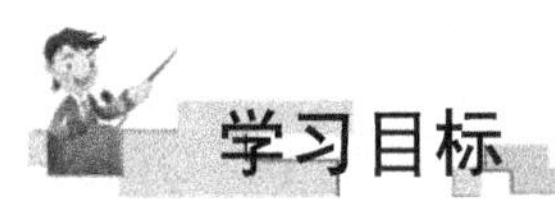

本章节主要介绍嵌入式下进行图形界面开发相关的知识，重点讲述Qtopia的嵌入式应用。通过本章的学习，读者能够掌握如下内容。

(1) 几种嵌入式GUI的特点。

(2) Qt在嵌入式上的应用。

(3) Qt开发环境的搭建。

(4) Qtopia在Host主机上编译与运行。

(5) Qtopia的移植。

(6) 简单Qtopia程序的编写方法。

10.1 嵌入式GUI简介

10.1.1 Qt/Embedded

Qt/Embedded的嵌入式Linux端口，是完整的自包含C++GUI和基于Linux的嵌入式平台开发工具。

Qt/Embedded包含完整的GUI类集、操作系统封装、数据结构类、应用和集成类。另外，Qt/Embedded还包含程序开发、测试和调试的多种辅助工具。

大范围的Qt/Embedded API可用于多种开发项目。Qt/Embedded可以开发市场上多种类型的产品和设备，从消费电器(移动电话、联网板和set top盒)到工业控制设备(如医学成像设备、移动信息系统等)。

Qt/Embedded对嵌入式系统和设备提供以下优势。

(1) 同Qt Desktop相同的API：开发者只需学习一种API，源代码可以应用于多个目标桌面环境(Windows、X11、MacOSX)和嵌入式Linux环境。

(2) 对嵌入式系统扩展了Qt的功能：开发者可以创建灵活的嵌入式程序，只需要很低的内存和Flash。

(3) 包含它自己的窗口系统：Qt/Embedded 不需要其他的图形子系统。它本身含有递交图形到 Linux 所需的一切。

(4) 可定制应用：Qt/Embedded 是超级可定制的。

(5) 完全组件化：为了节省内存，Qt/Embedded 允许多余模块和系统的移除。

(6) 完全源代码：Trolltech 提供完全的源代码给客户，使他们可以更大范围的调整性能规格和调试代码。

(7) 同 Qtopia 的集成：Qtopia Trolltech 的 PDA 和移动电话的软件平台和用户界面，利用 Qt/Embedded 被创建。Qt/Embedded 可以方便植入基于 Qtopia 的设备中。

(8) 同 Java 的集成：Qt/Embedded 可以同几种 Java 虚拟机集成。Java 程序可以在基于 Qt/Embedded 的程序工作台上运行，提供同原程序相同的效果。

10.1.2 MiniGUI

MiniGUI 是面向实时嵌入式系统的轻量级图形用户界面支持系统。它自 1999 年初遵循 GPL 条款发布第一个版本以来，已广泛应用于手持信息终端、机顶盒、工业控制系统及工业仪表、彩票机、金融终端等产品和领域。

目前，MiniGUI 已成为跨操作系统的图形用户界面支持系统，可在 Linux/uClinux、eCos、uC/OS-II、VxWorks 等操作系统上运行；已验证的硬件平台包括 Intel x86、ARM(ARM7/AMR9/StrongARM/xScale)、PowerPC、MIPS、M68K(DragonBall/ColdFire)等。

1. MiniGUI 的特点

MiniGUI 为实时嵌入式操作系统提供了完善的图形及图形用户界面支持。可移植性设计使得它不论在哪个硬件平台、哪种操作系统上运行，均能为上层应用程序提供一致的应用程序编程接口(API)。

作为操作系统和应用程序之间的中间件，MiniGUI 将底层操作系统及硬件平台差别隐藏了起来，并对上层应用程序提供了一致的功能特性，这些功能特性包括以下几种。

(1) 完备的多窗口机制和消息传递机制。

(2) 常用的控件类，包括静态文本框、按钮、单行和多行编辑框、列表框、组合框、进度条、属性页、工具栏、拖动条、树型控件、月历控件等。

(3) 对话框和消息框支持以及其他 GUI 元素，包括菜单、加速键、插入符、定时器等。

(4) 界面皮肤支持。用户可通过皮肤支持获得外观非常华丽的图形界面。

(5) 通过两种不同的内部软件结构支持低端显示设备(如单色 LCD)和高端显示设备(比如彩色显示器)，前者小巧灵活，而后者在前者的基础上提供了更加强大的图形功能。

(6) Windows 的资源文件支持，如位图、图标、光标等。

(7) 各种流行图像文件的支持，包括 JPEG、GIF、PNG、TGA、BMP 等。

(8) 多字符集和多字体支持，目前支持 ISO8859-1～ISO8859-15、GB2312、GBK、GB18030、BIG5、EUC-JP、Shift-JIS、EUC-KR、Unicode 等字符集，支持等宽点阵字体、变宽点阵字体、Qt/Embedded 使用的嵌入式字体 QPF、TrueType 以及 Adobe Type1 等矢量字体。

(9) 多种键盘布局的支持。MiniGUI 除支持常见的美式 PC 键盘布局之外，还支持法语、德语等语种的键盘布局。

(10) 简体中文(GB2312)输入法支持，包括内码、全拼、智能拼音等。用户还可以从飞漫软件上获得五笔、自然码等输入法支持。

(11) 针对嵌入式系统的特殊支持，包括一般性的 I/O 流操作，字节序相关函数等。

2. MiniGUI 的技术优势

和其他针对嵌入式产品的图形系统相比，MiniGUI 具有如下技术优势。

1) 轻型、占用资源少

MiniGUI 本身占用的空间非常小。以嵌入式 Linux 操作系统为例，MiniGUI 的典型存储空间占用情况如下。

(1) Linux 内核：300～500KB(由系统决定)。

(2) MiniGUI 支持库：500～700KB(由编译选项确定)。

(3) MiniGUI 字体、位图等资源：400KB(由应用程序确定，可缩小到 200KB 以内)。

(4) GB2312 输入法码表：200KB(不是必需的，由应用程序确定)。

(5) 应用程序：1～2MB(由系统决定)。

总体的系统占有空间应该在 2～4MB 左右。在某些系统上，功能完备的 MiniGUI 系统本身所占用的空间可进一步缩小到 1MB 以内。

MiniGUI 能够在 CPU 主频为 30MHz，仅有 4MB RAM 的系统上正常运行(使用 uClinux 操作系统)。这是其他针对嵌入式产品的图形系统，比如 MicroWindows 或 Qt/Embedded 无法达到的。

2) 高性能、高可靠性

MiniGUI 良好的体系结构及优化的图形接口，可确保最快的图形绘制速度。在设计之初，就充分考虑到了实时嵌入式系统的特点，针对多窗口环境下的图形绘制开展了大量的研究及开发，优化了 MiniGUI 的图形绘制性能及资源占有。MiniGUI 在大量实际系统中的应用，尤其是在工业控制系统的应用，证明 MiniGUI 具有非常好的性能。

从 1999 年 MiniGUI 的第一个版本发布以来，就有许多产品和项目使用 MiniGUI，MiniGUI 本身也不断从这些产品或者项目当中获得发展动力和新的技术需求，不断提高自身的可靠性和健壮性。

3) 可配置性

为满足嵌入式系统千变万化的需求，必须要求 GUI 系统是可配置的。和 Linux 内核类似，MiniGUI 也实现了大量的编译配置选项，通过这些选项可指定 MiniGUI 库中包括哪些功能而同时不包括哪些功能。大体说来，可以在如下几个方面对 MiniGUI 进行定制配置。

(1) 指定 MiniGUI 要运行的操作系统，是普通嵌入式 Linux、uClinux、eCos 还是 uC/OS-II 或 VxWorks。

(2) 指定生成基于线程的 MiniGUI-Threads 运行模式还是基于进程的 MiniGUI-Lite 运行模式，或者只是最简单的 MiniGUI-Standalone 运行模式。

(3) 指定要采用老的 GAL/GDI 接口(低端显示设备)还是新的 GAL/GDI 接口(高端显示设备)。

(4) 指定需要支持的 GAL 引擎和 IAL 引擎，以及引擎相关选项 first_form。

(5) 指定需要支持的字体类型。

(6) 指定需要支持的字符集。

(7) 指定需要支持的图像文件格式。

(8) 指定需要支持的控件类。

(9) 指定控件的整体风格，是三维风格、平面风格还是手持终端风格。

这些配置选项大大增强了 MiniGUI 的灵活性，对用户来讲，可针对具体应用需求量体裁衣，生成最适合产品需求的系统及软件。

4) 可伸缩性强

MiniGUI 丰富的功能和可配置特性，使得它既可运行于基于龙珠的低端产品中，亦可运行于基于 ARM9 的高端产品中，并可使用 MiniGUI 的高级控件风格及皮肤界面等技术，创建华丽的用户界面。

5) 跨操作系统支持

理论上，MiniGUI 可支持任意一个多任务嵌入式操作系统；实际已支持 Linux/uClinux、eCos、uC/OS-II、VxWorks 等嵌入式操作系统。同时，在不同操作系统上的 MiniGUI 提供完全兼容的 API 接口。

总之，MiniGUI 是一个非常适合于实时嵌入式产品的高效、可靠、可定制、小巧灵活的图形用户界面支持系统。

3. 支持众多嵌入式系统

为什么 MiniGUI 能够在如此众多的嵌入式操作系统上运行？这是因为 MiniGUI 具有良好的软件架构，通过抽象层将 MiniGUI 上层和底层操作系统隔离开来。基于 MiniGUI 的应用程序一般通过 ANSIC 库以及 MiniGUI 自身提供的 API 来实现自己的功能；MiniGUI 中的“可移植层”可将特定操作系统及底层硬件的细节隐藏起来，而上层应用程序则无需关系底层的硬件平台输出和输入设备。

另外，MiniGUI 特有的运行模式概念，也为跨操作系统的支持提供了便利。

和 Linux 这样的类 UNIX 操作系统相比，一般意义上的传统嵌入式操作系统具有一些特殊性。举例而言，诸如 uClinux、uC/OS-II、eCos、VxWorks 等操作系统，通常运行在没有 MMU(内存管理单元，用于提供虚拟内存支持)的 CPU 上，这时往往就没有进程的概念，而只有线程或者任务的概念，这样，GUI 系统的运行环境也就大相径庭。因此，为了适合不同的操作系统环境，可将 MiniGUI 配置成 3 种运行模式。

(1) MiniGUI-Threads。运行在 MiniGUI-Threads 上的程序可以在不同的线程中建立多个窗口，但所有的窗口在一个进程或者地址空间中运行。这种运行模式非常适合于大多数传统意义上的嵌入式操作系统，如 uC/OS-II、eCos、VxWorks、pSOS，等等。当然，在 Linux 和 uClinux 上，MiniGUI 也能以 MiniGUI-Threads 的模式运行。

(2) MiniGUI-Lite。和 MiniGUI-Threads 相反，MiniGUI-Lite 上的每个程序是单独的进

程，每个进程也可以建立多个窗口。MiniGUI-Lite 适合于具有完整 UNIX 特性的嵌入式操作系统，如嵌入式 Linux。

(3) MiniGUI-Standalone。这种运行模式下，MiniGUI 可以以独立进程的方式运行，既不需要多线程也不需要多进程的支持，这种运行模式适合功能单一的应用场合。如在一些使用 uClinux 的嵌入式产品中，因为各种原因而缺少线程支持，这时就可以使用 MiniGUI-Standalone 来开发应用软件。

一般而言，MiniGUI-Standalone 模式的适应面最广，可以支持几乎所有的操作系统，甚至包括类似 DOS 这样的操作系统；MiniGUI-Threads 模式的适用面次之，可运行在支持多任务的实时嵌入式操作系统，或者具备完整 UNIX 特性的普通操作系统；MiniGUI-Lite 模式的适用面较小，它仅适合于具备完整 UNIX 特性的普通操作系统。

但不论采用哪种运行模式，MiniGUI 为上层应用软件提供了最大程度上的一致性；只有少数几个涉及初始化的接口在不同运行模式上有所不同。

10.1.3　MicroWindows、TinyX

1. MicroWindows

MicroWindows Open Source Project(http://microwindows.censoft.com)成立的宗旨是针对体积小的装置建立一套先进的视窗环境。在 Linux 桌面上通过交叉编译可以很容易地制作出 MicroWindows 的程序。MicroWindows 能够在没有任何操作系统或其他图形系统的支持下运行，它能对裸显示设备进行直接操作，因此 MicroWindows 就显得十分小巧，便于移植到各种硬件和软件系统上。

然而，MicroWindows 的免费版本进展一直很慢，而且至今为止，国内没有一家专门对 MicroWindows 提供全面技术支持、服务和担保的公司。2005 年 MicroWindows 项目被改为 Nano-XWindow 项目，Nano-XWindow 是一个典型的基于 Server/Clinent 体系结构的 GUI 系统，基本分为 3 层，见表 10-1。

表 10-1　Nano-XWindows 的 3 层结构

Nano-X API	ECMA APIW
窗口管理硬件抽象层	
显示设备与输入设备	

底层是面向图形显示和键盘、鼠标或触摸屏的驱动程序；中间层提供底层硬件的抽象接口，并进行窗口管理；最高层分别提供兼容于 XWindow 和 ECMA APIW(Win32 子集)的 API。其中使用 Nano-X 接口的 API 与 X 接口兼容，但是该接口没有提供窗口管理，如窗口移动和窗口剪切等高级功能。系统需要先启动 Nano-X 中 Server 程序的 nanox-server 和窗口管理程序 nanowm。用户程序连接 Nano-X 的 Server 获得自身的窗口绘制操作。使用 ECMA APIW 编写的应用程序无须 nanox-server 和 nanowm，可直接运行。

MicroWindows 提供了相对完善的图形功能和一些高级的特性，如 Alpha 混合、三维支持和 TrueType 字体支持等。该系统为了提高运行速度，改进基于 Socket 套接字的 X 实

现模式，采用了基于消息机制的 Server/Client 传输机制。MicroWindows 也有一些通用的窗口控件，但其图形引擎存在一些问题：①无任何硬件加速能力；②图形引擎中存在一些低效算法。不过 MicroWindows 支持中文、日文、韩文等多种语言，而且也支持 Truetype 字体，目前可知的 MicroWindows 版本是 1.0.9。

2. XWindows 和 TinyX

X 窗口是一种用于 UNIX 系统的标准图形化用户界面(GUI)，它是由麻省理工学院开发的。GUI 是用鼠标器和键盘控制的，具有下拉菜单、在屏按钮、卷动条和为运行不同应用的重叠窗口界面。其他 GUI 环境的例子包括 Apple 的 Macintosh、Microsoft 的 Windows 和 IBM 的 O3/2 PresentationManager。然而，X 窗口环境是一种可以在远程连接之上很好工作的客户机/服务器式的设计。

考虑到开发人员，X 窗口为开发基于图形的分布式应用程序提供了软件工具和标准应用程序编程接口。完成的应用是与硬件无关的，这意味着它们可以在支持 X 窗口环境的任何系统上运行。完整的这种环境通常被简单地称为 X。

X 窗口系统在位映射屏幕上的一个或多个窗口中运行程序。用户可以在每个窗口同时在系统上运行多个程序，并且通过用鼠标单击它们来在窗口之间进行交换。

每个程序窗口都被称为 X 客户，并且与在同一个机器上运行的 X 服务器程序以客户机/服务器关系进行交互。

X 服务器处理所有 X 客户的处理程序，以及通过消息传递系统和其他客户交互工作。X 服务器控制整个本地环境，因而当访问存储器和其他系统资源时，程序间进行合作。

X 服务器运行 X 窗口管理器程序，这个程序提供 GUI 界面。现在可以使用两种窗口管理器：Motif 和 Open Look。它们在功能上是类似的，并且运行相同的程序。

在本地机器运行的 X 服务器可以和远程计算机上运行的程序进行交互，并且在本地窗口显示这些程序的输出。它是一种客户机/服务器的关系，但是本地服务器具有全权控制，并且远程进程被称为客户机，而不是服务器，这是因为它们是处于这个本地的 X 服务器的控制之下的。

在 Internet 和其他广域网环境，上面最后一点是非常重要的。用户可以对运行在远程计算机上的程序进行工作。这个远程程序在它需要经常访问的资源(如磁盘数据)附近运行。只有需要修改用户屏幕的信息才被通过远程链路进行传输，从而避免了将整个程序和它的数据都传输到本地系统进行处理时可能出现的瓶颈。

X 服务器和远程 X 客户机之间的接口是面向事件的，并且是基于 X 协议的。这种协议在传输控制协议/Internet 协议(TCP/IP)之上运行。在一些情况下，一些厂商通过增加像三维图像这样的功能来增强 X 窗口环境。X 窗口环境的一个优势是服务器应用程序可以在任何平台上运行，并且这个应用程序可以在公用运输协议上与这个客户机交换一组消息。于是，开发人员就可以在许多系统上建立 X 窗口认可的应用程序，并且这些应用程序可以被任何支持 X 窗口的工作站访问。

X 窗口是开放软件基金会(OSF)的 Motif 和 Open Look 系统的用户接口。SunSoft 的 Solaris2 操作系统也实现了由 AT&T 开发的 X 窗口实现。

TinyX 是标准 XWindows 系统的简化版，去掉了许多对设备的检测过程，无须设置显示卡 Driver，只要 vga 卡支持 Vesia2.0 即可。同时，有非常良好的兼容性，所有能够在标准 X 下运行的程序都能移植到 TinyX 上.TinyX 的体积比标准 X 小得多，启动速度快得多，从字符界面到启动 TinyX 只需要 2 秒左右的时间，适合用作嵌入式 Linux 的 GUI 系统。

TinyX 支持 640x480～1280x1024, 256～32 位的显示模式，通过修改 lilo.conf 配置文件的 vga 参数来指定显示方式，如 vga=311 为 640x480，16 位的显示模式。如下是 TinyX 在 vesa 标准中的参数及在 kernel 中对应的参数，用户一般需要查的是 kernel 中的对应参数，横轴为分辨率，纵轴为颜色数。

VESA 对应参数：

```
| 640x480 800x600 1024x768 1280x1024
----+-------------------------------------
256 | 0x101 0x103 0x105 0x107
32k | 0x110 0x113 0x116 0x119
64k | 0x111 0x114 0x117 0x11A
16M | 0x112 0x115 0x118 0x11B
Kernel_code = Vesa_code + 0x200.
Kernel 对应参数:
| 640x480 800x600 1024x768 1280x1024
----+-------------------------------------
256 | 0x301 0x303 0x305 0x307
32k | 0x310 0x313 0x316 0x319
64k | 0x311 0x314 0x317 0x31A
16M | 0x312 0x315 0x318 0x31B
```

10.2　Qt/Embedded 开发入门

10.2.1　Qt/Embedded 介绍

1. 什么是 Qt

Qt 是挪威的 Trolltech 公司基于 C++的 GUI 开发工具。Qt/X11 和 QTE(QT Embedded)是它其中的两个版本。Qt/X11 是基于 XWindows 系统的 Qt 版本，KDE 便是基于它来构建的。为了适用于嵌入式系统，该公司将 Qt/X11 进行了裁减，发布了 QTE(QT Embedded)版本。QTE 直接基于 Linux 中的 FrameBuffer 设备，删除了 Qt/X11 中一些对资源要求很高的类实现。所以，基于 QTE 实现的应用，不进行修改重新编译后，就可以在 Qt/X11 上运行，而反过来便不可以。QPE 是 Trolltech 公司所推出的针对 PDA 软件的整体解决方案，包含了从底层的 GUI 系统、Window Manager、SoftKeyboard 到上层的 PIM、浏览器、多媒体等方面。目前 QPE 的高版本已更名为 Qtopia，其包含了更多功能。

2. Qt 中的一些基础概念

1) Qt-X11

Qt-X11 提供 designer、uic 两个工具以及 qvfb 模拟帧缓冲环境，其中 qvfb 工具用来生成 Virtualframebuffer，这是一个非常有用的工具，它可以模拟在开发板上的显示情况，如果在 Virtualframebuffer 中运行没有问题的话，可以直接通过交叉编译在开发板上运行。编译 Qt/X11 的唯一目的就是为编译 QTE 提供 uic(用户接口编译器)以及基于 XWindows 系统的 FrameBuffer 设备模拟器 qvfb。当然，如果系统中已经有了这两个工具，再编译 Qt/X11 就多此一举了。

2) Qt-embedded

Qt/Embedded 是一个为嵌入式设备上的图形用户接口和应用开发而订制的 C++工具开发包。它通常可以运行在多种不同的处理器上部署的嵌入式 Linux 操作系统上。如果不考虑 X 窗口系统的需要，基于 Qt/Embedded 的应用程序可以直接对缓冲帧进行写操作。除了类库以外，Qt/Embedded 还包括了几个提高开发速度的工具。使用标准的 Qt API，用户可以非常熟练地在 Windows 和 UNIX 编程环境里开发应用程序。

Qt/Embedded 提供了一种类型安全的被称为信号与插槽的真正的组件化编程机制，这种机制和以前的回调函数有所不同。Qt/Embedded 还提供了一个通用的 widgets 类，这个类可以很容易的被子类化为客户自己的组件或是对话框。针对一些通用的任务，Qt 还预先为客户定制了像消息框和向导这样的对话框。运行 Qt/Embedded 所需的系统资源可以很小，相对 X 窗口下的嵌入解决方案而言，Qt/Embedded 只要求一个较小的存储空间(Flash)和内存。Qt/Embedded 可以运行在不同的处理器上部署的 Linux 系统，只要这个系统有一个线性地址的缓冲帧并支持 C++的编译器。用户可以选择不编译 Qt/Embedded 某些用户不需要的功能，从而大大减小了它的内存占有量。

Qt/Embedded 包括了它自身的窗口系统，并支持多种不同的输入设备。开发者可以使用他们熟悉的开发环境来编写代码。Qt 的图形设计器(designer)可用来可视化地设计用户接口，设计器中有一个布局系统，它可以使用户设计的窗口和组件自动根据屏幕空间的大小而改变布局。开发者可以选择一个预定义的视觉风格，或是建立自己独特的视觉风格。使用 UNIX/LINUX 操作系统的用户，可以在工作站上通过一个虚拟缓冲帧的应用程序仿真嵌入式系统的显示终端。

Qt/Embedded 也提供了许多特定用途的非图形组件，如国际化网络和数据库交互组件。

Qt/Embedded 是成熟可靠的工具开发包，它在世界各地被广泛使用。除了在商业上的许多应用以外，Qt/Embedded 还是为小型设备提供的 Qtopia 应用环境的基础。Qt/Embedded 以简洁的系统、可视化的表单设计和细致的 API 让编写代码变得愉快和舒畅。

Qt/Embedded 是面向嵌入式系统的 Qt 版本，QTE 是 Qt/Embedded 的缩写形式。QTE 的作用是提供嵌入式开发所需的类库以及链接库，在开发板上运行 Qt 程序就需要这些动态链接库。Qt/Embedded 只支持鼠标和键盘的操作，但在大部分嵌入式系统中利用触摸屏，所以用户必须对触摸屏的相关操作编译成共享库或静态库。

Qt/Embedded 采用两种方式进行发布：在 GPL 协议下发布的 free 版与专门针对商业应用的 commercial 版本。二者除了发布方式不同外，在源码上没有任何区别。纵向来看，当前主流的版本为 Qtopia 的 2.0x 系列与最新的 3.0x 系列。其中 Qtopia 2.0 版本系统较多地应用于采用 Qtopia 作为高档 PDA 主界面的应用中；Qtopia 3.x 版本系列则应用于功能相对单一，但需要高级 GUI 图形支持的场合，如 Volvo 公司的远程公交信息系统。

3.x 版本系列的 Qt/Embedded 相对于 2.x 版本系统增加了许多新的模块，如 SQL 数据库查询模块等。几乎所有 2.x 版本中原有的类库，在 3.x 版本中都得到极大程度的增强，这就极大地缩短了应用软件的开发时间，扩大了 Qt/Embedded 的应用范围。

在代码设计上，Qt/Embedded 巧妙地利用了 C++独有的机制，如继承、多态、模板等，具体实现非常灵活。但其底层代码由于追求与多种系统、多种硬件的兼容，代码补丁较多，风格稍显混乱。

(1) Qt/Embedded 的图形引擎实现基础。

Qt/Embedded 的底层图形引擎基于 framebuffer。framebuffer 是在 Linux 内核架构版本 2.2 以后推出的标准显示设备驱动接口。采用 mmap 系统调用，可以将 framebuffer 的显示缓存映射为可连续访问的一段内存储针。由于目前比较高级的 ARM 体系的嵌入式 CPU 中大多集成了 LCD 控制模块，LCD 控制模块一般采用双 DMA 控制器组成的专用 DMA 通道。其中一个 DMA 可以自动从一个数据结构队列中取出并装入新的参数，直到整个队列中的 DMA 操作都已完成为止。另外一个 DMA 与画面缓冲区相关，这部分由两个 DMA 控制器交替执行，并每次都自动按照预定的规则改变参数。虽然使用了双 DMA，但这两个 DMA 控制器的交替使用对于 CPU 来说是不可见的。CPU 所获得的只是由两个 DMA 组成的一个“通道”而已。

framebuffer 驱动程序的实现分为两个方面：一方面是对 LCD 及其相关部分的初始化，包括画面在缓冲区的创建和对 DMA 通道的设置；另外一方面是对画面缓冲区的读写，具体到代码为 read、write、lseek 等系统调用接口。至于将画面缓冲区的内容输出到 LCD 显示屏上，则由硬件自动完成，对于软件来说是透明的。当对于 DMA 通道和画面缓冲区设置完成后，DMA 开始正常工作，并将缓冲区中的内容不断发送到 LCD 上。这个过程是基于 DMA 对于 LCD 的不断刷新的。基于该特性，framebuffer 驱动程序必须将画面缓冲区的存储空间(物理空间)重新映射到一个不加高缓存和写缓存的虚拟地址区间中，这样能才保证应用程序通过 mmap 将该缓存映射到用户空间后，对于该画面缓存的写操作能够实时地体现在 LCD 上。

在 Qt/Embedded 中，Qscreen 类为抽象出的底层显示设备基类，其中声明了对于显示设备的基本描述和操作方式，如打开、关闭、获得显示能力、创建 GFX 操作对象等。另外一个重要的基类是 QGfx 类。该类抽象出对于显示设备的具体操作接口(图形设备环境)，如选择画刷、画线、画矩形、alpha 操作等。以上两个基类是 Qt/Embedded 图形引擎的底层抽象。其中所有具体函数基本都是虚函数，Qt/Embedded 对于具体的显示设备，如 Linux 的 framebuffer、Qt Virtual Framebuffer 做的抽象接口类全都由此继承并重载基类中的虚函数实现。

对于基本的 framebuffer 设备，Qt/Embedded 用 QlinuxFbScreen 来处理。针对具体显示硬件(如 Mach 卡、Voodoo 卡)的加速特性，Qt/Embedded 从 QlinuxFbScreen 和图形设备环境模板类 QgfxRaster<、depth、type> 继承出相应子类，并针对相应硬件重载相关虚函数。

Qt/Embedded 在体系上为 C/S 结构，任何一个 Qt/Embedded 程序都可以作为系统中唯一的一个 GUI Server 存在。当应用程序首次以系统 GUI Server 的方式加载时，将建立

QWSServer 实体。此时调用 QWSServer::openDisplay()函数创建窗体，在 QWSServer::openDisplay()中对 QWSDisplay::Data 中的 init()加以调用；根据 QgfxDriverFactory 实体中的定义(QLinuxFbScreen)设置关键的 Qscreen 指针 qt_screen 并调用 connect()打开显示设备(dev/fb0)。在 QWSServer 中所有对于显示设备的调用都由 qt_screen 发起。至此完成了 Qt/Embedded 中 QWSServer 的图形发生引擎的创建。当系统中建立好 GUI Server 后，其他需要运行的 Qt/Embedded 程序在加载后采用共享内存及有名管道的进程通信方式，以同步访问模式获得对共享资源 framebuffer 设备的访问权。

(2) Qt/Embedded 的事件驱动基础。

Qt/Embedded 中与用户输入事件相关的信号，是建立在对底层输入设备的接口调用之上的。Qt/Embedded 中的输入设备分为鼠标类与键盘类。以 Qt/Embedded 3.x 版本系列为例，其中鼠标设备的抽象基类为 QWSMouse Handler，从该类又重新派生出一些具体的鼠标类设备的实现类。

与图形发生引擎加载方式类似的，在系统加载构造 QWSServer 时，调用 QWSServer::openMouse 与 QWSServer::openKeyboard 函数。这两个函数分别调用 QmouseDriverFactory::create()与 QkbdDriverFactory::create()函数。这时会根据 Linux 系统的环境变量 QWS_MOUSE_PROTO 与 QWS_KEYBOARD 获得鼠标类设备和键盘类设备的设备类型和设备节点。打开相应设备并返回相应设备的基类句柄指针给系统，系统通过将该基类指令强制转换为对应的具体子类设备指针，获得对具体鼠标类设备和键盘类设备的调用操作。

值得注意的是，虽然几乎鼠标类设备的功能上基本一致，但由于触摸屏和鼠标底层接口并不一样，会造成对上层接口的不一致。举例来讲，从鼠标驱动接口中几乎不会得到绝对位置信息，一般只会读到相对移动量。另外，鼠标的移动速度也需要考虑在内，而触摸屏接口则几乎是清一色的绝对位置信息和压力信息。针对此类差别，Qt/Embedded 将同一类设备的接口部分也给予区别和抽象，具体实现在 QmouseDriverInterface 类中。键盘类设备也存在类似问题，同样引入了 QkbdDriverInteface 来解决，具体实现此处暂不多述。

下面简单介绍一下 Qtopia。

Qtopia 最初是 sourceforge.net 上的一个开源项目，全称是 Qt Palmtop Environment，是构建于 QTE 上一个类似桌面系统的应用环境，包括了 PDA 和手机等掌上系统常见的功能如电话簿、日程表等。现在 Qtopia 已经成为了 Trolltech 的又一个主打产品，为基于 Linux 操作系统的 PDA 和手机提供了一个完整的图形环境。Qtopia 为嵌入式 Linux 提供一个应用程序平台和用户界面。它针对有限的内存和电力进行了优化，并且拥有自己的视窗系统，以尽量减少占用空间。Qtopia 目前成功应用在广泛的产品范围中，包括无线电话、PDA、媒体播放器以及其他消费型电子产品，汽车，医疗与工业电子设备。

值得注意的是，QTE 和 Qtopia 之间的关系。在版本 4 之前，QTE 和 Qtopia 是不同的两套程序，QTE 是基础类库，Qtopia 是构建于 QTE 之上的一系列应用程序。但从版本 4 开始，Trolltech 将 QTE 并入了 Qtopia，并推出了新的 Qtopia 4。在该版中，原来的 QTE 被称为 Qtopia Core，作为嵌入式版本的核心，既可以与 Qtopia 配合，也可以独立使用。原来的 Qtopia 则被分成几层，核心的应用框架和插件系统被称为 QtopiaPlatform，上层的应用程序则按照不同的目标用户分为不同的包，如 Qtopia PDA、Qtopia Phone 等。若是在

Qtopia PDA 2.2.0 版本以前，Qtopia PDA 的安装是一件很复杂的事情，Qtopia 的安装必须在 QTE 等的前提下才有用，其对应关系见表 10-2。

表 10-2　Qtopia/Qt Embedded 版本对应关系

Qtopia1.7.0	Qte 2.3.7
Qtopia2.1.1	Qte 2.3.10
Qtopia2.1.2	Qte 2.3.11
Qtopia2.2.0	Qte 2.3.12(包含在 qtopia2.2.0 源码包中

不过现在的 Qtopia PDA 2.2.0 版本已经将 QTE 和 Tmake 等压缩到一个包里了，只要直接安装 Qtopia PDA 2.2.0 就可以了。

Qtopia 的优点如下。

(1) 持续革新。Qtopia 的平台架构和经测试验证的 API 能够实现快速，可重用的嵌入式 Linux 产品开发。

(2) 独立性。基于嵌入式 Linux 的 Qtopia 向产品制造商和服务提供商们带来了全新的价值概念。

(3) 全方位掌控。Qtopia 可自由进行产品自定义，包括其源代码与工具。

(4) 实力鉴证的技术。

10.2.2　搭建 Qt/Embedded 开发环境

一般来说，用 Qt/Embedded 开发的应用程序最终会发布到安装有嵌入式 Linux 操作系统的小型设备上，所以使用装有 Linux 操作系统的 PC 机或者工作站来完成 Qt/Embedded 开发当然是最理想的环境，此外 Qt/Embedded 也可以安装在 UNIX 或 Windows 系统上。这里就以安装到 Linux 操作系统为例进行介绍。

这里需要有 3 个软件安装包：Tmake 工具安装包，Qt/Embedded 安装包，Qt 的 X11 版的安装包。

(1) Tmake1.11 或更高版本：生成 Qt/Embedded 应用工程的 Makefile 文件。

(2) Qt/Embedded：Qt/Embedded 安装包。

(3) Qt2.3.2 for X11：Qt 的 X11 版的安装包，产生 X11 开发环境所需要的两个工具。

注意： 这些软件安装包都有许多不同的版本，由于版本的不同会导致这些软件在使用时可能引起的冲突，为此必须依照一定的安装原则，Qt/Embedded 安装包的版本必须比 Qt for X11 的安装包的版本新，这是因为 Qt for X11 的安装包中的两个工具 uic 和 designer 产生的源文件会和 Qt/Embedded 的库一起被编译链接，因此本着“向前兼容”的原则，Qt for X11 的版本应比 Qt/Embedded 的版本旧。

安装完上述 3 个软件包之后，Qt/Embedded 的环境已经搭建好了。

10.2.3 Qt/Embedded 信号和插槽机制

信号和插槽机制是Qt的核心机制，要精通Qt编程就必须对信号和插槽有所了解。信号和插槽是一种高级接口，应用于对象之间的通信，它是Qt的核心特性，也是Qt区别于其他工具包的重要地方。信号和插槽是Qt自行定义的一种通信机制，它独立于标准的C/C++语言，因此要正确地处理信号和插槽，必须借助一个称为moc(Meta Object Compiler)的Qt工具，该工具是一个C++预处理程序，它为高层次的事件处理自动生成所需要的附加代码。

所谓图形用户接口的应用就是要对用户的动作做出响应。例如，当用户单击了一个菜单项或是工具栏的按钮时，应用程序会执行某些代码。大部分情况下，希望不同类型的对象之间能够进行通信。程序员必须把事件和相关代码联系起来，这样才能对事件做出响应。以前的工具开发包使用的事件响应机制是易崩溃的，不够健壮的，同时也不是面向对象的。

以前，当使用回调函数机制把某段响应代码和一个按钮的动作相关联时，通常把那段响应代码写成一个函数，然后把这个函数的地址指针传给按钮，当那个按钮被单击时，这个函数就会被执行。对于这种方式，以前的开发包不能够确保回调函数被执行时所传递进来的函数参数就是正确的类型，因此容易造成进程崩溃。另外一个问题是，回调这种方式紧紧地绑定了图形用户接口的功能元素，因而很难开发进行独立的分类。

信号与插槽机制是不同的，它是一种强有力的对象间的通信机制，完全可以取代原始的回调和消息映射机制。在Qt中信号和插槽取代了上述这些凌乱的函数指针，使得用户编写这些通信程序更为简洁明了。信号和插槽能携带任意数量和任意类型的参数，它们是类型完全安全的，因此不会像回调函数那样产生core dumps。

所有从QObject或其子类(如Qwidget)派生的类都能够包含信号和插槽。当对象改变状态时，信号就由该对象发射(emit)出去了，这就是对象所要做的全部工作，它不知道另一端是谁在接收这个信号。这就是真正的信息封装，它确保对象被当成一个真正的软件组件来使用。插槽用于接受信号，但它们是普通的对象成员函数，一个插槽并不知道是否有任何信号与自己相连接，而且对象并不了解具体的通信机制。

用户可以将很多信号与单个插槽进行连接，也可以将单个信号与很多插槽进行连接，甚至将一个信号与另外一个信号相连接也是可能的，这时无论第一个信号什么时候发射，系统都将立刻发射第二个信号。总之，信号与插槽构造了一个强大的部件编程机制。

通过编译Qtopia，可以得到相应版本的designer程序，可以设置环境变量然后运行该程序。

```
export BUILD=/usr/local/src/EduKit-IV/Mini2410/simple/12.3-qtopia-x86/build
export DQTDIR=$BUILD/qtopia-x86/dqt
export QTDIR=$BUILD/qtopia-x86/qt2
export QPEDIR=$BUILD/qtopia-x86/qtopia
export LD_LIBRARY_PATH=$QTDIR/lib:$QPEDIR/lib:$LD_LIBRARY_PATH
export TMAKEDIR=$BUILD/qtopia-x86/tmake_
export TMAKEPATH=$TMAKEDIR/lib/qws/linux-x86-g++
export QMAKESPEC=$QPEDIR/mkspecs/qws/linux-x86-g++
export PATH=$QPEDIR/bin:$QTDIR/bin:$DQTDIR/bin:$TMAKEDIR/bin:$PATH
```

其中BUILD环境变量指定为所编译的Qtopia编译目录，设置完Qt环境变量后，在终端运行designer即可运行程序。

使用Qt2-designer来编程的基本步骤如下。

(1) 设置designer 运行所必须的Qt环境变量。

(2) 运行designer 编写Qt应用程序生成ui文件。

(3) 使用以下命令通过ui文件生成源码：(如已有hello.ui文件)

```
$ uic -o hello.h hello.ui
$ uic -i hello.h -o hello.cpp hello.ui
```

(4) 生成pro工程文件：

```
$ qmake -project
```

(5) 生成Makefile 文件：

```
$ qmake
```

(6) 编译源码生成最终应用程序：

```
$ make
```

10.3 Qt开发实例

1. 用QtDesigner编写一个简单的应用程序

(1) 在Ubuntu终端中输入命令设置工作环境变量(工作目录$WORKDIR=/usr/local/src/EduKit-IV，$SIMPLEDIR=$WORKDIR/Mini2410/simple)：

```
$ source /usr/local/src/EduKit-IV/Mini2410/set_env_linux.sh
```

(2) 转到目录$SIMPLEDIR/12.5-qtdesigner，建立一个hello文件夹(文件夹中已提供了一个参考，用户可以先重命名以备份)，用于存放Qt程序，进入该目录，启动QtDesigner：

```
$ cd $SIMPLEDIR/12.5-qtdesigner
$ mv hello hello_
$ mkdir hello
$ cd hello
$ designer &
```

(3) QtDesigner 运行后，界面中会出现选择所需要建立的文件类型，如图10.1所示。(如果没有弹出来，可以单击程序的菜单栏的File→New选项新建文件。

(4) 选择建立C++ Project 工程，在弹出的窗口输入建立工程的名称hello.pro如图10.2所示。

(5) 在工程hello.pro中新建窗体文件，单击软件菜单栏File→New选项选择需要建立的文件类型如图10.3所示，新建Dialog窗体文件，如图10.4所示。

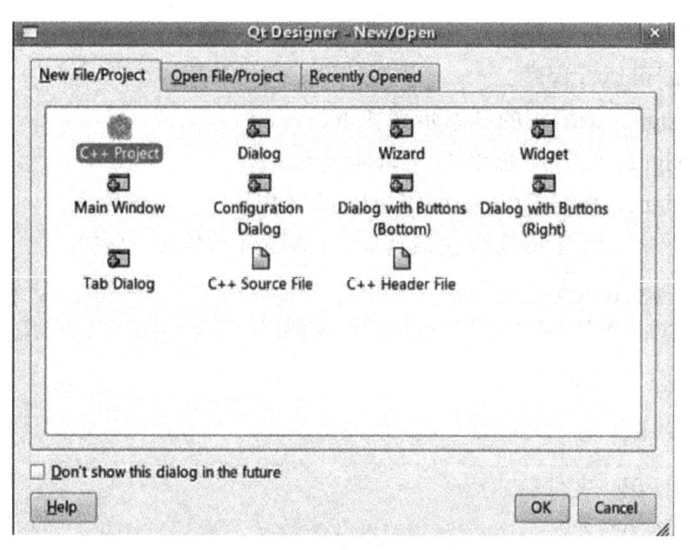

图 10.1　所需要建立的文件类型

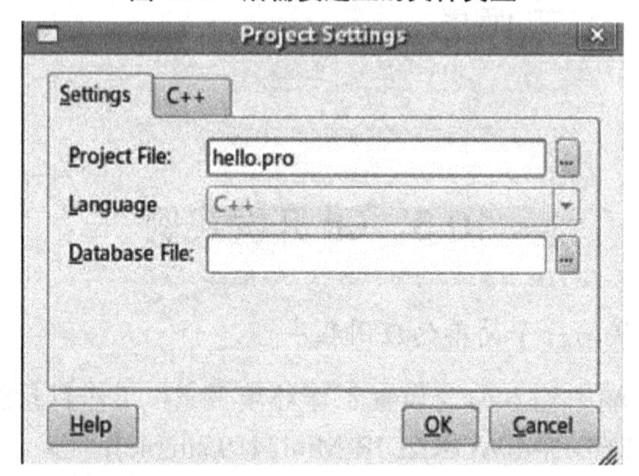

图 10.2　建立 hello.pro 工程

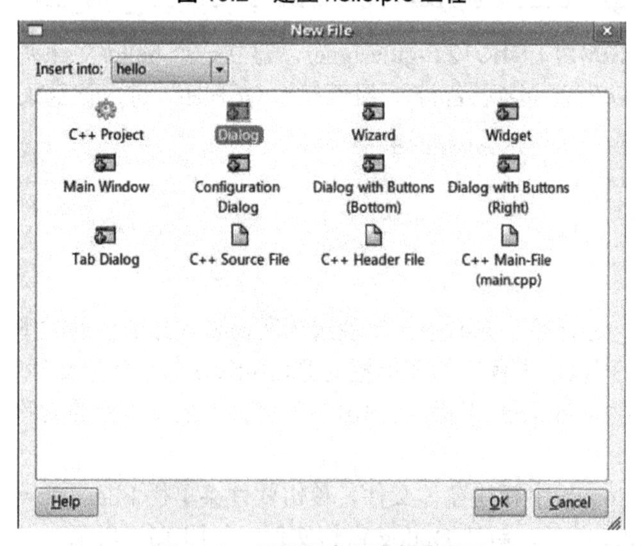

图 10.3　所需要建立的文件类型

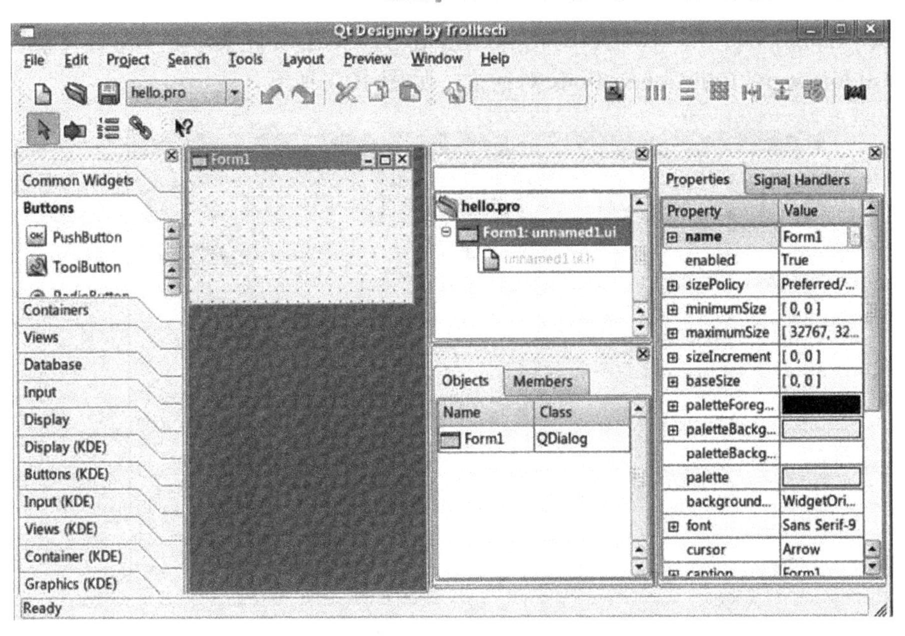

图 10.4　建立窗体

(6) 在 Property Editor/Signal Hanlders 窗口中设置 caption 标题为 Hello，如图 10.5 所示。

(7) 选择 ToolBox 窗口中的 PushButton 部件，在窗体上画出一个按钮，双击使其文字改变为 Hello,World!，如图 10.6 所示。

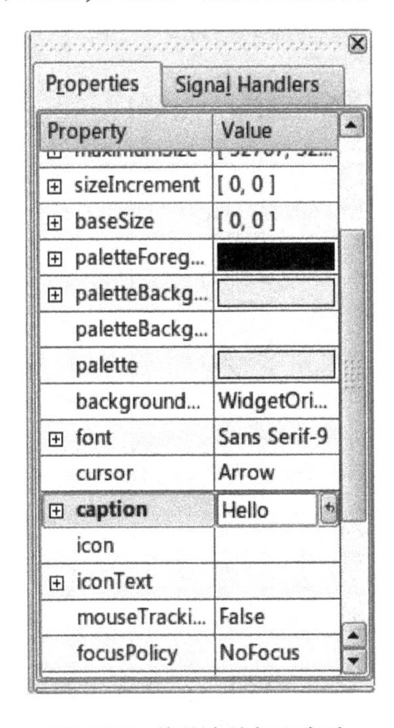

图 10.5　修改窗体标题名称

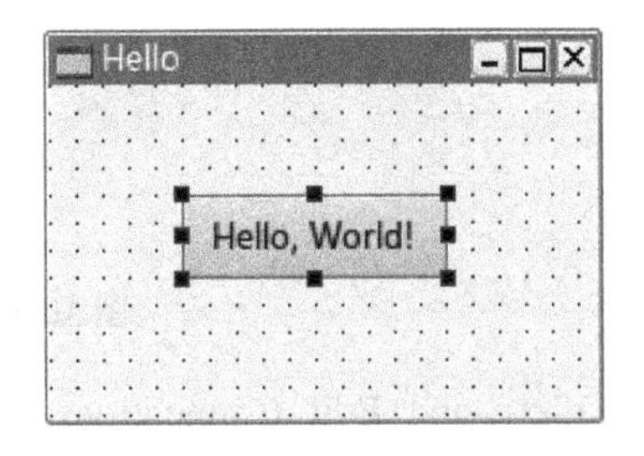

图 10.6　添加按钮

(8) 为“Hello,World!”按钮编写槽和连接信号：单击软件菜单栏 Edit→Connections 选项，弹出 View and Edit Connections 对话框，如图 10.7 所示。

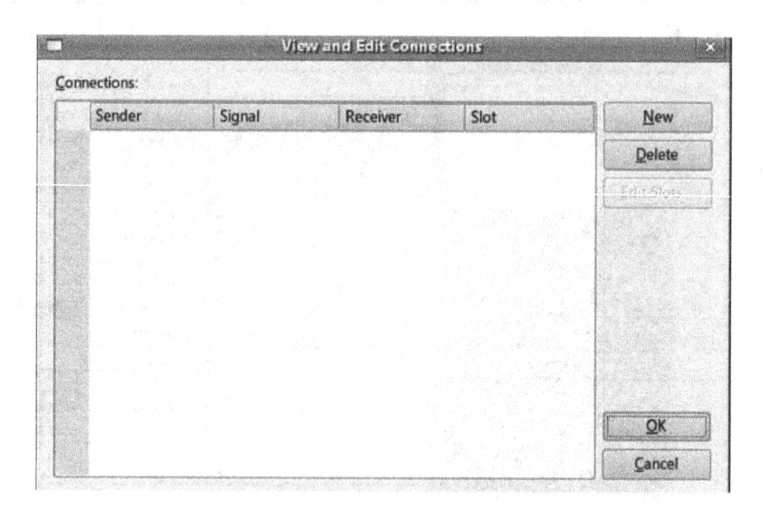

图 10.7　编写槽和连接信号

在 View and Edit Connections 对话框单击 New 按钮，并设置如下，设置完成后如图 10.8 所示。

```
Sender:pushButton1
Signal:clicked()
Receiver:Form1
Slot:<No Slot>
```

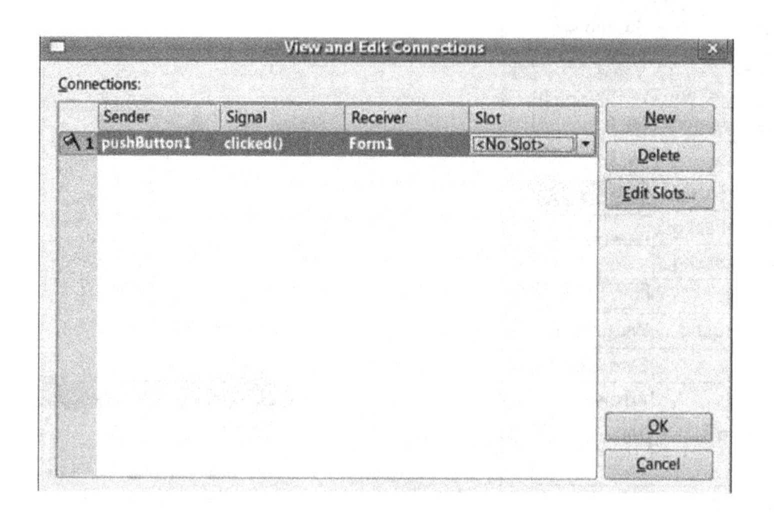

图 10.8　设置槽和连接信号

在 View and Edit Connections 对话框单击 Edit Slots 按钮，在新弹出的窗口单击 NewFunction 按钮，参数按照默认，如图 10.9 所示。单击 OK 按钮退出。

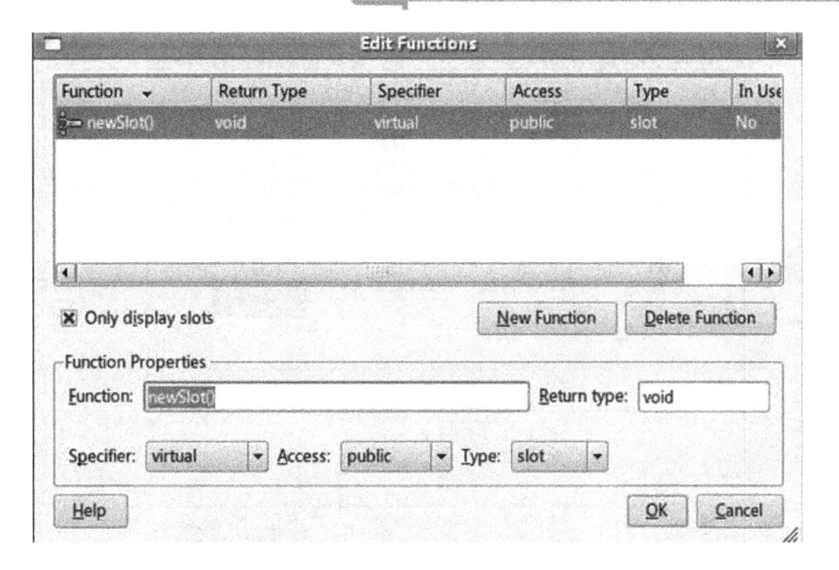

图 10.9　新建 Slots 函数

再返回到 View and Edit Connections 对话框修改按钮的 Slot 设置为 newSlot()，如图 10.10 所示。

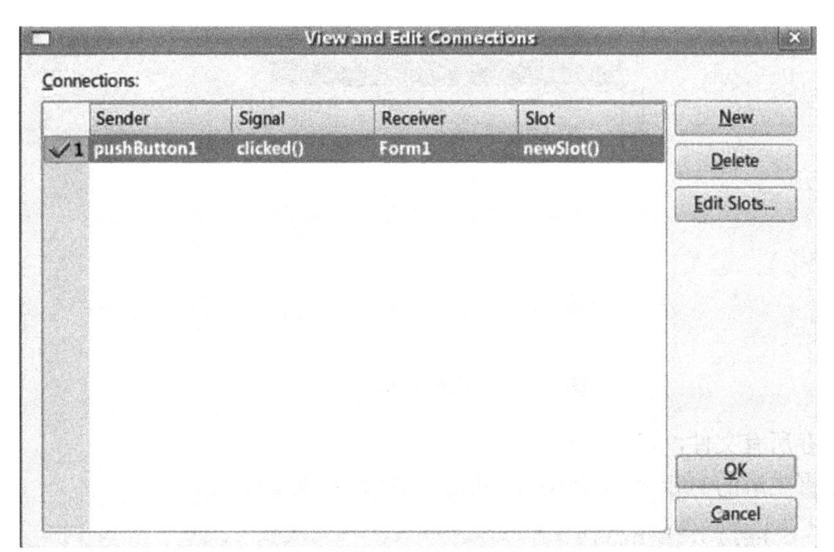

图 10.10　修改 Slots 设置

设置完成后，单击 OK 按钮退出。

(9) 单击软件菜单栏 File→Save 选项保存新建窗体文件名为 hello.ui。

(10) 在工程 hello.pro 中新建窗体文件，单击软件菜单栏 File→New 选项新建 Main 文件，如图 10.11 所示。

弹出对话框如图 10.12 所示，默认设置，保存文件退出。

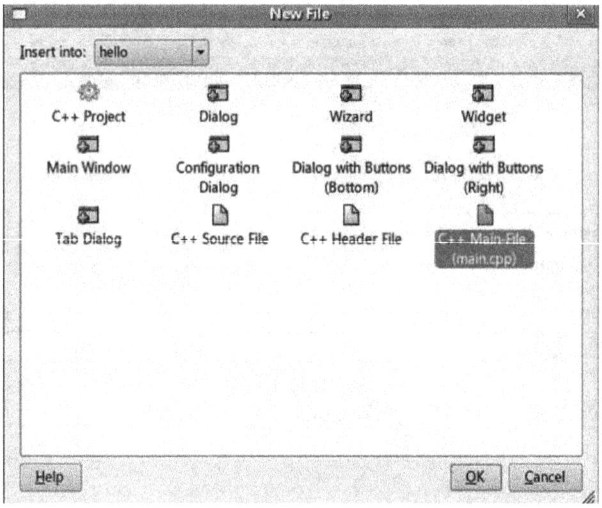

图 10.11　新建 Main.cpp

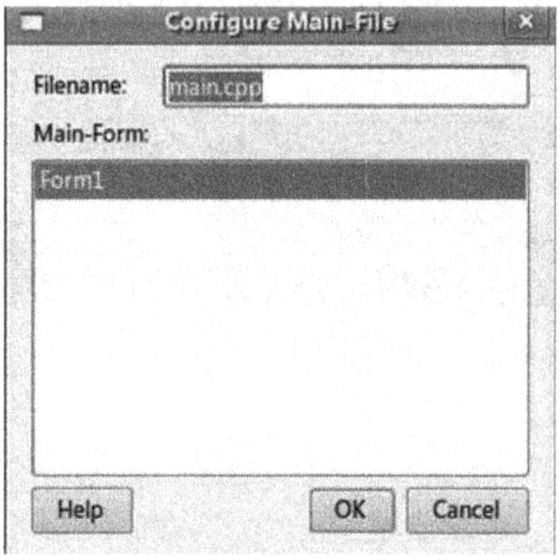

图 10.12　Main.cpp 对话框

(11) 保存所有文件，退出软件。

(12) 根据生成的 hello.ui 生成窗体类的头文件和实现文件：

```
$ uic -o hello .h hello.ui
$ uic -i hello.h -o hello.cpp hello.ui
```

这样就得到了 hello 窗体类的头文件 hello.h 和实现文件 hello.cpp。下面就可以根据需要实现的具体功能。

修改 hello.cpp 文件，将函数 void Form1::newSlot()修改如下：

```
void Form1::newSlot()
{
    QMessageBox::information(this, "Hello", "Welcome to EduKit-IV" );
}
```

同时，在 hello.cpp 中加入头文件：

```
# include <qmessagebox.h>
```

(13) 生成工程文件(.pro 文件)。

使用命令 qmake -project 产生一个工程文件，如下所示：

```
$ qmake -project
```

此时在 hello 目录下将会生成 hello.pro 文件，如下所示：

```
TEMPLATE = app
INCLUDEPATH += .
# Input
INTERFACES += hello.ui
SOURCES += main.cpp
```

(14) 修改 hello.pro 文件，增加 TARGET=hello，如下所示：

```
TEMPLATE = app
INCLUDEPATH += .
TARGET=hello
# Input
INTERFACES += hello.ui
SOURCES += main.cpp
```

(15) 设置 Qtopia 2.2.0 的 Qt 环境，生成 Makefile 文件。

```
$ source ../set_env_x86.sh     // 设置 qtopia-2.2.0 的 Qt 环境
$ tmake -o Makefile hello.pro
```

修改生成的 Makefile，将 Qt 的环境库及头文件加入到环境变量中：

```
......
INCPATH = -I$(QMAKESPEC) -I. -I$(QPEDIR)/include -I. -I$(QTDIR)/include
......
LIBS=$(SUBLIBS) -L$(QPEDIR)/lib -L$(QTDIR)/lib -lm -lqte
......
```

(16) 生成执行文件 hello：

```
$ make
```

此时，可以看见在 hello 目录下看见生成的 hello 可执行文件了。

2. 在 HOST 主机 Qtopia 中运行 Qt 应用程序程序

(1) 编写桌面图标文件 hello.desktop。

```
$ sudo gedit hello.desktop
[Desktop Entry]
omment=A Simply Application Program
Exec=hello
Icon=TodayApp
Type=Application
Name=hello
```

(2) 复制上述生成的可执行文件 hello 到目录$QPEDIR/image/opt/qtopia/bin/下，把 hello.desktop 桌面文件复制到$QPEDIR/image/opt/qtopia/apps/Applications/，并对其赋予读写权限。

```
$ cp -a hello $QPEDIR/image/opt/qtopia/bin/
$ cp -a hello.desktop $QPEDIR/image/opt/qtopia/apps/Applications/
$ sudo chmod 777 $QPEDIR/image/opt/qtopia/apps/Applications/hello.desktop
```

(3) 进入目录$SIMPLEDIR/12.3-qtopia-x86 的目录下，运行脚本：

```
$ cd $SIMPLEDIR/12.3-qtopia-x86/
$ sudo sh start-demo.sh
```

就可以看到 Qtopia 模拟器已经运行起来了，进入 Application 选项卡，可以看到有 hello 这个应用程序，如图 10.13 所示，双击运行，如图 10.14 所示，可以看到 hello 这个应用程序的运行效果，如图 10.15 所示。

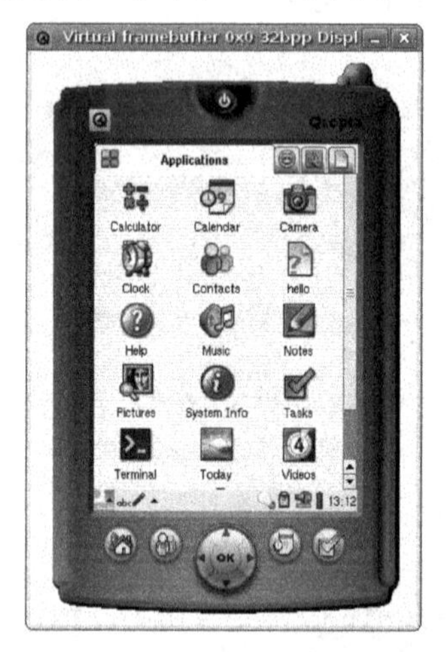

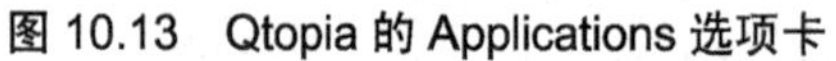

图 10.13　Qtopia 的 Applications 选项卡

图 10.14　在 HOST 端 Qtopia 中运行 Hello World

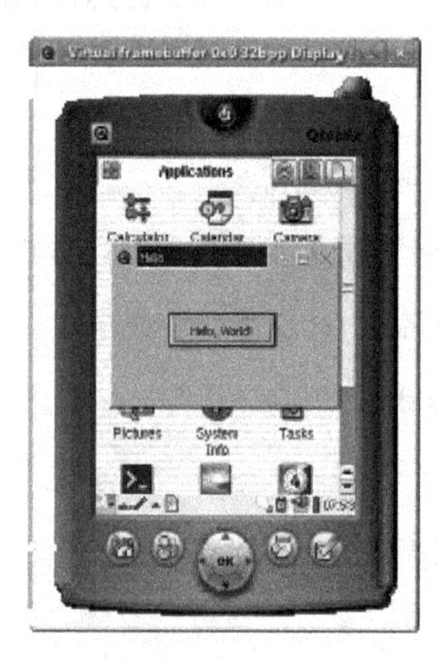

图 10.15　单击 Hello World 按钮

3. 在开发板上运行 Hello World 应用程序

(1) 设置 Qtopia-2.2.0 的 Qt 环境(交叉环境)，生成 Makefile 文件。

```
$ source /usr/local/src/EduKit-IV/Mini2410/set_env_linux.sh
$ source /usr/crosstool/gcc-3.4.5-glibc-2.3.6/arm-linux/path.sh
$ cd $SIMPLEDIR/12.5-designer/hello
$ source ../set_env_arm.sh // 设置 Qtopia-2.2.0 的 Qt 环境
$ tmake -o Makefile hello.pro
```

修改生成的 Makefile，将 Qt 的环境库及头文件加入到环境变量中：

```
......
LINK=arm-linux-g++
......
INCPATH = -I$(QMAKESPEC) -I. -I$(QPEDIR)/include -I. -I$(QTDIR)/include
......
LIBS=$(SUBLIBS) -L/usr/local/src/EduKit-IV/Mini2410/simple/12.4-qtopia-arm/
qtlib-tsp/
-L$(QPEDIR)/lib -L$(QTDIR)/lib -lqte -lpng -lz -luuid -ljpeg
......
```

(2) 生成执行文件 hello：

```
$ make
```

此时，可以看见在 hello 目录下生成的 hello 可执行文件了。

(3) 编写桌面图标文件 hello.desktop。

```
$ sudo gedit hello.desktop
[Desktop Entry]
omment=A Simply Application Program
Exec=hello
Icon=TodayApp
Type=Application
Name=Hello World
```

(4) 将新交叉编译生成的程序复制到文件系统中：

```
$ cp -a hello $ROOTTSPDIR/opt/qtopia/bin/
$ cp -a hello.desktop $ROOTTSPDIR/opt/qtopia/apps/Applications/
$ sudo chmod 777 $ROOTTSPDIR/opt/qtopia/apps/Applications/hello.desktop
```

(5) 制作新的文件系统包：

```
$ cd $ROOTTSPDIR
$ tar zcvf rootfs-eduk4-tsp.tgz ./*
$ mv rootfs-eduk4-tsp.tgz $SIMPLEDIR/12.5-qtdesigner
```

这样$SIMPLEDIR/12.5-qtdesigner/rootfs-eduk4-tsp.tgz 即为新制作好的基于 TSP 触摸屏支持的 Qt 文件系统映像包。

(6) 运行新制作 Qt 文件系统。

按照前面章节的内容，更新新的 Qt 文件系统到平台运行，启动完成后，如图 10.16 所示；经过校验，如图 10.17 所示；然后进行 Language(语言)、TimeZone(时区)、Date/Time(日期时间)设置之后，进入 Applicationgs 选项卡，如图 10.18 所示，可以看到里面有 hello 这个应用程序，双击运行，如图 10.19 所示，运行效果如图 10.20 所示。

图 10.16　Min2410 平台上进入 Qtopia 界面

图 10.17　进行校验

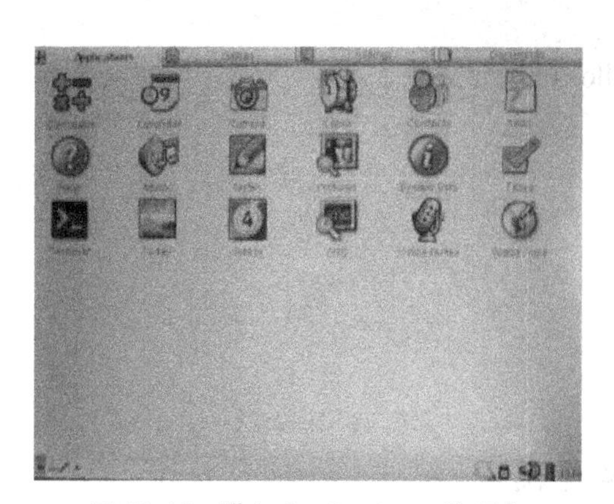

图 10.18　进入 Applications 选项卡

图 10.19　双击运行程序 Hello

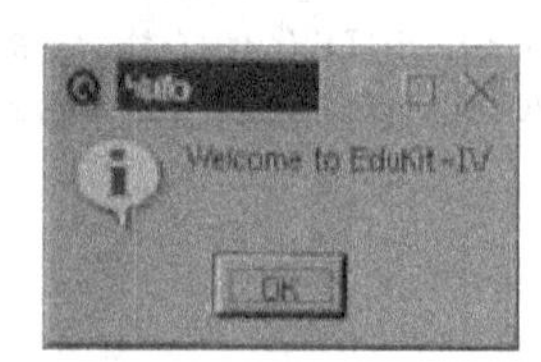

图 10.20　运行程序 Hello 的效果

参 考 文 献

[1] 杜春雷．ARM体系结构与编程[M]．北京：清华大学出版社，2003．

[2] 田泽，等．嵌入式系统开发与应用[M]．北京：北京航空航天大学出版社，2006．

[3] 熊茂华，杨震伦．ARM9嵌入式系统设计与开发应用[M]．北京：清华大学出版社，2008．

[4] 杨刚，龙海燕．嵌入式系统设计与实践[M]．北京：北京航空航天大学出版社，2009．

[5] 孙琼．嵌入式Linux应用程序开发详解[M]．北京：人民邮电出版社，2006．

[6] 周立功，等．ARM嵌入式系统基础教程[M]．北京：北京航空航天大学出版社，2005．

[7] 韦东山．嵌入式Linux应用开发[M]．北京：人民邮电出版社，2008．

[8] 张思民．嵌入式系统设计与应用[M]．北京：清华大学出版社，2008．

[9] 徐明．GCC中文手册[EB/OL]．http://cmpp.linuxform.net/.

[10] 詹荣开．嵌入式系统 BootLoader 技术内幕[EB/OL]．http://www.ibm.com/developerworks/cn/linux/l-btloader/index．html．

[11] 深圳市英蓓特信息技术有限公司．EMBEST EDUKIT-IV嵌入式开发平台使用手册．2009．

[12] ARM Limited．ARM920T Technical Reference Manual．

[13] ARM Limited．ARM Architecture Reference Manual．

[14] Samsung Electronics.S3C2410X 32-Bit RISC Mircoprocessor SER's MANUAL Revision1.2，http://www.samsung.com．

[15] http://www.gun.org．

[16] http://www.embedded.com．

北京大学出版社本科电气信息系列实用规划教材

序号	书名	书号	编著者	定价	出版年份	教辅及获奖情况
			物联网工程			
1	物联网概论	7-301-23473-0	王　平	38	2014	电子课件/答案，有“多媒体移动交互式教材”
2	物联网概论	7-301-21439-8	王金甫	42	2012	电子课件/答案
3	现代通信网络	7-301-24557-6	胡珺珺	38	2014	电子课件/答案
4	物联网安全	7-301-24153-0	王金甫	43	2014	电子课件/答案
5	通信网络基础	7-301-23983-4	王昊	32	2014	
6	无线通信原理	7-301-23705-2	许晓丽	42	2014	电子课件/答案
7	家居物联网技术开发与实践	7-301-22385-7	付　蔚	39	2013	电子课件/答案
8	物联网技术案例教程	7-301-22436-6	崔逊学	40	2013	电子课件
9	传感器技术及应用电路项目化教程	7-301-22110-5	钱裕禄	30	2013	电子课件/视频素材，宁波市教学成果奖
10	网络工程与管理	7-301-20763-5	谢　慧	39	2012	电子课件/答案
11	电磁场与电磁波(第 2 版)	7-301-20508-2	邬春明	32	2012	电子课件/答案
12	现代交换技术(第 2 版)	7-301-18889-7	姚　军	36	2013	电子课件/习题答案
13	传感器基础(第 2 版)	7-301-19174-3	赵玉刚	32	2013	
14	物联网基础与应用	7-301-16598-0	李蔚田	44	2012	电子课件
15	通信技术实用教程	7-301-25386-1	谢　慧	36	2015	电子课件/习题答案
			单片机与嵌入式			
1	嵌入式 ARM 系统原理与实例开发(第 2 版)	7-301-16870-7	杨宗德	32	2011	电子课件/素材
2	ARM 嵌入式系统基础与开发教程	7-301-17318-3	丁文龙　李志军	36	2010	电子课件/习题答案
3	嵌入式系统设计及应用	7-301-19451-5	邢吉生	44	2011	电子课件/实验程序素材
4	嵌入式系统开发基础-----基于八位单片机的 C 语言程序设计	7-301-17468-5	侯殿有	49	2012	电子课件/答案/素材
5	嵌入式系统基础实践教程	7-301-22447-2	韩　磊	35	2013	电子课件
6	单片机原理与接口技术	7-301-19175-0	李　升	46	2011	电子课件/习题答案
7	单片机系统设计与实例开发(MSP430)	7-301-21672-9	顾　涛	44	2013	电子课件/答案
8	单片机原理与应用技术	7-301-10760-7	魏立峰　王宝兴	25	2009	电子课件
9	单片机原理及应用教程(第 2 版)	7-301-22437-3	范立南	43	2013	电子课件/习题答案，辽宁“十二五”教材
10	单片机原理与应用及 C51 程序设计	7-301-13676-8	唐　颖	30	2011	电子课件
11	单片机原理与应用及其实验指导书	7-301-21058-1	邵发森	44	2012	电子课件/答案/素材
12	MCS-51 单片机原理及应用	7-301-22882-1	黄翠翠	34	2013	电子课件/程序代码
			物理、能源、微电子			
1	物理光学理论与应用(第 2 版)	7-301-26024-1	宋贵才	46	2015	电子课件/习题答案，“十二五”普通高等教育本科国家级规划教材
2	现代光学	7-301-23639-0	宋贵才	36	2014	电子课件/答案
3	平板显示技术基础	7-301-22111-2	王丽娟	52	2013	电子课件/答案
4	集成电路版图设计	7-301-21235-6	陆学斌	32	2012	电子课件/习题答案
5	新能源与分布式发电技术	7-301-17677-1	朱永强	32	2010	电子课件/习题答案，北京市精品教材，北京市“十二五”教材
6	太阳能电池原理与应用	7-301-18672-5	靳瑞敏	25	2011	电子课件

序号	书名	书号	编著者	定价	出版年份	教辅及获奖情况
7	新能源照明技术	7-301-23123-4	李姿景	33	2013	电子课件/答案
基础课						
1	电工与电子技术(上册) (第 2 版)	7-301-19183-5	吴舒辞	30	2011	电子课件/习题答案，湖南省“十二五”教材
2	电工与电子技术(下册) (第 2 版)	7-301-19229-0	徐卓农　李士军	32	2011	电子课件/习题答案，湖南省“十二五”教材
3	电路分析	7-301-12179-5	王艳红　蒋学华	38	2010	电子课件，山东省第二届优秀教材奖
4	模拟电子技术实验教程	7-301-13121-3	谭海曙	24	2010	电子课件
5	运筹学(第 2 版)	7-301-18860-6	吴亚丽　张俊敏	28	2011	电子课件/习题答案
6	电路与模拟电子技术	7-301-04595-4	张绪光　刘在娥	35	2009	电子课件/习题答案
7	微机原理及接口技术	7-301-16931-5	肖洪兵	32	2010	电子课件/习题答案
8	数字电子技术	7-301-16932-2	刘金华	30	2010	电子课件/习题答案
9	微机原理及接口技术实验指导书	7-301-17614-6	李干林　李　升	22	2010	课件(实验报告)
10	模拟电子技术	7-301-17700-6	张绪光　刘在娥	36	2010	电子课件/习题答案
11	电工技术	7-301-18493-6	张　莉　张绪光	26	2011	电子课件/习题答案，山东省“十二五”教材
12	电路分析基础	7-301-20505-1	吴舒辞	38	2012	电子课件/习题答案
13	模拟电子线路	7-301-20725-3	宋树祥	38	2012	电子课件/习题答案
14	数字电子技术	7-301-21304-9	秦长海　张天鹏	49	2013	电子课件/答案，河南省“十二五”教材
15	模拟电子与数字逻辑	7-301-21450-3	邬春明	39	2012	电子课件
16	电路与模拟电子技术实验指导书	7-301-20351-4	唐　颖	26	2012	部分课件
17	电子电路基础实验与课程设计	7-301-22474-8	武　林	36	2013	部分课件
18	电文化——电气信息学科概论	7-301-22484-7	高　心	30	2013	
19	实用数字电子技术	7-301-22598-1	钱裕禄	30	2013	电子课件/答案/其他素材
20	模拟电子技术学习指导及习题精选	7-301-23124-1	姚娅川	30	2013	电子课件
21	电工电子基础实验及综合设计指导	7-301-23221-7	盛桂珍	32	2013	
22	电子技术实验教程	7-301-23736-6	司朝良	33	2014	
23	电工技术	7-301-24181-3	赵莹	46	2014	电子课件/习题答案
24	电子技术实验教程	7-301-24449-4	马秋明	26	2014	
25	微控制器原理及应用	7-301-24812-6	丁筱玲	42	2014	
26	模拟电子技术基础学习指导与习题分析	7-301-25507-0	李大军　唐　颖	32	2015	电子课件/习题答案
27	电工学实验教程（第 2 版）	7-301-25343-4	王士军　张绪光	27	2015	
28	微机原理及接口技术	7-301-26063-0	李干林	42	2015	电子课件/习题答案
电子、通信						
1	DSP 技术及应用	7-301-10759-1	吴冬梅　张玉杰	26	2011	电子课件，中国大学出版社图书奖首届优秀教材奖一等奖
2	电子工艺实习	7-301-10699-0	周春阳	19	2010	电子课件
3	电子工艺学教程	7-301-10744-7	张立毅　王华奎	32	2010	电子课件，中国大学出版社图书奖首届优秀教材奖一等奖
4	信号与系统	7-301-10761-4	华　容　隋晓红	33	2011	电子课件
5	信息与通信工程专业英语(第 2 版)	7-301-19318-1	韩定定　李明明	32	2012	电子课件/参考译文，中国电子教育学会 2012 年全国电子信息类优秀教材
6	高频电子线路(第 2 版)	7-301-16520-1	宋树祥　周冬梅	35	2009	电子课件/习题答案

序号	书名	书号	编著者	定价	出版年份	教辅及获奖情况
7	MATLAB 基础及其应用教程	7-301-11442-1	周开利　邓春晖	24	2011	电子课件
8	计算机网络	7-301-11508-4	郭银景　孙红雨	31	2009	电子课件
9	通信原理	7-301-12178-8	隋晓红　钟晓玲	32	2007	电子课件
10	数字图像处理	7-301-12176-4	曹茂永	23	2007	电子课件，“十二五”普通高等教育本科国家级规划教材
11	移动通信	7-301-11502-2	郭俊强　李　成	22	2010	电子课件
12	生物医学数据分析及其 MATLAB 实现	7-301-14472-5	尚志刚　张建华	25	2009	电子课件/习题答案/素材
13	信号处理 MATLAB 实验教程	7-301-15168-6	李　杰　张　猛	20	2009	实验素材
14	通信网的信令系统	7-301-15786-2	张云麟	24	2009	电子课件
15	数字信号处理	7-301-16076-3	王震宇　张培珍	32	2010	电子课件/答案/素材
16	光纤通信	7-301-12379-9	卢志茂　冯进玫	28	2010	电子课件/习题答案
17	离散信息论基础	7-301-17382-4	范九伦　谢　勰	25	2010	电子课件/习题答案，“十二五”普通高等教育本科国家级规划教材
18	光纤通信	7-301-17683-2	李丽君　徐文云	26	2010	电子课件/习题答案
19	数字信号处理	7-301-17986-4	王玉德	32	2010	电子课件/答案/素材
20	电子线路 CAD	7-301-18285-7	周荣富　曾　技	41	2011	电子课件
21	MATLAB 基础及应用	7-301-16739-7	李国朝	39	2011	电子课件/答案/素材
22	信息论与编码	7-301-18352-6	隋晓红　王艳营	24	2011	电子课件/习题答案
23	现代电子系统设计教程	7-301-18496-7	宋晓梅	36	2011	电子课件/习题答案
24	移动通信	7-301-19320-4	刘维超　时　颖	39	2011	电子课件/习题答案
25	电子信息类专业 MATLAB 实验教程	7-301-19452-2	李明明	42	2011	电子课件/习题答案
26	信号与系统	7-301-20340-8	李云红	29	2012	电子课件
27	数字图像处理	7-301-20339-2	李云红	36	2012	电子课件
28	编码调制技术	7-301-20506-8	黄　平	26	2012	电子课件
29	Mathcad 在信号与系统中的应用	7-301-20918-9	郭仁春	30	2012	
30	MATLAB 基础与应用教程	7-301-21247-9	王月明	32	2013	电子课件/答案
31	电子信息与通信工程专业英语	7-301-21688-0	孙桂芝	36	2012	电子课件
32	微波技术基础及其应用	7-301-21849-5	李泽民	49	2013	电子课件/习题答案/补充材料等
33	图像处理算法及应用	7-301-21607-1	李文书	48	2012	电子课件
34	网络系统分析与设计	7-301-20644-7	严承华	39	2012	电子课件
35	DSP 技术及应用	7-301-22109-9	董　胜	39	2013	电子课件/答案
36	通信原理实验与课程设计	7-301-22528-8	邬春明	34	2015	电子课件
37	信号与系统	7-301-22582-0	许丽佳	38	2013	电子课件/答案
38	信号与线性系统	7-301-22776-3	朱明早	33	2013	电子课件/答案
39	信号分析与处理	7-301-22919-4	李会容	39	2013	电子课件/答案
40	MATLAB 基础及实验教程	7-301-23022-0	杨成慧	36	2013	电子课件/答案
41	DSP 技术与应用基础(第 2 版)	7-301-24777-8	俞一彪	45	2015	
42	EDA 技术及数字系统的应用	7-301-23877-6	包　明	55	2015	
43	算法设计、分析与应用教程	7-301-24352-7	李文书	49	2014	
44	Android 开发工程师案例教程	7-301-24469-2	倪红军	48	2014	
45	ERP 原理及应用	7-301-23735-9	朱宝慧	43	2014	电子课件/答案
46	综合电子系统设计与实践	7-301-25509-4	武　林　陈　希	32(估)	2015	
47	高频电子技术	7-301-25508-7	赵玉刚	29	2015	电子课件
48	信息与通信专业英语	7-301-25506-3	刘小佳	29	2015	电子课件
49	信号与系统	7-301-25984-9	张建奇	45	2015	电子课件

序号	书名	书号	编著者	定价	出版年份	教辅及获奖情况
	自动化、电气					
1	自动控制原理	7-301-22386-4	佟　威	30	2013	电子课件/答案
2	自动控制原理	7-301-22936-1	邢春芳	39	2013	
3	自动控制原理	7-301-22448-9	谭功全	44	2013	
4	自动控制原理	7-301-22112-9	许丽佳	30	2015	
5	自动控制原理	7-301-16933-9	丁　红　李学军	32	2010	电子课件/答案/素材
6	现代控制理论基础	7-301-10512-2	侯媛彬等	20	2010	电子课件/素材，国家级“十一五”规划教材
7	计算机控制系统(第 2 版)	7-301-23271-2	徐文尚	48	2013	电子课件/答案
8	电力系统继电保护(第 2 版)	7-301-21366-7	马永翔	42	2013	电子课件/习题答案
9	电气控制技术(第 2 版)	7-301-24933-8	韩顺杰　吕树清	28	2014	电子课件
10	自动化专业英语(第 2 版)	7-301-25091-4	李国厚　王春阳	46	2014	电子课件/参考译文
11	电力电子技术及应用	7-301-13577-8	张润和	38	2008	电子课件
12	高电压技术	7-301-14461-9	马永翔	28	2009	电子课件/习题答案
13	电力系统分析	7-301-14460-2	曹　娜	35	2009	
14	综合布线系统基础教程	7-301-14994-2	吴达金	24	2009	电子课件
15	PLC 原理及应用	7-301-17797-6	缪志农　郭新年	26	2010	电子课件
16	集散控制系统	7-301-18131-7	周荣富　陶文英	36	2011	电子课件/习题答案
17	控制电机与特种电机及其控制系统	7-301-18260-4	孙冠群　于少娟	42	2011	电子课件/习题答案
18	电气信息类专业英语	7-301-19447-8	缪志农	40	2011	电子课件/习题答案
19	综合布线系统管理教程	7-301-16598-0	吴达金	39	2012	电子课件
20	供配电技术	7-301-16367-2	王玉华	49	2012	电子课件/习题答案
21	PLC 技术与应用(西门子版)	7-301-22529-5	丁金婷	32	2013	电子课件
22	电机、拖动与控制	7-301-22872-2	万芳瑛	34	2013	电子课件/答案
23	电气信息工程专业英语	7-301-22920-0	余兴波	26	2013	电子课件/译文
24	集散控制系统(第 2 版)	7-301-23081-7	刘翠玲	36	2013	电子课件，2014 年中国电子教育学会“全国电子信息类优秀教材”一等奖
25	工控组态软件及应用	7-301-23754-0	何坚强	49	2014	电子课件/答案
26	发电厂变电所电气部分(第 2 版)	7-301-23674-1	马永翔	48	2014	电子课件/答案
27	自动控制原理实验教程	7-301-25471-4	丁　红　贾玉瑛	29	2015	
28	自动控制原理（第 2 版）	7-301-25510-0	袁德成	35	2015	电子课件，辽宁省“十二五”教材
29	电机与电力电子技术	7-301-25736-4	孙冠群	45	2015	电子课件/答案

如您需要更多教学资源如电子课件、电子样章、习题答案等，请登录北京大学出版社第六事业部官网 www.pup6.cn 搜索下载。

如您需要浏览更多专业教材，请扫下面的二维码，关注北京大学出版社第六事业部官方微信（微信号：pup6book)，随时查询专业教材、浏览教材目录、内容简介等信息，并可在线申请纸质样书用于教学。

感谢您使用我们的教材，欢迎您随时与我们联系，我们将及时做好全方位的服务。联系方式：010-62750667，szheng_pup6@163.com，pup_6@163.com，lihu80@163.com，欢迎来电来信。客户服务 QQ 号：1292552107，欢迎随时咨询。